图像画质算法

与

底层视觉技术

贾壮◎著

電子工業出版社
Publishing House of Electronics Industry
北京•BEIJING

内 容 简 介

本书主要介绍了图像画质相关的各类底层视觉任务及其相关算法，重点讲解了去噪、超分辨率、去雾、高动态范围、图像合成与图像和谐化、图像增强与图像修饰等多种类型的基础任务的设定及其对应的经典算法和模型。本书讨论了底层视觉任务的基本特征，并从成像过程及图像处理的基础知识出发，系统分析了不同任务下的退化机制，以及对应的算法设计原则。本书在算法选择上兼顾了经典的传统图像算法及当前较新的人工智能模型算法，可以作为从图像处理领域或者深度学习领域进入底层计算机视觉领域进行学习的读者的基础读物。

本书主要面向的读者群体包括深度学习与计算机视觉行业的从业人员，计算机、人工智能及其相关专业方向的学生，图像处理相关技术的爱好者与学习者。

图书在版编目（CIP）数据

图像画质算法与底层视觉技术 / 贾壮著. —北京：电子工业出版社，2024.7

ISBN 978-7-121-47876-5

Ⅰ. ①图… Ⅱ. ①贾… Ⅲ. ①图像处理－算法－研究 Ⅳ. ①TN911.73

中国国家版本馆 CIP 数据核字（2024）第 101003 号

责任编辑：黄爱萍　　　　特约编辑：田学清
印　　刷：天津裕同印刷有限公司
装　　订：天津裕同印刷有限公司
出版发行：电子工业出版社
　　　　　北京市海淀区万寿路 173 信箱　　　　邮编：100036
开　　本：787×980　1/16　印张：25.25　字数：566 千字
版　　次：2024 年 7 月第 1 版
印　　次：2024 年 7 月第 1 次印刷
定　　价：139.00 元

凡所购买电子工业出版社图书有缺损问题，请向购买书店调换。若书店售缺，请与本社发行部联系，联系及邮购电话：（010）88254888，88258888。

质量投诉请发邮件至 zlts@phei.com.cn，盗版侵权举报请发邮件至 dbqq@phei.com.cn。

本书咨询联系方式：faq@phei.com.cn。

前言

在当今数字化与信息化的时代，图像和音视频产品几乎每时每刻都充斥在人们的周围，不管是拍照分享自己的日常生活，还是与亲友视频通话或者与同事进行电话会议，抑或是在影视网站欣赏影视作品，这些图像、视频服务为人们提供了视觉感官的享受与精准的信息传达。与此同时，对画质效果及图像质量的需求也促进了画质算法与图像处理算法的迅速发展。为了更好地满足用户的期望，人们需要深入研究图像背后的基本机制和原理，并通过设计合适的算法创造出更加清晰、真实并令人满意的视觉体验。

随着人工智能和计算机视觉技术的发展，图像处理和画质算法技术的发展也进入了一个新时期。与受到大众关注较多的检测、识别类视觉任务不同，底层视觉任务较少关注对图像内容的理解或推理，而主要关注图像的成像质量与效果，如图像的噪声、颜色、清晰度等。由于深度学习模型拥有强大的归纳和学习能力，所以基于其的底层视觉算法在很多场景下已经可以实现很多传统算法无法达到的效果。本书将带领读者由浅入深地探索图像画质算法和底层视觉技术的基础原理及其应用，较为全面地介绍这个领域的经典方案及最新发展。本书将深入剖析不同任务的定义、难点与处理思路、领域内的经典算法。在算法介绍上，本书力图兼顾传统方法与深度学习方法，主要是考虑到传统方法在很多实际场合中还在发挥重要作用，并且其设计思路往往和任务的先验设定更加相关，另外，在设计深度学习模型时往往借鉴传统方法的思路。因此，分析传统方法对于深入理解底层视觉任务是至关重要的。同时，对于一些相对较新的基于深度学习的算法，本书也会选取其中思路比较有启发性的算法进行介绍，以帮助读者在有需要的时候明确算法的设计和改进方向。

本书结构与主要内容

本书共分为 8 章。

第 1 章主要介绍本书所界定的底层视觉任务的定义、基本涵盖范围，以及它与其他视觉任务的主要区别。

第 2 章主要介绍不同画质相关任务的一些基础知识，如成像过程、图像的颜色和影调及其影响因素、图像的空间操作、频域分析等内容。这些知识是后续所有底层视觉算法的基础，在算法设计中起到重要的作用。

第 3 章主要介绍去噪算法。去噪算法是底层视觉任务的一个重要分支，它对图像的观感和视觉效果有着重要的影响。本章从噪声的生成机制与基本模型出发，分别介绍了经典的图像处理去噪方法，以及经典的深度学习去噪模型。

第 4 章主要介绍超分辨率算法。超分辨率算法也是底层视觉任务的一个重要分支，它的目的在于消除画质的退化，提升图像或视频的清晰度。本章从传统的插值与基于稀疏编码的超分辨率算法讲起，重点介绍了基于深度学习的超分辨率的各种处理策略，包括对模型结构的改进和对处理流程的设计。

第 5 章主要介绍图像去雾算法。本章从雾天成像的退化模型入手，分析了有雾图像的特点及去雾任务的解决方法，重点讲解了几种经典的传统方法，如暗通道先验去雾算法，并介绍了几种不同思路的深度学习去雾模型。

第 6 章主要介绍图像的 HDR 任务及其算法。本章首先介绍 HDR 的定义及 HDR 相关任务设定，然后介绍几种经典的 HDR 相关算法，包括传统算法及基于网络模型的经典算法。

第 7 章主要介绍深度学习的图像合成与图像和谐化。图像合成也是底层视觉处理技术的一个重要任务，其目的是对不同图像的主体和背景进行合成，并使整图观感自然、无瑕疵。本章首先介绍图像合成的传统方法，然后介绍对基于神经网络的合成图像和谐化任务的定义、处理难点、相关模型思路。

第 8 章主要介绍图像增强与图像修饰。图像增强和图像修饰是比较宽泛的任务类型，包括图像的曝光调整（如低光增强）、颜色调整（如颜色滤镜模拟、色域调整）等子任务。本章介绍了图像增强的一些经典算法，以及基于神经网络模型的图像增强的相关尝试。

参考资料与读者交流

本书中实现的各类算法及模型结构的相关代码和脚本均可以通过作者的 GitHub 仓库获得，仓库地址：https://github.com/jzsherlock4869/lowlevel-book-codebase。另外，作者水平有限，如果发现书中有技术性错误或者表述不严谨的地方，可以通过在上述代码仓库中提 issue 的方式留言讨论。后续会收集确需修改的内容，在该仓库维护一个勘误表供读者参考。另外，对于本书内容和形式，读者如有任何想法或建议，也可直接发邮件给作者进行讨论（作者邮箱：jzsherlock@163.com）。

本书读者

本书主要面向的读者群体包括深度学习与计算机视觉行业的从业人员，计算机、人工智能及其相关专业方向的学生，图像处理相关技术的爱好者与学习者。虽然本书已力求通俗和基础，但是仍希望读者在阅读本书之前具有一定的先修知识，包括 Python 编程基础知识、简单的高等数学和矩阵论知识，并对深度学习有一定的了解。当然，也可以在阅读本书的过程中遇到问题时，有针对性地查阅相关资料作为补充。

致谢

本书讲解了大量的经典算法和比较前沿的网络模型方案，在算法实现过程中也参考了相关论文与官方代码等资料，在此对各位论文作者与研究者的出色工作表示感谢。本书主要的参考文献可以扫描如下的二维码或者封底二维码查看，对相关算法感兴趣的读者可以自行阅读、深入了解。

另外，本书的出版要特别感谢电子工业出版社博文视点的编辑黄爱萍和刘博，两位老师在选题策划及稿件审校方面为作者提供了很多专业建议和帮助，在此真诚致谢，这本图书是我们共同的作品。

最后，还要感谢翻开并阅读这本书的你，希望你可以在从本书中获得相关知识和技术的同时，收获一些对计算机视觉和图像处理领域的启发。祝阅读愉快！

目　录

第 1 章　画质算法与底层视觉概述

由于本书主要讨论关于图像和视频的画质算法任务及其技术方法，因此首先需要对画质算法的定义和范围进行了解。在本章中，我们首先介绍画质算法的主要任务与应用场景，并从广义上对基于深度学习的底层视觉技术的原理和特点进行说明。

1.1　画质算法的主要任务

1.1.1　画质算法定义及其主要类别

图像和视频一直以来都是人们获取信息最直观和最丰富的渠道，随着数字化成像技术和音视频技术的发展，以及可以显示和播放图像与视频的电子设备的进步和普及，人们对所观看图像和视频的质量、视觉效果的要求也逐渐提高，因此衍生出了许多对应的技术和算法。人们通常将这些对图像和视频等数字信号进行处理，以提高其视觉质量、提升人眼观感的算法技术统称为**画质算法**，也可以称为**画质增强算法**，或者**图像/视频增强算法**（**Image/Video Enhancement Algorithm**）。

画质算法的主要目的在于，结合人眼视觉先验和数字信号领域相关先验，对图像和视频进行某种处理，使得其在各种场景中能更好地适应人眼的感知方式，使人们获得更好的视觉体验。按照应用场景和处理目标的不同，画质算法主要包括以下几大类任务。

首先是图像和视频的**去噪**（**Denoising**）任务。要获得图像和视频数据，首先需要通过各种设备采集和处理数据，还可能需要进行存储和传输，才能被人们接收并感知到。在上述的采集、处理、传输过程中，通常会引入各种类型的噪点和伪影（统称为噪声），从而影响画质效果，降低观感，因此需要通过某些方式将噪声尽可能去除，还原出真实的图像和视频内容。噪声的压制可以在采集过程中通过优化硬件设计等物理方式来处理，也可以在成像流程中或者成像后通过算法进行处理。去噪算法是画质算法中一个重要且古老的分支，具有很广泛的应用。除了自然图像，特殊场景的图像也需要去噪模块来提高成像质量，比如，医疗影像中的 X 光成像和超声成像，与自然图像不同的遥感领域的光学和雷达成像，以及用振动波和电磁学方法勘探地层内部结构的地震成像等，都需要一定的去噪手段来降低或排除干扰，以获得所需的信息。

然后是图像和视频的**超分辨率（Super-Resolution，SR）**和细节增强任务。分辨率和清晰度的提升是人们对于视觉体验的一个直接的衡量手段和评价标准，因此清晰度的提升也是画质算法一个重要的组成部分。所谓超分辨率是指，通过某种算法，将图像的分辨率进行提升，从而基于已有的信息恢复出更多的细节、纹理、边缘等内容。超分辨率任务一般需要对原图像的尺寸进行放大，但是这并不是必需的，对于输入质量较模糊、退化较明显的图像，它现有的图像尺寸大小可能并没有完全被利用，因此可以在同尺寸上对输入进行细节和纹理的增强，以恢复被退化所降低的图像质量。超分辨率图像不但可以提升人眼的视觉感受，在某些特殊场合，如安全监控、侦察等领域，高分辨率图像还有助于后续的处理。

另外，可以改善画质的还有图像影调调整的相关算法。为了更好地显示场景内容，或者突出影像风格，往往需要对其亮度、对比度等各个方面进行调整。这个过程可以通过一些相关算法来实现，如色调映射、直方图均衡、直方图拉伸等。另外，色调、对比度等方面的调整也是直接影响画质和风格的重要方面。

除此以外，还有**高动态范围（High Dynamic Range，HDR）**算法，其也是画质算法的重要组成部分。所谓高动态范围场景，指的是最亮和最暗的影调差距非常大的场景。比如，在室外晴天情况下，在很暗的卧室中同时拍摄窗户和书柜，由于窗外亮度极高，卧室内部的书柜很暗，通常的成像一般无法同时保留这两个区域的细节并显示处理（要么书柜清晰窗外过曝，要么窗外清晰书柜完全变黑看不到细节），因此需要高动态范围相关的算法通过对不同曝光区域进行融合，或者对高动态范围的成像结果进行压缩以便能将高亮和暗区的细节同时在低动态范围的显示器上进行展示。

在某些特殊场景中，也衍生出了一些相关的画质提升和改善的任务与算法，比如，对雾天对比度低、通透性差的场景进行**去雾（Dehaze）**，对雨天和雪天的场景去除画面中的雨雪，对夜景低光照场景下的结果进行增强，对光源场景去除眩光的影响，对一些出现摩尔纹的场景**消除摩尔纹（Demoire）**，以及人像场景可能需要模拟相机的**散景（Bokeh）虚化功能**，从而突出主体、获得更加艺术的风格。以上这些任务，也都可以被看作这里所定义的画质算法的范畴。

近些年来，随着深度学习相关的底层视觉技术的发展，一些与画质相关的新任务和新算法被提出，比如，老电影、旧视频的**上色（Colorization）**，不同图像的**合成（Composition）**与**和谐化（Harmonization）融合**，图像和视频的增强和**修饰（Retouch）**等。这类画质相关任务极依赖图像信息和内容的先验，在传统图像处理领域往往比较难处理，但是得益于深度学习通过大量的训练所获取的强先验信息，这些任务也都在一定程度上得到了解决。图 1-1 所示为画质算法的主要类别示例。

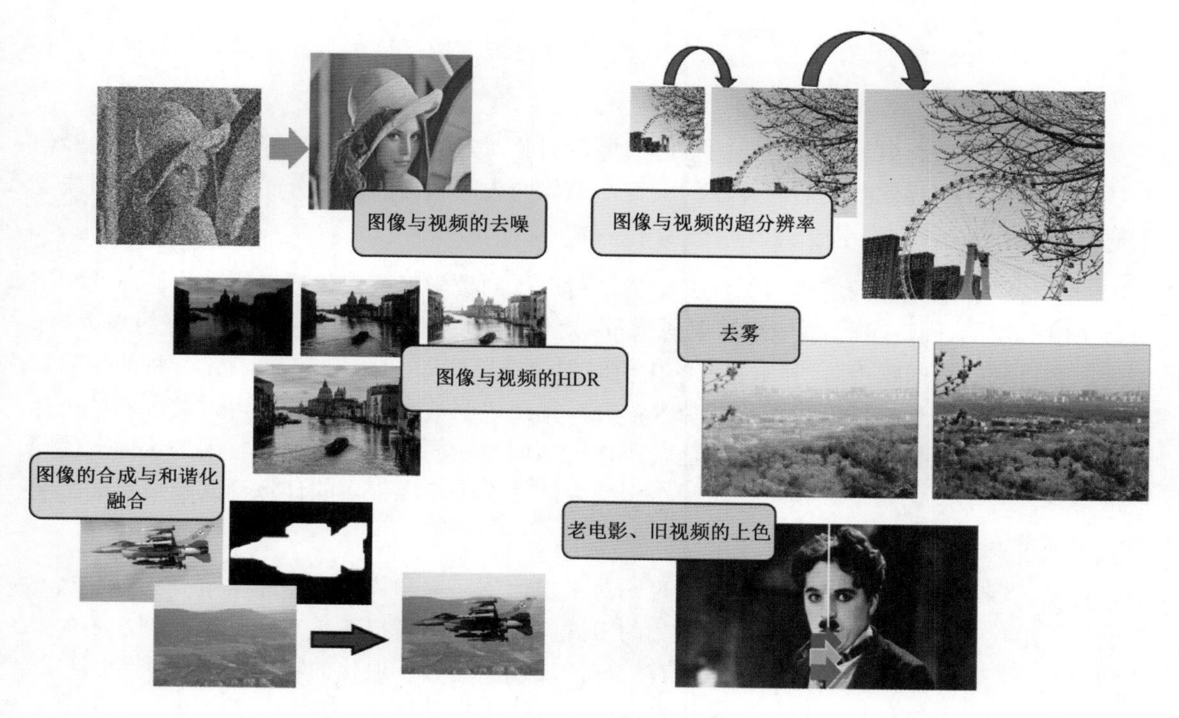

图 1-1　画质算法的主要类别示例

1.1.2　画质问题的核心：退化

从上面所列举的任务类型可以看出，画质算法所处理的问题基本可以概括为低质量图像的增强和恢复，从而达到人眼可接受的质量水平。既然以低质量图像为输入，那么了解其来源和形成方式是非常重要的。一般来讲，人们将高质量图像到低质量图像的变化过程统称为**退化（Degradation）**。退化可以是不同类型的，比如，在去噪问题中，图像处理过程中各个位置引入的噪声就可以被视为对图像的退化；而对于超分辨率问题，模糊和下采样过程所导致的细节丢失与图像质量下降是超分辨率任务需要重点解决的退化。类似地，对于去雾、去雨等任务，这些自然现象反映到图像中的那部分影响（雾导致的颜色、饱和度下降，雨雪导致的固定形式的干扰和噪声）就是这些任务需要处理的退化。

画质提升算法往往被看作退化的逆过程，这个过程一般称为**图像恢复**或**复原（Restoration）**，即对退化造成的影响进行去除，以获得未受退化影响的图像。从概念上来说，图像恢复假设真实未退化的高质量图像存在，然后通过一定的手段去逼近这个目标。而前面所说的图像增强任务则是希望根据某些技术，使图像获得更优的视觉感官效果（如通过锐化增加清晰度）。图像恢复和增强这两个任务在概念上是有所区别的，但是随着深度学习范式的发展，通常的增强任务也需要对图像设置训练目标（即 GT，Ground-Truth），与低质量图像组成配对样本进行监督学习，因此这两个概念有时候会被混用。这里只需要简单了解两者具有一定的差异性即可。

退化可以说是画质算法要解决的核心问题，因此，对各种不同类型退化的建模和先验信息的利用是设计和优化各类对应算法的关键。退化的先验和自然图像分布的先验共同组成了所有算法设计的出发点。

对于传统算法（非深度学习算法）来说，对退化的数学形式建模或者对退化性质的利用直接影响算法的计算流程。举一个简单的例子：对于图像中分布稀疏但是能量较强的噪声（比如后面会讲到的椒盐噪声），利用邻域的中值对图像进行处理（中值滤波）就是一种简单的解决方法。这个过程直接用到了退化的特性：分布稀疏说明被噪声污染的值可以通过邻域进行预测；而噪声的能量较强则说明其不适合于通过邻域加权的方式进行处理，因为这样会使噪声污染像素周围的像素（加权平均时噪声强度大，使得干净像素点的计算受到噪声点的影响而改变像素值）。

对基于深度学习模型的画质算法来说，对于退化的研究和模拟也是非常重要的。在这类算法中，退化模拟往往是生成训练数据集的方式，因此退化模拟得越真实、越准确，其训练得到的效果往往也越容易在实际场景中有较好的表现。另外，退化的特性也可以作为网络的先验知识，影响网络结构的设计。这些内容在后面具体的模型算法讲解中都会有所涉及。

1.2 基于深度学习的底层视觉技术

1.2.1 深度学习与神经网络

随着**深度学习**（**Deep Learning**）和**人工智能**（**Artificial Intelligence**）技术的发展，计算机视觉、语音识别、自然语言处理、推荐系统等领域都迎来了革命性的突破。以往无法较好解决的问题有了新的方法来求解，而已有传统方法的许多任务也被深度学习方案刷新了成绩。深度学习可以通过数据驱动的方式学习对应任务的先验表征，不但解决了人工设计特征的困难和降低了成本，而且可以获得更好的任务表现。

深度学习的核心是**深度神经网络**（**Deep Neural Network**），即由多层神经元组成的模型结构。神经元是神经网络中最小的计算单元，它接收上一层神经元的输出并进行加权求和，经过激活函数处理得到输出，并传到下一层神经元。神经网络中神经元连接的权重是可学习的，通过大量数据的训练和反向传播算法的优化，可以将网络训练到目标任务上，使其泛化到训练集以外的数据上进行预测。深度神经网络的关键在于更深的网络结构，网络深并且参数量大有助于学习到更加复杂的数据表征，更好地拟合任务需求。图 1-2 所示为深度神经网络模型示意图。

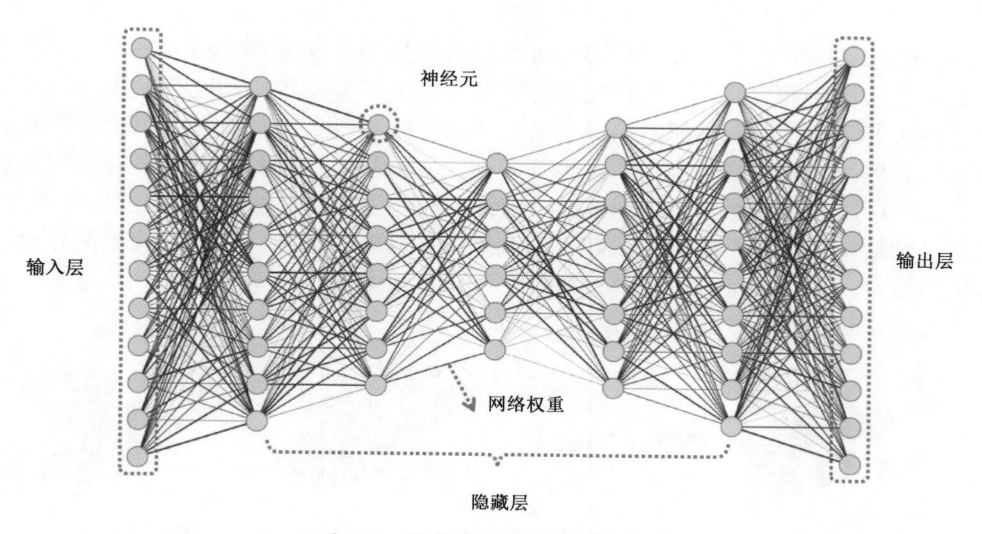

图 1-2　深度神经网络模型示意图

1.2.2　底层视觉任务的特点

在计算机视觉领域，常见的任务类型为**高层视觉任务（High-level Vision Task）**和**底层视觉任务（Low-level Vision Task）**。其中，高层视觉任务指的是对于语义级别信息进行提取和处理的复杂的图像相关任务，如图像分类、目标检测与跟踪、实例分割等。而底层视觉任务主要指的是与图像语义内容非强相关的、偏向于图像处理的相关任务，如前面提到的去噪、超分辨率等画质相关任务。深度学习在高层视觉任务中的应用较早，在 2012 年的 ImageNet 图像分类竞赛中，AlexNet 模型利用深度学习卷积神经网络技术，将比赛结果刷新到了一个新的高度。AlexNet 的成功毫无疑义地成了深度学习领域的一个里程碑式事件，使得人们对于深度学习范式的人工智能技术重拾信心，并推动了神经网络模型在视觉领域的研究和发展。在随后的研究中，图像分类、语义分割、目标检测等高层视觉任务不断涌现出一批优秀的工作（如 ResNet、DeepLab、Fast R-CNN、YOLO 等），将领域的 SOTA（State of the Art）不断向前推进。图 1-3 所示为常见的高层视觉任务与底层视觉任务示例。

对于底层视觉任务来说，深度学习和神经网络也为这些传统问题的解决带来了新的思路和可能性。底层视觉技术由于其任务的特殊性，对于网络结构的需求和设计模式与分类、分割等任务的不同，这就驱使研究者针对底层视觉的各项任务重新思考深度学习模型的方案和进路。对于分类、检测这类任务来说，设计模型时一个重要的考量就是如何捕捉丰富的图像数据集中的同类物体的语义特征，比如，如果需要识别“猫”这个类别，那么就需要对各种不同猫图片中不同形态猫的共同特征进行学习。为了取得更好的泛化性能，这些图片中的底层内容信息，如颜色、光照、图像质量、噪声水平（Noise Level）等自然需要被忽略。为了让模型对于这些干扰和变化更加鲁棒，人们往往还会在训练时人为施加随机的颜色、对比度、噪声、旋转变换等处理，即**数据增强（Data Augmentation）**。而对于底层视觉相关的深度学习模型来说，图像的这些非语义的细节信息恰好是模型需要关注和处理的内容。比如，对于去噪模型来说，它的目标就是通过网络模型自适应地识别并抑制图像中的噪声，因此对图像的噪声分布强度是非常敏感的。当然，语义信息对于底层视觉任务来说有时候也是有帮助的，仍以去噪模型为例，如果网络可以足够好地理解图像中的物体类别和它可能有的纹理，那么借助这些信息就可以避免一部分富纹理区域中的细节被作为噪声过滤掉。但是就任务本身而言，去噪模型是被期望对语义不敏感的，即不管图像中的内容是什么，只要它的噪声分布符合人们训练集的设定，就应该可以泛化到该图像上，对该图像进行合理的去噪。

图 1-3　常见的高层视觉任务与底层视觉任务示例

除了去噪模型，前面提到的很多画质相关算法任务也都有深度学习相关的方案，并且已经取得了比较好的效果。超分辨率是深度学习方法在底层视觉领域中的一个重要应用，一般来说，想要获得高分辨率图像，需要借助插值上采样，这种方法得到的结果较为模糊，无法补偿下采样及其他退化导致的细节损失。而借助于深度神经网络强大的特征提取能力，人们可以从训练数据中获得丰富的先验信息，这种信息可以在超分辨率上采样过程中，为合理推测上采样以后各个像素的值提供指导，从而使得上采样后的图像更加清晰，并且符合自然图像的分布。另外，对于灰度图像和视频上色任务，通过网络的学习，可以合理推测各个物体可能的颜色，以及哪些像素应该被赋予相同的颜色。图像补全任务则主要依赖于神经网络的结构化先验，利用已知部分的像素信息，对缺失部分的像素进行合理外推。

可以看到，深度学习在底层视觉技术中有着广泛且有效的应用场景，而且随着深度学习基础技术，比如 Transformer 模型、扩散模型等在视觉任务中的发展，底层视觉技术也在更新换代，效果不断提升。在可以预见的未来，基于深度学习的底层视觉技术将会发展出更优化的方案，为日常生活中的画质任务提供更优质的解决方案。

第 2 章 画质处理的基础知识

从这一章开始，我们就正式进入画质算法相关内容的介绍了。在分类介绍各种不同的画质算法之前，我们先来了解一些与画质算法相关的图像处理的基础知识，这些内容可以说是后续将要介绍的所有算法共同的先验知识，只有对图像的形成、特性及其与视觉感知的关系有了比较深入的了解，才能更好地理解许多算法设计的考量，有助于我们在研究或工程实践中设计或选择合适的算法方案。

2.1 光照与成像

要想学习图像的特征及其处理方法，首先需要了解图像是如何产生和获取的。在本节，我们将从人眼的视觉和图像的来源，即光照与成像的原理开始讲起，并介绍常见的相机成像流程。在梳理成像流程的过程中，我们会发现很多画质问题产生的原因，并理解其对应算法处理方式的必要性。

2.1.1 视觉与光学成像

视觉（Vision）可以说是人类所拥有的最重要的和最复杂的感知方式，也是人们生活中可以获取绝大部分信息的来源。通过视觉感知，人们可以获取周围世界中各种事物的大小、形状、纹理、颜色等属性，以及它们之间的空间位置关系。通过对这些信息进行辨识和进一步处理，人们可以识别其他人和各类客观事物的内在性质，并根据这些性质做出判断和决策。

在生物进化的过程中，视觉也占据着至关重要的地位。从最开始的只具有一定数量光敏细胞的较为原始的视觉感知方式，到鸟类、哺乳类等动物的具有复杂结构的视觉系统，自然界中视觉的发展也经历了漫长的自然选择过程。人类的视觉系统主要包括作为感受器的眼球结构与作为感觉中枢的大脑区域。从光学和生物学的视角来看，视觉的形成需要光源发出的或者物体反射的光线通过角膜、瞳孔进入人的眼睛，并经过晶状体、玻璃体在视网膜上形成物体的像。然后通过视网膜上的感光细胞将光学信号转为神经冲动，经过视神经传到大脑皮层的视觉中枢。在大脑的视觉中枢中，这些信号会被解析和处理，形成人能够感知到的有意义的视觉。

随着近年来**计算机视觉（Computer Vision）**领域的突破性发展，在很多场合中人们开始用“视觉”来指代计算机视觉相关的任务，而非人类的自然视觉。然而，研究人眼的自然视觉对计算机视觉领域来说具有极其重要的意义和作用。人眼视觉系统示意图如图 2-1 所示。

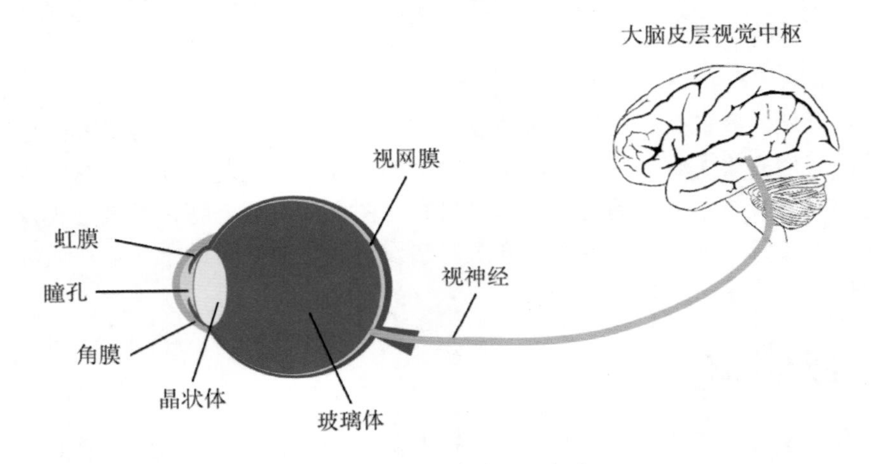

图 2-1 人眼视觉系统示意图

由于人眼成像结构和视觉感知的复杂性、鲁棒性和低能耗等特点，了解人类视觉系统的解剖结构和生理机制，可以使人们更好地模拟和借鉴自然视觉来设计和优化成像系统，以及视觉感知和图像处理算法。比如，图像处理中常用的 **Gabor 滤波器**就是受人类视觉刺激响应的启发，而设计出的一种对光照不敏感，但是对边缘敏感，并且具有良好的尺度和方向选择性的滤波器结构（见图 2-2）；视觉和信号处理算法中常用的稀疏编码，也和人类视觉系统的稀疏性有关联。人们研究发现，视觉系统中神经元的处理会约束编码的稀疏性，从而可以更加高效且低功耗地处理复杂任务。

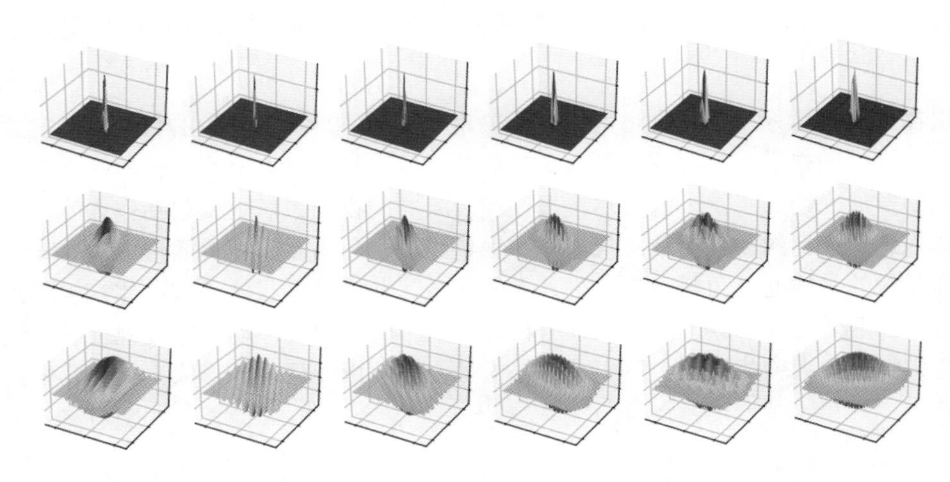

图 2-2 不同参数的 Gabor 滤波器示意图

除了仿生学的意义，了解自然视觉对视觉算法（特别是画质算法等底层视觉任务）的设计目标和评估方式也有着重要的意义。对于自然图像的画质算法，最重要的评价指标就是人眼的视觉感受，因此可以通过某些手段让图像中容易被视觉系统捕捉到的信息更加准确和丰富，而对于视觉不敏感的信息可以选择性地进行压缩。比如，常用的伽马校正就是基于人眼对于不同亮度的非线性响应特性设计的；JPEG 等图像压缩和编码方法也是利用人眼对于空间高频敏感度低的特性，针对不同频率采用不同的压缩程度来实现的。综上所述，研究人眼的自然视觉对图像处理与计算机视觉算法的研究和应用均具有重要意义。

下面介绍图像及其形成方式。图像是用于对视觉对象进行记录和存储，以再现场景内容和信息的媒介和载体。图像可以通过不同的方式获取和存储。在图像处理和计算机视觉领域，可以采用数学形式将图像视为一个矩阵（见图 2-3），矩阵中的每个元素称为一个**像素（Pixel）**，它表示的是对应位置区域的亮度（可能还有颜色）信息。这些像素点在空间上排布，就形成了对于场景整体内容的表示。与人眼视觉所得到的信息相似，图像可以为人们传达出物体的大小、形状、颜色、纹理细节等层面的信息，同时也包含了场景和事物的内容这类高阶语义信息。和人脑对于视觉场景的处理类似，通过对图像的分析和处理，人们也可以从图像中提取出目标的特征信息，从而应用于各种场景，如医学、遥感等领域；或者直接将图像呈现给人观看和欣赏，直接传递某些信息，如电视、电影等行业。

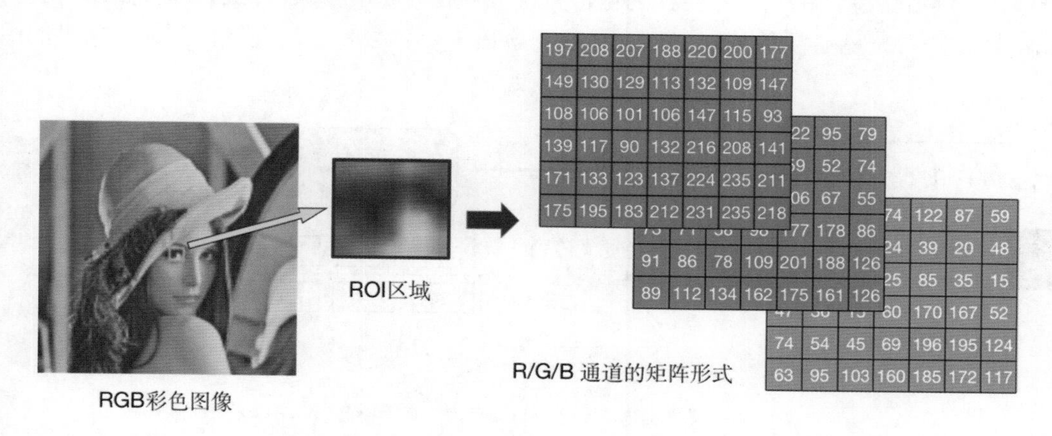

图 2-3 图像以矩阵的形式存储

（ROI 即 Region of Interest，感兴趣区域）

图像的形成需要满足两个重要的条件，即**光照**和**成像**。对于光照，人们都不陌生，它是指物体发出（光源）或者反射（非光源）的光，足够的光照是形成图像的必要条件。在三维空间中光源的强度、照射方向，物体表面的反射角度，成像设备和物体与光源的位置关系等都会影响最终形成的图像情况。成像指的是通过某种装置和手段，将光照得到的信息进行记录的过程。一般的成像装置是一个透镜组，用来进行光学聚焦，并将物体的像投射在传感器或感光材料上，从而保留下来。

对于光照的衡量有很多概念，在成像和图像处理领域常用的主要是**光照度**，其单位为 lux（勒克斯），也写作 lx。光照度指的是被照射物体单位面积所接收到的**光通量**。光通量是人眼所能感受到的光源的辐射功率，可以简单理解为光源发出光的总量，单位是流明（lm）。光照度通常可以用来辨识环境或者物体被照亮的程度，不同环境的光照度有显著的不同。我们知道，晴天的室外场景会比较亮，在这种场景中光照度可以达到上万勒克斯甚至更高。而在各种室内场景中，光照度一般为几十到几百勒克斯不等。对于夜景来说，光照度取决于环境中有无光源及光源的类型，如月光、星光、路灯，其勒克斯数往往小于 1，如果没有光源或者光源很微弱，那么勒克斯数就会很小，接近于 0。

通过对上面场景中勒克斯值的介绍，我们可以大概对光照度的变化有一个感性的认识。下面，我们就来了解如何利用光照将三维世界中的物体投射到二维图像中，也就是成像（Imaging）。最常用的成像设备自然是人们熟悉的光学相机，它一般可以分为三个主要的组成部分（见图 2-4）：光学组件、传感器（Sensor）、**图像信号处理系统（Image Signal Processing，ISP）模块**。光学组件负责将外部世界的目标物体反射（或发射）的光通过光路进行汇总，传到传感器；然后传感器将光信号转换为电信号，用于后续处理和保存；ISP 模块则对得到的原始 raw 图像进行一些必要的处理，如去马赛克、白平衡、去噪等，最终得到人们常见的图像格式。

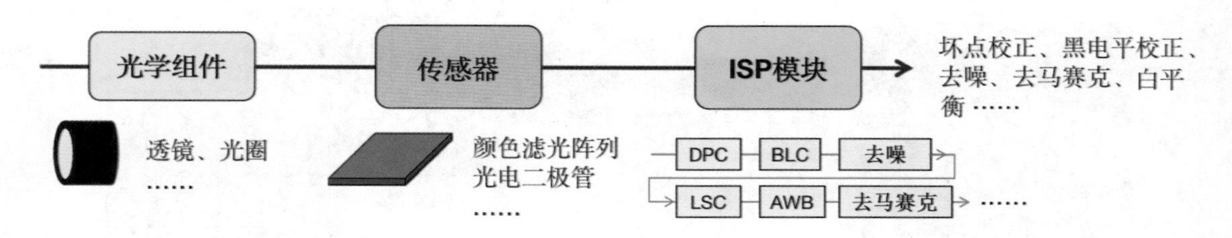

图 2-4　光学相机的主要组成示意图

（DPC 表示坏点校正，BLC 表示黑电平校正，LSC 表示镜头暗影校正，AWB 表示自动白平衡）

首先，我们从成像的第一个阶段：光学系统的原理开始，对图像处理中常用的一些概念进行介绍。一般来说，相机的光学原理可以用针孔模型进行讲解。针孔模型的基本原理就是**小孔成像（Pinhole Imaging）**，作为中小学“自然”和“物理”课程常见的实验活动，这个现象对于我们来说应该并不陌生。实际上早在我国先秦时期，著名思想家、科学家墨子就已经发现了小孔成像的原理。《墨经》中有记载：“景，光之人，煦若射。下者之人也高，高者之人也下。足蔽下光，故成景于上；首蔽上光，故成景于下。在远近有端，与于光，故景库内也。”这段话不但描述了小孔成像的现象（小孔成的像是下方成像于上，而上方成像于下的倒立的像），而且解释了其形成原因：光沿着直线传播（煦若射），而头部挡住上面的光，从而成像在下面，足部挡住下面的光就成像在上面（见图 2-5），由于小孔的存在，就使得物体在暗盒内成了一个倒立的像。

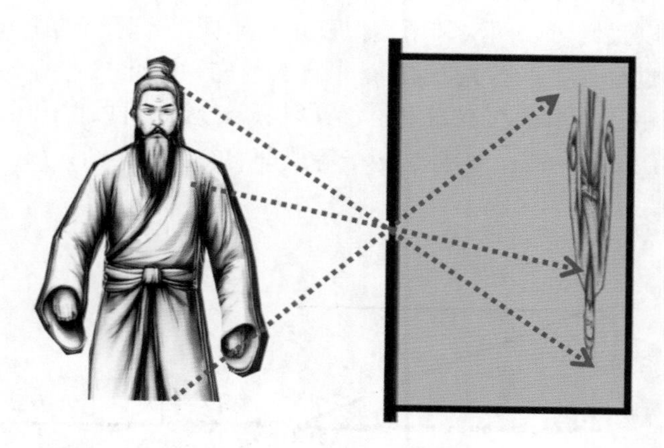

图 2-5　小孔成像示意图

小孔成像可以获得清晰像的关键在于小孔的孔径要足够小。理想小孔成像的光路与实际小孔成像的光路如图 2-6 所示，对于一个理想的小孔，从几何上来看，物体上的某一点只有一条光线可以通过小孔，因此可以避免不同位置的光所形成的像之间的干扰。然而在实际应用中，理想小孔并不存在，而且当小孔的面积过小时，由于通过的光线较少，成像的效果并不好；另外，当小孔的面积过小时，还会产生衍射现象。因此，在实际中，一般会采用透镜来实现光线的汇聚，以便使所成的像更加明亮清晰。

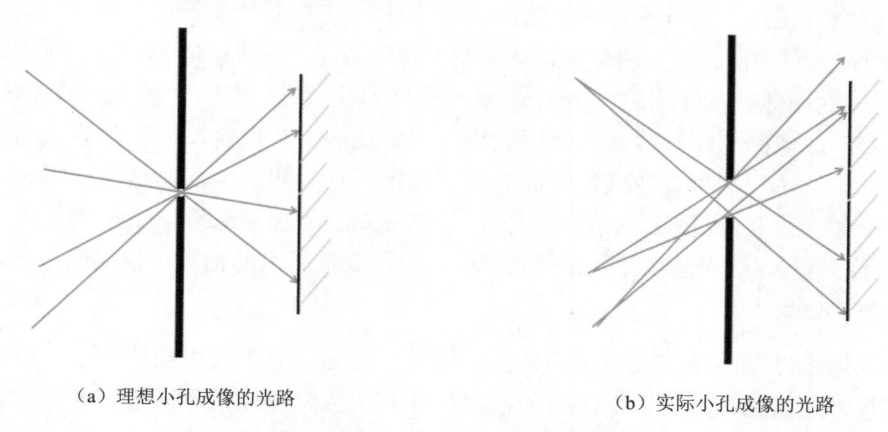

（a）理想小孔成像的光路　（b）实际小孔成像的光路

图 2-6　理想小孔成像的光路与实际小孔成像的光路（考虑孔径大小）

小孔成像的物体和对应像的大小关系可以通过相似三角形原理，根据物距和相距的比例直接计算出来，而凸透镜的光路则不同，它可以通过折射，将输入的平行光线汇聚到焦点的位置。凸透镜的成像大小也可以计算出来，图 2-7 展示了凸透镜成像的光路。凸透镜中心称为光心，光心到焦点的距离称为焦距 f。由于平行线穿过凸透镜汇聚于焦点，并且穿过光心的光线不改变路径，所以我们可以两次利用相似三角形原理，计算出物距 u、相距 v 和焦距 f 之间的关系，具体计算过程如下：首先，AE 是平行入射光，因此与光轴交于焦点 F。而 AO 穿过光心，因此不改变路径。由于$\triangle ABO$ 和$\triangle CDO$ 相似，因此可以得出 $u/v=h/m$，而$\triangle EOF$ 与$\triangle CDF$ 相似，因此有 $f/(v-f)=h/m$，结合这两个等式即可得到 $u/v=f/(v-f)$，整理后得到 $uv=fv+uf$，即 $1/f=1/u+1/v$。

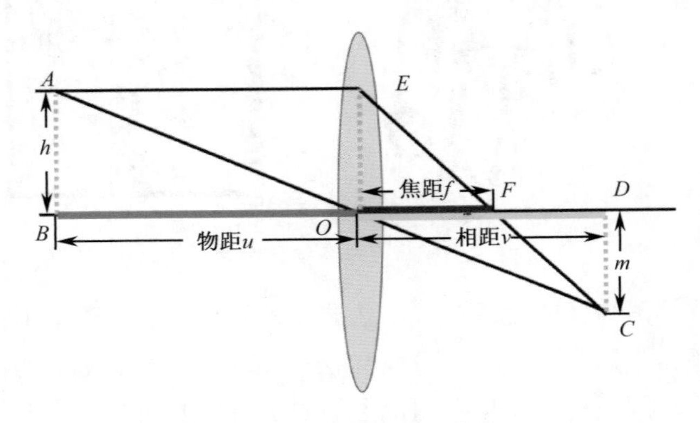

图 2-7　凸透镜成像的光路

小孔成像和透镜成像的原理可以帮助我们理解很多和相机、图像相关的概念。第一个重要概念是**景深（Depth Of Field，DOF）**。对于透镜成像来说，一般成像只有在焦点平面附近的位置才会清晰，超过一定范围，物体中的一个点就不再对应于像平面中的一个点，而是一个圆，这个圆称为弥散圆，弥散圆越大，整张图像看上去越不清晰。但是，由于生物结构的限制，人类的视觉系统也是有极限的，这个极限一般称为视敏度，可以用最小分辨视角来衡量。这也就意味着，成像的清晰程度（弥散圆大小）只要在一定范围内，人们都会认为它是清晰的。利用这个结论，我们可以找到像平面的允许范围，称为焦深，而与这个范围对应的物体的允许范围，就是景深（见图 2-8）。景深大的，一般被称为“深景深”，反之被称为“浅景深”。一般来说，焦距越长，景深越浅，反之则越深。处在景深范围内的物体可以清晰成像，否则会有模糊和弥散的效果。

景深的效果在摄影中经常被用于凸显被摄主体，比如，对于人像拍摄来说，可以用浅景深以虚化背景，从而强调人像；而风景的拍摄往往利用深景深以使不同范围的物体都可以更清晰地成像。另外，对于因为厚度等限制而无法实现真正浅景深的场景如手机、相机，可以通过模拟的方式刻意虚化背景以凸显主体，达到类似单反相机的效果，这就是散景虚化。深景深与浅景深拍摄效果图如图 2-9 所示。

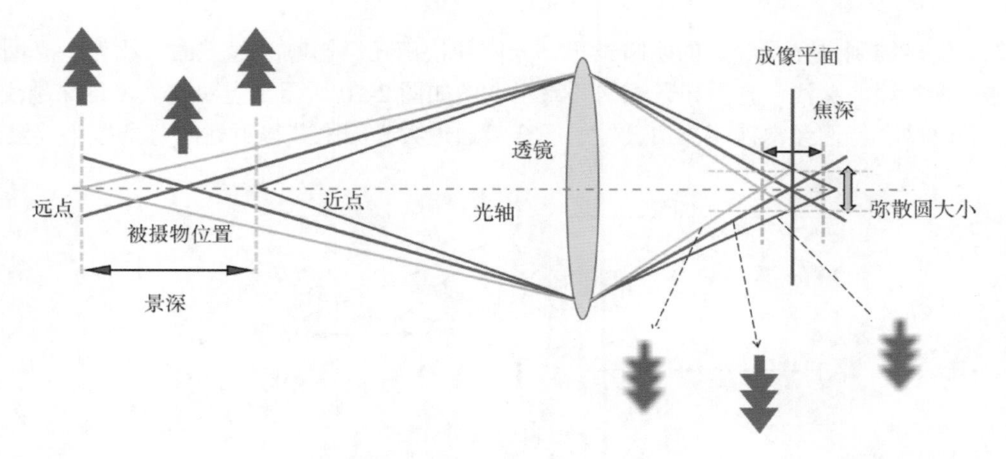

图 2-8　透镜成像景深示意图

（a）深景深拍摄效果

（b）浅景深拍摄效果

图 2-9　深景深与浅景深拍摄效果图

另外两个常用的重要概念就是**快门（Shutter）**和**光圈（Aperture）**。这两个概念都和进光量的控制有关，快门从时间维度对进光量进行控制；而光圈则从空间上对进光量进行控制。快门，或者叫作快门速度，指的是在拍照时光线与感光元器件接触的时间，通常用秒来衡量，比如 1/4s、1/30s、1/60s 等。快门速度越快（时间值越小），进光量越少，拍出来的照片就会越暗，反之则越亮。光圈是镜头中一个控制进光孔径大小的装置，光圈越大，进光量越多，成像就越亮。光圈的作用类似于人眼的瞳孔，正如瞳孔在明亮或者黑暗的地方会自适应地放大和缩小，对于拍照来说，也需要根据环境亮度来决定光圈的大小以保证成像更好。光圈一般用 f 值来度量，f 值是一个相对值，它由焦距除以孔径的直径得到，一般表示为 f/2.8、f/4、f/5.6 等（我们还可以发现，相邻两个光圈 f 值之间都是 1.4 倍的关系，这是因为 f 值与直径成反比，1.4 倍的直径比例就是 2 倍的面积比例，也就是说前后两个光圈实际上刚好差一倍面积）。f 值越大，表示孔径越小，进光量越少，成像越暗；反之，f 值越小，表示孔径越大，进光量越多，成像越亮。

除了直接控制进光量导致的明暗结果，光圈和快门还会影响其他方面。比如，光圈还可以用来控制景深的深浅。光圈和景深的关系示意图如图 2-10 所示，光圈越大，景深越浅，反之则越深。这个特性经常被用在拍人像的场合，通过大光圈来获得更好的背景虚化效果。

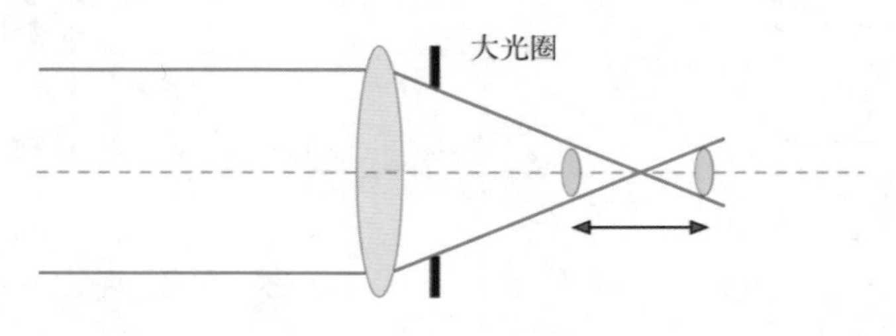

（a）大光圈导致更浅的景深

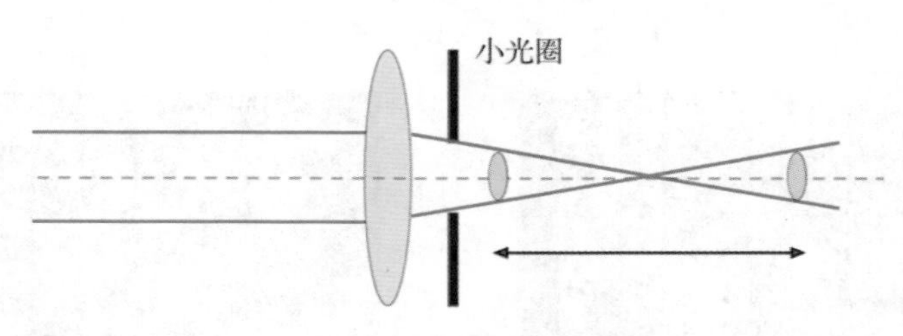

（b）小光圈导致更深的景深

图 2-10　光圈和景深的关系示意图

而快门除了影响进光量，还会对运动物体的模糊程度有影响。这个不难理解，在目标物体有位移的情况下，快门开得越久，物体越模糊；反之，如果快门速度设置得很快（秒数值很低），那么就更容易定格到运动物体的瞬间（见图 2-11）。因此，如果人们想要抓拍到更清晰的运动物体，一般需要将快门速度设置得比较快，而对于一些特殊需求，如拍摄夜间的车流、星轨等，就需要一个更长的曝光时间。

（a）快门速度为 0.5s，运动的扇叶成像模糊

（b）快门速度为 1/80s，运动的扇叶成像清晰

图 2-11　快门速度对运动物体的影响

由于快门和光圈可以同时控制进光量的多少，所以人们定义了一个概念，称为**曝光值**（**Exposure Value，EV**），用来表示可以得到相同曝光水平的快门和光圈的组合。比如，将快门时间压缩1/2，但同时将光圈的孔径面积扩大2倍，那么总的曝光水平还会保持基本一致。EV反映的是拍摄环境亮度所对应的合理的快门和光圈关系。另一个常见的关于EV的概念是**曝光补偿**，它的单位是EV，如−3EV、+2EV等。曝光补偿的EV可以修改曝光水平，从而控制画面的整体亮度。比如，当发现拍摄的图像偏暗时，可以通过增加曝光补偿（如+3EV）来提升亮度；反之，偏亮的情况则需要降低曝光补偿。不同曝光补偿的拍摄结果如图2-12所示。

（a）−2 EV 拍摄结果

（b）0 EV 拍摄结果

（c）+2 EV 拍摄结果

图2-12　不同曝光补偿的拍摄结果

2.1.2　Bayer阵列与去马赛克

上面简单介绍了与成像相关的光学系统部分，光线被收集完成后，需要通过传感器进行转换，以便后续的ISP模块进行处理。在传感器部分，需要介绍一个重要的结构，称为**Bayer阵列**（**Bayer Pattern**），这个结构与得到的raw数据及后续的处理算法有密切关系。首先，我们先来了解为什么在相机成像过程中需要Bayer阵列。

相机中的光电传感器可以将光信号转换为电信号，但是光电传感器有一个重要的问题，那就是它只能感受光的强度，而无法感知颜色（也就是频率或波段），因此如果直接用来成像，得到的只能是灰度图。为了得到彩色图像，一个直接的方案自然就是根据图像的RGB颜色理论（后面会详细介绍），用红、绿、蓝3个颜色的滤光片将R、G、B 3个通道所需的亮度直接滤出，然后合成彩色图像。但是这样一来就需要3个传感器，成本大大增加，还带来了3个通道的对齐问题。为了解决这个问题，柯达公司的Bryce Bayer发明了Bayer阵列，这是一种**颜色滤波阵列**（**Color Filter Array，CFA**），通过设计不同颜色滤光片的排布，可以只用一个传感器直接获得彩色图像。Bayer阵列示意图如图2-13所示。

Bayer阵列是由R、G、B 3种滤光片交替排列形成的，一般以2×2作为一个模式，图2-13展示了4种不同形式的Bayer阵列。由于人眼对于绿色比较敏感，因此将G的像素数量设置为最多（等于 R 和 B 数量之和）。Bayer 阵列中的每个像素上都只有单一颜色的滤镜，因此获得的只能是 R、G、B 中一种颜色的强度。从整图的角度来看，每种颜色通道得到的都是一张有部分像素规律缺失的图像，而且每种颜色缺失的位置都不同。缺失位置上的像素值，可以用它周围的那些像素值进行插值得到。这个插值的过程就叫作**去马赛克（Demosaicing）**，或称**解 Bayer（Debayer）**。去马赛克可以有多种实现方式，这些去马赛克算法一般在相机 ISP 模块将输入进来的 Bayer 格式的 raw 图像转换为 RGB 彩色图像。

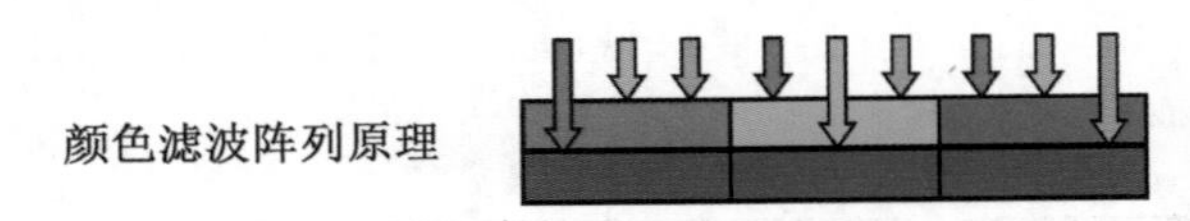

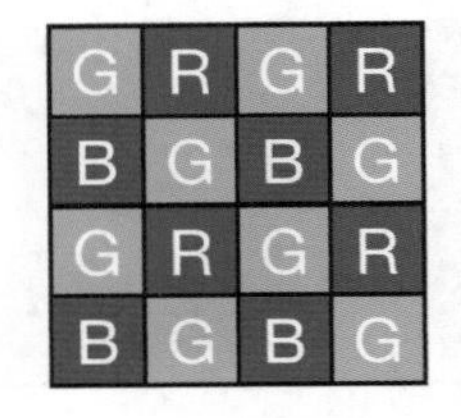

（a）GRBG 型 Bayer 阵列

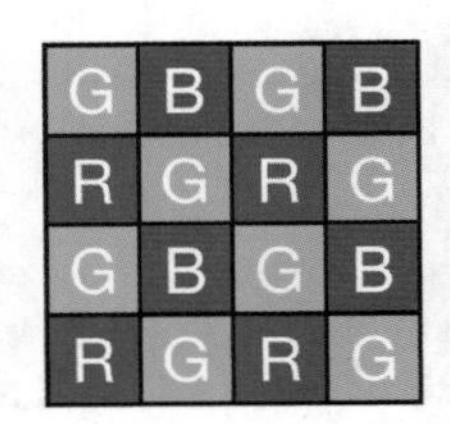

（b）GBRG 型 Bayer 阵列

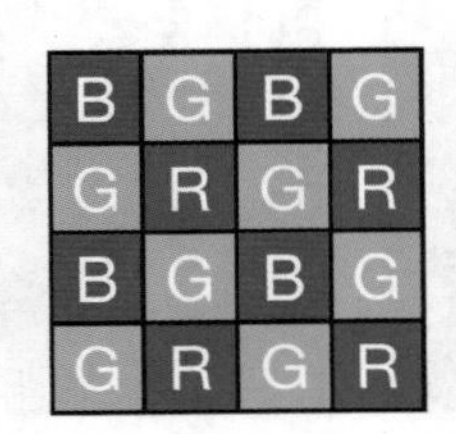

（c）BGGR 型 Bayer 阵列

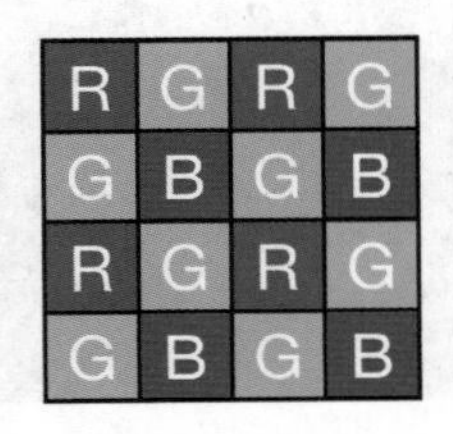

（d）RGGB 型 Bayer 阵列

图 2-13　Bayer 阵列示意图

下面简单讲一下去马赛克算法的基本思路。去马赛克问题本质上是一个插值问题，因此最容易想到的就是对缺失部分的邻域进行双线性插值。我们以图 2-13（a）所示图，即 GRBG 型 Bayer 阵列为例，如果要计算第 2 行第 2 列的 R[2,2]的值，可以通过计算 $R[1,2]$与 $R[3,2]$的均值得到，对于 B 通道也是类似；R 和 B 都可以看作分布在许多 3×3 矩阵的四个角点位置上，因此对于边上的缺失需要用左右或上下两个同颜色的相邻像素进行插值，而对于中心点的则需要四个同颜色的角点进行插值；而 G 通道比较特殊，它可以被看作 3×3 矩阵中四个边上的元素（也就是中间位置的 4 邻域），因此对于缺失的 G 通道可以直接用其 4 邻域的值进行平均得到。这种插值方法可以写成分离出的各个颜色通道的卷积形式，矩阵形式的双线性插值去马赛克如图 2-14 所示，R 和 B 通道的卷积核是一样的，而与 G 通道的不同。用三个卷积核分别对三个分离出的通道进行处理，即可得到双线性插值的去马赛克结果。

从图 2-14 中可以看到，对于 G 通道来说，在用对应卷积核操作后，在原来就是 G 的像素位置，计算结果就等于当前像素值，而对于空洞位置（白色区域的像素点），则通过 4 邻域平均得到。类似地，对于 R 和 B 通道来说，代入卷积核 K^{R} 和 K^{B} 可以看到，对于左右有两个 R（B）像素的某个位置，用这两个值进行平均得到该位置的 R（B）值，对于上下有值的，则对上下两个值进行平均。对于中心的空洞，则利用 4 个角点的平均。这个逻辑与上面所描述的双线性插值是一致的。

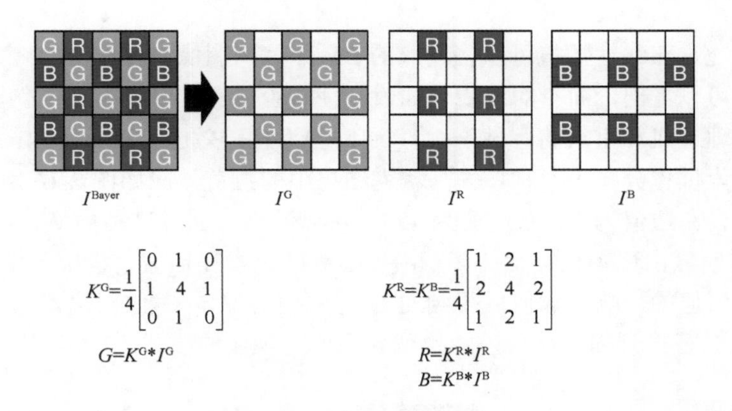

图 2-14　矩阵形式的双线性插值去马赛克

在 OpenCV 中实现了基于双线性插值的去马赛克函数。我们调用该函数，并对输入图像进行去马赛克处理，代码如下。

```
import os
import cv2
import numpy as np

os.makedirs('results/demosaic', exist_ok=True)
bayer_path = "../datasets/samples/sample_bayer_zebra.bmp"
bayer = cv2.imread(bayer_path, cv2.IMREAD_UNCHANGED)

# 用 bilinear 进行 demosaicing
img_bgr_bilinear = cv2.cvtColor(bayer, cv2.COLOR_BayerGB2BGR)
cv2.imwrite('results/demosaic/demosaic_bilinear.png', img_bgr_bilinear)
```

输入与输出结果对比如图 2-15 所示。

（a）Bayer输入　（b）双线性插值去马赛克结果　（c）去马赛克前后局部放大对比图和拉链效应

图 2-15　输入与输出结果对比

可以看出，通过双线性插值可以将输入的 Bayer 阵列图像恢复成 RGB 三通道彩色图像。但是在结果中也可以看出，简单的双线性插值会使边缘位置出现锯齿状的**伪影**（**Artifact**，统称为由于人为处理造成和引入的各种干扰），通常称为**拉链效应**（**Zipper Effect**）。它的成因主要是三种颜色像素位置分布不对称。去马赛克结果中的拉链效应如图 2-16 所示，对于一个交界处的边缘，假设左边值为 0，右边值为 128，可以看出，通过这种插值方法得到的 RGB 彩色图中的 G 通道明显出现了拉链状伪影。沿着边缘的像素在插值过程中，由于受到交界线两侧差异较大的像素值的影响，插值后得到的 G 像素值与原本 G 像素位置的 G 像素值产生了差距，由于 G 是交替排列的，这种差距也就表现为有规律的模式。

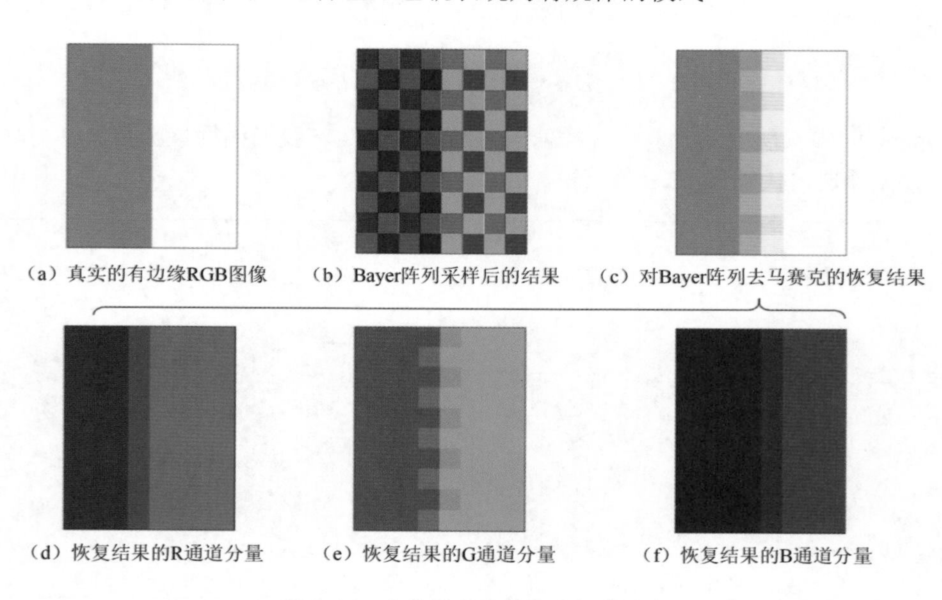

图 2-16　去马赛克结果中的拉链效应

在实际应用中，自然是不希望有伪影产生的。由于已经分析到这种效应的产生在于边缘处不能直接按照平坦区域的方式进行插值，因此，如果可以沿着边缘方向，只用和该点像素属于一侧的已知像素进行插值，那么就可以在一定程度上避免这种拉链效应。这种方案利用的是像素点之间的空间相关性（Spatial Correlation），并针对边缘这种不满足空间相关性的情况进行了优化。一种简单的考虑边缘的去马赛克插值方法是这样的：首先，在待插值的位置计算 x 和 y 方向的梯度，然后用梯度小的方向的邻域值进行插值（某方向梯度小表示沿着该方向比较平滑，满足空间相关性的先验）。

利用空间梯度来确定用来插值的像素的另一种改进方案称为 **VNG（Variable Number of Gradients）算法**。VNG 算法设计的主要目的也是对边缘进行识别并减少由于边界插值产生的伪影。该方案首先在 5×5 的邻域内计算待插值点所在位置 8 个方向（上、下、左、右 4 个方向，以及左上、左下、右上、右下 4 个方向，相邻两个方向间隔 45°）的梯度，然后对 8 个梯度进行阈值处理，只保留梯度值小于阈值的方向用于插值计算。用 OpenCV 中的 VNG 算法去马赛克的代码如下，效果如图 2-17 所示。可以看出，VNG 算法可以在边缘处缓解拉链效应带来的色彩错误，而且相比于上述的只处理 x 和 y 方向的边缘保护算法，VNG 算法可以有效处理有角度的边缘，如图中斜向的斑马条纹。然而，VNG 算法由于需要更大的邻域和更多计算逻辑，因此复杂度相对更高。

```
# 用 VNG 算法去马赛克
img_bgr_vng = cv2.cvtColor(bayer, cv2.COLOR_BayerGB2BGR_VNG)
cv2.imwrite('results/demosaic/demosaic_vng.png', img_bgr_vng)
```

（a）VNG 算法去马赛克的效果

双线性插值
去马赛克的效果

VNG算法
去马赛克的效果

（b）双线性插值与 VNG 算法的效果对比

图 2-17　用 OpenCV 中的 VNG 算法去马赛克的效果

除了空间相关性，另一个重要的先验是色彩的恒常性（Constancy），或者称为光谱的相关性（Spectral Correlation），也就是说，对于临近的区域，需要保持色调尽量一致。这里的色调可以用两种方式来衡量：**色差（Color Difference）**和**色比（Color Ratio）**。顾名思义，色差指的是某像素点的 R 和 B 关于 G 通道的差值，即 $R-G$ 和 $B-G$；而色比则通过比值来计算色调，即 R/G 和 B/G。利用色调的先验，可以先将所有像素的 G 通道像素值计算出来（G 像素点数量更多），然后以每个点的 G 像素值为基准，用邻域的色差或色比插值出该点的色差或者色比，然后通过 G 和差值与比例关系确定出该点的 R 和 B 通道的值。用数学形式可以如下表示（式中的 Ω 表示作为插值参考的当前点的邻域）：

$$B=\frac{1}{4}\hat{G}\sum_{k\in\Omega}\frac{B_k}{\hat{G}_k}$$

$$B=\hat{G}+\frac{1}{4}\sum_{k\in\Omega}(B_k-\hat{G}_k)$$

去马赛克算法一般在相机的 ISP 模块中执行，对 Bayer 形式的输入进行操作，得到 RGB 通道图像。ISP 模块的输入需要从传感器部分获得，在传感器部分，Bayer 阵列得到的各个位置的光信号被转换为电信号，并且经过模拟增益（Analog Gain）放大，以及经过模数转换器（Analog to Digital Converter，ADC）转换为数字信号，供 ISP 模块进行后续处理。

在相机成像过程中，**增益（Gain）**是一个重要的操作，一般分为模拟增益及数字增益（Digital Gain），增益可以简单理解为对输入信号的放大倍数，模拟增益就是对传感器上的模拟信号直接放大的倍数，而数字增益则是对已经量化后的数值的放大倍数。增益的大小影响的是相机对于环境光的敏感程度，增益越大，得到的图像对光线越敏感，也就是说，比较微弱的光也可以被反映到图像中，这种情况下得到的图像会更亮，同时也会有更多噪点（微弱的噪声也会被放大）。而相反，如果增益小，得到的图像对光线不敏感，亮度低但噪声也少。一般来说，在暗光场景下，往往会使用更大的增益以提高亮度，这也是夜景下照片容易出现较多噪声的原因之一。

由于不同相机传感器的感光特性不同，因此为了统一对于增益的调整，国际标准化组织（ISO）制定了统一的表示感光度的指标，这个指标一般称为 **ISO 值**。不同的感光度用 ISO 后面的数字来表示，如 ISO100、ISO400、ISO6400 等，ISO 后面的数字越大，相机对光线越敏感，反之则越不敏感。ISO 值和前面讲到的快门与光圈都可以影响成片的曝光程度，因此通常被称为**曝光三要素**。光圈越大、快门速度越慢、ISO 值越大，得到的图像就越亮。但是这三者也都会各自带来不同的副作用：光圈大导致景深变浅，快门速度慢会导致运动模糊，而 ISO 值大会带来噪声的放大。因此，需要针对不同的任务，灵活选择这三要素的调节方式。不同 ISO 值的成像效果如图 2-18 所示，可以看到大 ISO 值的图像噪声有放大的情况。

（a）ISO800 成像效果　　（b）ISO12800 成像效果，图像噪声相对更强

图 2-18　不同 ISO 值的成像效果

2.1.3　相机图像信号处理的基本流程

通过光学组件和传感器，人们可以获得 Bayer 形式的 raw 图像。为了获得更好的视觉观感，除了上述的去马赛克操作，还需要许多处理模块，最终得到常见的 RGB 类型的图像。这些操作属于 ISP 部分。下面就来简单介绍一些 ISP 部分中的关键模块。

首先是**坏点校正（Defect Pixel Correction，DPC）**。传感器可能在某些位置上存在工艺缺陷，会导致输出的结果中某些像素点信息不准确。DPC 的目的就是对这些点进行识别和处理，以减少对后续步骤可能产生的影响。由于坏点的存在可能影响后续邻域操作相关的模块，因此一般放在 ISP 模块中较前面的位置进行处理。

另一个重要的前期处理模块是**黑电平校正（Black Level Correction，BLC）**模块。这个模块的操作可以简单理解为将黑色设置为 0，类似于人们日常中使用卡尺或者电子秤时的校零操作。传感器中的光电二极管在无光的情况下也会产生一定的暗电流（Dark Current），使得场景全黑时成像结果不全是零。常用的进行黑电平校正的设计就是在传感器上预留出一部分不进行曝光的像素区域（因此像素值应该为 0），然后用该区域输出的黑电平值减去曝光部分的输出结果，从而实现校正。

除了 DPC 和 BLC，还有一个方面需要进行校正，那就是镜头中心与边缘的差异导致的图像中间区域与四周区域的亮度与颜色差异，这个现象称为**晕影（Vignetting）**。与之对应的校正模块称为**镜头阴影校正（Lens Shading Correction，LSC）**模块。通常的方式是对图像中各点乘以补偿系数，对于亮度校正来说，由于校正前四角逐渐变暗，因此距离中心越远的位置需要补偿得越多。颜色差异来自不同波段的光对于中心到边缘的差异引起衰减的速率不同。LSC 模块首先需要建立衰减补偿权重图的函数模型，然后针对具体的光学组件对模型的参数进行标定，从而减少渐晕效应对画质的影响。LSC 对亮度校正的效果示意图如图 2-19 所示。

图 2-19　LSC 对亮度校正的效果示意图

此外，还有两个重要的邻域操作，那就是**去噪**和**去马赛克**。去马赛克操作已在前面介绍过了，这里简单介绍一下去噪操作。噪声是成像过程中不可避免的干扰，从形成机制上来说，主要包括光子散粒噪声、暗电流噪声及读出噪声等。由于噪声的存在会影响图像质量及人的视觉体验，因此对图像的去噪也是非常重要的一个操作。图像去噪的关键在于识别出噪声和有效信号的区别，并加以处理，从而在降低噪声干扰的情况下尽量少损伤边缘、细节纹理等有效信号。去噪相关的原理与算法将在后面详细介绍。

对于颜色的处理，ISP 中主要有两个模块与之相关，即**自动白平衡（Auto White Balance，AWB）**模块及**颜色校正矩阵（Color Correction Matrix，CCM）**模块。首先介绍自动白平衡模块。白平衡的目的在于使白色物体在不同色温的光源下都能够显示为白色，从而补偿由于光源的不同带来的成像结果与人的主观视觉倾向的差异。人的视觉系统具有色彩恒常性，即对于物体的色彩感知不受光源的影响，举例来说，图 2-20 所示的 3 张照片分别是在不同的光源条件下拍摄的，反映到图像上的颜色具有较大的差异，但是人们仍然可以分辨出每张照片中手柄的颜色分别是红色和蓝色。

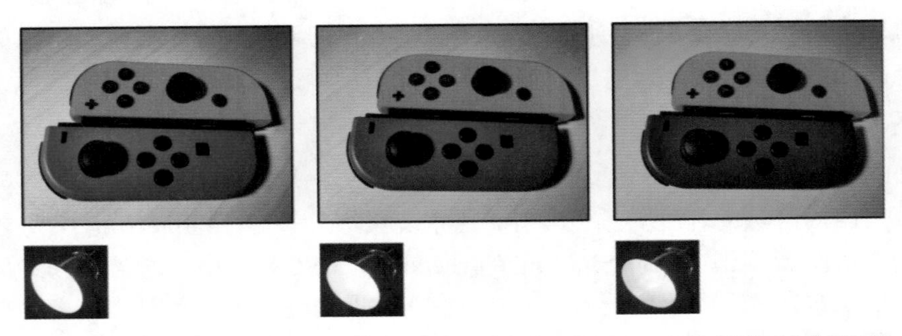

（a）光源 1 条件下的拍摄效果　（b）光源 2 条件下的拍摄效果　（c）光源 3 条件下的拍摄效果

图 2-20　不同颜色光源下的拍摄效果

而对于相机来说，成像的结果不会自动适应光源的颜色而保持恒常，因此需要通过一定的操作对其进行校正。比如，白色的墙面，在红光照射下会变成红色，在蓝光照射下则变成蓝色，如果人们预先知道这个墙面是白色，那么就可以通过调整不同颜色通道将其重新校正为白色。这个操作就是白平衡操作。如果人们已知拍摄时的光源情况或色温，就可以手动调整相机到对应的参数实现白平衡。而更多时候常用的是相机 ISP 模块内部的自动白平衡功能。自动白平衡功能通过算法自动计算当前光源下 R、G、B 3 个通道的补偿系数，用来调整图像的颜色，写成数学形式即

$$\begin{bmatrix} R' \\ G' \\ B' \end{bmatrix} = \begin{bmatrix} g_{\mathrm{R}} & & \\ & g_{\mathrm{G}} & \\ & & g_{\mathrm{B}} \end{bmatrix} \begin{bmatrix} R \\ G \\ B \end{bmatrix}$$

式中，g_{R}、g_{G} 和 g_{B} 是对应于 3 个通道的白平衡系数。自动白平衡算法可以根据图像信息，结合一定的先验，自适应地确定需要的 3 个系数。常见的自动白平衡算法有**灰度世界（Gray World）算法**、**完美反射（Perfect Reflector）算法**等。以灰度世界算法为例，它基于灰度世界假设，认为在一幅色彩较为丰富的图像中，其 R、G、B 3 个通道的均值会趋于相等（R=G=B 显示为灰色，故称为灰度世界假设），因此只需要计算出三者的均值，并根据当前 3 个通道均

值的比例计算各通道的系数，使矫正后各通道的均值相等即可。比如，可以使 g_R=mean(G)/mean(R)，g_G=1，g_B=mean(G)/mean(B)，这样校正后 3 个通道的均值都为 mean(G)。灰度世界算法进行白平衡的一个代码示例如下，其效果示意图如图 2-21 所示。

```
import cv2
import numpy as np
import os

os.makedirs('./results/awb', exist_ok=True)

def gray_world_awb(img):
    imgc = img.astype(np.float32)
    avg = np.mean(img, axis=(0, 1))
    r_gain = avg[1] / avg[0]
    b_gain = avg[1] / avg[2]
    img[:,:,0] *= r_gain
    img[:,:,2] *= b_gain
    img = np.clip(img, 0, 255).astype(np.uint8)
    return img

if __name__ == "__main__":
    img_path = '../datasets/samples/awb_input.jpg'
    rgb_in = cv2.imread(img_path)[:,:,::-1]
    gray_world_out = gray_world_awb(rgb_in)
    cv2.imwrite('results/awb/gray_world_out.png', \
                gray_world_out[:,:,::-1])
```

（a）待处理的输入图像

（b）灰度世界算法进行白平衡的输出结果

图 2-21　灰度世界算法进行白平衡的效果示意图

完成白平衡后，还需要进行颜色校正，即通过 CCM 模块。受到传感器滤光阵列等器件的特性影响，经过相机处理得到的 RGB 图像往往与人眼对物体的主观感受不相同，无法还原真实的色彩，而且不同的传感器其对应的 RGB 响应也不同。为了将不同传感器输出的 RGB 图像颜色校正为与人的主观感受一致，需要将 RGB 图像的各个颜色进行映射。CCM 是一个 3×3 的矩阵，作用于原始 RGB 图像，对每个像素得到新的 3 个通道值。数学形式如下：

$$\begin{bmatrix} R' \\ G' \\ B' \end{bmatrix} = \mathrm{CCM}\begin{bmatrix} R \\ G \\ B \end{bmatrix} = \begin{bmatrix} k_{11} & k_{12} & k_{13} \\ k_{21} & k_{22} & k_{23} \\ k_{31} & k_{32} & k_{33} \end{bmatrix}\begin{bmatrix} R \\ G \\ B \end{bmatrix}$$

进行上述映射需要预先知道 CCM，CCM 一般通过标准色卡进行标定，即对于已知目标 R、G、B 通道值的各个色块，找到其对应的未校正的颜色值，然后通过求解矩阵方程的方式得到 CCM。CCM 对色卡进行校正的示意图如图 2-22 所示。

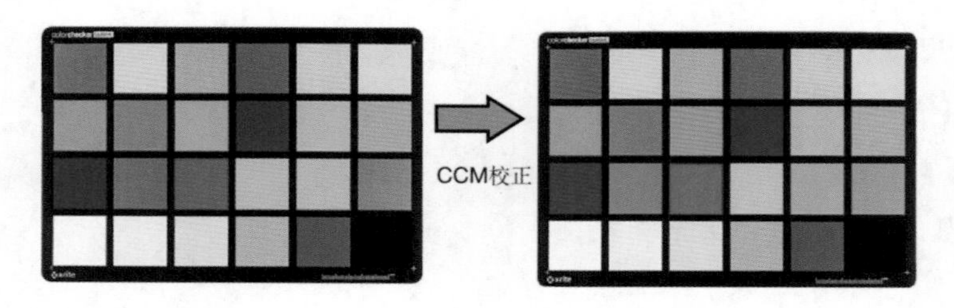

图 2-22　CCM 对色卡进行校正的示意图

最后，ISP 中还有一个重要的模块，称为 **Gamma 校正（Gamma Correction）**。Gamma 校正的动机来源于人眼视觉的一个特性：人眼对于亮度的响应是非线性的，简单来说，人眼对于暗部的变化更加敏感，而对于亮部的变化不敏感。如图 2-23 所示的两个条带，上面的条带是对连续变化的灰度值进行线性划分得到的，而下面的条带则是 Gamma 校正（提高暗区映射范围）后的结果。可以看出，虽然上面的条带采用的是均匀划分，但是从视觉效果上看，下面的条带的渐变更加均匀一些。由于这个特性，人们希望将暗区拉伸得多一些，从而在固定灰阶数量的情况下拥有更多的区分度。这个过程就是 Gamma 校正。

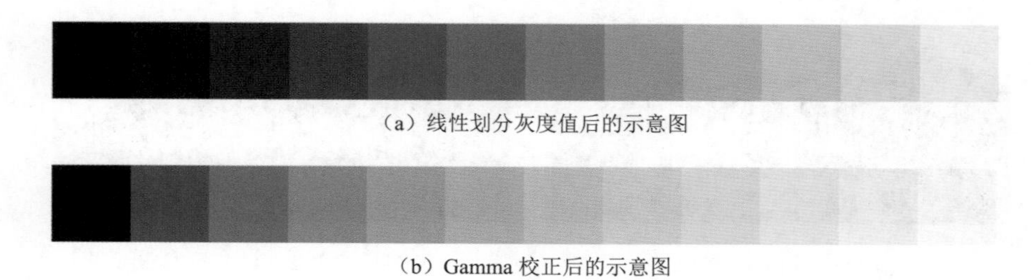

（a）线性划分灰度值后的示意图

（b）Gamma 校正后的示意图

图 2-23　线性划分灰度值与 Gamma 校正后的示意图对比

Gamma 校正的形式一般为指数运算的形式，比如 $y=x^{1/2.2}$。由于为图像暗部分配了更多的量化值，因此 Gamma 校正后存储的图像可以保留更多的人眼敏感的暗区细节，存储和还原都比较高效。Gamma 校正曲线示意图如图 2-24 所示。

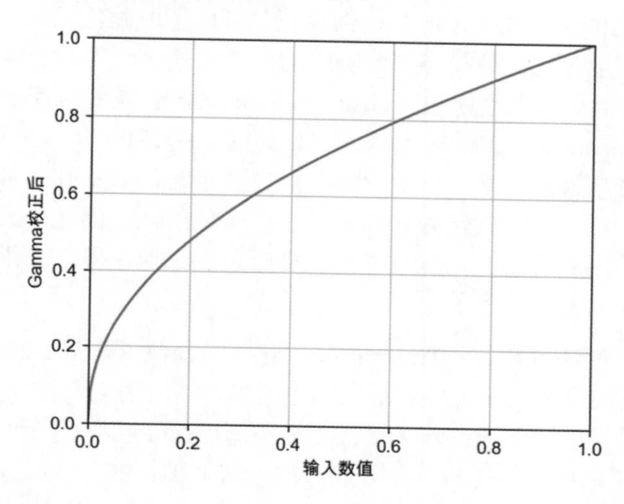

图 2-24　Gamma 校正曲线示意图

2.2　色彩与颜色空间

前面介绍了成像的基本概念，以及相机是如何获取一张图像的。这一节将介绍图像的一个重要属性：**色彩（Color）**。与画质算法和图像处理算法关系最密切的颜色知识主要是颜色空间及其各自的特性与相互关系。因此，本节主要讨论色彩空间的定义，以及常用的几个色彩空间的基本概念。色彩的处理和计算自然离不开对人眼色觉的研究，这里首先介绍人眼色觉感知及与之相关的颜色实验。

2.2.1　人眼色觉与色度图

人眼对色彩的感知称为色觉，色觉是视觉系统对于一定范围内（380～780nm）不同波长光的刺激产生的不同的主观印象。色觉的主要生理基础是视网膜上的**视锥细胞（Cone Cell）**。在人们的视网膜中存在两种光感受器，分别是**视杆细胞（Rod Cell）**和**视锥细胞**。它们的名字来源于其形状。这两种细胞的作用不同，视杆细胞主要负责弱光下的暗视觉，而视锥细胞则负责明视觉。从数量上来说，视杆细胞的数量远远多于视锥细胞，视锥细胞主要分布在成像最清晰的黄斑的**中央凹（Fovea Centralis）**区域，而视杆细胞则分布在周边区域。

人的色觉由视锥细胞产生。人眼中的视锥细胞可以分为三种，分别是 L-视锥细胞、M-视锥细胞和 S-视锥细胞，它们在对光吸收曲线上有所差异，这三种视锥细胞分别对光谱中的长、中、短波长的光相对敏感，这三个波段的峰值大致就是人们通常所说的红色、绿色和蓝色。因此，通常将**红色（Red）**、**绿色（Green）**、**蓝色（Blue）**称为**光的三原色（Primary Colors）**，根据前面的内容可知，RGB 形式表示的彩色图像正是利用了人眼色觉的这个特点。对于任何波长的色光，都需要通过对这三种视锥细胞响应的刺激来使人获得对该颜色的主观感受。在色度学中，有一个著名的**格拉斯曼定律（Grassmann's Law）**，格拉斯曼定律指出，颜色的三个要素是主波长（Dominant Wavelength）、亮度（Luminance）和纯度（Purity），这三个要素中的任何一个改变都会影响人们对于颜色的感知，而反过来说，如果有两种不同光谱的光，在这三个要素方面表现一致，那么就认为它们是同一种颜色的光。因此，人们可以利用三原色的叠加来拟合光谱上不同波长的光，从而得到各种颜色在三原色所在三维空间上的投影，这样就可以用三原色来表示不同颜色了。

有个实验被称为**三色刺激实验（Tristimulus Experiment）（见图 2-25）**，它的操作过程是这样的：首先，准备一块屏幕，用于投射不同颜色的光；然后用一个挡板将屏幕分隔为两半，其中一侧用某种波长的单色光源照射作为基准，另一侧用红、绿、蓝三原色的光源共同照射。观察者通过小孔可以同时观察到这两个被分隔开的区域，然后实验人员调整三原色光源的亮度比例，使观察者无法分辨两个区域的颜色差别，这就表示此时单色光可以用该参数下的红、绿、蓝光源进行合成。改变单色光波长，并对观察者所确定的三原色光的系数进行平均，即可得到不同波长下三原色光的组合系数曲线，如图 2-26 所示。

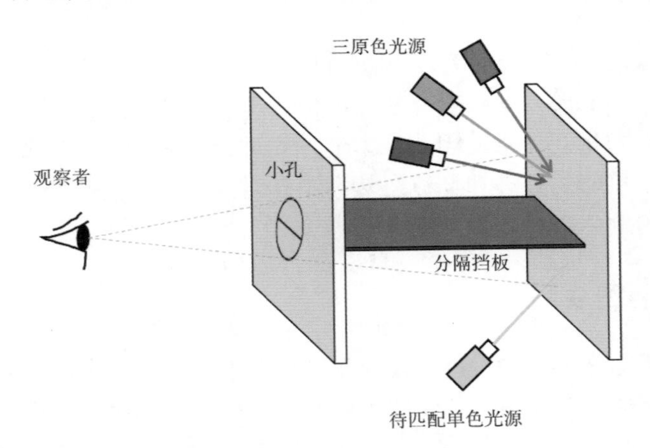

图 2-25　三色刺激实验示意图

图 2-26 所示横坐标中的每个波长，都可以找到对应三原色光的比例系数。可以看到，图中的曲线在某段区域取到了负值。这种现象产生的原因是，在这段区域的单色光与三原色光的匹配中，实验人员发现，无论如何调整三原色光比例都不能匹配到单色光，因此在这段区域，实验人员将三原色光中的某一种色光加在单色光区域一侧，另一侧仍然保留剩下的原色

光，再对三者的比例进行调整以保持两个区域的颜色匹配，由于一种原色光是加在待测试单色光的一侧的，因此其系数就是负值。对曲线中每个波长对应的三原色光的比例进行归一化，可以将每个波长的单色光对应到一个(x, y)坐标点（因为比例相加为 1，因此只有两个自由度）。x 和 y 分别表示归一化后的 R 和 G 的比例。将所有波长对应的点都表示出来，就可以得到代表光谱颜色的曲线。由于其中有负值部分，为了方便表示，将该曲线进行坐标变换，使曲线上的所有点都落在第一象限内。这个马蹄图（也称为舌形图）就是 **CIE 1931 色度图**（CIE 是 Commission Internationale de l´Eclairage 的简称，即国际照明委员会），如图 2-27 所示。

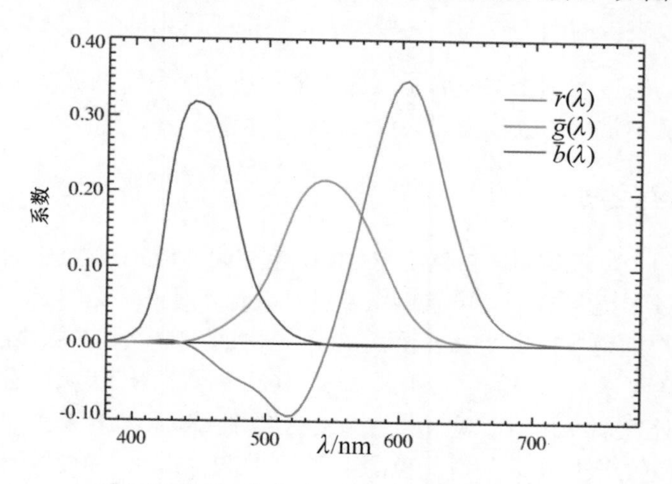

图 2-26　不同波长下三原色光的组合系数曲线

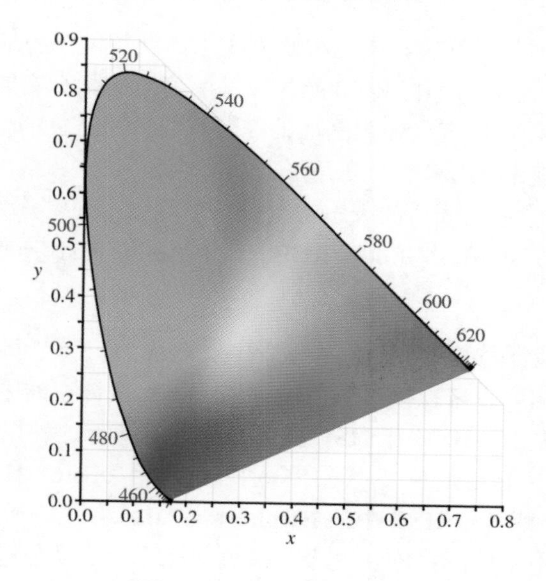

图 2-27　CIE 1931 色度图

色度图反映的是人们可以感知到的所有颜色（不考虑亮度）。在图 2-27 所示的色度图中，边缘的曲线由各个波长的(x, y)坐标点连接而成，马蹄形状中心的点代表饱和度为 0 的等能白光，曲线边缘处为饱和度最高的各不同波长的光对应的颜色，沿着曲线色调变化，从白色中心向边缘方向饱和度逐渐增大。由于在三原色光的组合系数曲线中，红色曲线有大范围的负值，因此得到的色度图在左侧为明显的曲线形状。如果系数都为正数，由于对两点线性组合的结果落在两点得到的线段内，那么应该形成三角形。事实上，由于人们的各种显示系统只能有正系数，因此能表示的范围是色度图中的一个**三角形区域**。这个三角形区域的大小决定了某种显示系统可以表示的颜色范围，区域越大，所能呈现出的颜色就越丰富。

三色刺激实验与色度图的相关概念是图像处理中所有颜色空间的基础，下面介绍几种图像处理与计算机视觉中常用的颜色空间的设计原理与特点。

2.2.2 常见的颜色空间

在所有颜色空间中，最常用的自然是 **RGB 颜色空间**。RGB 颜色空间将不同的颜色用不同比例的 R 通道、G 通道和 B 通道分量的组合进行表示，对于常见的 24 位 RGB 真彩色表示来说，R、G、B 3 个通道各自用 8bit 表示 0～255 范围的 256 个值，总共需要 24bit 来表示一种颜色。24 位 RGB 可以表示的颜色种类共 $256^3 \approx 1678$ 万种。RGB 颜色空间的优点在于其显示方便，但是对于处理来说并不直观，颜色连续变化时，R、G、B 3 个通道往往都会发生改变，而且这 3 个通道的取值与人们对颜色的主观感受（色相、饱和度等）的对应关系并不直观，因此对于一些画质调整任务，往往需要转换到其他颜色空间进行。

另外，RGB 颜色空间是以红色、绿色和蓝色 3 个标准颜色作为基准的，但是不同硬件设备的基准颜色可能有所不同。为了将 RGB 颜色空间的值对应到真实的人们感受到的颜色（也就是前面提到的马蹄图），需要定义作为基准的红色、绿色和蓝色的值。确定了这三者的值，也就相当于在马蹄形状内部画出来一个三角形，3 个基准色对应的就是 3 个角点，三角形内部就是这个标准下 RGB 颜色空间所能表示的所有颜色范围，通常称为**色域（Color Gamut）**。常用的 RGB 色域有两个：sRGB 和 Adobe RGB，其中 Adobe RGB 所包含的颜色范围比 sRGB 更广。

前面提到过，人类视觉系统对于颜色的感受主要取决于三个方面：主波长、纯度及亮度。如果可以直接用颜色感知要素来直接对颜色进行描述，那么该空间中某一维度的改变就可以对应到实际的色彩变化中了。**HSV** 和 **HSL** 颜色空间就是基于这种思路设计的。HSV 颜色空间又称为 HSB 颜色空间，它也是 3 个通道，分别表示**色相（Hue，H）**、**饱和度（Saturation，S）**及**明度（Value，V，或者是 HSB 中的 Brightness，B）**。其中，色相表示颜色的色调，即不同波长的光带给人的不同感受；饱和度表示颜色的纯净度，颜色越纯净、越鲜艳，饱和度越高；而明度则表示颜色的明亮程度，或者可以理解为颜色中加入黑色的程度，明度为 0 时表示为纯黑色，明度最大时表示最明亮、最能显示当前颜色的状态。一般用倒圆锥体来表示 HSV 颜色空间。HSL 颜色空间与 HSV 颜色空间类似，但是在定义上有所区别，HSL 又称为 HSI，其中最后一个维度表示**亮度（Lightness，L；或 Intensity，I）**，它表示的是加入黑色和白色的程度，因此当亮度为 0 时，表示纯黑色，当亮度取最大值时，表示的则是白色，因此，HSL 颜色空间需要用双圆锥体进行表示。HSV 颜色空间和 HSL 颜色空间的形象表示如图 2-28 所示。以 HSV 颜色空间为例，色相对应于绕倒圆锥体中心轴的角度，明度对应于某一横截面距离黑色圆锥顶点的远近，饱和度则对应于从该截面的圆心到圆周的距离。

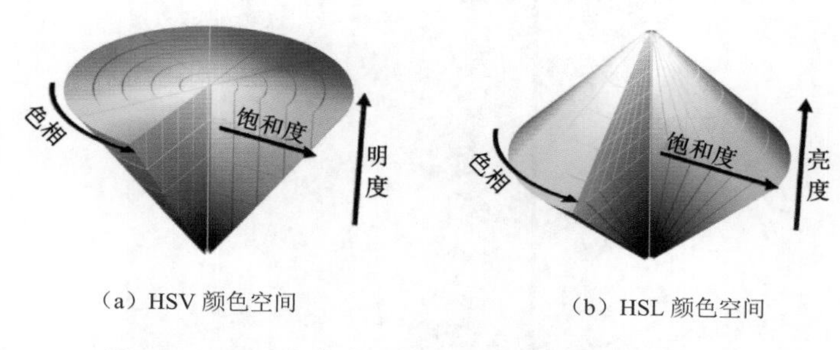

（a）HSV 颜色空间　　（b）HSL 颜色空间

图 2-28　HSV 颜色空间与 HSL 颜色空间的形象表示

另外常用的颜色空间是 **YUV 颜色空间**，它主要用于图像视频的编码处理等方面。在 YUV 颜色空间中，Y 表示**亮度（Luminance）**，U 和 V 分别表示蓝色和红色的**色度（Chrominance）值**，YCrCb 颜色空间的色度值变化示意图如图 2-29 所示（**YCrCb** 颜色空间实际上也是 YUV 颜色空间的一个标准化形式）。在 YUV 颜色空间中，Y 通道可以被视为一个灰度图像，表达了图像的细节信息，因此可以与颜色信息独立开，这一点在提升图像细节清晰度的超分辨率任务中有所应用。另外，由于人眼对于亮度的变化较为敏感，而颜色的变化较为平滑，因此对于 U、V 表示的颜色通道，可以进行适当的采样，从而减小存储和传输所需的空间，提高效率。比如 YUV444 表示完全采样，YUV422 表示色度采样数量是亮度的一半，YUV411 则代表色度采样数量为亮度的 1/4。在显示时，可以通过插值，将没有被采样到的色度信息进行还原。

除了上述几种颜色空间，还有一个较为重要的颜色空间，即 **CIELAB** 颜色空间。CIELAB 颜色空间与三色刺激实验得到的组合系数曲线整理而成的 CIE RGB/XYZ 颜色空间类似，都是直接与人的色觉感知相关联的颜色空间。CIELAB 颜色空间的主要特点是，它可以模拟人类视觉，具有感知均匀性，即在 CIELAB 颜色空间中，颜色在数值上的变化幅度与人感受到的变化幅度基本保持一致。CIELAB 颜色空间也称为 CIE L*a*b*颜色空间，其中 L*表示亮度值；a*表示从绿色到红色的色彩变化，取正值时呈现红色，取负值时呈现绿色；与之类似，b*表示的是从蓝色到黄色的色彩变化。通过这三个分量，可以调整颜色的亮度和色度。另外，CIELAB 颜色空间直接与人的感受相对应，因此它是设备无关的。不像 RGB 颜色空间那样需要预先确定三个基准色才能准确表述，CIELAB 颜色空间只需要确定当前的白色点，即可确定出人对各个颜色实际的感受。也正因为这一点，像 CIELAB 颜色空间这类直接由感知对应出来的设备无关的颜色空间，是无法直接与 RGB 颜色空间这类设备相关的颜色空间进行转换的。如果要进行转换，就需要对 RGB 颜色空间的基准色进行确认，如前面提到的 sRGB 或 Adobe RGB 色域中的设置。RGB 颜色空间到 CIELAB 颜色空间的转换往往需要先转换到 CIE RGB/XYZ 空间，然后转换到 CIELAB 颜色空间。

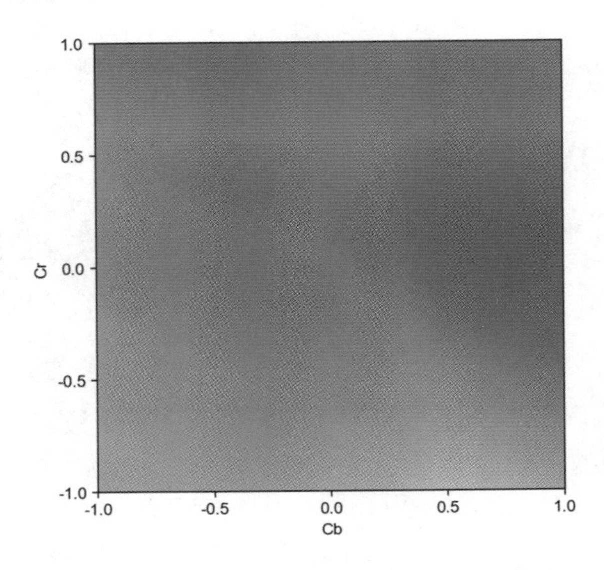

图 2-29 YCrCb 颜色空间的色度值变化示意图

在 OpenCV 中，人们可以实现不同颜色空间的转换。下面的代码示例完成了从 RGB 颜色空间（OpenCV 中默认的通道顺序是 BGR）到 YCrCb 颜色空间、HSV 颜色空间及 CIELAB 颜色空间的转换，并对 3 个通道进行了对应显示。

```
import os
import cv2
import matplotlib.pyplot as plt

os.makedirs('results/colorspace', exist_ok=True)

# 读取示例图像（默认为 BGR 格式）
img_path = '../datasets/samples/lena256rgb.png'
img_bgr = cv2.imread(img_path)

# 将图像从 BGR 转换到 YCrCb 颜色空间
```

```
img_ycrcb = cv2.cvtColor(img_bgr, cv2.COLOR_BGR2YCrCb)
# 将图像从 BGR 转换到 HSV 颜色空间，_FULL 用于映射到 255 范围
img_hsv = cv2.cvtColor(img_bgr, cv2.COLOR_BGR2HSV_FULL)
# 将图像从 BGR 转换到 CIELAB 颜色空间
img_lab = cv2.cvtColor(img_bgr, cv2.COLOR_BGR2LAB)

def vis_3channels(img, labels, save_path):
    fig = plt.figure(figsize=(8, 3))
    for i in range(3):
        ax = fig.add_subplot(1, 3, i + 1)
        im = ax.imshow(img[:,:,i], cmap='jet', vmin=0, vmax=255)
        fig.colorbar(im, ax=ax, fraction=0.045)
        ax.set_axis_off()
        ax.set_title(labels[i] + ' channel')
    plt.savefig(save_path)
    plt.close()

vis_3channels(img_ycrcb, ['Y','Cr','Cb'],'./results/colorspace/ycrcb.png')
vis_3channels(img_hsv, ['H','S','V'], './results/colorspace/hsv.png')
vis_3channels(img_lab, ['L*','a*','b*'], './results/colorspace/lab.png')
```

OpenCV 实现不同颜色空间相互转换的结果如图 2-30 所示。

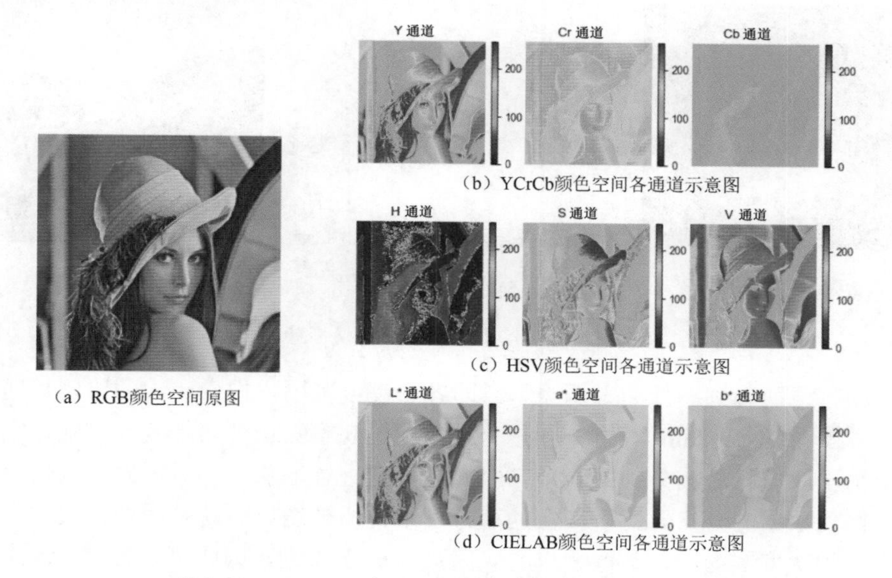

（a）RGB颜色空间原图

（b）YCrCb颜色空间各通道示意图

（c）HSV颜色空间各通道示意图

（d）CIELAB颜色空间各通道示意图

图 2-30　OpenCV 实现不同颜色空间相互转换的结果

2.3 图像的影调调整方法

在前面，我们已经基本了解了成像的基本原理与一些关键概念、相机 ISP 的处理流程，以及各种场景的颜色空间及其特点。下面正式进入图像处理基础内容的介绍，即对图像进行一些基本的操作和分析。首先，来了解一下图像影调调整的相关概念。

2.3.1 直方图与对比度

影调（Tone）是摄影和图像艺术加工领域的常用术语，广义上包含了图像的光影关系及色调风格。这里重点关注图像的光影关系，也就是画面的明暗对比，以及黑白灰各个影调层次（亮度区间）的比例及其分布。根据不同区间的亮度像素比重，可以将图像分为许多种不同的影调类型，常见的影调类别有高调、低调、中间调；如果再细分，还可以分成高长调、高中调、高短调等一系列的影调类型。

高调指的是由浅灰色到白色的范围占据了影像的大部分，与剩下的少量深色形成对比；而低调则相反，主要由深灰色到黑色范围内的暗区像素组成，较亮的部分作为对比；中间调图像则更加常见，通常是用不同亮度的灰色作为主色调，因此画面可以更加丰富而有层次感。不同影调一般用来表现不同的情感和风格，比如，低调可以传达出庄重、肃穆、深沉的感觉，而高调则更加容易让人产生轻盈、明快的感觉。图 2-31 分别展示了**低调、高调、中间调**类型的图像。

（a）暗区占比较多的低调图像

（b）暗区占比较少的高调图像

（c）灰度层次分布均匀的中间调图像

图 2-31 低调、高调、中间调类型的图像

为了更加方便地看到图像的影调类型，即各个亮度范围内像素所占的比例，通常需要借助图像的**直方图（Histogram）**。直方图是一种常用的观察数据分布的统计方式，它对相同取值（或者是由于取值相近被分到同一个箱中）的数据进行汇总，并对不同的取值分别计数，从而直观地得到数据的分布。对于图像的直方图来说，被统计的就是图像像素的取值。以常见的 8bit 类型的灰度图为例，其像素点的取值范围是[0, 255]，因此可以看作 256 个分箱，统计图像中各个取值的数量，并放到对应的箱中，就可以得到图像的直方图。为了统一进行比

较，一般还会对直方图除以图像大小（总像素数）进行归一化，即每个箱对应的值不再是该值的像素数，而是其所占所有像素的比例。对于图 2-31 所示的三张图像，分别画出其直方图，如图 2-32 所示。可以看到，高调类型图像的像素集中分布在右边取值较大的亮区，而低调类型图像的像素则更多分布在左边取值较小的暗区。中间调类型图像的像素分布较均匀，集中在中间区域。

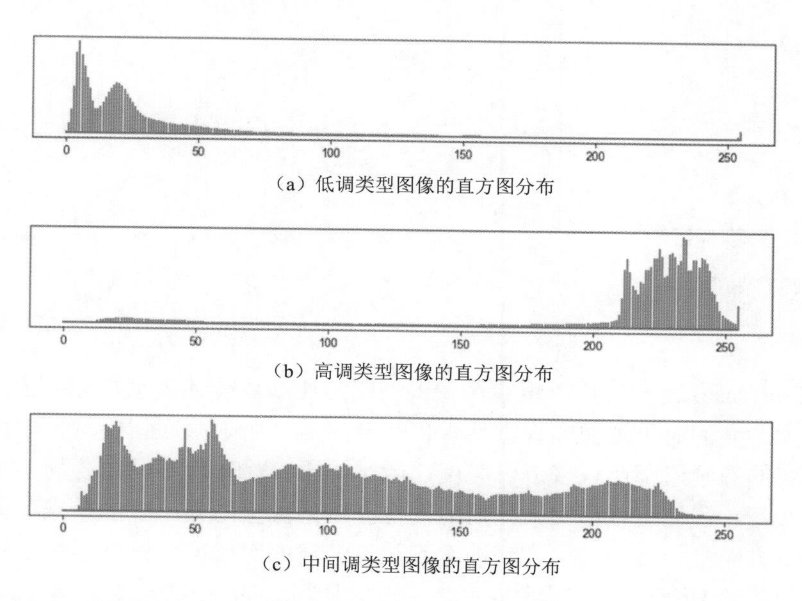

（a）低调类型图像的直方图分布

（b）高调类型图像的直方图分布

（c）中间调类型图像的直方图分布

图 2-32　不同影调对应的直方图

直方图对应于像素值的**概率密度函数（Probability Density Function，PDF）**，或者离散变量的**概率质量函数（Probability Mass Function，PMF）**，因此可以对直方图进行累加（离散值）或积分（连续值）得到**累积分布函数（Cumulative Distribution Function，CDF）**。以 0～255 范围的图像为例，直方图得到 CDF 的方式就是对所有小于 i 的数量进行求和，作为 CDF 的第 i 个值，数学形式如下：

$$\mathrm{cdf}(i)=\sum_{k\leqslant i}\mathrm{hist}(k)$$

从 CDF 与直方图的关系可知，如果某值附近的直方图较为集中，那么 CDF 在对应位置的斜率就会较大，相反则斜率较小。因此，通过 CDF 也可以看出图像的影调特征。仍然以图 2-31 所示的三张图像为例，画出其对应的 CDF（即图 2-32 所示直方图的累积），如图 2-33 所示。可以看出，暗区较多的低调类型图像，其 CDF 在较小的位置就达到了较高的数值，因此呈现出上凸的曲线形式；而亮区较多的高调类型图像则刚好相反，由于其大部分像素都集中在取值较大的位置，因此在前面的暗区增长缓慢，斜率较小，而在后面则斜率突然增大，曲线呈现下凸的形态。实际上，通过直方图或者 CDF，可以大致知道一张图像的影调分布情况，包括从暗区到亮区的各个亮度区间占比，以及整图的基础亮度和对比度等。这里着重介绍对比度的概念，以及它是如何体现在直方图中的。

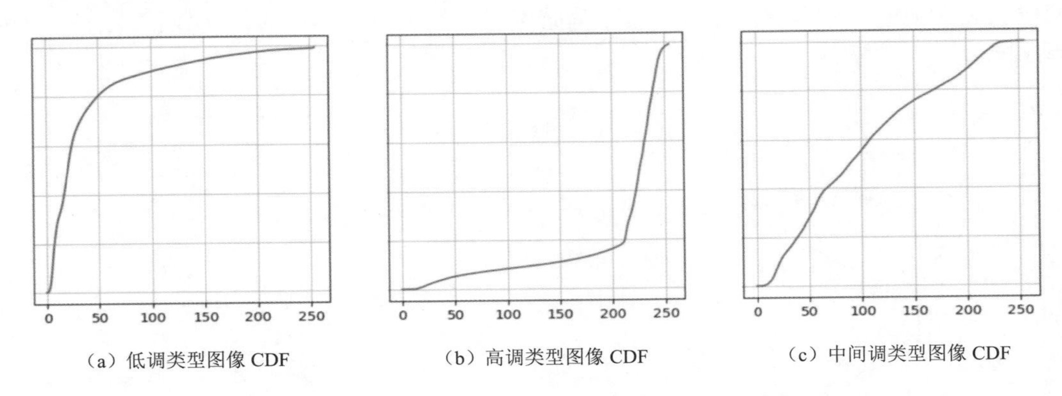

（a）低调类型图像 CDF （b）高调类型图像 CDF （c）中间调类型图像 CDF

图 2-33 图 2-31 所示三幅图像的 CDF

对比度（Contrast）是一种用于度量图像的明暗对比和反差的概念，亮部越亮、暗部越暗，则对比度就越大，人们对于图像的视觉感受也就越清楚、明晰；而相反，亮区和暗区相差较小，则所有内容的像素值都比较接近，亮度比较平，不容易体现不同内容的明暗关系，因此看上去会有些灰蒙。我们可以用归一化后的图像亮度最大值与最小值的差来量化地描述对比度。在图像的直方图上，我们可以直观地看到图像全局的对比度，以及经过某种调整后对比度的变化。如图 2-34 所示，对于其中的三张图像，从图 2-34（a）到图 2-34（c）对比度逐渐提高。从直方图的分布上来说，低对比度的直方图分布较为集中，而对应的图像也较为灰蒙；而高对比度的直方图较为分散，对应的图像对比度也较强，从视觉观感上看也更加通透、清晰。

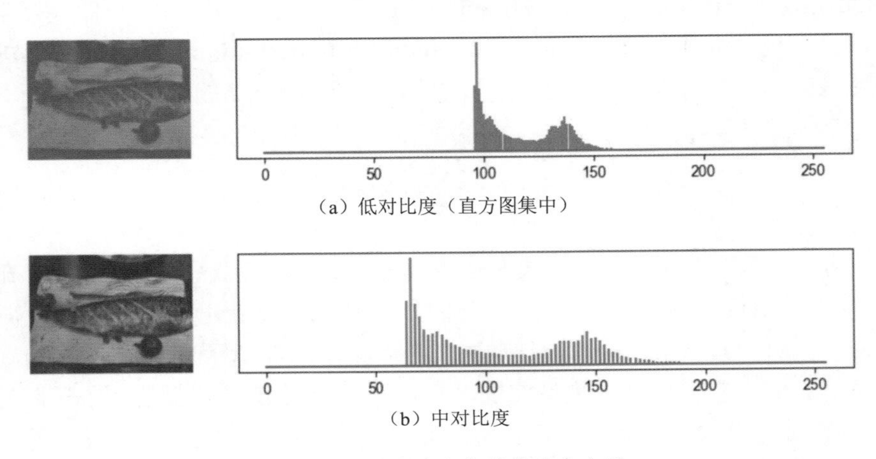

（a）低对比度（直方图集中）

（b）中对比度

图 2-34 不同对比度图像的直方图

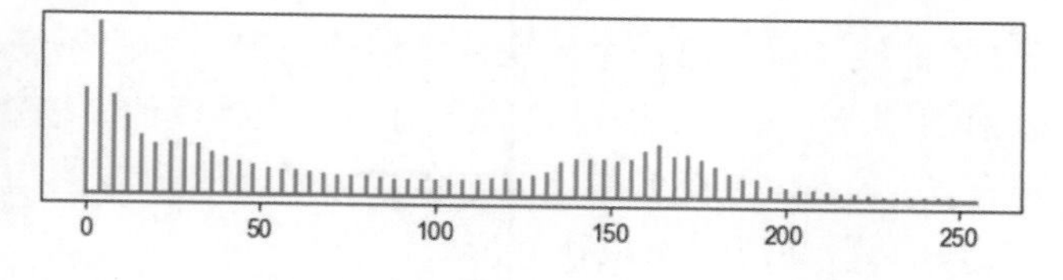

（c）高对比度（直方图分散）

图 2-34　不同对比度图像的直方图（续）

从直方图来说，像素值可以取值的范围是一定的（如 8bit 的 256 个值），对比度低的图像往往像素值分布较为集中，从而将图像中的差别用比较少的像素差进行表示，这样就会使得对这些内容差异的视觉分辨更加困难，同时也浪费了很多可用的区间。而相反，一个对比度更好的图像一般会在直方图上分布较为均匀，从而最大限度地利用取值空间，并且放大不同内容的差异，突出图像细节。因此，为了提高画质，往往需要提高对比度较低图像的对比度，下面就简单介绍几种常见的对比度提升的算法策略。

2.3.2　对比度拉伸与直方图均衡

首先，对于在直方图中只占据一部分区间的低对比度图像，一个简单的方法就是对图像进行归一化，比如，对于一个亮度直方图只分布在[80, 120]区间的图像，我们可以将它通过 min-max 归一化的方式线性映射到[0, 255]，就可以提高它的对比度了。但是这种方法有一个明显的局限，那就是它需要计算最大值、最小值作为当前图像的对比度，可能会有这种情况：图像直方图分布非常集中，但是在其他亮度区域也并不为 0，如在亮区和暗区都有少量的像素。这样一来，通过 min-max 归一化进行直方图拉伸后就无法完全对该图的对比度进行增强了。这时候我们自然会想到，可以根据一张图像当前的直方图分布，对其自适应地进行处理，尽量将像素值少的区间合并到一起，而将像素值多的主要内容所在像素区间尽量分散开。这种思路的一个经典方法就是**直方图均衡（Histogram Equalization，HE）**。

直方图均衡的目的就是尽可能地将原图像的直方图变成均匀分布，或者说将原图像的 CDF 变成 $y=x$ 的斜率均衡的线性形式，为简便起见，这里将图像范围记作[0, 1]。直方图均衡是通过逐像素的重新映射来实现的，比如，原图像中取值为 6 的元素在输出图像上统一被映射为 13。这样一来，问题就变成了如何通过原图像的直方图或 CDF 信息找到这个映射表。而有意思的是，这个映射表并不需要额外计算，直接使用 CDF 曲线即可将图像映射为均匀分布直方图的图像。

这个问题的证明也并不复杂，只需要想到两个约束关系即可：第一，映射曲线必然是单调递增的，这样才可以保证没有亮度反转，即本来较暗的地方映射后变亮，直方图均衡只是提高对比度，不能改变原图像的亮度次序关系；第二，映射后的直方图是均匀的，也就是说其 CDF 是 $y=x$ 的曲线。对于第一个约束，既然映射前后顺序不变，那么映射前比某个值小的数有多少，映射后则还有多少。假设映射之前的一个亮度值 s 被映射后变成了 d，记录映射函数为 $f(\cdot)$，则有 $d = f(s)$，原图像中比 d 小的像素数量和直方图均衡后比 s 小的像素数量分别可以表示为积分（离散情况下即求和）形式，于是有

$$\int_0^s \text{hist}_{\text{src}}(x)\text{d}x = \int_0^d \text{hist}_{\text{dst}}(x)\text{d}x$$

式中，hist_{src} 和 hist_{dst} 分别表示映射前后的直方图。对于连续的直方图（PDF）积分得到的就是 CDF，同时考虑到映射后的 CDF 是 $y=x$ 的形式，于是就得到了如下等式：

$$\text{cdf}_{\text{src}}(s) = \text{cdf}_{\text{dst}}(d) = d = f(s)$$

此时我们发现，要想满足输出结果为 $y=x$ 的均衡情况，则需要 $f(s) = \text{cdf}_{\text{src}}(s)$，也就是说，需要用原图像的 CDF 作为映射曲线。这就是直方图均衡的基本思路。

利用 OpenCV 中的函数 cv2.normalize 和 cv2.equalizeHist 可以实现图像的直方图拉伸和直方图均衡。下面的代码展示了对图像的对比度进行的增强操作，并将结果与直方图显示在了同一张图中。

```
import os
import cv2
import numpy as np
import matplotlib.pyplot as plt
import matplotlib.gridspec as gridspec

os.makedirs('results/hist', exist_ok=True)

# 读入 RGB 样例图像
img_path = '../datasets/samples/lena256rgb.png'
img_rgb = cv2.imread(img_path)[:,:,::-1].copy()

# 转为灰度值并计算其直方图
img = cv2.cvtColor(img_rgb, cv2.COLOR_RGB2GRAY)
hist = cv2.calcHist([img], [0], None, [256], [0, 256])

# 直方图拉伸提高对比度
stretch_out = cv2.normalize(img, None, 0, 255, cv2.NORM_MINMAX)
# 计算直方图拉伸后图像的直方图
stretch_hist = cv2.calcHist([stretch_out], [0], None, [256], [0, 256])
```

```
# 直方图均衡
he_out = cv2.equalizeHist(img)
# 计算均衡后图像的直方图
he_hist = cv2.calcHist([he_out], [0], None, [256], [0, 256])

# 定义函数，将图像和直方图画到同一行中
def plot_img_hist(gs, row, img, hist):
    ax_img = plt.subplot(gs[row, 0])
    ax_hist = plt.subplot(gs[row, 1:])
    ax_img.imshow(img, 'gray', vmin=0, vmax=255)
    ax_img.axis('off')
    ax_hist.stem(hist, use_line_collection=True, markerfmt='')
    ax_hist.set_yticks([])

# 结果可视化
fig = plt.figure(figsize=(8, 5))
gs = gridspec.GridSpec(3, 4)
# 显示原始灰度图像及其直方图
plot_img_hist(gs, 0, img, hist)
# 直方图拉伸后的图像及其直方图
plot_img_hist(gs, 1, stretch_out, stretch_hist)
# 直方图均衡后的图像及其直方图
plot_img_hist(gs, 2, he_out, he_hist)


plt.savefig('./results/hist/hist_compare.png')
plt.close()
```

原图像、min-max 直方图拉伸效果图与直方图均衡效果图如图 2-35 所示。图中从上到下分别所示为原图像、min-max 直方图拉伸效果图及直方图均衡效果图。可以看出，直方图拉伸的效果较弱，而且由于亮区不完全为零，导致亮区主要区域未能被完全拉伸到 255。而直方图均衡后的变化较大，这里由于量化误差的存在，实际上无法完全达到均匀分布（CDF 为 $y=x$），但是各个区域分布已经基本接近均匀分布了，在效果图上也可以看到，相比于原图像，直方图均衡后的图像亮区更亮，暗区更暗，整体对比也更加强烈。

虽然直方图均衡可以有效提高图像的对比度，但是该方法有其局限性。首先，直方图均衡是对全图进行统一处理的，只能区分不同的亮度值，不同位置相同的亮度值都被映射到了相同的数值。但实际上在一张图像中，不同区域有不同的直方图分布特征（见图 2-36）。有些

局部可能对比度较好，不需要过多地提高对比度；而有些区域可能偏平，则需要提高对比度更多一些。

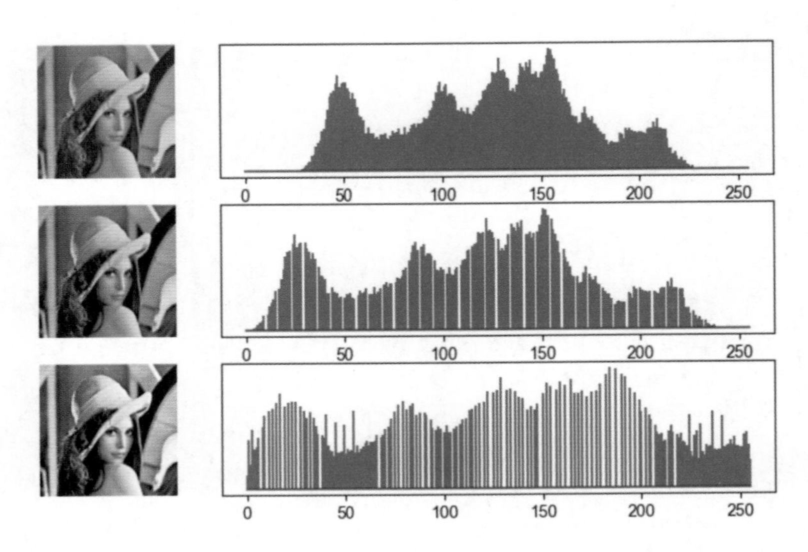

图 2-35 原图像、min-max 直方图拉伸效果图与直方图均衡效果图

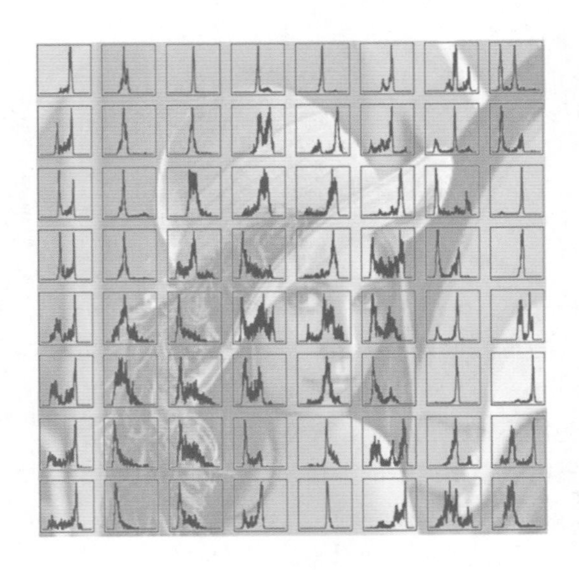

图 2-36 图像各个局部的直方图分布有较大差异

为了使不同的区域得到不同的处理偏向，需要对图像的局部进行自适应操作。另外，直方图均衡的效果较强，对对比度的校正力度较大，因此有时候得到结果的对比度过强，在亮区和暗区出现“过曝”和“死黑”的现象，这也是在对比度校正中需要避免的。为了处理上述

问题，人们对简单的对比度拉伸和直方图均衡进行了不同方式的改进，下面就来了解一下对比度增强算法的改进策略及算法流程。

2.3.3　对比度增强算法的改进策略

前面提到，直方图均衡方法由于其全局操作的性质，可能引起在不同亮度分布的区域效果不理想。通常将这类操作称为**全局对比度增强（Global Contrast Enhancement，GCE）**，与之相对的就是**局部对比度增强（Local Contrast Enhancement，LCE）**。局部对比度增强的一个直接思路就是对图像进行分块处理，对每个局部的区块分别统计其直方图分布，并进行对比度调整；然后将所有区块的处理结果进行汇总，得到全图的处理结果。

应用该思路得到的一种局部对比度增强算法是 **POSHE（Partially Overlapped Sub-block Histogram Equalization）**算法，或者可以称为部分重叠子块直方图均衡算法。它的思路如下：首先将图像划分为若干有重叠部分的区块，比如，以 64×64 作为一个局部的区块，然后以 32 作为步长获取所有的区块，那么临近的区块之间就会有 1/2 或者 1/4 的重叠。POSHE 算法部分重叠分块示意图如图 2-37 所示。对于每个重叠的区块，分别计算局部的直方图，然后用来对该区块内的所有像素点进行映射。由于有重叠部分的存在，有些像素点会被计算多次，那么其输出的结果就是多次映射后的结果的平均值。POSHE 算法可以视为两种局部对比度增强策略的一个折中，一种策略是逐像素确定邻域并计算局部直方图进行映射，另一种策略是直接划分成不重叠的区块并分别操作。第一种逐像素计算的策略效率过低，而不重叠的区块则容易在边界处出现块效应的伪影。POSHE 算法既可以较快速地完成计算，又由于重叠边缘的平均操作使得边界过渡更加自然，减少了可能的边界效应。

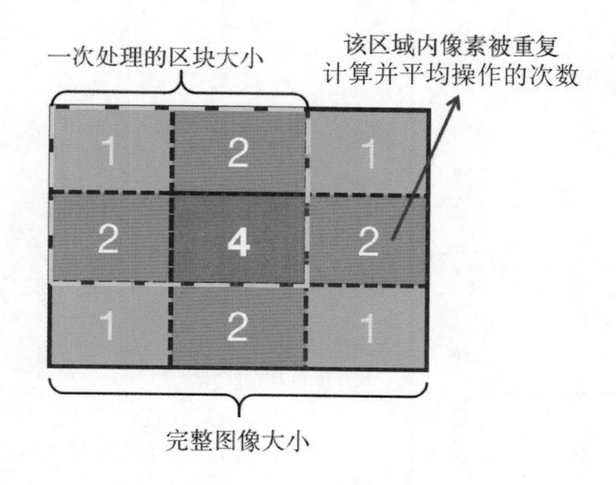

图 2-37　POSHE 算法部分重叠分块示意图

下面要介绍的另一种局部对比度增强算法称为 **CLAHE（Contrast Limited Adaptive**

Histogram Equalization）算法，即对比度限制自适应直方图均衡算法。和 POSHE 算法类似，它也可以通过分块处理实现局部自适应处理，但是 CLAHE 算法有另一个重要的特性，那就是"对比度限制"。所谓的"对比度限制"主要是为了缓和某些分布较为特殊的直方图均衡后效果不理想的情况。我们已经知道，直方图均衡的映射曲线就是原图像的 CDF 曲线，因此，如果直方图分布比较极端化，如集中分布在暗区一侧（说明图像本身较暗且较平），那么其 CDF 在暗区的斜率就会非常大，从而曲线很快就会达到一个比较大的值。这样的 CDF 会将图像映射得过亮。当对图像进行局部对比度增强时，由于区域变小，待统计的像素数变少，因此得到的直方图自然更容易出现这种特殊的分布。CLAHE 算法为了限制对比度太过于增强，采用了如下方法：首先，设置一个阈值 ClipThr，对于局部直方图中大于 ClipThr 的位置统一截断为 ClipThr，并统计被截取掉的像素点数 N；然后将这 N 个像素平均分配到直方图的所有分箱中，记亮度等级总数为 L（如 L=256），则每个亮度经过对比度限制调整后，其数值由 x 变为 $\min(x, \text{ClipThr}) + N/L$。CLAHE 算法对直方图的处理过程如图 2-38 所示。

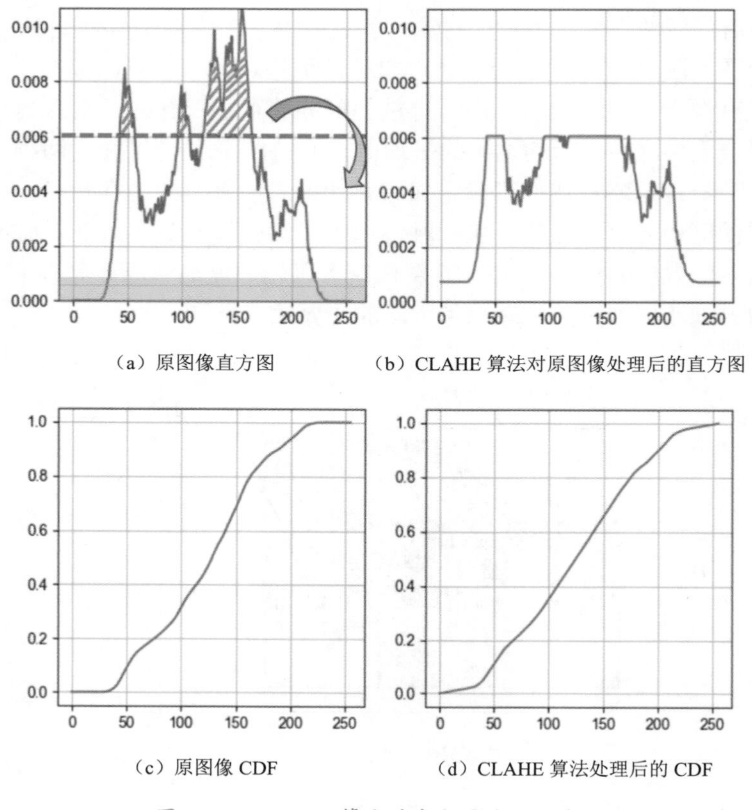

图 2-38　CLAHE 算法对直方图的处理过程

图 2-38 还展示了对直方图进行处理后对应的 CDF 的变化，下面结合图中的示例，考虑

这个操作对于直方图均衡来说意味着什么。首先，由于直方图对应 CDF 的斜率（导数），因此将直方图进行截断并将多出来的像素数量重新平均分配，实际上就是修正 CDF 曲线的斜率，使其相对不要出现某个位置斜率过大的情况。由于 CDF 曲线是映射曲线，因此它的斜率过大可能会导致上面所说的映射将某个小区间分散到很大的区间带来的负面效果。而 CLAHE 算法的截断操作可以一定程度地缓解这个问题，使映射曲线相对保守，避免特殊场景下的效果问题。可以设想一个极端情况，如果 ClipThr=0，那么所有分箱中的值都被截断为 0，然后平均分配所有像素点数，每个分箱的点数就会相等，从而得到的 CDF 曲线就是 $y=x$ 的直线，即不需要进行处理；而如果 ClipThr 大于直方图中的最大值，那么就相当于还是用原来的 CDF 进行映射，也就是直方图均衡。从这个角度来看，CLAHE 算法通过控制 ClipThr 参数，在原来的对比度与均衡化的对比度之间进行权衡调整。用 OpenCV 中的 CLAHE 函数可以对图像进行局部直方图均衡操作，其中的主要参数有两个：局部处理的分区块大小（tileGridSize）和上面提到的 ClipThr（clipLimit）。代码如下所示。不同参数的 CLAHE 算法处理结果如图 2-39 所示。可以看出，截断阈值越小，即截断的越多，越倾向于保留原图像影调；而截断阈值越大，截断的越少，越倾向于直方图均衡的效果。不同分区块大小的处理结果也有所不同，主要体现在局部的块效应和影调反转等效果上。

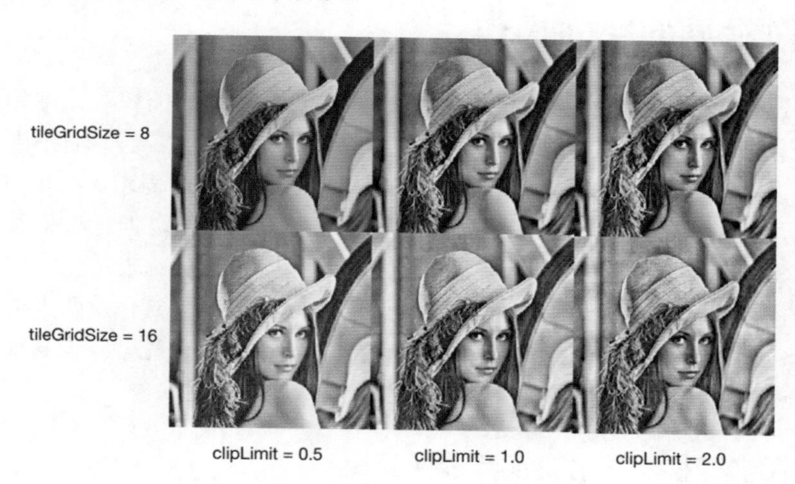

图 2-39　不同参数的 CLAHE 算法处理结果

```
import os
import cv2
import numpy as np
import matplotlib.pyplot as plt
import matplotlib.gridspec as gridspec


os.makedirs('results/clahe', exist_ok=True)
```

```
# 读入 RGB 样例图像
img_path = '../datasets/samples/lena256rgb.png'
img_rgb = cv2.imread(img_path)[:,:,::-1].copy()
# 转为灰度值并计算其直方图
img = cv2.cvtColor(img_rgb, cv2.COLOR_RGB2GRAY)

clip_limit_list = [0.5, 2.0, 3.0]
tile_size_list = [8, 16]
for clip_limit in clip_limit_list:
    for tile_size in tile_size_list:
        clahe = cv2.createCLAHE(clipLimit=clip_limit,
                                tileGridSize=(tile_size, tile_size))
        clahe_out = clahe.apply(img)
        cv2.imwrite('results/clahe/clahe_limit{}_tile{}.png'\
                    .format(clip_limit, tile_size), clahe_out)
```

2.4 图像常见的空间操作

在上面的影调调整部分中，我们主要介绍了通过直方图修改图像对比度相关的影调处理操作。这些操作的最终形式都可以看作将像素值映射成另一个像素值，而不同的算法关注于如何求解或者设计映射曲线（查找表），以实现映射后某种影调的需求。在本节中，我们讨论另外一类算法，即图像的空间操作，这类算法不改变像素的取值，但是改变其空间位置，也就是将某个像素值从当前位置映射到另外的位置。这类操作其实比较常见，比如，对图像进行翻转，就是沿着中心轴对两侧像素点的位置进行调换。这里主要介绍两大类空间操作：基本图像变换（仿射变换、透视变换等），以及光流与帧间对齐。首先，我们从简单的平移、缩放这类变换开始说起。

2.4.1 基本图像变换：仿射变换与透视变换

平移（Translation）变换是最基本的也是最简单的变换，因此我们先用平移来熟悉图像变换的相关概念。平移变换示意图如图 2-40 所示，可以看出，平移变换将所有像素点以相同的位移移动到目标位置。由于它对于所有的点都移动同样的位移，因此，它的数学形式也较为简单，那就是

$$x' = x + a$$
$$y' = y + b$$

式中，(x, y)表示某个像素原来的坐标；(x', y')为平移后的坐标。由于移动量与原坐标无关，因此 a 和 b 是常数。为了方便计算，通常将图像变换操作写成矩阵的形式（矩阵本身一般可以看作表示空间变换的方式），然后用变换矩阵与原坐标（向量形式）进行矩阵乘法的方式计算出对应的目标坐标。但是平移变换的数学形式包括常数项，似乎无法直接写成矩阵乘坐标向量的形式，为了解决这个问题，我们将坐标进行扩展，形成$(x, y, 1)$的形式，最后的 1 用来进行常数项操作。通过这种方式，写出平移变换的矩阵形式如下：

$$\begin{bmatrix} x' \\ y' \\ 1 \end{bmatrix} = \begin{bmatrix} 1 & 0 & a \\ 0 & 1 & b \\ 0 & 0 & 1 \end{bmatrix} \begin{bmatrix} x \\ y \\ 1 \end{bmatrix}$$

接下来我们看**缩放（Scale）**变换如何进行映射。缩放变换示意图如图 2-41 所示。

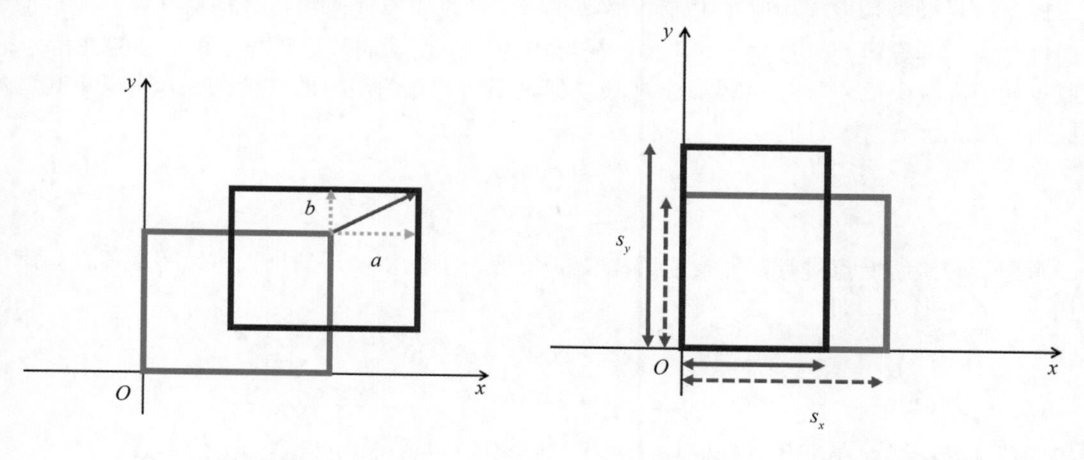

图 2-40　平移变换示意图　　图 2-41　缩放变换示意图

可以看出，缩放前后坐标点的对应关系是固定比例的（对于平移来说，变换前后的对应关系是固定差值的），也就是说，只需要对原像素点的坐标乘以 x 和 y 方向的缩放系数，即可得到新的坐标点。按照上面的写法，可以写出缩放变换的矩阵形式：

$$\begin{bmatrix} x' \\ y' \\ 1 \end{bmatrix} = \begin{bmatrix} s_x & 0 & 0 \\ 0 & s_y & 0 \\ 0 & 0 & 1 \end{bmatrix} \begin{bmatrix} x \\ y \\ 1 \end{bmatrix}$$

还有一种基础的图像变换是**旋转（Rotation）**变换。对于旋转变换，我们需要指定两个参数：旋转中心和旋转角度。这里默认围绕着原点进行，角度为 θ（方向为逆时针，采用了直角坐标系中默认的角度定义的方向），旋转变换示意图如图 2-42 所示。

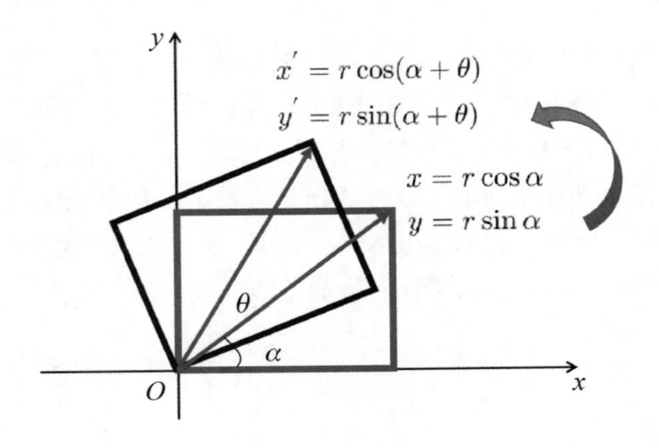

图 2-42 旋转变换示意图

旋转变换的数学形式相比于上面的平移变换、缩放变换来说并不是特别直观，但是也可以通过简单的推导得到。首先，对于原始坐标中的一个点(x, y)，记其与 x 正半轴的夹角为α，到原点的距离（模长）为 r，那么，参考极坐标表示法与直角坐标的转换关系，可以将其直角坐标用 r 和α表示出来，即

$$x = r\cos\alpha$$
$$y = r\sin\alpha$$

考虑旋转围绕原点进行，变换前后模长 r 不变，因此变换后的坐标可以写成仅在角度上增加一个 θ 的形式，即

$$x' = r\cos(\alpha+\theta)$$
$$y' = r\sin(\alpha+\theta)$$

利用三角函数公式对角度和进行拆分，并代入原来的坐标，即可得到如下的形式：

$$x' = r\cos(\alpha+\theta) = r\cos\alpha\cos\theta - r\sin\alpha\sin\theta = x\cos\theta - y\sin\theta$$
$$y' = r\sin(\alpha+\theta) = r\sin\alpha\cos\theta + r\cos\alpha\sin\theta = y\cos\theta + x\sin\theta$$

这个等式已经建立起了目标坐标点(x', y')与原始坐标点(x, y)的对应关系，借助这个关系，即可写出旋转变换的矩阵形式（原点为旋转中心）：

$$\begin{bmatrix} x' \\ y' \\ 1 \end{bmatrix} = \begin{bmatrix} \cos\theta & -\sin\theta & 0 \\ \sin\theta & \cos\theta & 0 \\ 0 & 0 & 1 \end{bmatrix} \begin{bmatrix} x \\ y \\ 1 \end{bmatrix}$$

通过平移、缩放和旋转，我们可以将一个矩形映射到一个长、宽变化且位置移动的矩形。下面介绍另一种变换，可以将矩形拉成平行四边形。这种变换称为**错切（Shear）**变换，它的示意图如图 2-43 所示。

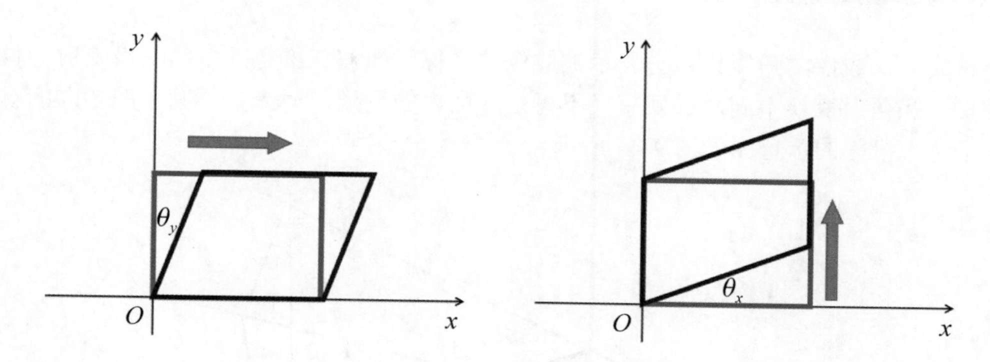

图 2-43　错切变换示意图

参考图 2-43，错切变换可以在 x 或者 y 方向上进行，参数为错切的角度 θ。以沿着 x 方向拉伸的错切为例，我们可以发现，在这个过程中，每个点的 y 坐标是保持不变的，而 x 坐标进行一定程度的移动，但是与前面的平移不同，它对于每个位置的点 x 的移动量是不同的。但在错切操作中，不同点的 x 的移动量是有规律的，即它与 y 值相关，y 值越大移动量越大，且移动量和 y 坐标为线性关系。线性系数就是图中的 $\tan(\theta_y)$。根据这个规律，可以写出错切的矩阵表示形式：

$$\begin{bmatrix} x' \\ y' \\ 1 \end{bmatrix} = \begin{bmatrix} 1 & \tan\theta_y & 0 \\ \tan\theta_x & 1 & 0 \\ 0 & 0 & 1 \end{bmatrix} \begin{bmatrix} x \\ y \\ 1 \end{bmatrix}$$

观察上面几种变换的矩阵形式，可以发现，这些变换矩阵的最后一行都为[0, 0, 1]，这说明所有的变换都没有影响前后增广的三维坐标最后的常数项 1。如果从三维的角度来看，最后一个 1 可以看作另一个坐标轴 z，即 z=1，变换前后没有影响 z 轴的值，换句话说，变换是在成像平面上进行的。这些变换前后的直线仍然为直线，并且平行关系保持不变。上述的这些变换统称为**仿射变换（Affine Transformation）**，仿射变换可以用一个 2×3 的变换矩阵来表示（去掉了相同的最后一行）。考虑到矩阵变换的组合可以表示为各个变化矩阵的乘积，因此，对于一个复杂的仿射变换，也可以拆解为若干基本变换的组合，并通过 3×3 的矩阵的乘积进行等效操作。仿射变换具有保持平行性的特点，只需要确定三个点的映射关系，即可求解出仿射变换矩阵，并以此对图像施加对应的仿射变换。

另外，平移和旋转变换，只改变了图像的位置关系，没有改变其形状，而缩放和错切变换则改变了图像的形状。平移和旋转变换通常被形象地称为**刚性变换（Rigid Transformation）**，表示其可以类比于对刚体的操作，只能移动位置，但是不能扭曲、拉伸使其变形。

相比于仿射变换，**透视变换（Perspective Transformation）**是一种应用范围更加广泛的图像变换方式。透视变换来源于透视投影，它可以看作将一个平面上的内容投影到另一个空间平面上，或者从成像的角度说，它表示被成像的目标平面在三维空间中的变换映射到投影平面的结果。和仿射变换不同，透视变换不再是平面内的变换，而涉及不同平面之间的对应关系。一个透视投影的示意图如图 2-44 所示。

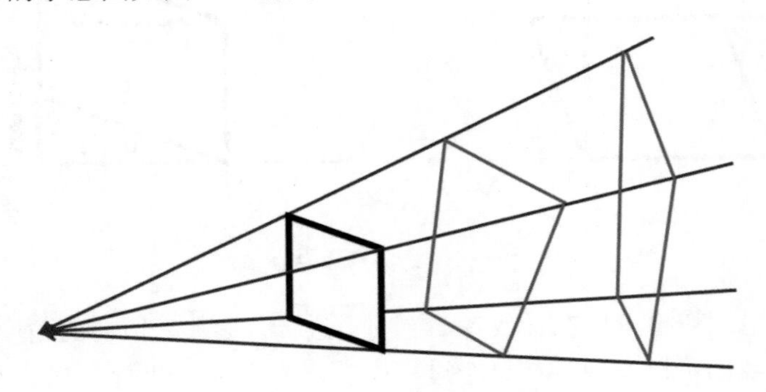

图 2-44　一个透视投影的示意图

可以看到，透视投影具有“近大远小”的特征，因此对于目标来说，如果它沿着成像光线所在的坐标轴（z 轴）方向进行了一些三维空间的旋转，那么它投影到成像平面的结果就不能再保持平行性了。另外，由于变化对 z 轴不再进行限制，因此可以引入对 z 的操作，但是最终还要映射回 z=1 的成像平面。反映到位置向量上就是，得到的目标位置需要对第三个维度进行归一化以得到 x 和 y 的坐标，即$[x, y, z]$与$[x/z, y/z, 1]$是等价的。这就表示对于透视变换的矩阵形式来说，变换矩阵乘以系数是不改变其意义的。那么我们将变换矩阵除以 3×3 矩阵的最后一个元素，即得到如下形式的透视变换矩阵：

$$\begin{bmatrix} x' \\ y' \\ 1 \end{bmatrix} = \begin{bmatrix} a_1 & a_2 & b_1 \\ a_3 & a_4 & b_2 \\ c_1 & c_2 & 1 \end{bmatrix} \begin{bmatrix} x \\ y \\ 1 \end{bmatrix}$$

结合仿射变换，我们发现，透视变换多出了两个参数 c_1 和 c_2，这两个参数用来控制透视变换的程度，其余的参数仍然与仿射变换相同，a_1−a_4 表示线性变换（即旋转和缩放），而 b_1 和 b_2 表示平移变换。由于透视变换矩阵的参数增加了，所以需要 4 组对应的点才能确定出透视变换矩阵，并对全图施加透视操作。

下面利用 OpenCV 中的仿射变换和透视变换函数 cv2.warpAffine 和 cv2.warpPerspective 来分别实现对图像的仿射变换与透视变换。首先，根据各种基本变换（平移、缩放、旋转和错切），直接定义操作参数并对图像进行对应处理，同时还支持多个基础变换的组合来合成一个最终的仿射变换矩阵。对于透视变换，我们采用 OpenCV 中的函数来求解透视变换矩阵，这个函数为 cv2.getPerspectiveTransform，该函数以 4 组变换前后的对应点作为输入，并输出计算得到的变换矩阵。仿射变换的代码如下所示。

```
import os
import cv2
import numpy as np
import os
import cv2
import numpy as np

os.makedirs('results/transform', exist_ok=True)
img_path = '../datasets/samples/cat1.png'
image = cv2.imread(img_path)

def set_affine_matrix(op_types=['scale'], params=[(1, 1)]):
    assert len(op_types) == len(params)
    tot_affine_mat = np.eye(3, 3, dtype=np.float32)
    op_mat_ls = list()
    for op_type, param in zip(op_types, params):
        if op_type == 'scale':
            scale_x, scale_y = param
            affine_mat = np.array(
                [[scale_x, 0, 0],
                [0, scale_y, 0],
                [0, 0, 1]], dtype=np.float32)
        if op_type == 'translation':
            trans_x, trans_y = param
            affine_mat = np.array(
                [[1, 0, trans_x],
                [0, 1, trans_y],
                [0, 0, 1]], dtype=np.float32)
        if op_type == 'rot':
            theta = param
            cost, sint = np.cos(theta), np.sin(theta)
            affine_mat = np.array(
                [[cost, sint, 0],
                [-sint, cost, 0],
                [0, 0, 1]], dtype=np.float32)
        if op_type == 'shear':
            phi_x, phi_y = param
            tant_x, tant_y = np.tan(phi_x), np.tan(phi_y)
            affine_mat = np.array(
```

```
                [[1, tant_x, 0],
                [tant_y, 1, 0],
                [0, 0, 1]], dtype=np.float32)
        op_mat_ls.append(affine_mat[:2, :])
        tot_affine_mat = affine_mat.dot(tot_affine_mat)
    return tot_affine_mat[:2, :], op_mat_ls


test_types = ['translation', 'scale', 'rot', 'shear']
test_params = [(15, 2), (1.1, 0.8), 0.15, (-0.3, 0.2)]

affine_mat, op_mat_ls = set_affine_matrix(test_types, test_params)
print(affine_mat)

height, width = image.shape[:2]
affined = cv2.warpAffine(image, affine_mat, (width, height),
                         flags=cv2.INTER_LINEAR)
cv2.imwrite('results/transform/affined_out.png', affined)

inter_img = image
for idx in range(len(test_types)):
    print(test_types[idx])
    print(op_mat_ls[idx])
      inter_img = cv2.warpAffine(inter_img, op_mat_ls[idx],
                                 (width, height), flags=cv2.INTER_LINEAR)
    cv2.imwrite('results/transform/affined_out_step{}_{}.png'\
               .format(idx, test_types[idx]), inter_img)
```

在上面的代码中，我们通过 test_types 和 test_params 设置了 4 个基本变换及其参数，然后通过矩阵乘法合成了最终的仿射变换矩阵，并利用 cv2.warpAffine 函数对图像进行了相应的变换操作。同时，我们还逐步对图像施加了 4 个基本操作，并保存了中间结果以便查看每个操作对图像的改变，以及验证了分步操作最终的结果与组合后的矩阵进行的操作是否一致。打印结果如下，仿射变换结果如图 2-45 所示。

```
[[ 1.1384975  -0.12513968 16.827183  ]
 [ 0.05609524  0.815251    2.471931  ]]
translation
[[ 1.  0. 15.]
```

```
 [ 0.  1.  2.]]
scale
[[1.1 0.  0. ]
 [0.  0.8 0. ]]
rot
[[ 0.9887711   0.14943813  0.        ]
 [-0.14943813  0.9887711   0.        ]]
shear
[[ 1.         -0.30933625  0.        ]
 [ 0.20271003  1.          0.        ]]
```

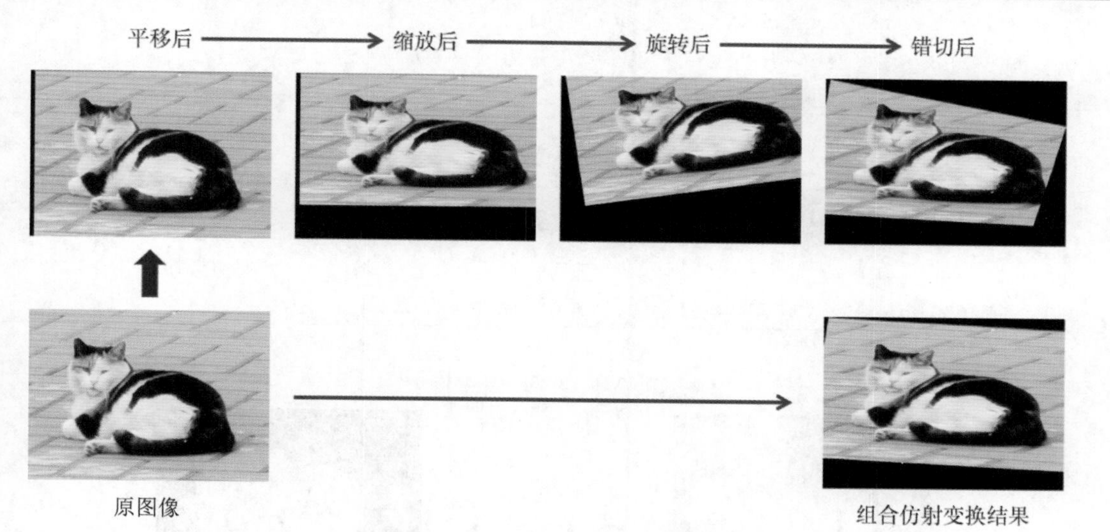

图 2-45　仿射变换结果

可以看出，分步操作过程中由于有图像边界的阶段，导致与直接一次做完所有变换的组合操作相比，分布操作的最终结果被截去了部分内容。对于两者都有内容的区域，可以看出组合仿射变换与分步操作的结果是一致的，也验证了仿射变换可以由多个基础变换组合的性质。

下面的代码实现了对于输入图像设置 4 个映射点对，并求解透视变换矩阵并以此对原图像进行透视变换的过程。透视变换结果如图 2-46 所示。

```
import os
import cv2
import numpy as np

os.makedirs('results/transform', exist_ok=True)
img_path = '../datasets/samples/cat2.png'
```

```
image = cv2.imread(img_path)

def transform_image(img, points1, points2):
    height, width = img.shape[0], img.shape[1]
    matrix = cv2.getPerspectiveTransform(points1, points2)
    res = cv2.warpPerspective(img, matrix, (width, height))
    return res, matrix

points1 = np.float32([[0, 0], [0, 255], [255, 0], [255, 255]])
points2 = np.float32([[10, 80], [80, 180], [200, 20], [240, 240]])
res, matrix = transform_image(image, points1, points2)
print("perspective matrix : \n", matrix)
cv2.imwrite('results/transform/perspective.png', res)
```

输出的透视变换矩阵如下：

```
perspective matrix :
 [[ 2.42945959e-01  3.83548541e-01  1.00000000e+01]
 [-2.85509326e-01  6.37494022e-01  8.00000000e+01]
 [-2.51076040e-03  1.36298422e-03  1.00000000e+00]]
```

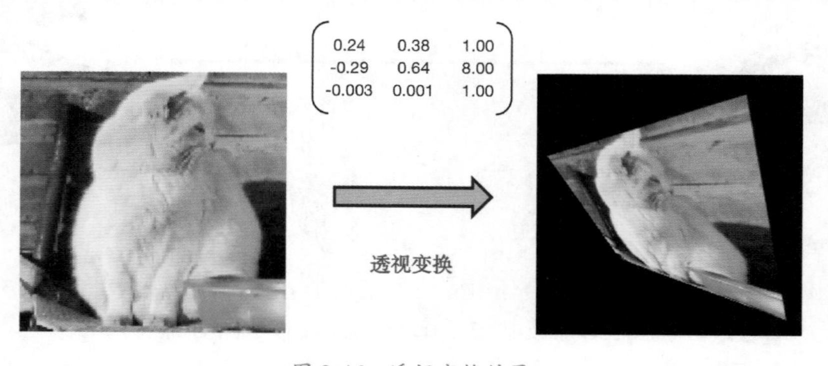

图 2-46　透视变换结果

可以看出，经过透视变换后，原图像中的平行线不再保持平行，物体的形状也被改变。

2.4.2 光流与帧间对齐

下面介绍计算机视觉中的另一个重要概念：**光流（Optic Flow）**，以及利用光流进行的像素点空间变换，即帧间对齐。连续帧之间的对齐是许多后续画质处理任务，如去噪、超分辨率等的关键前置步骤，其效果也会影响后续处理的效果及伪影情况，因此在画质算法中有着重要的意义。下面先来了解一下什么是光流。

光流，顾名思义，指的是“光”（反映在图像中即不同亮度的像素点）的“流动”（在不同时刻、不同帧图像上的位移），它表示的是三维空间中的被拍摄物体在成像平面上像素运动的瞬时速度。光流的定义示意图如图 2-47 所示，对于前后两帧图像，其中 3 个不同的像素点分别进行了不同的移动，将这些像素点各自的移动计算出来，就得到了每个像素点的光流值。每个像素点的光流值是一个矢量，由 x 和 y 两个方向的移动分量组成，因此一般以两通道的图来表示。为了方便显示，一般会将不同移动矢量的不同方向赋予不同的颜色，而亮度表示矢量的模长，这样就可以用一张伪彩色图直观地表示出光流。

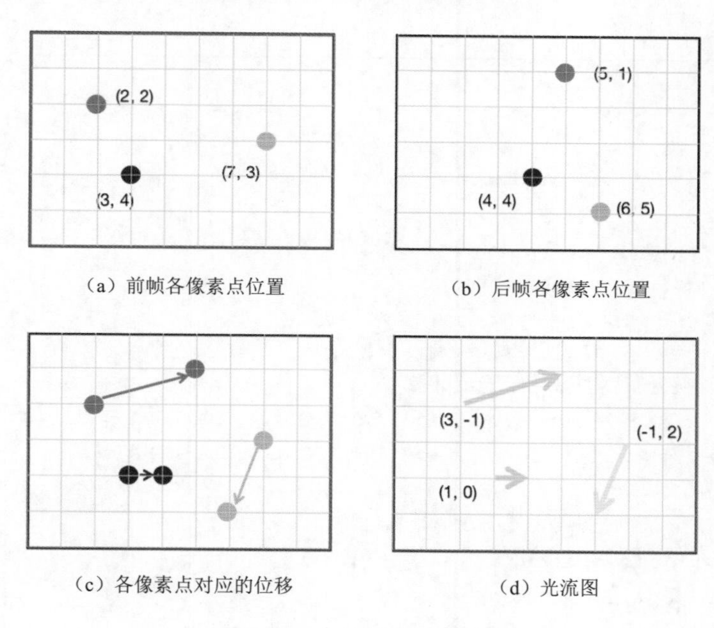

（a）前帧各像素点位置　（b）后帧各像素点位置

（c）各像素点对应的位移　（d）光流图

图 2-47　光流的定义示意图

光流算法就是通过前后两帧图像去估计各个像素点的运动情况信息，这个信息对于很多场景都是非常重要的，如后面将要讲到的去噪、超分辨率等任务，为了提高效果，通常需要多帧进行融合，而由于不同帧成像的时刻不同，因此它们之间往往会由于成像设备不稳定或者被拍摄物体移动等因素，导致帧间不能像素级对齐，因此就需要对当前帧和目标帧的光流进行估计，然后以此对当前帧逐像素地对齐到目标帧，用于后续任务。求解光流任务实际上就是求解前帧中的像素点在后帧上的位置，或者说两帧之间像素点的对应关系。光流算法可以分为两种：稀疏光流和稠密光流。其中稀疏光流只对图像中的部分特征点进行光流计算，而稠密光流需要对图像中的所有像素点进行光流计算。

下面用 OpenCV 中已实现的几种光流算法来尝试计算视频中两帧间的光流图。首先是 Farneback 算法，它是一种经典的稠密光流算法，它的主要思想是利用多项式展开来近似表示每个像素的邻域，然后将图像中二维空间的像素位置投影到以多项式的各项为基函数的空间进行求解。为了避免大运动在小邻域上无法观测到，该算法还使用了图像金字塔进行多尺度的计算。另一种光流算法是 PCA-Flow 算法，它的主要思路是对训练集中的光流图先进行 PCA 分解求出特征分量，然后结合上面的特征分量，以回归的方式对稀疏光流进行修正，得到稠密光流图。还有一种将要实验的光流算法称为 DeepFlow 算法，该算法利用类卷积神经网络的方式建模，利用区块和多尺度的策略计算光流。在通过不同算法计算好光流后，即可调用 cv2.remap 函数，利用光流将前一帧对齐到后一帧上，这个过程通常称为**扭曲（Warp）映射**，实验代码如下所示。

```
import os
import cv2
import numpy as np
import matplotlib.pyplot as plt

def optical_flow_warp(img1, img2, method='deepflow'):
    assert img1.shape == img2.shape
    h, w = img1.shape[:2]
    if img1.ndim == 3 and img1.shape[-1] == 3:
        # 将图像转换为灰度图，用于光流计算
        img1_gray = cv2.cvtColor(img1, cv2.COLOR_BGR2GRAY)
        img2_gray = cv2.cvtColor(img2, cv2.COLOR_BGR2GRAY)
    # 需要安装下列 package
    # pip install opencv-contrib-python
    # pip list | grep opencv
    #     opencv-contrib-python       4.7.0.72
    #     opencv-python              4.7.0.72
    if method == 'deepflow':
        of_func = cv2.optflow.createOptFlow_DeepFlow()
    elif method == 'farneback':
        of_func = cv2.optflow.createOptFlow_Farneback()
    elif method == 'pcaflow':
        of_func = cv2.optflow.createOptFlow_PCAFlow()
    # 计算得到的光流是后一帧到前一帧的变化量，为了将前一帧映射为后一帧，需要反向
    flow = -1.0 * of_func.calc(img1_gray, img2_gray, None)
    remap_mat = np.zeros_like(flow)
    # flow size: [h, w, 2]，通道 0：dx，通道 1：dy
    # 1 x w
    remap_mat[:, :, 0] = flow[:, :, 0] + np.arange(w)
    # h x 1
```

```
    remap_mat[:, :, 1] = flow[:, :, 1] + np.arange(h)[:, np.newaxis]
    res = cv2.remap(img1, remap_mat, None, cv2.INTER_LINEAR)

    # 将光流向量图像转换为 BGR 彩色图像
    vis_hsv = np.zeros((h, w, 3), dtype=np.uint8)
    vis_hsv[..., 1] = 255
    mag, angle = cv2.cartToPolar(flow[..., 0], flow[..., 1])
    vis_hsv[..., 0] = angle * 255 / np.pi / 2
    vis_hsv[..., 2] = cv2.normalize(mag, None, 0, 255, cv2.NORM_MINMAX)
    flow_vis = cv2.cvtColor(vis_hsv, cv2.COLOR_HSV2BGR)
    return res, flow, flow_vis

if __name__ == "__main__":

    os.makedirs('results/optical_flow', exist_ok=True)
    frame0 = cv2.imread('../datasets/frames/frame_1.png')
    frame1 = cv2.imread('../datasets/frames/frame_2.png')

    for method in ['farneback', 'pcaflow', 'deepflow']:
        warped_frame0, optical_flow, flow_vis = \
            optical_flow_warp(frame0, frame1, method)
        cv2.imwrite(f'results/optical_flow/{method}_warped_frame0.png',\
                warped_frame0)
        cv2.imwrite(f'results/optical_flow/{method}_flowmap.png',\
                flow_vis)
```

几种光流算法的实验效果如图 2-48 所示。

（a）前帧图像

（b）后帧图像

（c）DeepFlow算法光流图与映射结果

（d）Farneback算法光流图与映射结果

（e）PCA-Flow算法光流图与映射结果

图 2-48　各光流算法的实验效果

2.5 图像的频域分析与图像金字塔

现在我们已经了解了关于图像像素值的映射和空间位置的变化，在本节中，我们换一个视角对图像的内容和特征进行分析，这个新的视角称为**频域**（**Frequency Domain**）。与频域相对，前面所讨论的以像素的坐标和值组成的图像被称为**空域**（**Spatial Domain**）。图像的频域通过二维傅里叶变换得到，它可以直观地展示空域中隐含的图像的一些信息，并且由频域分析衍生出来的图像金字塔及小波变换处理等工具也在图像处理中有重要的作用。下面首先介绍一下傅里叶变换的基本原理和频域的特性。

2.5.1 傅里叶变换与频域分析

傅里叶变换（**Fourier Transform**）基于一个基本的原理，这个原理可以简单地理解为，对于一个满足一定条件的信号，可以用不同频率的周期信号（实际上用的是正/余弦信号）的加权叠加对其进行拟合。不同频率的周期信号在叠加中所占的权重是多少，也就可以看作在原始信号中的该频率成分有多少。傅里叶变换是一种积分变换，它可以通过采样相关原理，推广到离散形式。由于这里处理的是离散信号（由离散的像素点组成的图像），所以这里仅介绍离散傅里叶变换（DFT）的相关内容。下面先从一维离散傅里叶变换开始介绍。

一维傅里叶变换的数学形式如下：

$$X(k)=\sum_{n=0}^{N-1}x(n)\mathrm{e}^{-\mathrm{j}2\pi kn/N}$$

式中，$x(n)$为一维时域信号。傅里叶变换的基本设定为时域到频域的变换，输入可以看作随时间变化的信号经过离散化后的结果，因此 n 为整数。右边的 $\mathrm{e}^{-\mathrm{j}2\pi kn/N}$ 就是前面所说的周期信号，根据欧拉公式

$$\mathrm{e}^{\mathrm{i}x}=\cos(x)+\mathrm{i}\sin(x)$$

可以将上面的虚数指数拆解成正/余弦函数。其中 N 为离散信号的长度，k 对应不同的频率，通过改变 k，可以获得不同频率的周期信号，然后与 $x(n)$对应相乘后求和（实际上这个过程是一个卷积操作，在连续信号中为积分形式），即可得到信号所包含的该 k 值下（也就是该频率成分）的分量。由于指数形式的周期信号是复数，因此得到的频谱也是复数。一般对其分别取复数的模和相角进行分析，复数频谱取模值后被称为**振幅谱**（**Amplitude Spectrum**），而其相角被称为**相位谱**（**Phase Spectrum**）。

对于二维离散傅里叶变换，其数学形式与上述的是类似的，只需要将一维的周期信号变为二维，并与二维的输入信号进行卷积即可。最后得到的也是二维的频谱，其数学形式如下：

$$X(k,l)=\sum_{n=0}^{N-1}\sum_{m=0}^{M-1}x(m,n)\mathrm{e}^{-\mathrm{j}2\pi(km/M+ln/N)}$$

可以看到，其中的 M 和 N 分别是图像横纵两个方向的长度，输出结果也是与原图像同样大小的二维复数图像，对其求解模值和相位，即可得到振幅谱和相位谱。

下面用一个简单的代码示例来计算一张图像的频谱。二维离散傅里叶变换可以用 numpy.fft.fft2 函数来直接实现（**FFT** 是 **Fast Fourier Transform** 的缩写，即快速傅里叶变换，FFT 是 DFT 一个加速版的实现），其代码如下。

```
import os
import cv2
import numpy as np

os.makedirs('results/fft_test', exist_ok=True)

# 图像及其频谱图
img_path = '../datasets/samples/butterfly256rgb.png'
img_bgr = cv2.imread(img_path)
img = cv2.cvtColor(img_bgr, cv2.COLOR_BGR2GRAY)
cv2.imwrite('results/fft_test/butterfly_gray.png', img)
img = img / 255.0
# 通过二维 FFT 转到频域
spec = np.fft.fftshift(np.fft.fft2(img))
print(f"frequency domain, size is {spec.shape}, type is {spec.dtype}")
# 计算振幅谱和相位谱
amp, phase = np.abs(spec), np.angle(spec)
print(f"amplitude max: {np.max(amp):.4f}, min: {np.min(amp):.4f}")
print(f"amplitude max: {np.max(phase):.4f}, min: {np.min(phase):.4f}")

cv2.imwrite('./results/fft_test/amp.png', \
            np.clip(amp, 0, 200) / 200 * 255)
cv2.imwrite('./results/fft_test/phase.png', \
            (phase + np.pi) / (2 * np.pi) * 255)
```

为了便于展示，在最后保存代码时对振幅进行截断，并对相位进行归一化，得到的结果如图 2-49 所示。

首先来说明一下如何分析频谱图。由于代码中应用了 numpy.fft.fftshift 函数，因此得到的振幅谱和相位谱的低频区域在图像的中心部分。随着到中心的距离变远，其频率逐渐增大。因此，从振幅谱中可以看出图像各个频率成分的比例关系，对于图像来说，低频代表着其缓慢的变化，图像中的低频分量表示其粗略的轮廓和渐变的形态；高频则代表着边缘、细节和纹理，即变化比较剧烈的区域的量。举例来说，一块平坦的蓝天区域或者起伏平缓的沙漠，这些图像的低频分量就会相对多一些；而对于草丛、密铺的石子路，以及毛发丰富的动物来说，这些图像中丰富的纹理和细节则会体现在频谱中的高频分量上。另外，由于二维图像有 x 和 y 上的方向性，这一点也可以在频谱中表现出来，一个基本的原则：如果原图像中有朝向某个方向的分量，那么振幅谱中与该方向垂直的方向就会有较大的取值，如图 2-49（a）所示蝴蝶身上的纹理，从左上到右下方向的线条较多，因此得到的振幅谱图像中，从右上到左下方向就有一条明显的亮线。这个规律可以直观地理解为，对于原图像中某方向的分量（如有竖向的条纹，即与 y 轴平行的竖线），它对于 x 方向来说才能体现出其变化（竖条纹沿着条纹方向是均匀的，而“穿过”不同的条纹才会检测到高频信息），因此其反映到频谱上是 x 方向某频率的值变大。其他的方向也是同理。

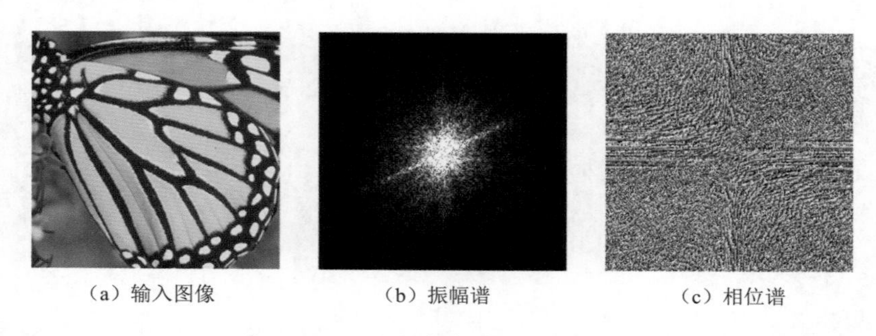

（a）输入图像　（b）振幅谱　（c）相位谱

图 2-49　二维离散傅里叶变换示意图

振幅谱和相位谱共同组成了图像的频域，那么两者哪个更加重要呢？我们可以通过一个简单的实验来说明一下：将 A 和 B 两张图像分别变换到频域，并且分别分解为振幅谱和相位谱，然后用图像 A 的振幅谱与图像 B 的相位谱结合得到一张新的频谱图，同理对图像 B 的振幅谱和图像 A 的相位谱进行组合。然后分别对两张新得到的频谱图进行反变换，得到空域的图像。振幅谱和相位谱交叉组合实验流程示意图如图 2-50 所示。

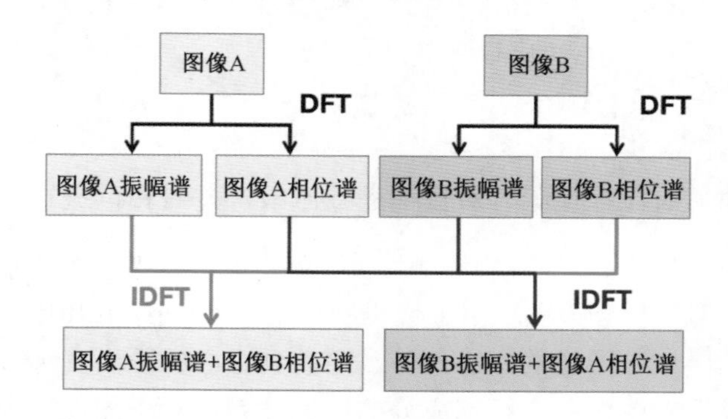

图 2-50　振幅谱和相位谱交叉组合实验流程示意图

用代码实现这个过程，代码如下。

```
import os
import cv2
import numpy as np

os.makedirs('results/fft_test', exist_ok=True)

# 读取两张不同的示例图像，并进行 FFT 变换
img_path_1 = '../datasets/samples/butterfly256rgb.png'
img_path_2 = '../datasets/samples/lena256rgb.png'
img_bgr_1 = cv2.imread(img_path_1)
img_bgr_2 = cv2.imread(img_path_2)
img1 = cv2.cvtColor(img_bgr_1, cv2.COLOR_BGR2GRAY)
img2 = cv2.cvtColor(img_bgr_2, cv2.COLOR_BGR2GRAY)
cv2.imwrite('results/fft_test/mix_1.png', img1)
cv2.imwrite('results/fft_test/mix_2.png', img2)
img1, img2 = img1 / 255.0, img2 / 255.0
spec1 = np.fft.fftshift(np.fft.fft2(img1))
spec2 = np.fft.fftshift(np.fft.fft2(img2))
# 分别计算振幅谱和相位谱
amp1, phase1 = np.abs(spec1), np.angle(spec1)
amp2, phase2 = np.abs(spec2), np.angle(spec2)

# 分别生成两个新频谱：图像 A 振幅谱+图像 B 相位谱，以及图像 B 振幅谱+图像 A 相位谱
amp1phase2 = np.zeros_like(spec1)
amp1phase2.real = amp1 * np.cos(phase2)
amp1phase2.imag = amp1 * np.sin(phase2)
amp2phase1 = np.zeros_like(spec2)
amp2phase1.real = amp2 * np.cos(phase1)
amp2phase1.imag = amp2 * np.sin(phase1)
# 反变换后保存生成的图像
img_amp1phase2 = np.fft.ifft2(np.fft.fftshift(amp1phase2)).real
cv2.imwrite('./results/fft_test/mix_amp1phase2.png', img_amp1phase2 * 255)
img_amp2phase1 = np.fft.ifft2(np.fft.fftshift(amp2phase1)).real
cv2.imwrite('./results/fft_test/mix_amp2phase1.png', img_amp2phase1 * 255)
```

振幅谱和相位谱交叉组合的实验结果如图 2-51 所示。

从实验结果可以看出，对于一张图像来说，替换或改变其振幅谱，仍然可以看出图像的信息，而改变了相位谱则很难在重建出的图像中得到原图像的信息，说明相位谱中包含了更多图像的空间信息。实际上，傅里叶变换有一个重要的性质，那就是其空域的移动经过傅里叶变换后会造成相位的改变。而人们对于图像内容的理解更多的也是基于其空间位置信息的，也就是说，这种信息基本被编码在了图像的相位谱中，因此单纯根据相位谱即可恢复出很多图像的内容信息。

（a）图像 A

（b）图像 B

（c）图像 B 振幅谱+图像 A 相位谱

（d）图像 A 振幅谱+图像 B 相位谱

图 2-51　振幅谱和相位谱交叉组合的实验结果

由于通过傅里叶变换将图像分解到了各个频率成分中，并且通过频谱也可以对图像进行重建，所以一个直接的想法就是，是否可以人为将图像中的某些频率成分进行保留或者去除，从而获得需要的频率分量。比如，如果知道某种干扰或者噪声主要在高频区域，那么就可以通过在频谱中进行操作，去除或者压制高频的值，然后反变换得到处理后的图像，这样处理后，图像中的干扰、噪声就可以被压制掉。其实这就是**频域滤波（Frequency Domain Filter）**的基本思路。比较常见的频域滤波有**低通滤波（Low-pass Filtering）**和**高通滤波（High-pass Filtering)**，其中，低通滤波在某个频率处进行截止，大于该值的频率分量被消除，低通滤波的作用主要是提取低频形态信息，而忽略细节和纹理。而高通滤波器则相反，对小于截止频率的分量进行消除，从而提取高频的细节和纹理信息，忽略其亮度和颜色的渐变。我们用代码来实现低通滤波和高通滤波，如下所示。

```
import os
import cv2
import numpy as np

os.makedirs('results/fft_test', exist_ok=True)


img_path = '../datasets/samples/butterfly256rgb.png'
img_bgr = cv2.imread(img_path)
img = cv2.cvtColor(img_bgr, cv2.COLOR_BGR2GRAY) / 255.0
h, w = img.shape
```

```
# 通过二维 FFT 转到频域
spec = np.fft.fftshift(np.fft.fft2(img))
# 频域低通、高通滤波
low_mask = np.zeros((h, w), dtype=np.float32)
cv2.circle(low_mask, (w // 2, h // 2), 10, 1, -1)
high_mask = 1 - low_mask
# 频域 mask 与频谱相乘
lp_spec = spec * low_mask
hp_spec = spec * high_mask
# 计算低通和高通滤波后的振幅谱并保存
lp_amp = np.abs(lp_spec)
hp_amp = np.abs(hp_spec)
cv2.imwrite('./results/fft_test/lowpass_amp.png', \
        np.clip(lp_amp, 0, 200) / 200 * 255)
cv2.imwrite('./results/fft_test/highpass_amp.png', \
        np.clip(hp_amp, 0, 200) / 200 * 255)
# FFT 反变换回空域并取实部，得到频域滤波后的图像
lp_img = np.fft.ifft2(np.fft.fftshift(lp_spec)).real
hp_img = np.fft.ifft2(np.fft.fftshift(hp_spec)).real
cv2.imwrite('./results/fft_test/lowpass_img.png', lp_img * 255)
cv2.imwrite('./results/fft_test/highpass_img.png', hp_img * 255)
```

高通滤波和低通滤波振幅谱与滤波结果如图 2-52 所示。

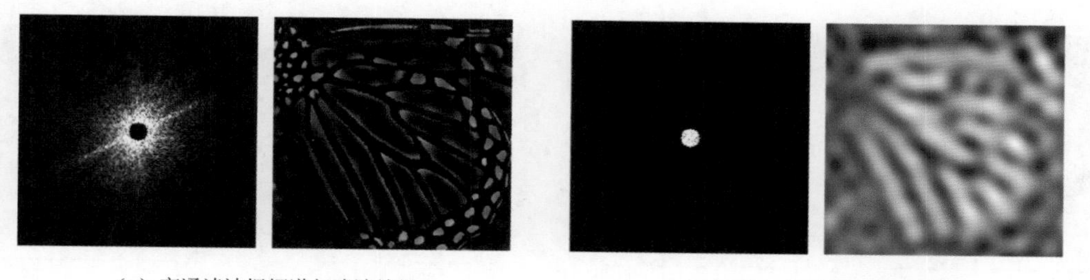

（a）高通滤波振幅谱与滤波结果　　（b）低通滤波振幅谱与滤波结果

图 2-52　高通滤波和低通滤波振幅谱与滤波结果

可以看出，经过低通滤波后，图像的低频信息，即轮廓和大范围的亮度变化被保留，而边缘和细节都被去掉；而高通滤波后的图像则只保留了比较高频的信息，即边缘和纹理，图像的亮度变化等渐变的内容被消除掉。

频率滤波是图像傅里叶变换的一个简单应用。实际上，根据图像的频域可以得到一些通

用的分析结论（有些结论可以作为图像处理和画质增强的先验）与统计规律，并衍生出相对应的处理手段。下面就来讨论自然图像的频域统计特性。

2.5.2 自然图像的频域统计特性

尽管不同图像千差万别，但是研究表明[1]，对于自然图像（Natural Image）来说，它们的振幅谱是有一定规律的。图像的空间频率（Spatial Frequency）与平均振幅（Average Amplitude）之间存在着**倒数幂律（Reciprocal Power Law）**，即平均振幅正比于空间频率的$-\alpha$次方，其数学形式如下：

$$A = kf^{-\alpha}$$

式中，A 和 f 分别表示振幅与频率；k 和α是系数。这个规律说明了以下几点信息：首先，不同的自然图像，除了比较特殊的情况，通常具有类似的细节程度。其次，在自然图像中含有较多的低频分量，也就是说自然图像的主要取值基本都是渐变的，而细节则是在这些渐变的基础上增加的内容信息，这些高频内容的含量相比于渐变的低频从能量上来说更少。可以简单地验证一下这个规律，对上面等式的两边取对数，可以得到：

$$\log(A) = \log(k) - \alpha \log(f)$$

也就是说，对不同图像的振幅和频率作双对数图，可以近似得到一个线性关系，其斜率为$-\alpha$。取若干自然图像，按照上面的方式作图，不同图像的振幅与频率双对数（log-log）图如图 2-53 所示。可以看到，不同图像虽然内容差异较大，但是其在频谱分布上均遵循倒数幂律。

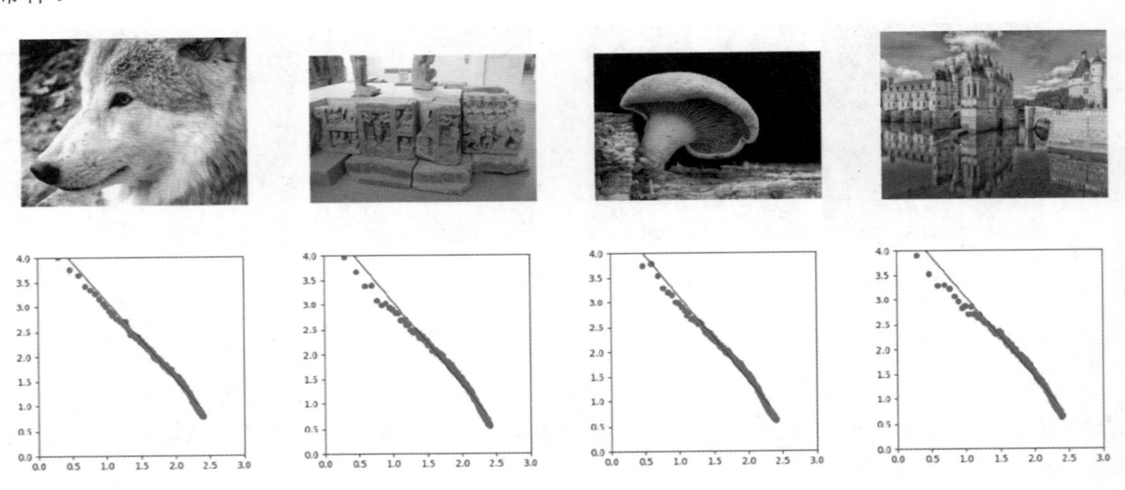

图 2-53 不同图像的振幅与频率双对数（log-log）图

2.5.3　图像金字塔：高斯金字塔与拉普拉斯金字塔

有了傅里叶变换和频域的工具，我们可以对图像的不同频率进行分别处理，这在很多场景和应用中是有效的。但是频域变换以及频域的处理相对复杂，一个更为简洁的方式是通过对原图像进行下采样，从而获得更加模糊的小图，用来表示偏低频的图像信息。另外，我们可以将下采样的图再通过上采样重建原本的尺寸，然后与原图像求差值。由于经过了下采样和上采样的过程，图像细节丢失，因此与原图像的差异主要体现在细节上，这样我们就得到了图像偏高频的信息。这种通过缩放，将图像变换到不同尺寸，以便分别进行分析处理的策略一般称为**多尺度（Multi-scale）**。将图像进行多次重复下采样，可以得到一组不同尺度的图像，这组图像被形象地称为**图像金字塔**。

常见的金字塔主要有**高斯金字塔（Gaussian Pyramid）**和**拉普拉斯金字塔（Laplacian Pyramid）**。其中，高斯金字塔对图像进行逐级下采样，每次下采样的结果为金字塔的一层，将图像下采样的结果从下向上排列，其中，上一层的尺寸为下一层的一半。高斯金字塔生成过程示意图如图 2-54 所示。

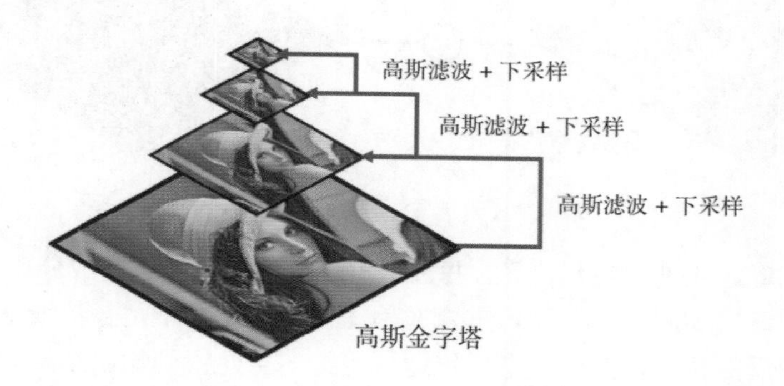

图 2-54　高斯金字塔生成过程示意图

高斯金字塔的下采样主要由两个步骤构成：首先用高斯核对图像进行滤波；然后通过等间距采样得到更小的上一层图像。高斯滤波的作用在于防止高频对采样产生影响，由采样定理可知，要想使采样不产生混叠（Aliasing）效应而影响效果，需要对频率范围进行一定的约束。对于这个问题，我们也可以这样直观地理解：越模糊的图像越有利于压缩，因为它没有太复杂的细节信息，即使用小图也能表达清楚；而细节丰富、纹理多的图像则需要用更大的图来保存。高斯金字塔的每个层可以大致认为对应于频谱中的不同频率范围，越小的图频率范围越窄，只包含很少的低频信息；而越大的图则频率范围越宽，因此包含更多的中高频信息。

拉普拉斯金字塔与高斯金字塔的构建过程类似（见图 2-55），在拉普拉斯金字塔中，除了最后一层（图 2-55 所示的顶层），所有层都需要与上一层的小图求残差，即将上一层的图上采样到与下层同等大小，然后求出差值。顶层直接保留高斯滤波下采样的结果。这个差值表现的是当前层的细节信息，大致对应于频谱中的某个频带。越大的图，其对应的频带位置越接近高频，反之则越接近低频。

拉普拉斯金字塔的生成可以看作一种递归的“低频亮度+高频细节”的分解方式，分别对低频信息和高频信息进行处理，可以满足很多不同的需求，如需要亮度保持不变的细节提升或者需要渐变亮度过渡均匀的图像融合等，因此拉普拉斯金字塔在很多算法中都有广泛的应用。另外，对比高斯金字塔和拉普拉斯金字塔可以发现，实际上可以直接用高斯金字塔逐层缩放相减的方式得到对应的拉普拉斯金字塔。

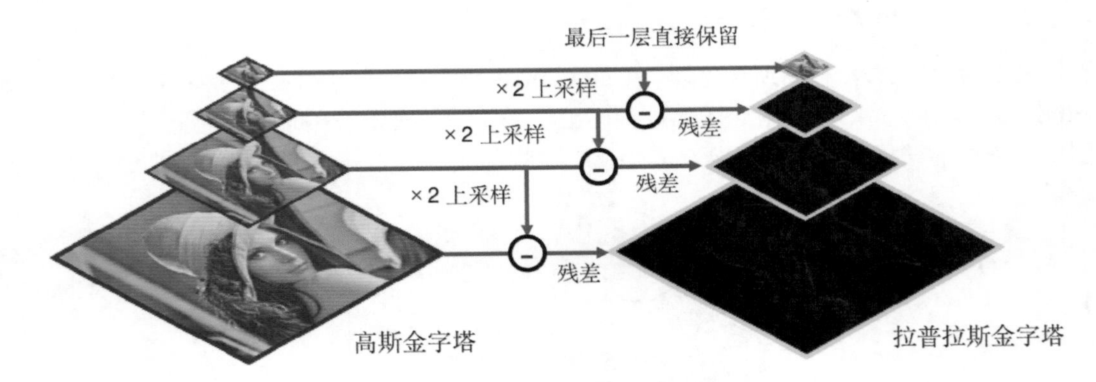

图 2-55　拉普拉斯金字塔生成过程示意图

拉普拉斯金字塔迭代进行残差计算，并且保留了最后的最低频率成分（顶层），只需要对其进行反向操作，逐层加回残差，即可重建原始图像。一些基于拉普拉斯金字塔的算法最后通常也需要对处理后的拉普拉斯金字塔进行逐层累加的重建得到输出结果。拉普拉斯金字塔重建原始图像的过程如图 2-56 所示。

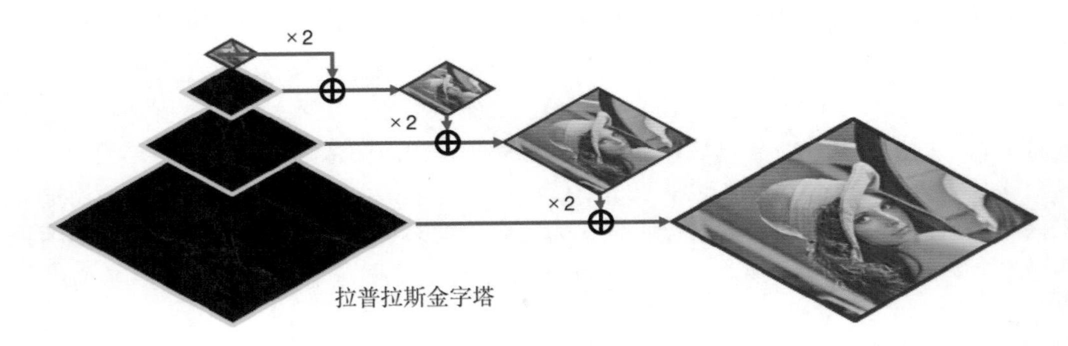

图 2-56　拉普拉斯金字塔重建原始图像的过程

下面用 OpenCV 代码实现构建高斯金字塔和拉普拉斯金字塔的函数，并调用函数为测试图像分别生成高斯金字塔与拉普拉斯金字塔。OpenCV 中的 cv2.pyrDown 和 cv2.pyrUp 可以实现高斯滤波下采样和上采样的过程，代码如下所示。

```
import os
import numpy as np
import cv2

def build_gaussian_pyr(img, pyr_level=5):
    # 建立高斯金字塔
    gauss_pyr = list()
    cur = img.copy()
    gauss_pyr.append(cur)
    # 逐步下采样并加入金字塔
    for i in range(1, pyr_level):
        cur_h, cur_w = cur.shape[:2]
        cur = cv2.pyrDown(cur,
            dstsize=(int(np.round(cur_w / 2)), int(np.round(cur_h / 2))))
        gauss_pyr.append(cur)
    return gauss_pyr

def build_laplacian_pyr(img, pyr_level=5):
    # 建立拉普拉斯金字塔
    laplace_pyr = list()
    cur = img.copy()
    # 逐步下采样，并计算差值，加入拉普拉斯金字塔
    for i in range(pyr_level - 1):
        cur_h, cur_w = cur.shape[:2]
        down = cv2.pyrDown(cur,
                dstsize=(int(np.round(cur_w / 2)), int(np.round(cur_h / 2))))
        up = cv2.pyrUp(down, dstsize=(cur_w, cur_h))
        lap_layer = cur.astype(np.float32) - up
        laplace_pyr.append(lap_layer)
        cur = down
    # 最后一层为高斯下采样，非差值
    laplace_pyr.append(cur)
    return laplace_pyr

def collapse_laplacian_pyr(laplace_pyr):
    # 从拉普拉斯金字塔重建图像
```

```
    pyr_level = len(laplace_pyr)
    # 逐步上采样，并加入差剖面图
    tmp = laplace_pyr[-1].astype(np.float32)
    for i in range(1, pyr_level):
        lvl = pyr_level - 1 - i
        cur = laplace_pyr[lvl]
        cur_h, cur_w, _ = cur.shape
        up = cv2.pyrUp(tmp, dstsize=(cur_w, cur_h)).astype(cur.dtype)
        tmp = cv2.add(cur, up)
    return tmp


if __name__ == "__main__":
    os.makedirs('results/pyramid', exist_ok=True)
    img_path = '../datasets/samples/cat2.png'
    image = cv2.imread(img_path)
    print(f"input image size: ", image.shape)

    # 测试结果
    gauss_pyr = build_gaussian_pyr(image)
    # 打印高斯金字塔各层图像尺寸，并进行保存
    for idx, layer in enumerate(gauss_pyr):
        print(f"[Gaussian Pyramid] layer: {idx}, size: {layer.shape}")
        cv2.imwrite(f'./results/pyramid/gauss_lyr{idx}.png', layer)

    laplacian_pyr = build_laplacian_pyr(image)
    # 打印拉普拉斯金字塔各层图像尺寸，并进行保存
    os.makedirs('./results/pyramid/', exist_ok=True)
    for idx, layer in enumerate(laplacian_pyr):
        print(f"[Laplacian Pyramid] layer: {idx}, size: {layer.shape}")
        cv2.imwrite(f'./results/pyramid/laplace_lyr{idx}.png',
                    np.abs(layer).astype(np.uint8))
```

打印出的输入图像及金字塔各层图像尺寸如下。

```
input image size:  (256, 256, 3)
[Gaussian Pyramid] layer: 0, size: (256, 256, 3)
[Gaussian Pyramid] layer: 1, size: (128, 128, 3)
[Gaussian Pyramid] layer: 2, size: (64, 64, 3)
```

```
[Gaussian Pyramid] layer: 3, size: (32, 32, 3)
[Gaussian Pyramid] layer: 4, size: (16, 16, 3)
[Laplacian Pyramid] layer: 0, size: (256, 256, 3)
[Laplacian Pyramid] layer: 1, size: (128, 128, 3)
[Laplacian Pyramid] layer: 2, size: (64, 64, 3)
[Laplacian Pyramid] layer: 3, size: (32, 32, 3)
[Laplacian Pyramid] layer: 4, size: (16, 16, 3)
```

OpenCV 实现高斯金字塔与拉普拉斯金字塔的结果如图 2-57 所示（因不同层级尺寸差距较大，图像放大至了同样尺寸，并调整了亮度对比度以便于显示）。

    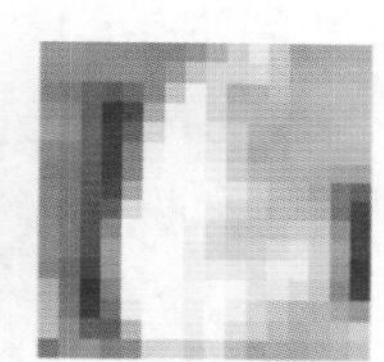

（a）高斯金字塔各层可视化

 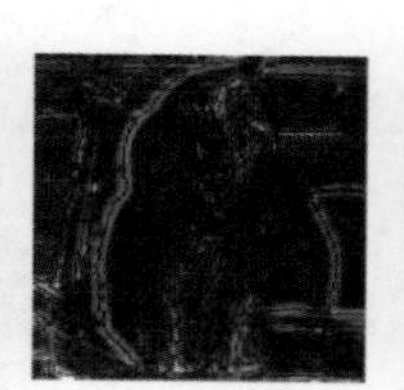   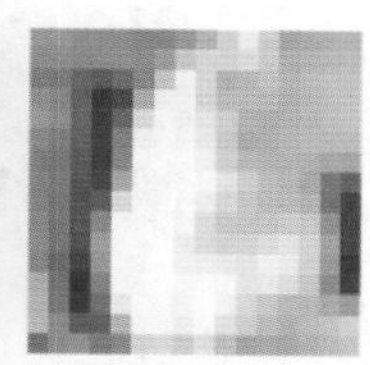

（b）拉普拉斯金字塔各层可视化

图 2-57　OpenCV 实现高斯金字塔与拉普拉斯金字塔的结果

第3章　图像与视频去噪算法

本章讨论视频和图像的去噪任务，以及各种经典去噪算法的设计思路与实现。**去噪**是画质算法（甚至可以说是一切信号处理算法，包括语音处理算法等）领域一个古老又经典的难题，自从有了各种信号采集手段，噪声（Noise）就与之相伴而生。

去噪指的就是通过某些技术手段，将信号中的噪声去掉或者衰减，同时较为完整地保留下有效信号（人们实际感兴趣的那部分内容）。图像去噪的方式是多样的，既可以在硬件设备、采集方式等方面进行，也可以通过算法后处理来进行，不同的算法在性能、效果、适用范围上各有优势。本章首先介绍噪声的来源与数学模型；然后对去噪算法的难点与策略进行介绍；最后详细讲解一些去噪的经典算法，包括传统去噪算法及深度学习去噪算法。

3.1　噪声的来源与数学模型

3.1.1　图像噪声的物理来源

对于图像处理，噪声就是成像器件和成像流程的固有属性在成像过程中对图像带来的干扰和波动，从广义上来说，各种对图像的干扰都可以被视为噪声，包括固定模式噪声和随机噪声。固定模式噪声相对较稳定且可以确定，因此通过一些图像处理方法可以消除掉，因此一般所说的噪声普遍指的是**随机噪声（Random Noise）**。随机噪声来源于成像流程中的多个步骤，下面按照顺序进行说明。

首先，成像的第一个步骤就是光线通过光学组件照射到传感器，通过光电效应激发出电子，根据不同的光强度对应产生不同程度的电信号。理论上来说，光源发出的光子数量越多，传感器上接收到的光子也应该越多，对应产生的亮度信号（对应图像的亮度值）就越大。但是在这个过程中，由于光的量子特性，打到传感器各个像素点上的光子数量具有一定的随机性，这个随机的数量服从**泊松分布（Poisson Distribution）**。泊松分布的数学形式如下：

$$P(X=k)=\frac{\mathrm{e}^{-\lambda}\lambda^{k}}{k!}$$

泊松分布示意图如图 3-1 所示。

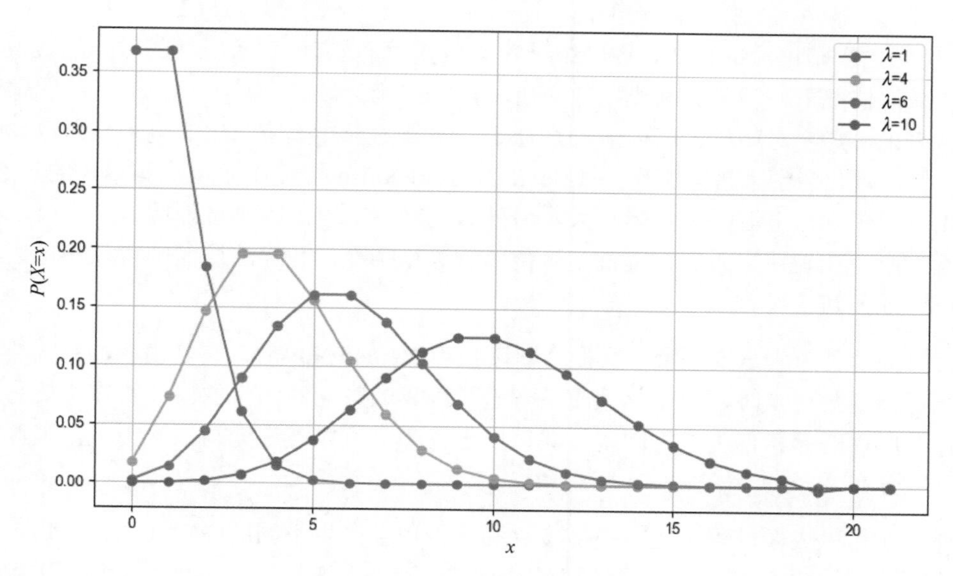

图 3-1 泊松分布示意图

光子数量的随机性，经过光电转换及增益（相当于乘以一定的系数）后，对应到图像上，则图像中的像素亮度值也会存在对应的随机性。这种由于光子的量子效应引起的噪声通常称为**光子散粒噪声（Photon Shot Noise）**。从泊松分布示意图可以看出，光子散粒噪声是与信号的大小相关的，信号越大则噪声的方差越大，也就是噪声的不确定性越强。但是，根据平时的经验可知，在强光下噪声反而不明显，而在暗光下噪声会更明显。这就需要引入另一个概念，那就是**信噪比（Signal-to-Noise Ratio，SNR）**。

信噪比是衡量信号与噪声的比例关系的度量，它反映的是有效信号在含噪信号中相对比例的大小。SNR 的数学定义为

$$\text{SNR} = 20\lg(s/n)\text{dB}$$

式中，s 和 n 分别表示信号和噪声的幅度。SNR 度量的是两者功率（能量）的比例，因此需要对幅度进行平方，取对数后变成了系数 2，另外的系数 10 用于转为分贝。对于某个固定强度的信号来说，s 就是一组信号采样点的均值，而 n 就是其标准差。在光子散粒噪声的泊松分布表达式中，参数λ对应于输入信号的强度，由于泊松分布的均值和方差都是λ（标准差为$\sqrt{\lambda}$），因此只考虑光子散粒噪声信号的信噪比为$20\lg(\sqrt{\lambda})$，与输入信号的大小正相关。换句话说，输入信号越大，信噪比越高，成像受到的噪声影响越小，反之则越大。这个结论与人们的经验相符（实际上，在暗光下增益值通常会被提高，因此噪声也会被放大）。

另外，在相机进行曝光时，内部的传感器会被加热，在传感器上积累的热量会激发出一定的热电子，形成暗电流。在不对相机输入光线的情况下，理论情况下传感器输出的结果应

该为 0，但是由于暗电流的存在，输出结果并不是 0，而是有一定随机性的较小的数值。在正常有光的成像情况下，暗电流和光电效应所转换的电流会被混合在一起，从而对图像形成干扰。通常来说，需要对相机的暗电流进行标定，但是由于热效应产生的电子数量也具有统计上的随机性，因此会带来**暗电流噪声（Dark Current Noise）**。由于暗电流与累积的热量有关，因此曝光时间久则暗电流噪声的影响大，另外温度越高暗电流噪声也越明显。因此，为了降低暗电流噪声，在硬件层面的方案就是对传感器进行制冷，在算法层面则可以通过去噪对暗电流噪声进行抑制。

还有另外一种较为重要的噪声类型，即**读噪声（Read Noise）**，它是由相机对信号进行读取放大并进行模数转换时，由于热效应等非理想因素的影响而产生的。读噪声主要与读出电路的设计及所用的元器件类型等因素有关，由于读噪声可以被认为与信号无关，因此通常被建模为高斯分布。

此外，在相机成像过程中还有很多步骤和器件也会产生不同的噪声（如行噪声、量化噪声等），这里就不再进行详述。上面所述的几种常见噪声及其特性，对于后续将要讲到的各种去噪模型的设计来说，是非常重要的先验知识。为了更好地描述和应用这些噪声的信息，需要首先对噪声进行数学形式的建模。

3.1.2 噪声的数学模型

通常来说，成像过程中的随机噪声可以被简单划分为两类：一类是与信号相关的噪声；另一类则是与器件和成像流程有关，而与信号大小无关的噪声。这两类噪声通常被分别建模为**泊松噪声（Poisson Noise）**和**高斯噪声（Gaussian Noise）**，用数学形式可以表示为

$$y = x + n_{\mathrm{p}} + n_{\mathrm{g}}$$

式中，x 为**干净图像（Clean Image）**；n_{p} 和 n_{g} 分别代表泊松噪声和高斯噪声；y 为**有噪图像（Noisy Image）**。在算法设计和仿真中，通常利用上述的两种分布类型（有的只采用高斯噪声）对数据进行加噪模拟。下面结合代码实现对图像的泊松噪声和高斯噪声的模拟。

首先，对于泊松噪声来说，其分布与图像像素值相关，因此，需要对原图像的像素值进行处理，并以此作为泊松分布的参数λ来产生噪声，代码如下所示（对灰度图进行操作）。

```
import os
import cv2
import numpy as np
import matplotlib.pyplot as plt


def add_poisson_noise_gray(img_gray, scale=0.5):
```

```
    noisy = np.random.poisson(img_gray)
    poisson_noise = noisy - img_gray
    noisy = img_gray + scale * poisson_noise
    noisy = np.round(np.clip(noisy, a_min=0, a_max=255))
    return noisy.astype(np.uint8)


if __name__ == "__main__":
    os.makedirs('./results/noise_simu', exist_ok=True)
    img_path = '../datasets/srdata/Set12/05.png'
    img = cv2.imread(img_path)[:,:,0]
    poisson_scale_ls = [0.3, 1.2, 1.8]
    N = len(poisson_scale_ls)
    fig = plt.figure(figsize=(10, 6))
    for sid, s in enumerate(poisson_scale_ls):
        noisy = add_poisson_noise_gray(img, scale=s)
        fig.add_subplot(2, N, sid + 1)
        plt.imshow(noisy, cmap='gray')
        plt.axis('off')
        plt.title(f'Poisson, scale={s}')
        fig.add_subplot(2, N, N + sid + 1)
        plt.imshow(np.abs(noisy * 1.0 - img), cmap='gray')
        plt.axis('off')
    plt.savefig(f'results/noise_simu/poisson.png')
    plt.close()
```

上述代码对一张灰度图施加了不同程度的泊松噪声，其得到的结果如图 3-2 所示。

（a）加不同程度的泊松噪声的结果

图 3-2　泊松噪声模拟

（b）不同程度噪声图像（有噪图像与原图像残差大小）

图 3-2 泊松噪声模拟（续）

从求取残差得到的噪声图像可以看出，泊松噪声与图像中的灰度值大小有关，灰度值大，区域的噪声往往也较大。对原图像中不同灰度值像素上被叠加上的泊松噪声按照灰度值分别进行统计，得到的统计图如图 3-3 所示（scale=1.2，选择了 5 个不同的灰度值进行展示，比如，原图像灰度值为 80 的像素点经过泊松噪声加噪后，其灰度值不再都是 80，而是以 80 为均值的泊松分布，对原图像灰度值为 80 的点被处理后的灰度值进行统计并画出其直方图，即可看到这个分布的取值情况）。可以看出，其分布基本符合前面所展示的泊松分布，噪声的方差随着输入灰度值的增大而变大。

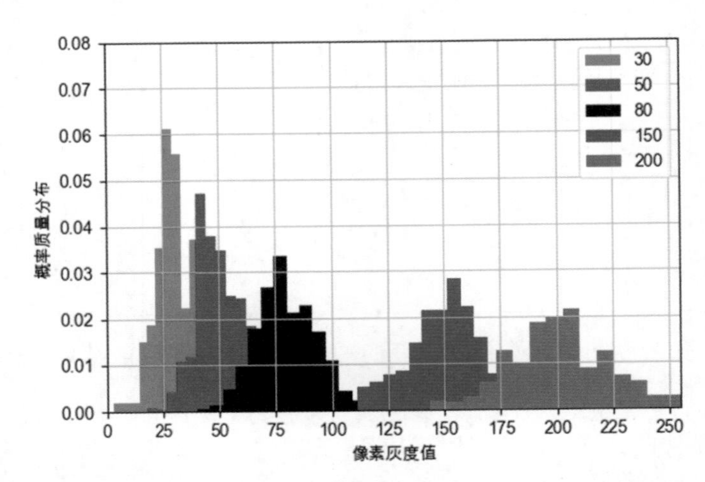

图 3-3 泊松噪声在不同灰度值有效信号下的分布图

类似地，我们也可以对高斯噪声进行算法模拟。高斯噪声由于与灰度值大小无关，因此模拟代码更加简洁，只需要指定噪声的方差参数 sigma（高斯噪声默认均值为 0），对应生成一张高斯分布的噪声图谱，然后与原图像进行叠加即可。具体代码如下所示。

```
import os
import cv2
import numpy as np
```

```python
import matplotlib.pyplot as plt

def add_gaussian_noise_gray(img_gray, sigma=15):
    h, w = img_gray.shape
    gaussian_noise = np.random.randn(h, w) * sigma
    noisy = img_gray + gaussian_noise
    noisy = np.round(np.clip(noisy, a_min=0, a_max=255))
    return noisy.astype(np.uint8)


if __name__ == "__main__":
    os.makedirs('./results/noise_simu', exist_ok=True)
    img_path = '../datasets/srdata/Set12/05.png'
    img = cv2.imread(img_path)[:,:,0]
    gaussian_sigma_ls = [15, 25, 50]
    N = len(gaussian_sigma_ls)
    fig = plt.figure(figsize=(10, 6))
    for sid, sigma in enumerate(gaussian_sigma_ls):
        noisy = add_gaussian_noise_gray(img, sigma)
        fig.add_subplot(2, N, sid + 1)
        plt.imshow(noisy, cmap='gray')
        plt.axis('off')
        plt.title(f'Gaussian, sigma={sigma}')
        fig.add_subplot(2, N, N + sid + 1)
        plt.imshow(np.abs(noisy * 1.0 - img), cmap='gray')
        plt.axis('off')
    plt.savefig(f'results/noise_simu/gaussian.png')
    plt.close()
```

代码对应的结果如图 3-4 所示。

（a）加不同程度的高斯噪声的结果

图 3-4　高斯噪声模拟

（b）不同程度噪声图像（有噪图像与原图像残差大小）

图 3-4 高斯噪声模拟（续）

从图 3-4 可以看出，在高斯噪声图中看不出原图像的信息，说明高斯噪声与原图像的灰度值无关，只取决于高斯分布方差的大小。对噪声残差进行统计，可以得到高斯噪声的分布（采用 sigma=25 的情况，结果如图 3-5 所示），可以看出，其分布是一个较为标准的高斯分布曲线。

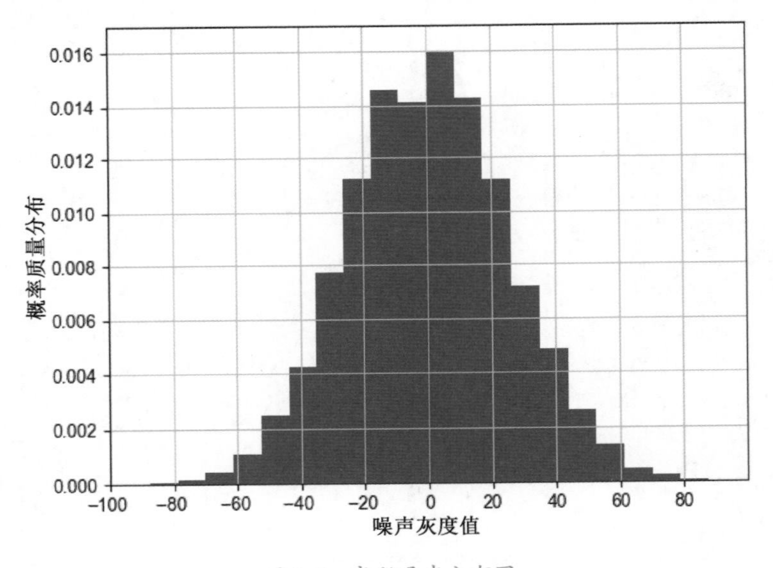

图 3-5 高斯噪声分布图

对于高斯噪声，很多文献中经常出现一个概念，叫作 **AWGN**，即**加性高斯白噪声**（**Additive White Gaussian Noise**）。下面解释一下这个概念：首先，它是一个高斯噪声，即各个点的取值符合高斯分布；另外，加性噪声区别于乘性噪声，是与原始信号相加进行干扰的噪声，而乘性噪声则是作为因数乘在原始信号上的（乘性噪声可以通过取对数的方式将乘变成加，这个在后面的一些算法中会遇到）。最后重点解释一下什么叫作“白噪声”（White Noise）。所谓的白噪声，指的是在功率谱上各频率成分基本均匀的噪声，功率谱是随机信号分析中的一个概念，回想第 2 章中讨论的频谱分析和傅里叶变换相关内容，满足一定条件的随机过程的功率谱就是其自相关函数的傅里叶变换。因此，根据傅里叶变换的相关知识，如果让傅里叶变换后的幅值为均匀的常数，那么自相关的结果是仅在 0 处有值的脉冲，换句话说，也就是每个点与前后的其他点都不相关。对于色光来说，全频谱成分代表白光，因此符合上句描述的被称为“白噪声”，高斯白噪声在白噪声约束的基础上对幅值施加了额外高斯分布的约束。

白噪声是区别于色噪声（Colored Noise）而言的，类似于白噪声的得名方式，所谓的某种“颜色”的噪声，实际上就是指该噪声的功率谱分布与那种色光的类似。常见的色噪声包括红噪声、蓝噪声、紫噪声等。这些色噪声通常用在信号处理领域，由于与这里的图像去噪任务相关性不大，所以这里就不再展开介绍。

上面的实验都只展示了对于灰度图的加噪模拟。在实际应用中，更普遍的实际上是 RGB 彩色图像的去噪，因此也需要对 RGB 图像的噪声进行模拟。彩色图像由于多了颜色信息，因此可能产生彩噪，即不仅使亮度有变化，同时颜色（即 RGB 的比例）也会受到干扰。下面模拟一个彩色图像的高斯噪声，与灰度高斯噪声代码基本一致，代码如下所示。图 3-6 所示为彩色图像的高斯噪声模拟。

```
import os
import cv2
import numpy as np
import matplotlib.pyplot as plt

def add_gaussian_noise_color(img_rgb, sigma=15):
    h, w, c = img_rgb.shape
    gaussian_noise = np.random.randn(h, w, c) * sigma
    noisy = img_rgb + gaussian_noise
    noisy = np.round(np.clip(noisy, a_min=0, a_max=255))
    return noisy.astype(np.uint8)

if __name__ == "__main__":
    img_path = '../datasets/srdata/Set5/head_GT.bmp'
    img = cv2.imread(img_path)[:,:,::-1]
    gaussian_sigma_ls = [15, 25, 50]
    N = len(gaussian_sigma_ls)
    fig = plt.figure(figsize=(10, 3))
    for sid, sigma in enumerate(gaussian_sigma_ls):
        noisy = add_gaussian_noise_color(img, sigma)
        fig.add_subplot(1, N, sid + 1)
        plt.imshow(noisy)
        plt.axis('off')
```

```
    plt.title(f'Gaussian, sigma={sigma}')
plt.savefig(f'results/noise_simu/gaussian_color.png')
plt.close()
```

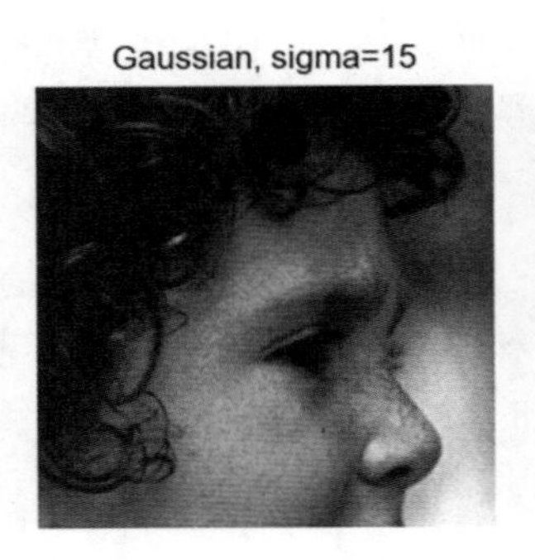

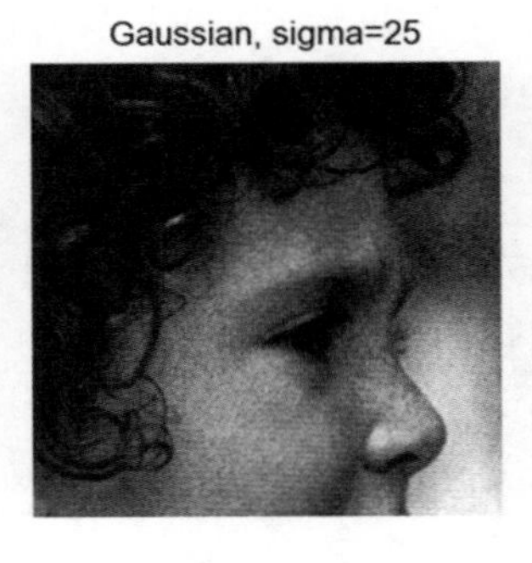

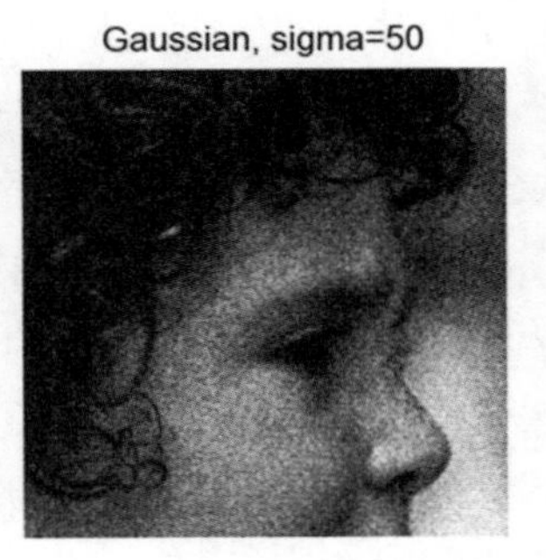

图 3-6 彩色图像的高斯噪声模拟

除了上述的高斯噪声与泊松噪声，还有其他的常见噪声也可以通过数学方式模拟。比如，一种由干扰或者像素失效等因素引起的随机的黑白噪点，通常被形象地称为椒盐噪声（Salt-and-Pepper Noise，白点即盐，黑点为胡椒）。这种噪声的模拟策略比较简单，即根据一定的比例，随机抽取部分像素置为黑点或者白点即可。椒盐噪声的模拟代码如下所示。

```
import cv2
import numpy as np
import matplotlib.pyplot as plt

def add_salt_pepper_noise(img,
                          salt_ratio=0.01,
                          pepper_ratio=0.01):
    speckle_noisy = img.copy()
    h, w = speckle_noisy.shape[:2]
    num_salt = np.ceil(img.size * salt_ratio)
    salt_rid = np.random.choice(h, int(num_salt))
    salt_cid = np.random.choice(w, int(num_salt))
    speckle_noisy[salt_rid, salt_cid, ...] = 255
    num_pepper = np.ceil(img.size * pepper_ratio)
    pepper_rid = np.random.choice(h, int(num_pepper))
    pepper_cid = np.random.choice(w, int(num_pepper))
    speckle_noisy[pepper_rid, pepper_cid, ...] = 0
```

```
    return speckle_noisy


if __name__ == "__main__":

    img_path = '../datasets/srdata/Set12/05.png'
    img = cv2.imread(img_path)[:,:,0]

    # 设置不同参数
    salt_pepper_ratio = [
        (0.01, 0.01),
        (0.05, 0.01),
        (0.01, 0.05)]

    N = len(salt_pepper_ratio)
    fig = plt.figure(figsize=(10, 3))
    for sid, s in enumerate(salt_pepper_ratio):
        noisy = add_salt_pepper_noise(img,
                                      salt_ratio=s[0],
                                      pepper_ratio=s[1])
        fig.add_subplot(1, N, sid + 1)
        plt.imshow(noisy, cmap='gray')
        plt.axis('off')
        plt.title(f'salt {s[0]}, pepper {s[1]}')
    plt.savefig(f'results/noise_simu/salt_pepper.png')
    plt.close()
```

椒盐噪声模拟如图 3-7 所示。

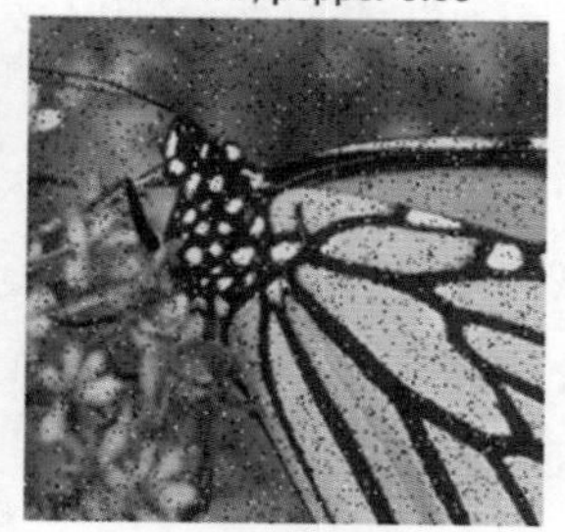

图 3-7　椒盐噪声模拟

3.2 去噪算法的难点与策略

3.2.1 去噪算法的难点

从前面的分析和讨论可以看出，噪声难以去除的一个重要原因在于其随机性，成像的过程就相当于对服从某种噪声分布的随机变量进行采样。对于每个像素点，虽然噪声在该点的分布可以估计，但是对该次采样取得的具体值则无法确定。噪声的随机性是去噪算法的一个难点，因此，去噪的基本策略也就是通过某些方式消除或者减弱这种随机性。

减弱随机性可以通过不同的方案来实现，比如，从硬件和成像过程的层面，可以通过增大光圈、增大传感器中感光元件的大小（也就是提高每个像素所对应的物理感光结构的面积）等方式来增加各像素获得的光子数量，以此来提高信噪比。另外，可以通过时间或者空间的融合，来等效地增加光子数量。比如，通过多帧曝光取平均的方式，可以降低噪声随机性的影响。对于高斯噪声或者泊松噪声来说，多次成像时间间隔如果足够短，那么可以近似认为有效信号的值是不变的，而噪声每次随机取值，因此同位置含噪像素的平均值应该趋于真实值。这就是常见的多帧去噪思路。另外，还可以在空间上进行等效增加，比如，将临近的2×2的像素点作为一个像素输出，这样可以提高每个像素点实际的光子数量，从而提升解析力，尤其是可以为信噪比高的暗光场景带来明显的提升。但是上述方案也都有各自的不足：对于多帧去噪来说，由于在时间维度上连续进行曝光，所以不同帧之间的对齐也是一个需要解决的问题；而像素融合的方案又会使得出图像的分辨率降低。

对去噪算法来说，最关键的难点在于如何在噪声压制和细节保留之间取得合理的折中。在干净图像中往往也会存在很多纹理细节，而噪声可能会和细节混合，从而淹没部分细节内容（见图 3-8）。通常的去噪算法需要考虑邻域信息，这种方式对于高频细节区域来说较难实现（干净图像邻近像素点可能本身差异就较大）。因此，对于噪声去除的力度过大，往往会损伤细节，而且也会对弱纹理区域过度平滑，导致所谓的“涂抹感”或“油画感”，即细节不自然。而对于噪声的去除力度小，又会导致去噪不完全。细节和噪声的权衡和去噪力度的控制是去噪算法设计中的重点。为了获得合适的去噪效果，在工程层面往往需要对噪声强度进行估计，或者对噪声进行一定程度的回填以防止细节损失过多，而在算法设计层面则可以采用更多的先验（如非局部的结构纹理相似性）来对细节和噪声进行分辨，尽可能保留细节并抑制随机噪声。

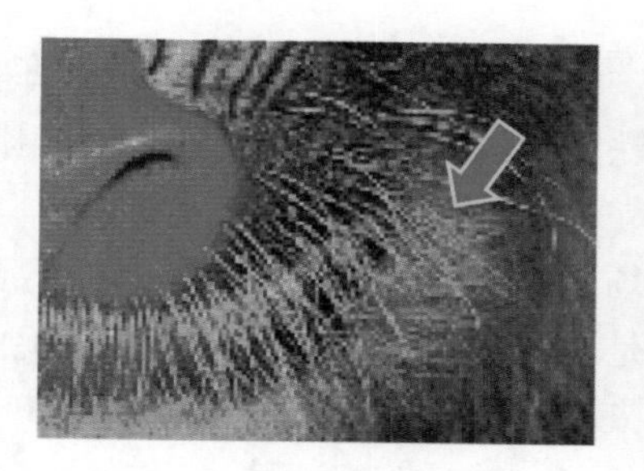
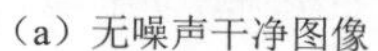
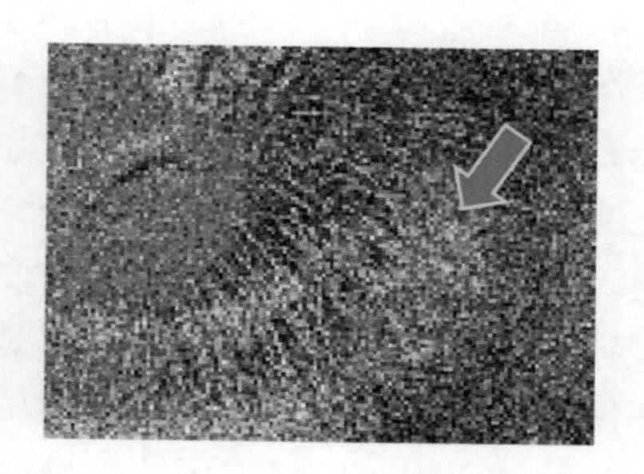

（a）无噪声干净图像　　（b）含高斯噪声图像

图 3-8 纹理区域的细节被噪声淹没

3.2.2 盲去噪与非盲去噪

在去噪任务中还有一对常用的概念需要介绍，那就是**盲去噪（Blind Denoising）**和**非盲去噪（Non-blind Denoising）**。通常来说，图像恢复任务中的盲（Blind）指的是退化参数未知。对于去噪任务，盲去噪指的就是噪声水平未知的去噪；而非盲去噪则是指预先知道噪声水平，并针对该水平的噪声进行去噪方案的设计。比如，对于高斯去噪任务，盲去噪可以直接处理不同 sigma 值的噪声；而非盲去噪需要预先指定 sigma 值，然后对不同 sigma 值采用不同的模型或者参数，在实际使用时也需要对应传入噪声水平参考，即 sigma 值。

在基于网络模型的高斯去噪方法中，往往通过手动生成一定 sigma 值的模拟高斯噪声并与干净图像结合的方式来获取有噪图像，然后用得到的有噪图像及其对应的干净图像形成训练样本对用于模型训练和验证。对于这种设定，可以通过训练时用固定的 sigma 值生成数据对的方式训练某个噪声强度下的非盲去噪模型，也可以通过将 sigma 值在一定范围内取值，使模型可以自适应于不同噪声强度来获得盲去噪模型。通常来说，非盲去噪的效果相对盲去噪更好，因此在实际应用中，一般先对噪声进行估计，然后将噪声估计结果作为先验与去噪模型结合应用于去噪任务。

3.2.3 高斯去噪与真实噪声去噪

去噪任务中还有一个问题需要注意，那就是模拟生成的噪声与成像得到的真实噪声的差距。首先，高斯噪声或者高斯-泊松噪声模型是去噪任务中比较常见的设定，这种数学模型可以在一定程度上模拟噪声的分布，而且便于设计算法与验证、评测不同算法的效果。但是，高斯噪声与真实的噪声还是有较大的差异的，因此在高斯噪声数据集中训练的模型在一些实际噪声场合难以泛化（见图 3-9）。

为了解决这个问题，后续产生了一些算法将目标直接设定为了对真实噪声进行有效去噪。对于深度学习方法来说，真实噪声去噪可以通过收集真实噪声数据对训练模型来实现。由于理想的无噪情况并不存在，而且还要考虑输入、输出数据的对齐问题，所以真实噪声数据对的收集也有一定的难度和限制。一种可行的方法是通过实验室进行采集，利用固定的场景和相机，进行连续多次曝光，将多帧结果平均作为干净图像（即训练真实标签），与各帧一起组成训练样本对。这种采集真实数据的方案要求场景中不能有运动物体，以免导致场景覆盖不足，影响模型训练结果。因此，还有一些方案是通过模拟更真实的噪声来实现的，比如通过噪声建模、图像处理流程分析与参数标定等方法来模拟噪声从输入到经过 ISP 流程处理的整个流程或者部分关键流程，使噪声更符合物理分布，并且较完整地模拟成像结果中噪声的各种畸变。这样生成的噪声数据对与测试集更接近，因此更容易泛化。

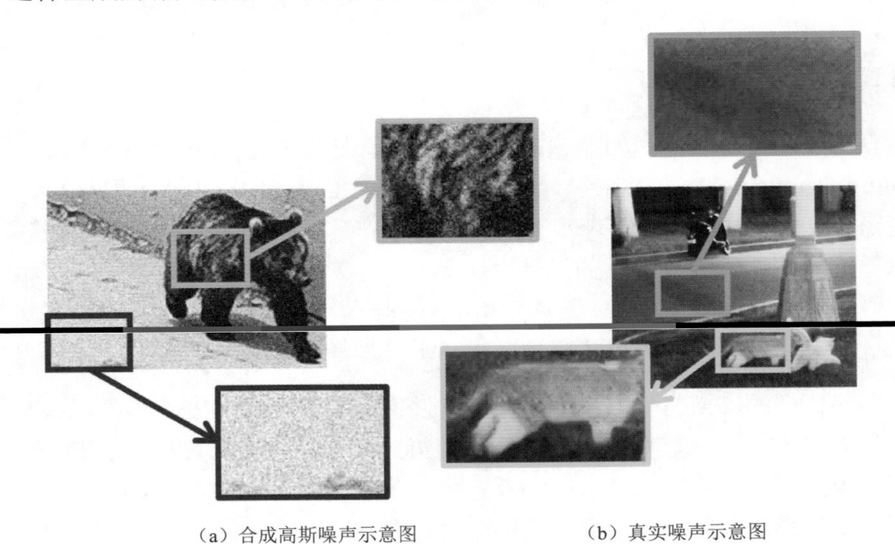

（a）合成高斯噪声示意图　　（b）真实噪声示意图

图 3-9　合成高斯噪声与真实噪声示意图

3.2.4　去噪算法的评价指标

去噪算法的目的是对图像中的噪声进行过滤，使得到的结果更加接近无噪图像。在实验评估算法时，通常将一张无噪声的干净图像按照一定的程度和噪声类型进行加噪，然后在该图像上测试去噪算法的效果。一个好的去噪算法的输出结果应该尽可能地接近无噪声的干净图像。通常采用 **PSNR（峰值信噪比，Peak Signal-to-Noise Ratio）**来评价去噪算法的性能。PSNR 的基本原则是计算干净图像与去噪结果之间逐点的像素值差异。这个差异用 MSE（均方误差，Mean Square Error）来衡量。PSNR 的计算公式如下：

$$\mathrm{PSNR}(\mathrm{pred},\mathrm{clean}) = 10\lg\frac{\mathrm{peakValue}^2}{\mathrm{MSE}(\mathrm{pred},\mathrm{clean})} = 20\lg\frac{\mathrm{peakValue}}{\sqrt{\frac{1}{N}\sum_{i,j}(\mathrm{pred}_{i,j}-\mathrm{clean}_{i,j})^2}}$$

式中，peakValue 指的是图像像素值范围的最大值，对于常用的 8bit 存储来说，peakValue 就是 255，如果经过了归一化，那么 peakValue 就是 1；MSE 为预测图像与干净图像的均方误差，即各个像素点对应的差值平方的平均数；i 和 j 表示像素点坐标；N 表示图像的总像素数。通过 10lg 取对数的方式将峰值信噪比转换为以 dB 为单位的量。PSNR 与上面提到的 SNR 类似，区别在于 SNR 的分子项是实际的信号强度，而 PSNR 的则为峰值信号强度。

PSNR 可以在算法处理前后进行度量，用来衡量算法的增益，输入噪声图像与干净图像的 PSNR 表示噪声图像的污染程度，输出结果与干净图像的 PSNR 表示去噪结果与干净图像的差异，输出对输入在 PSNR 上提高越多，算法的效果越明显。如果将输入的 PSNR 固定，那么就可以用算法输出与干净图像的 PSNR 大小来评价不同算法的效果。通常，对噪声较弱或者去噪效果较好的情况来说，PSNR 一般都大于 30dB，甚至更大；而对于有明显噪声的情况，PSNR 通常为 20～30dB。比此范围还小的 PSNR 说明噪声过大，或者去噪结果与干净图像有明显差距，去噪效果不理想。

尽管 PSNR 是一种简单、有效的评估度量，但是这种逐像素求差值的方法与人类对于图像的视觉感知并不完全相符。比如，对于亮度和对比度的微小改变，人类对其视觉观感的差别并不明显，但是反映到 PSNR 或者 MSE 中，就会对计算出的结果影响较大。为了让对于图像质量的度量指标与人类的视觉感知方式更加相似，人们提出了另一个经典指标，即 **SSIM（结构相似性，Structural Similarity）**。SSIM 通过三个方面对两张图像的相似性进行评价，分别是亮度（Luminance）、对比度（Contrast）和结构（Structure）。其中，亮度反映在图像上就是均值；对比度则用除去了均值差异影响的像素值的分布情况，也即方差来表示；最后，将亮度和对比度的因素都去除，剩下的就是两张图像归一化后的结构相似度。因此，SSIM 就是这三个值综合的结果，如下所示：

$$\mathrm{SSIM}(x,y)=[l(x,y)]^{\alpha}[c(x,y)]^{\beta}[s(x,y)]^{\gamma}$$

式中，$l(x,y)$、$c(x,y)$和 $s(x,y)$分别表示亮度、对比度和结构相似性函数。对这三个函数的设计需要使 SSIM 满足如下几个性质：首先是对称性，即交换 x 和 y 不影响结果；然后是有界性，SSIM 计算出的值应该小于等于 1；最后希望 SSIM 取最大值 1 的充要条件是 x 和 y 相等。这几个性质都是符合人们的直观的。为了满足这些性质，设计出来的三个函数的数学形式如下：

$$l(x,y)=\frac{2\mu_x\mu_y+C_1}{\mu_x^2+\mu_y^2+C_1}$$

$$c(x,y)=\frac{2\sigma_x\sigma_y+C_2}{\sigma_x^2+\sigma_y^2+C_2}$$

$$s(x,y)=\frac{\sigma_{xy}+C_3}{\sigma_x\sigma_y+C_3}$$

式中，C_1、C_2 和 C_3 为常数项，以避免分母过小。为了简便计算，将 SSIM 公式中的指数参数 α、β 和 γ 都设置为 1，在这种情况下，观察上面三个等式可以发现，对比度与结构相似度可以通过将 C_3 设置为 $C_2/2$ 进行化简，化简后得到的 SSIM 公式可以写成如下形式：

$$\text{SSIM}(x,y)=\frac{\left(2\mu_x\mu_y+C_1\right)\left(2\sigma_{xy}+C_2\right)}{\left(\mu_x^2+\mu_y^2+C_1\right)\left(\sigma_x^2+\sigma_y^2+C_2\right)}$$

在 SSIM 计算中，一般通过局部方式对不同的位置按照化简后的 SSIM 公式计算 SSIM，然后对得到的 SSIM 值进行平均。在实现中，通常采用滑动窗的方式，每次只处理窗口内的像素。这个过程可以用均值滤波或者高斯滤波的方式实现。另外，SSIM 还有一些改进版本，如参考多个尺度下结构相似性的 **MS-SSIM（多尺度结构相似性，Multi-Scale SSIM）**，MS-SSIM 通过下采样实现对不同尺度结构一致性的参考，在感知的角度与人类视觉系统的响应更加符合。

下面用代码实现 PSNR 和 SSIM 的计算，并对不同处理后的图像与原图像分别计算 PSNR 和 SSIM。代码如下所示。

```
import os
import cv2
import numpy as np

def calc_psnr(img1, img2, peak_value=255.0):
    img1, img2 = np.float64(img1), np.float64(img2)
    mse = np.mean((img1 - img2) ** 2)
    psnr = 10 * np.log10((peak_value ** 2) / mse)
    return psnr

def calc_ssim(img1, img2, win_size=11, sigma=1.5, L=255.0):
    assert img1.shape == img2.shape
    if img1.ndim == 2:
        img1 = np.expand_dims(img1, axis=2)
        img2 = np.expand_dims(img2, axis=2)
    C1 = (0.01 * L) ** 2
    C2 = (0.03 * L) ** 2
    img1, img2 = np.float64(img1), np.float64(img2)
    ssim_ls = list()
    winr = (win_size - 1) // 2
    for ch_id in range(img1.shape[-1]):
        cur_img1 = img1[:, :, ch_id]
```

```
        cur_img2 = img2[:, :, ch_id]
        mu1 = cv2.GaussianBlur(cur_img1, \
                ksize=[win_size, win_size], sigmaX=sigma)
        mu2 = cv2.GaussianBlur(cur_img2, \
                ksize=[win_size, win_size], sigmaX=sigma)
        mu11 = cv2.GaussianBlur(cur_img1**2, \
                ksize=[win_size, win_size], sigmaX=sigma)
        mu22 = cv2.GaussianBlur(cur_img2**2, \
                ksize=[win_size, win_size], sigmaX=sigma)
        mu12 = cv2.GaussianBlur(cur_img1*cur_img2, \
                ksize=[win_size, win_size], sigmaX=sigma)
        sigma1_2 = mu11 - mu1 ** 2
        sigma2_2 = mu22 - mu2 ** 2
        sigma12 = mu12 - mu1 * mu2
        nume = (2 * mu1 * mu2 + C1) * (2 * sigma12 + C2)
        deno = (mu1 ** 2 + mu2 ** 2 + C1) * (sigma1_2 + sigma2_2 + C2)
        ssim_map = nume / deno
        ssim = np.mean(ssim_map[winr:-winr, winr:-winr])
        ssim_ls.append(ssim)
    return np.mean(ssim_ls)

if __name__ == "__main__":

    os.makedirs('results/psnr_ssim', exist_ok=True)
    img_path = '../datasets/samples/baboon256rgb.png'
    img = cv2.imread(img_path)
    img_blur5 = cv2.blur(img, (5, 5))
    img_blur10 = cv2.blur(img, (10, 10))
    img_ratio = img * 0.8 + 100
    img_minus5 = img - 10.0
    img_noisy25 = img + np.random.randn(*img.shape) * 25

    cv2.imwrite('results/psnr_ssim/img_blur5.png',\
             np.clip(img_blur5, 0, 255))
    cv2.imwrite('results/psnr_ssim/img_blur10.png',\
             np.clip(img_blur10, 0, 255))
    cv2.imwrite('results/psnr_ssim/img_ratio.png',\
             np.clip(img_ratio, 0, 255))
    cv2.imwrite('results/psnr_ssim/img_minus5.png',\
```

```
            np.clip(img_minus5, 0, 255))
    cv2.imwrite('results/psnr_ssim/img_noisy25.png',\
            np.clip(img_noisy25, 0, 255))

    print("====== PSNR ======")
    psnr_blur5 = calc_psnr(img_blur5, img)
    psnr_blur10 = calc_psnr(img_blur10, img)
    psnr_ratio = calc_psnr(img_ratio, img)
    psnr_minus5 = calc_psnr(img_minus5, img)
    psnr_noisy25 = calc_psnr(img_noisy25, img)

    print("blur5 PSNR: ", psnr_blur5)
    print("blur10 PSNR: ", psnr_blur10)
    print("ratio PSNR: ", psnr_ratio)
    print("minus5 PSNR: ", psnr_minus5)
    print("noisy25 PSNR: ", psnr_noisy25)

    print("====== SSIM ======")
    ssim_blur5 = calc_ssim(img_blur5, img)
    ssim_blur10 = calc_ssim(img_blur10, img)
    ssim_ratio = calc_ssim(img_ratio, img)
    ssim_minus5 = calc_ssim(img_minus5, img)
    ssim_noisy25 = calc_ssim(img_noisy25, img)

    print("blur5 SSIM: ", ssim_blur5)
    print("blur10 SSIM: ", ssim_blur10)
    print("ratio SSIM: ", ssim_ratio)
    print("minus5 SSIM: ", ssim_minus5)
    print("noisy25 SSIM: ", ssim_noisy25)
```

在上面的代码中，我们对原图像分别进行了如下几种操作：5×5 的均值滤波（img_blur5），10×10 的均值滤波（img_blur10）、像素值尺度的缩放和偏置（img_ratio）、对原图像减去一个常数值（img_minus5），以及对原图像加高斯噪声（img_noisy25）。不同操作处理后的图像如图 3-10 所示。

从图 3-10 可以看出，均值滤波窗口越大，图像质量越差；像素值尺度的缩放和偏置对于人眼观感来说，主要影响了亮度和对比度，图像内容与原图像比较一致；对原图像减去一个常数值的操作也只影响对于亮度的感知，对图像质量的影响相对较小；高斯噪声对原图像中的细节产生了干扰，画质的降低较明显。下面来分析这些处理结果分别对应的 PSNR 与 SSIM，如下所示。

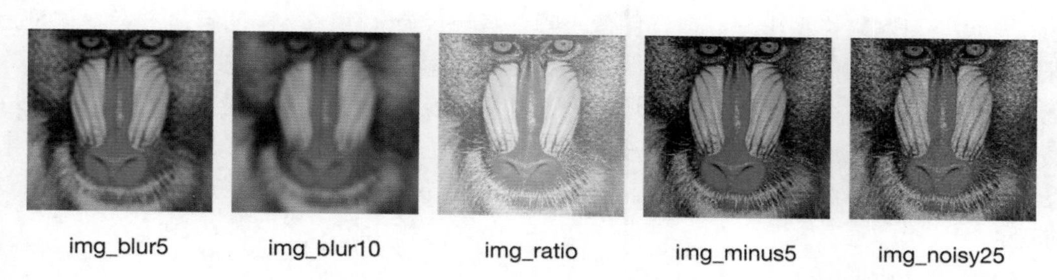

图 3-10　不同操作处理后的图像（用于计算 PSNR 与 SSIM）

```
====== PSNR ======
blur5 PSNR:  19.3731574717926
blur10 PSNR:  18.338303436045894
ratio PSNR:  9.990559141191264
minus5 PSNR:  28.130803608679106
noisy25 PSNR:  20.19202622898883
====== SSIM ======
blur5 SSIM:  0.35337550483191493
blur10 SSIM:  0.2224965377949244
ratio SSIM:  0.7713106823047992
minus5 SSIM:  0.980571075681487
noisy25 SSIM:  0.6442041513621614
```

这个结果直观地说明了 PSNR 与 SSIM 在评价两张图像相似性任务中的不同侧重。首先来看 PSNR，对于 blur5 和 blur10，模糊程度越高，信息损失越大，与原图像的差距也就越大，因此从 PSNR 上来看，blur5 的 PSNR 相对 blur10 的更大。而对于 ratio，由于亮度值与原图像差距过大，因此 PSNR 非常小（<10 dB）。而由于原图像中的细节较多，因此 minus5 的结果与 blur5/10 相比影响更小，故 PSNR 更大。最后，高斯噪声的引入也使得图像与原图像的差距较大（sigma=25，噪声相对较强），因此 PSNR 较小，只有约 20dB。

而对于 SSIM 来说，我们可以发现，ratio 和 minus5 的 SSIM 比 noisy25 和 blur5/10 大。尽管这两个操作比较大地影响了输出结果与原图像的亮度差异，但是由于没有破坏图像内容与结构，在主观视觉感知上画质较好，因此反映到 SSIM 中指标也较高。这也是 SSIM 相对于 PSNR 更加符合人类的感知模式的一个示例。

3.3 传统去噪算法

在深度学习网络模型出现以前，图像去噪任务已经有了很多不同的解决方案。这里为了与深度学习网络模型的算法方案进行区别，将这些方案统称为传统去噪算法。传统去噪算法的主要思路包括利用空间相似性的空域滤波、利用图像自相似性的非局部匹配和滤波，以及变换域（如傅里叶域或者小波域）滤波等。这些传统去噪算法中的很多思想和结论被后来的深度学习方案借鉴，用于了网络结构和算法流程的设计。下面，首先从最基本的空域滤波开始讲起。

3.3.1 空域滤波：均值、高斯与中值滤波器

空域滤波基于图像空间连续性的先验。在前面的频谱分析中曾经提到过，自然图像的低频成分占大多数比重，越高频的成分一般占比越小，而从不同频率成分的空间分布上来说，自然图像中只有纹理和边缘处的高频成分较多，而其他区域更多以渐变的低频成分为主。对于自然图像来说，相邻像素点的取值趋近于相同或相近。因此，对于有噪声的像素点，通过对其周围区域的像素值进行统计和平均（或者加权平均），可以得到对该点真实值的一个相对比较稳定可靠的估计。

对邻域进行权重设置并用于加权求和的模板就是**空域滤波器（Spatial Filter）**。最简单的滤波器是**均值滤波器（Mean Filter）**，它的滤波器核中的每个元素都有相同的值，其值为总像素数的倒数。比如，对于一个 3×3 的均值滤波器，其各个位置的数值为

$$\frac{1}{9}\begin{bmatrix}1 & 1 & 1\\1 & 1 & 1\\1 & 1 & 1\end{bmatrix}$$

用 3×3 的均值滤波器进行滤波，实际上就是对当前像素区域内的 9 个值（8 个邻域再加上自身）进行平均，然后将平均后的结果作为当前像素的输出结果。均值滤波操作简单，计算效率也较高，可以有效抑制噪声，使结果更加平滑，从而更加符合自然图像的先验。但均值滤波也有一些问题，比如，由于均值滤波对邻域范围内各点赋予了相同的权重，所以容易造成边缘信息的模糊。

另一种类似的方案是采用**高斯滤波器（Gaussian Filter）**。高斯滤波器与均值滤波器不同，它对于邻域内的所有像素值不再赋予同样的权重，而是按照高斯分布，使距离当前像素点越近的值相对越大，即计算加权平均时所占的比例更高，而参与计算的像素与当前位置像素之间的距离越大滤波器值越小，也就是加权平均时的权重越小。高斯滤波器具体的取值由其尺寸（如 3×3、5×5、11×11 等）和高斯分布的 sigma 值共同决定。不同尺寸和 sigma 值的高斯

滤波器的示例如图 3-11 所示。高斯滤波器的优点在于对于越近的值赋予越大的权重，而且不同方向的权重分布一致（各向同性），这个设定是符合直觉的，即距离越近的点的值相同或相近的概率会更高，且各个方向的贡献在没有先验的情况下应该保持一致（最大熵原理）。当然，高斯滤波也会造成一定程度的边缘模糊。

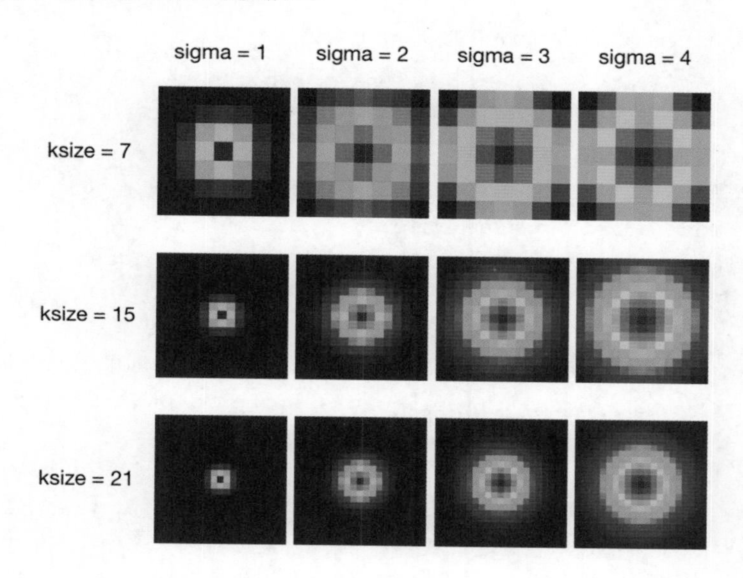

图 3-11　不同尺寸和 sigma 值的高斯滤波器的示例

最后介绍一种特殊的空域滤波方式：**中值滤波（Median Filtering）**。与之前的两种滤波对邻域线性加权求和不同，中值滤波需要对邻域进行排序，然后取其中值作为当前像素的预测值。中值滤波器非常适合处理脉冲形态的噪声，如前面模拟的椒盐噪声。其原因也很好理解：由于椒盐噪声的“错误值”较大，因此如果按照加权平均的方式来做，这些与原值不相关的强噪声就会对最后的加权平均产生过强的影响。而中值滤波只需要进行排序后取中值，没有对被取出的值进行加权，因此并不会受到强噪声的影响（值过大或过小的噪点只会影响中值取哪一个，不会影响到其值）。

下面用 OpenCV 分别实现对于不同噪声的空域滤波。这几个不同的空域滤波在 OpenCV 中均有实现，其中均值滤波为 cv2.blur，高斯滤波为 cv2.GaussianBlur，中值滤波为 cv2.medianBlur。我们用之前代码中的噪声模拟函数为图像添加噪声，并通过空域滤波进行去噪。代码如下所示。

```
import os
import cv2
import numpy as np
```

```
# 这里直接使用之前代码中模拟高斯噪声和椒盐噪声的函数
# 相关函数被整理并存在 ./utils/simu_noise.py 文件中
from utils.simu_noise import add_gaussian_noise_color, \
                      add_salt_pepper_noise

os.makedirs('results/spatial_filters', exist_ok=True)
img_rgb_path = '../datasets/samples/lena256rgb.png'
img = cv2.imread(img_rgb_path)

# 各种滤波器处理高斯噪声
gauss_noisy = add_gaussian_noise_color(img, sigma=50)
cv2.imwrite('results/spatial_filters/gauss_noisy.png', gauss_noisy)

# 高斯滤波
gauss_filtered = cv2.GaussianBlur(gauss_noisy, (5, 5), 0)
cv2.imwrite('results/spatial_filters/gauss_filtered.png', gauss_filtered)
# 均值滤波
mean_filtered = cv2.blur(gauss_noisy, (5, 5))
cv2.imwrite('results/spatial_filters/mean_filtered.png', mean_filtered)
# 中值滤波
median_filtered = cv2.medianBlur(gauss_noisy, 5)
cv2.imwrite('results/spatial_filters/median_filtered.png',\
        median_filtered)

# 中值滤波器和高斯滤波器处理椒盐噪声
# 添加椒盐噪声
img_gray_path = '../datasets/srdata/Set12/01.png'
img_gray = cv2.imread(img_gray_path)
speckle_noisy = add_salt_pepper_noise(img_gray, \
                    salt_ratio=0.02, pepper_ratio=0.02)
cv2.imwrite('results/spatial_filters/speckle_noisy.png', speckle_noisy)

# 中值滤波处理椒盐噪声
speckle_median_filtered = cv2.medianBlur(speckle_noisy, 5)
cv2.imwrite('results/spatial_filters/speckle_median_filtered.png',\
        speckle_median_filtered)
# 高斯滤波处理椒盐噪声
speckle_gauss_filtered = cv2.GaussianBlur(speckle_noisy, (5, 5), 0)
cv2.imwrite('results/spatial_filters/speckle_gauss_filtered.png', \
```

```
        speckle_gauss_filtered)
```

空域滤波结果示意图如图 3-12 所示。

（a）高斯噪声有噪图像

（b）高斯噪声均值滤波

（c）高斯噪声高斯滤波

（d）高斯噪声中值滤波

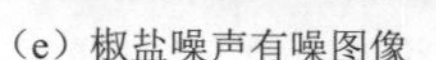
（e）椒盐噪声有噪图像

（f）椒盐噪声的高斯滤波去噪

（g）椒盐噪声的中值滤波去噪

图 3-12　空域滤波结果示意图

从图 3-12 可以看出，对于高斯噪声来说，上述几种空域滤波都会带来一定的模糊，其中均值滤波带来的模糊最为严重；而高斯滤波由于对远距离的点降低了权重，因而模糊程度较弱。另外，中值滤波对于高斯噪声的处理并没有太多优势。但是对于椒盐噪声，高斯滤波输出效果较差，噪声点附近的像素受到噪声点加权求和的影响而产生斑点。而中值滤波利用了邻域值的顺序分布及噪声的稀疏性特点，可以较好地去除椒盐噪声。

3.3.2　非局部均值算法

基于相邻点像素一致性的空域滤波虽然简单可行，但是最主要的一个缺陷就是会损伤有效信号，即干净图像中的边缘和细节。从原理来分析，这种对于边缘、细节的损伤可以归结于用于平均的邻域并不一定都与当前像素点类似，邻域像素点选取少则样本少，去噪效果弱；而相反，邻域扩大则又会让邻域内各点的差异性更大，更容易损伤细节。那么，有没有可能设计出一种更好的方式，找到和目标像素类似的点，然后用这些点进行加权平均呢？

对于这个问题的一个直观解法就是**非局部均值（Non-Local Means）算法**，一般简称 NL-Means 算法。NL-Means 算法原理图如图 3-13 所示。

图 3-13 NL-Means 算法原理图

从名称可以看出，NL-Means 算法是一种非局部的算法，也就是不局限于邻域平均。实际上，NL-Means 算法对于每个像素点都要取其邻域，然后在预测某个像素点 i 的值时，将该点的邻域 $\boldsymbol{N}(i)$与其他任一个像素点 j 的邻域 $\boldsymbol{N}(j)$计算相似度，根据两者的相似度决定在多大程度上用像素点 j 的值 $\boldsymbol{v}(j)$对像素点 i 的真实值进行预测。比如，图 3-13 所示的目标点 i 在屋顶的边缘上，因此该点的邻域与其他处于同一边缘的像素点的邻域更相似一些，这些点都可以以更高的权重来预测目标点的值，而与天空和墙体上的像素点则差异较大，因此这些点对于预测目标点 i 的贡献相对较小。这个过程的数学形式如下：

$$\boldsymbol{v}'(i)=\sum_j \boldsymbol{w}(i,j)\boldsymbol{v}(i)$$

$$\boldsymbol{w}(i,j)=\frac{1}{z}\exp\left(-\frac{-\|\boldsymbol{N}(i)-\boldsymbol{N}(j)\|^2}{h^2}\right)$$

由于可以在全局范围内找到更多的与当前点更为类似的点作为参考，因此相对于普通局部的空域滤波算法，NL-Means 算法往往对原图像的细节和边缘损伤小。但是 NL-Means 算法由于需要非局部的密集距离计算，因此计算复杂度也大大增加。在算法实现中，一般并不会对全图计算权重，而是对每个待处理的点设置一个搜索窗口，对窗口内的像素进行权重计算并加权融合。比如，搜索窗口可以设置为 21×21，而邻域可以选择 7×7。邻域尺寸一般需要稍微大一些以便获得局部的图像信息，如是否为边缘或者某种模式的纹理，但是尺寸的增加也会提高算法的复杂度。

NL-Means 算法实质上利用了图像的**自相似性（Self-similarity）先验**，也就是说，某种模式（Pattern）在同一张图像中往往会多次出现。对于真实世界的自然图像，纹理和边缘往往具有一定的重复性和连贯性。这个先验在其他的图像恢复和画质任务中也有相关的应用。

下面用 OpenCV 中的 cv2.fastNlMeansDenoisingColored 函数对带有高斯噪声的 RGB 图像进行 NL-Means 算法去噪，并与高斯滤波去噪的结果进行对比，代码如下所示。

```
import os
import cv2
import numpy as np
import matplotlib.pyplot as plt
from utils.simu_noise import add_gaussian_noise_color

os.makedirs('results/nlmeans', exist_ok=True)
img_path = '../datasets/samples/lena256rgb.png'
img = cv2.imread(img_path)[...,::-1]

# 加入高斯噪声
noisy_img = add_gaussian_noise_color(img, sigma=25)

# 采用邻域为 5×5、搜索窗口为 21×21 的 NL-Means 算法
nlm_out = cv2.fastNlMeansDenoisingColored(noisy_img, None, h=10, hColor=10,
                                          templateWindowSize=5,
                                          searchWindowSize=21)
nlm_diff = np.sum(np.abs(nlm_out - noisy_img), axis=2)

# 采用 5×5 的高斯滤波作为对比
gauss_out = cv2.GaussianBlur(noisy_img, (5, 5), 0)
gauss_diff = np.sum(np.abs(gauss_out - noisy_img), axis=2)

fig = plt.figure(figsize=(8, 5))
fig.add_subplot(231)
plt.imshow(noisy_img)
plt.axis('off')
plt.title('(a)')
fig.add_subplot(232)
plt.imshow(nlm_out)
plt.axis('off')
plt.title('(b)')
fig.add_subplot(233)
plt.imshow(nlm_diff, cmap='gray')
plt.axis('off')
plt.title('(c)')
```

```
fig.add_subplot(235)
plt.imshow(gauss_out)
plt.axis('off')
plt.title('(d)')
fig.add_subplot(236)
plt.imshow(gauss_diff, cmap='gray')
plt.axis('off')
plt.title('(e)')

plt.savefig('./results/nlmeans/output.png')
```

NL-Means 算法效果（与高斯滤波对比）如图 3-14 所示。

（a）有噪图像（高斯噪声）

（b）NL-Means 算法处理结果

（c）NL-Means 算法的噪声（算法处理前后的差值）

（d）高斯滤波结果

（e）高斯滤波算法的噪声

图 3-14 NL-Means 算法效果（与高斯滤波对比）

从去噪前后的差值图可以看出，相比于高斯滤波，NL-Means 算法对原信号的破坏更小，因此可以降低算法噪声（Method Noise），即由于算法处理引入的伪影，更好地保持图像细节的完整性。

3.3.3 小波变换去噪算法

除了空域的各种去噪算法，还有一类去噪算法，统称为**变换域去噪（Transform Domain Denoising）算法**。这里的变换域可以是频域、小波域等，变换域去噪的核心思想是通过对图像施加某种变换，让噪声和有效信号尽可能地在变换域空间中分离开，然后应用某种处理或者过滤方式，将噪声去除，并反变换回原始图像空间，得到去噪后的图像。

这里以高斯白噪声为例，由于高斯噪声在频域分布比较均匀，而自然图像以低频为主，将图像变换到二维傅里叶域后，高频部分的噪声占比较多，信噪比低，因此可以利用之前提到的低通滤波等方式在频域对噪声进行过滤或压制。由于傅里叶变换是可逆的，将处理后的频谱反变换回去即可得到频域去噪的结果。

与频域滤波类似的还有**小波域去噪（Wavelet Domain Denoising）**，即通过对图像进行小波变换，得到各级小波系数，然后根据有效信号和噪声在系数中的不同分布对其进行处理，最后反变换回图像空间。首先，我们来了解一下小波变换的基本原理。**小波变换（Wavelet Transform）**是信号处理领域一种常用的信号分析和处理手段，它利用一系列尺度不同的**小波函数（Wavelet Function）**对信号的不同位置计算相关性，从而将信号分解到不同尺度上，并且还能保持其时域（空域）信息。对于图像来说，小波分解一般指二维**离散小波变换（Discrete Wavelet Transform，DWT）**，DWT 是可逆的，即可以通过**逆离散小波变换（Inverse Discrete Wavelet Transform，IDWT）**对小波变换结果进行重构，得到原始图像。

与前面提到的图像金字塔类似，小波变换也是一种多尺度方法，相比于傅里叶变换以正余弦信号为基函数，小波函数具有局部性的优点，即小波函数只在有限的区间内有值且在区间边界逐渐衰减到 0（这也是其名称 Wavelet 的含义）。这个性质使得小波变换可以提取出图像不同空间位置的尺度系数（类似傅里叶变换的各个频率分量）信息。小波变换的结果与小波的选取有关，常用的小波函数有 Haar 小波、Morlet 小波等。对图像进行一次小波变换，可以将图像分解为 4 个分量，每个分量的宽、高都是原图像的 1/2，这 4 个分量分别记作：LL、LH、HL、HH，或者 cA、cH、cV、cD，其中 LL 或 cA 代表低频部分，LH 或者 cH 代表横向高频细节，HL 或者 cV 代表纵向高频细节，HH 或 cD 表示对角线方向的高频细节。这里用 Python 的 pywt 库（可以通过 `pip install PyWavelets` 进行安装）中的 pywt.dwt2 和 pywt.idwt2 函数来实验对图像的小波变换与反变换。代码如下所示。

```
import os
import cv2
import numpy as np
import pywt
import matplotlib.pyplot as plt

os.makedirs('results/wavelet', exist_ok=True)
img = cv2.imread('../datasets/srdata/Set12/02.png')[...,0]

# 二维离散小波变换将图像分解到小波域
```

```
coeff = pywt.dwt2(img, 'haar')
LL, (LH, HL, HH) = coeff
print('input size: ', img.shape)
print('wavelet decompose sizes: \n',
     LL.shape, LH.shape, HL.shape, HH.shape)

# 展示分解结果
fig = plt.figure(figsize=(6, 6))
fig.add_subplot(221)
plt.imshow(LL, cmap='gray')
plt.axis('off')
plt.title('LL')
fig.add_subplot(222)
plt.imshow(np.abs(LH), cmap='gray')
plt.axis('off')
plt.title('LH')
fig.add_subplot(223)
plt.imshow(np.abs(HL), cmap='gray')
plt.axis('off')
plt.title('HL')
fig.add_subplot(224)
plt.imshow(np.abs(HH), cmap='gray')
plt.axis('off')
plt.title('HH')
plt.savefig('./results/wavelet/dwt.png')
plt.close()

# IDWT 小波系数重建原始图像
recon = pywt.idwt2(coeff, 'haar')
print('is reconstruction correct? ', np.allclose(img, recon))
```

输出结果如下，可以看到小波变换后的重构结果与原始输入图像一致，即小波变换是可逆的。

```
input size:  (256, 256)
wavelet decompose sizes:
 (128, 128) (128, 128) (128, 128) (128, 128)
is reconstruction correct?  True
```

小波变换示意图如图 3-15 所示。

（a）LL　（b）LH

（c）HL　（d）HH

图 3-15　小波变换示意图

如果将小波变换后的 LL 分量作为新的输入图像，继续进行小波变换，那么小波变换就可以递归进行下去，类似图像金字塔的操作，提取到多尺度、多层级的细节特征，这个过程通常称为小波分解（Wavelet Decomposition）。小波变换去噪就是在多级分解后的小波系数上进行操作的。小波域的去噪基于这样一个先验知识：经过小波变换后，有效信号的能量分布较为集中，反映在小波系数上就是系数取值较大；而相反，噪声经过小波变换后往往较为分散，且系数较小。因此，对小波系数中较小的那些系数进行衰减或者压制等处理，然后反变换回原图像，可以在一定程度上去除噪声。这就是基于小波变换的去噪的基本思路。

从该思路出发，主要需要解决的问题有两个：阈值如何选择，以及如何进行小波系数的衰减。阈值的选择方法有很多种，不同的小波去噪方法有不同的阈值计算方式，比如，对于 **VisuShrink 算法**来说，它的阈值采用全局相同的数值，其计算公式为

$$\text{thr} = \sigma\sqrt{2\log(N)}$$

式中，σ 为估计的噪声强度；N 为像素数。而对于 **BayesShrink 算法**来说，它的阈值对于每一层小波系数分别自适应地进行计算，计算公式如下：

$$\text{thr} = \frac{\sigma^2}{\sqrt{\max\left(\overline{v^2} - \sigma^2, 0\right)}}$$

式中，σ 为估计的噪声强度；$\overline{v^2}$ 为当前子图系数平方的均值。

对于每一层的各个系数子图来说，计算好阈值后，下一步就需要利用阈值 thr 对系数进行收缩（Shrink）。通常阈值收缩有两种方式：一种是硬阈值（Hard Threshold）收缩，即将绝对值小于 thr 的系数直接置为 0；另一种是软阈值（Soft Threshold）收缩，即将绝对值小于 thr 的系数直接置为 0，并将绝对值大于 thr 的系数的绝对值减去 thr，向着 0 的方向靠近。这两种方式都有其问题：硬阈值收缩会引入不连续性，而软阈值收缩则对信号的系数也进行了衰减。两种阈值收缩方式的函数图像如图 3-16 所示。

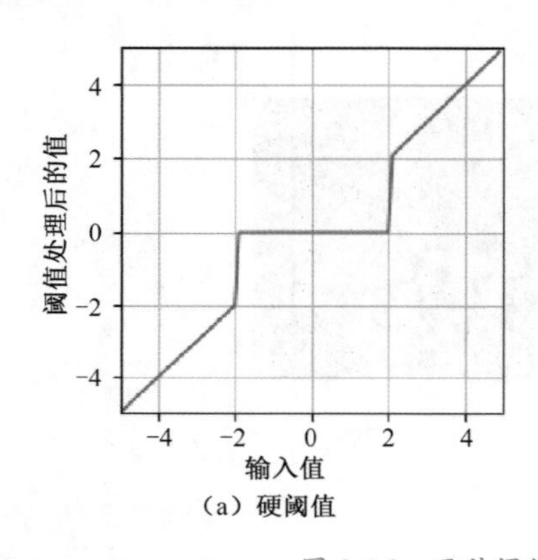

（a）硬阈值

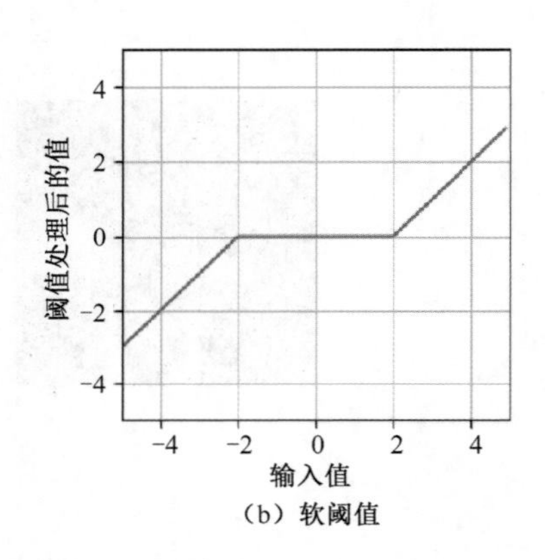

（b）软阈值

图 3-16　两种阈值收缩方式的函数图像

下面通过代码实现小波域系数衰减的去噪方案，其中，多尺度的小波分解与重构可以用 pywt 库中的 pywt.wavedec2 与 pywt.waverec2 来实现，代码如下所示。

```
import os
import cv2
import numpy as np
import pywt
from utils.simu_noise import add_gaussian_noise_gray

def calc_visu_thr(N, sigma):
    thr = sigma * np.sqrt(2 * np.log(N))
    return thr

def calc_bayes_thr(coeff, sigma):
    eps = 1e-6
    signal_var = np.mean(coeff ** 2) - sigma ** 2
    signal_var = np.sqrt(max(signal_var, 0)) + eps
    thr = sigma ** 2 / signal_var
```

```
    return thr

def shrinkage(coeff, thr, mode="soft"):
    assert mode in {"soft", "hard"}
    out = coeff.copy()
    out[np.abs(coeff) < thr] = 0
    if mode == "soft":
        shrinked = (np.abs(out[np.abs(coeff) > thr]) - thr)
        sign = np.sign(out[np.abs(coeff) > thr])
        out[np.abs(coeff) > thr] = sign * shrinked
    return out

def wavelet_denoise(img, wave, level, sigma,
                    shrink_mode="soft", thr_mode="visu"):
    assert thr_mode in {"visu", "bayes"}
    dwt_out = pywt.wavedec2(img, wavelet=wave, level=level)
    dn_out = [dwt_out[0]]
    n_level = len(dwt_out) - 1
    if thr_mode == "visu":
        thr = calc_visu_thr(img.size, sigma)
    for lvl in range(1, n_level + 1):
        cur_lvl = list()
        for sub in range(len(dwt_out[lvl])):
            coeff = dwt_out[lvl][sub]
            if thr_mode == "bayes":
                thr = calc_bayes_thr(coeff, sigma)
            out = shrinkage(coeff, thr, mode=shrink_mode)
            cur_lvl.append(out)
        dn_out.append(tuple(cur_lvl))
    recon = pywt.waverec2(dn_out, wavelet=wave)
    return recon


if __name__ == "__main__":

    os.makedirs('results/wavelet', exist_ok=True)
    img = cv2.imread('../datasets/srdata/Set12/02.png')[...,0]
    noisy = add_gaussian_noise_gray(img, sigma=15)
    cv2.imwrite(f'./results/wavelet/noisy_15.png', noisy)
```

```
for mode in ["hard", "soft"]:
    for thr in ["visu", "bayes"]:
        denoised = wavelet_denoise(img,
                    wave="haar", level=3, sigma=15,
                    shrink_mode=mode, thr_mode=thr)
        cv2.imwrite(f'./results/wavelet/dn_{mode}_{thr}.png', denoised)
```

不同阈值选择和两种阈值收缩方式的结果如图 3-17 所示。

（a）有噪图像，$\sigma=15$

（b）硬阈值，BayesShrink算法

（c）硬阈值，VisuShrink算法

（d）软阈值，BayesShrink算法

（e）软阈值，VisuShrink算法

图 3-17　不同阈值选择和两种阈值收缩方式的结果

3.3.4　双边滤波与导向滤波

前面曾讨论过去噪对于边缘的损伤，因此如何在平滑噪声的同时保持边缘的准确性对于去噪来说是非常重要的。这类可以在保持边缘的同时实现平滑的滤波方法统称为**保边滤波（Edge-preserving Filtering）算法**。本节介绍两种经典的保边滤波算法：**双边滤波（Bilateral Filtering）算法**和**导向滤波（Guided Filtering）算法**。

首先介绍双边滤波算法[1]。在引入双边滤波的改进前，先来回顾高斯滤波对边缘的损伤问题。高斯滤波对边缘的损伤如图 3-18 所示。对于平坦区域，高斯滤波可以根据距离来判断加权的多少，从而得到对于目标像素的预测，这种权重计算方式是合理的。但是对于物体交界的边缘区域，由于两侧的像素值一般差距较大，所以仅凭像素间的空间距离来判断两个像素点的相似程度就变得不合理了。对于边缘左侧的像素 B 来说，边缘右侧的像素点与 B 点并不属于同一个区域，为了保证边缘不被平滑掉，应该在加权过程中降低边缘右侧像素点的权重。那么，问题就变成了如何将这个约束加入到权重的计算求解中。

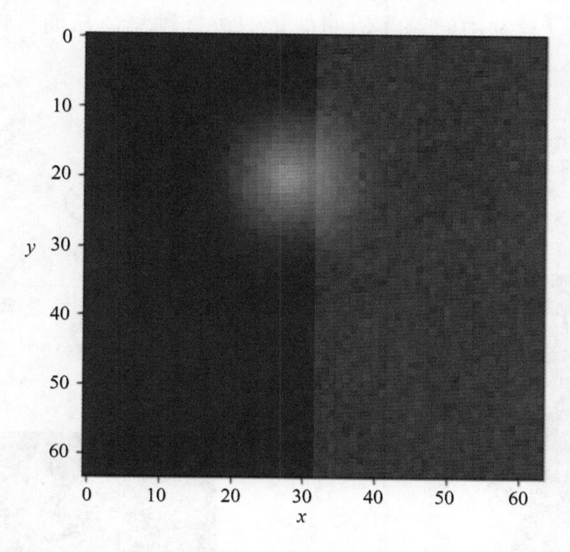

图 3-18　高斯滤波对边缘的损伤

既然边缘两侧的值差距较大，那么如果在对周围像素点加权的同时考虑像素值的差异，并赋予像素值接近的更大权重，对像素值差异大的降低权重，那么即可实现更好的保边效果。这就是双边滤波的基本思想。双边滤波中的“双边”指的就是这两种权重因子：邻近性（Closeness/Domain）和像素值的相似性（Similarity/Range）。邻近性参与加权的方式与高斯滤波相同，而像素值的相似性则与邻近性类似，即对不同的像素点计算与目标像素点的距离，并用高斯函数进行加权，距离越近权重越大。双边滤波的数学形式如下：

$$v'(i)=\frac{1}{Z_i}\sum_j \exp\left(-\frac{\left\|\operatorname{loc}(i)-\operatorname{loc}(j)\right\|^2}{2\sigma_{\mathrm{d}}^2}\right)\exp\left(-\frac{\left\|v(i)-v(j)\right\|^2}{2\sigma_{\mathrm{r}}^2}\right)v(j)$$

式中，i 为待预测的目标像素；j 为所有用于计算权重并加权求和的其他像素；两个 exp 项中的前一个为邻近性权重，即与高斯滤波相同的权重，由 i 和 j 的距离差异［函数 loc(i)表示取 i 像素的坐标］决定，而后一个则是双边滤波中引入的值域相似性权重［函数 $v(i)$表示取 i 像素的值］，由 i 和 j 的像素值决定；Z_i 为归一化系数。公式中有两个参数可以影响滤波效果，分别是 σ_{d} 和 σ_{r}。其中 σ_{d} 表示空间中高斯核的模糊程度，这个参数取值越大，说明空间相近点的贡献越大，结果越模糊，越偏向高斯滤波；而 σ_{r} 表示值域中相邻点的贡献，该参数越大，说明更大的取值范围内像素点的贡献也越大，从而更加偏向值域滤波（由于值域滤波只与像素点的值有关，没有参考空间信息，因此实际上是一个直方图变换），可以使保边效果更显著，但是同时会让单峰的图像直方图被一定程度地压缩。图 3-19 展示了双边滤波在边缘处计算的邻近性权重与像素值的相似性权重，以及它们共同作用之后的权重图。可以看出，通过双边滤波，在边缘处基本可以只利用同侧类似的像素值进行预测，从而实现保边效果。

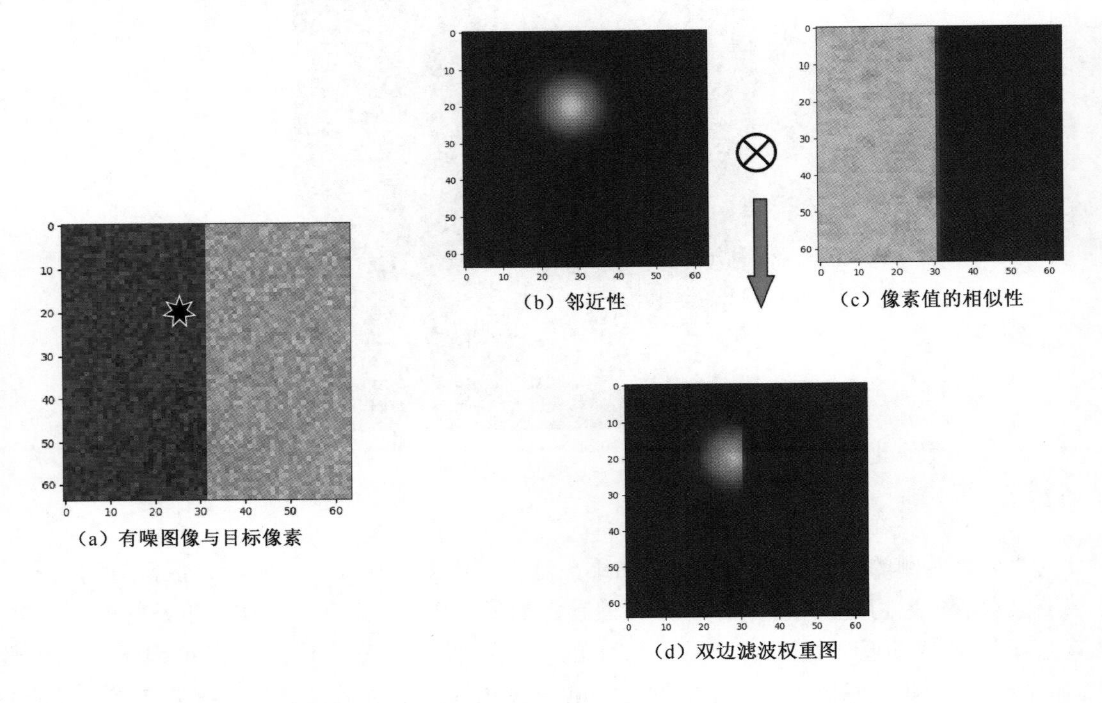

图 3-19 双边滤波保边效果示意图

接下来用 OpenCV 中的 cv2.bilateralFilter 函数实验不同参数下的双边滤波效果。首先取一张灰度图像并加入高斯噪声，然后对不同的参数组合进行测试。代码如下所示。不同参数的双边滤波结果如图 3-20 所示。

```
import os
import numpy as np
import cv2
import matplotlib.pyplot as plt
from utils.simu_noise import add_gaussian_noise_gray

os.makedirs('results/bilateral', exist_ok=True)
img_path = '../datasets/srdata/Set12/04.png'
```

```
img = cv2.imread(img_path)[:,:,0]

# 高斯噪声
noisy_img = add_gaussian_noise_gray(img, sigma=25)

sigma_color_ls = [10, 50, 200]
sigma_space_ls = [1, 5, 20]

fig = plt.figure(figsize=(12, 12))
M, N = len(sigma_color_ls), len(sigma_space_ls)

cnt = 1
for sc in sigma_color_ls:
    for ss in sigma_space_ls:
        bi_out = cv2.bilateralFilter(noisy_img, \
                                     d=31, sigmaColor=sc, sigmaSpace=ss)
        fig.add_subplot(M, N, cnt)
        plt.imshow(bi_out, cmap='gray')
        plt.axis('off')
        plt.title(f'sigma_color={sc}, sigma_space={ss}')
        cnt += 1

plt.savefig(f'results/bilateral/bilateral.png')
plt.close()
```

从图 3-20 可知，对于每一行来说，sigma_space 增加会使得输出结果更加模糊，即空间上的平滑性更强。而观察同一列的结果可知，sigma_color 的改变也会导致输出图像的平滑和对比度的变化，但是都可以在一定程度上起到保边作用，即平坦区域的噪声被平滑而边缘仍然保持相对锐利。

双边滤波可以实现保边效果，但是也有一些固有的缺陷，如计算复杂度较高、容易在边缘处出现梯度翻转伪影现象等。为了解决上述问题，需要介绍另一种保边滤波算法，即导向滤波算法。导向滤波算法计算复杂度低（线性时间复杂度），并且可以有效缓解梯度翻转效应，另外，导向滤波算法不但可以对一张图像进行保边平滑和去噪，还可以用一张图像作为参考，对另一张图像的边缘进行修正，这使得导向滤波算法不仅在去噪平滑领域被广泛应用，同时还可以被用于对图像抠图（Matting）、去雾等场景。导向滤波算法需要两张图像作为输入：一个是导向图像 I；另一个是输入图像 p。该算法的基本目标就是使输出图像的梯度尽量与导向图像 I 相近，但是亮度与输入图像 p 相近，当 I 和 p 为相同的有噪图像时，导向滤波算法对该图像进行保边滤波。

图 3-20 不同参数的双边滤波结果

导向滤波算法[2]基于这样一个假设：在一个局部小窗口 w_k 内，输出图像 q 可以用导向图像 I 的线性组合来表示，即

$$q_i = a_k I_i + b_k, \quad i \in w_k$$

这个式子表明，输出图像 q 在局部与导向图像 I 的边缘是一致的，如果导向图像 I 中有一个边缘，那么由于输出图像 q 是 I 的线性组合，对上式两侧求梯度，可以发现输出图像 q 的边缘位置与导向图像 I 的一致，且边缘梯度的大小与导向图像 I 仅差一个系数。另外，由于导向滤波是对输入图像的噪声进行平滑（数值上尽量与输入图像一致），因此可以将输出图像看作输入图像减去噪声的结果，也就是

$$q_i = p_i - n_i,\quad i \in w_k$$

而我们的目标是希望输出图像与输入图像尽可能接近，结合上述等式，得到优化目标函数为

$$\arg\min \sum_{i \in w_k} \left[\left(a_k I_i + b_k - p_i \right)^2 + \varepsilon a_k^2 \right]$$

最后一项 εa_k^2 为正则项（Regularization），以防止系数过大造成不稳定。对优化目标函数进行求解，可以得到：

$$a_k = \frac{\operatorname{cov}_k(I,p)}{\operatorname{var}_k(I)+\varepsilon},\quad b_k = \overline{p}_k - a_k \overline{I}_k$$

根据得出的 a_k 和 b_k，即可计算在某个窗口内的像素 i 的输出结果 q_i。由于像素 i 可能在多个窗口内，因此最终像素 i 的输出结果为不同窗口计算出的结果的均值。当输入图像 p 与导向图像 I 为相同图像时，上式中的协方差 cov 和方差 var 就是相同的值，于是输出就可以写成如下形式：

$$a_k = \frac{\operatorname{var}_k(p)}{\operatorname{var}_k(p)+\varepsilon},\quad b_k = \left(1 - a_k\right) \overline{p}_k$$

代入线性组合的式子中，得到输出结果为

$$\begin{aligned} q_i &= a_k p_i + \left(1 - a_k\right) \overline{p}_k \\ &= \overline{p}_k + a_k \left(p_i - \overline{p}_k\right) \\ &= \overline{p}_k + \frac{\operatorname{var}_k(p)}{\operatorname{var}_k(p)+\varepsilon}\left(p_i - \overline{p}_k\right) \end{aligned}$$

可以看出，当输入图像和导向图像相同时，输出结果可以看作由局部均值 $\overline{p}_k$ 与进行了缩放的局部细节 $\left(p_i - \overline{p}_k\right)$ 组合而成。其中，窗口 w_k 中输入图像的方差可以通过影响细节的缩放系数来影响输出。当窗口中的方差较小时，a_k 中的分子趋于 0，分母趋于 ε，因此 a_k 就约等于 0，此时，q_i 约等于 $\overline{p}_k$，也就是说，在方差较小的平坦区域，导向滤波的效果约等于一个均值滤波的效果，这种情况体现了导向滤波的平滑效果。而对于方差较大的情况，a_k 中的分子、分母近似相等（ε 很小可以忽略），即约等于 1，此时 q_i 近似等于 p_i，即基本无误地保留了原图像的信息，这种情况体现了导向滤波的保边特性。另外，由于这种线性性质，导向滤波可以防止边缘处的梯度翻转。

从上面的公式中可以发现，图像导向滤波的参数可以用均值、方差、协方差等统计量进行计算，考虑到局部特性，可以通过对上述统计量图进行均值滤波来实现。下面是导向滤波算法的一个代码示例。

```python
import os
import cv2
import numpy as np
import matplotlib.pyplot as plt
from utils.simu_noise import add_gaussian_noise_gray

def calc_mean(img, radius):
    res = cv2.boxFilter(img, cv2.CV_32F,\
          (radius, radius), borderType=cv2.BORDER_REFLECT)
    return res

def guided_filter_gray(guidance, image, radius, eps):
    image = image.astype(np.float32)
    guidance = guidance.astype(np.float32)
    # 计算导向图像、输入图像的均值图像
    mean_I = calc_mean(guidance, radius)
    mean_p = calc_mean(image, radius)
    # 计算导向图像和输入图像的协方差矩阵和导向图像方差
    mean_Ip = calc_mean(image * guidance, radius)
    cov_Ip = mean_Ip - mean_I * mean_p
    var_I = calc_mean(guidance ** 2, radius) - mean_I ** 2
    # 计算局部求解的 a 和 b
    a = cov_Ip / (var_I + eps)
    b = mean_p - a * mean_I
    # 计算导向滤波输出结果
    mean_a = calc_mean(a, radius)
    mean_b = calc_mean(b, radius)
    out = mean_a * guidance + mean_b
    return out


if __name__ == "__main__":

    os.makedirs('results/guided_filter', exist_ok=True)
    # 读取图像
    img_path = '../datasets/srdata/Set12/04.png'
    image = cv2.imread(img_path)[:,:,0]
    image = add_gaussian_noise_gray(image, sigma=25)
    guided_image = image.copy()
```

```
# 转换为 float 类型
image = image.astype(np.float32) / 255.0
guided_image = guided_image.astype(np.float32) / 255.0

# 进行原图像导向滤波（保边平滑）
radius_list = [11, 21, 31]
eps_list = [0.005, 0.05, 0.5]

fig = plt.figure(figsize=(12, 12))
M, N = len(radius_list), len(eps_list)

cnt = 1
for radius in radius_list:
    for eps in eps_list:
        guide_out = guided_filter_gray(guided_image, image, radius, eps)
        # 滤波结果保存
        guide_out_u8 = np.uint8(guide_out * 255.0)
        fig.add_subplot(M, N, cnt)
        plt.imshow(guide_out_u8, cmap='gray')
        plt.axis('off')
        plt.title(f'radius={radius}, eps={eps}')
        cnt += 1

plt.savefig(f'results/guided_filter/guided.png')
plt.close()
```

上述代码中采用了不同的 radius（控制局部性的强弱）和 eps（控制滤波程度的强弱），得到的结果如图 3-21 所示。

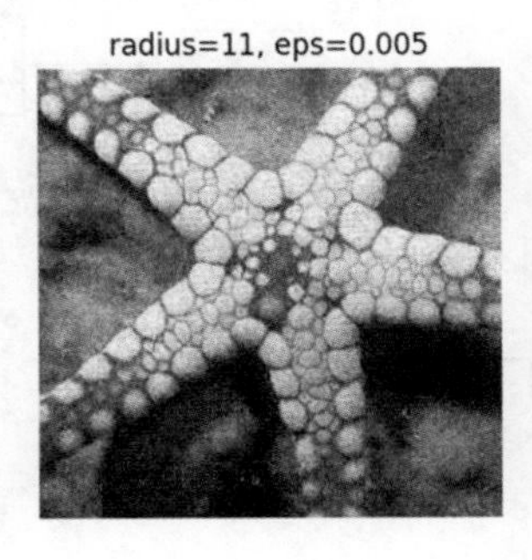

图 3-21　不同参数的导向滤波结果

图 3-21 不同参数的导向滤波结果（续）

3.3.5 BM3D 滤波算法

本节介绍传统图像去噪算法中的一个经典算法：**BM3D 滤波（Block-Matching 3D Filtering）算法**[3]。该算法基于前面提到的**非局部块匹配（Block-Matching）**的思路，对匹配到的不同块的内容进行 3D 滤波操作，然后对结果进行聚合。BM3D 滤波算法融合了非局部平均、相似块匹配、频域变换、维纳滤波（Wiener Filter）、级联操作等多种思想，步骤相对于之前的滤波算法更加烦琐，但去噪效果有明显的提升。BM3D 滤波算法流程图如图 3-22 所示。

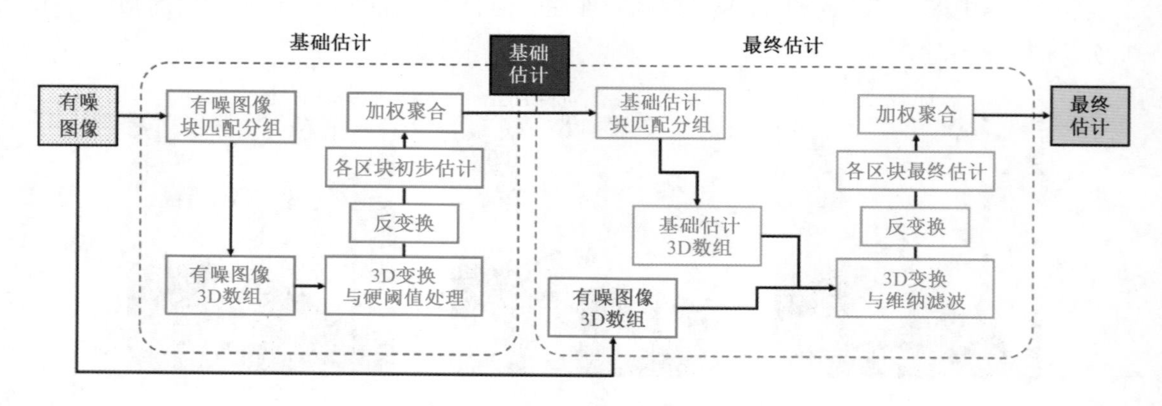

图 3-22 BM3D 滤波算法流程图

可以看到，BM3D 滤波算法整体分为两次级联的估计，分别称为**基础估计**（**Basic Estimate**）和**最终估计**（**Final Estimate**）。每次估计中又都包含 3 个相同或者相似的操作，分别是：块匹配分组（Grouping）、协同过滤（Collaborative Filtering，该操作在两次估计中不同，在第一次中为硬阈值处理，在第二次中为维纳滤波），以及加权聚合（Aggregation）。在基础估计部分，首先对于当前要处理的块，找到与其相似的各种块，并将它们堆叠为一个 3D 数组；然后进行硬阈值处理，即将这个 3D 数组进行 DCT（离散余弦变换），这里的变换在堆叠的维度上（即不同块相同位置的像素点）进行，再对变换后的结果进行硬阈值处理；之后进行反变换。硬阈值处理可以利用图像的自相似性，对同一组中的各区块进行初步估计，基本思想与 NL-Means 算法的处理类似。将各个估计好的区块放回到原始的位置。最后，对于这种区块级的估计，重叠部分的像素点可能会有多个估计，利用加权平均的方式对这些估计值进行整合，即可得到基础估计的结果。

得到基础估计的结果后，需要重新进行块匹配分组操作。这时由于已经通过基础估计对有噪图像进行了去噪，因此可以用基础估计的结果来更精确地计算匹配，得到匹配位置后，分别建立两个 3D 数组：一个从原始有噪图像中按照位置取块组成；另一个从基础估计结果中取块组成。接下来，以基础估计结果组成的 3D 数组的能量谱作为参考，对有噪图像 3D 数组进行维纳滤波。维纳滤波是一种线性滤波，它的目标是在一定约束条件下优化输出和期望输出的最小二乘误差。将滤波后的系数反变换到 3D 数组，并与前面一样，将处理后得到的各个块的输出放回原位置，再进行加权平均对所有的块进行整合，即可得到最终估计的结果，也就是 BM3D 滤波算法去噪后的结果。

我们可以通过 Python 的 bm3d 库中的函数来实验 BM3D 滤波算法的效果（需要先通过 `pip install bm3d` 进行安装）。代码如下所示。BM3D 滤波算法的去噪结果如图 3-23 所示。可以看出，通过基础估计已经可以较好地平滑噪声，而最终估计结果相比于基础估计结果可以保留更多的细节纹理。

```
import os
import cv2
import numpy as np
import matplotlib.pyplot as plt
import bm3d
from utils.simu_noise import add_gaussian_noise_gray

os.makedirs('results/bm3d', exist_ok=True)
img = cv2.imread('../datasets/srdata/Set12/01.png')[:,:,0]

sigma = 25
```

```
noisy = add_gaussian_noise_gray(img, sigma=sigma)

out_step1 = bm3d.bm3d(noisy,
      sigma_psd=sigma, stage_arg=bm3d.BM3DStages.HARD_THRESHOLDING)
out_step2 = bm3d.bm3d(noisy,
      sigma_psd=sigma, stage_arg=bm3d.BM3DStages.ALL_STAGES)

cv2.imwrite('results/bm3d/noisy.png', noisy)
cv2.imwrite('results/bm3d/out_step1.png', out_step1)
cv2.imwrite('results/bm3d/out_step2.png', out_step2)
```

（a）有噪图像

（b）基础估计结果

（c）BM3D 两阶段结果

图 3-23　BM3D 滤波算法的去噪结果

3.4　深度学习去噪算法

本节介绍基于深度学习和神经网络的去噪算法和模型。对于这类算法来说，由于其可以通过设计网络结构与训练策略自适应地学习到信号与噪声的特征，因此其研究思路与传统算法有所不同。深度学习去噪算法更多地关注以下几个方面：如何通过设计网络结构和训练方式，使之更加适应去噪任务，即保持图像内容的细节清晰度，并能分离噪声；如何将相关先验加入到网络模型与训练中，这个方面可以与传统算法的基本思路进行结合；如何设计训练数据，使之更好地模拟实际场景中遇到的真实噪声情况；如何对网络进行轻量化，在保持较好效果的基础上提高计算效率。针对这些问题，研究者提供了各种各样的解决方案，下面就以其中较为经典的模型为例，来讨论深度学习是如何被用来处理去噪问题的。

3.4.1　深度残差去噪网络 DnCNN 和 FFDNet

首先介绍一种基于残差学习（Residual Learning）的去噪网络 **DnCNN**（**Denoising**

Convolutional Neural Network）[4]。DnCNN 是用网络处理去噪任务较早的模型，它的结构示意图如图 3-24 所示。

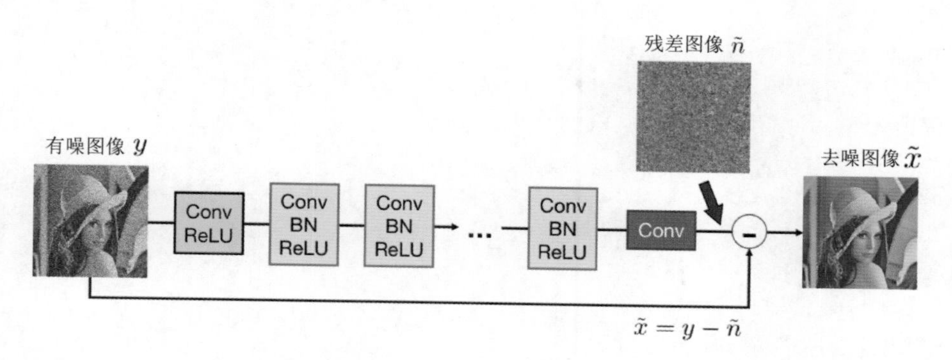

图 3-24　DnCNN 结构示意图

可以看到，DnCNN 由卷积层（Conv）、批归一化（Batch Normalization，BN）层及 ReLU 激活层组成，是一个端到端的结构，并且没有下采样相关的操作，直接对输入有噪图像进行去噪处理，并最终得到预测结果。其中，除了第一层和最后一层，中间各层都采用了 BN 进行处理。同时最后一层不进行激活，直接卷积输出。DnCNN 中的一个关键是残差学习的策略。如图 3-24 所示，其主干网络结构实际输出的不是无噪图像，而是残差图像（Residual Image），即对噪声的估计。网络的损失函数优化的是残差图像与噪声之间的差距。也就是说，最终还需要从有噪图像中减去预测的残差，才能得到去噪图像的估计。

DnCNN 模型的相关实验证明了 BN 层和残差学习的作用。通过消融实验结果的对比可以发现，同时加入 BN 层和残差学习的效果是最好的，BN 层对于最终的 PSNR 有提升，而残差学习可以提高训练阶段模型收敛的稳定性。DnCNN 并非第一个采用 CNN 的方式处理去噪任务的算法，但是由于其所采用的结构训练稳定且效果较好，整体模型也比较简单，因此 DnCNN 为后续基于网络模型的去噪算法提供了一个较好的基线。

DnCNN 的训练数据通过加入特定方差的高斯噪声进行合成，对于噪声强度已知的去噪任务（非盲去噪），则只需要用同一强度的噪声进行退化（如 sigma=15），然后以此数据训练的模型来处理该强度下的噪声。对于非盲去噪任务，可以通过一定强度范围（如 sigma∈[0, 50]）内的噪声模拟来生成训练数据，用于对该范围内随机强度的噪声进行处理。这两种训练得到的模型分别记为 DnCNN-S 和 DnCNN-B。实验表明，这两种模型在测试数据集上的效果均好于之前的其他网络模型和传统方法，如 BM3D 滤波算法。

DnCNN 的网络模型用 PyTorch 实现，代码如下，通过随机输入代表一个批次图像尺寸的张量数据测试该网络的实现。

```
import torch
import torch.nn as nn

class ConvBNReLU(nn.Module):
    def __init__(self, nf, kernel_size):
        super(ConvBNReLU, self).__init__()
        pad = kernel_size // 2
        self.conv = nn.Conv2d(nf, nf, kernel_size=kernel_size, padding=pad)
        self.bn = nn.BatchNorm2d(nf)
        self.relu = nn.ReLU(inplace=True)
    def forward(self, x):
        x = self.conv(x)
        x = self.bn(x)
        x = self.relu(x)
        return x

class DnCNN(nn.Module):
    def __init__(self, img_nc=3, nf=64, num_layers=17):
        super(DnCNN, self).__init__()
        self.in_conv = nn.Conv2d(img_nc, nf, kernel_size=3, padding=1)
        self.body = nn.Sequential(
            *[ConvBNReLU(nf, 3) for _ in range(num_layers - 2)]
        )
        self.out_conv = nn.Conv2d(nf, img_nc, kernel_size=3, padding=1)
    def forward(self, x):
        noisy = x
        x = self.in_conv(x)
        x = self.body(x)
        pred_noise = self.out_conv(x)
        return noisy - pred_noise

x_in = torch.randn((1, 1, 128, 128))
dncnn = DnCNN(img_nc=1, nf=64, num_layers=17)
print(dncnn)
x_out = dncnn(x_in)
print('DnCNN input size: ', x_in.size())
print('DnCNN output size: ', x_out.size())
```

测试打印网络结构的代码与测试结果输出如下。

```
DnCNN(
  (in_conv): Conv2d(1, 64, kernel_size=(3, 3), stride=(1, 1), padding=(1, 1))
  (body): Sequential(
    (0): ConvBNReLU(
      (conv): Conv2d(64, 64, kernel_size=(3, 3), stride=(1, 1), padding=(1, 1))
      (bn): BatchNorm2d(64, eps=1e-05, momentum=0.1, affine=True,
track_running_stats=True)
      (relu): ReLU(inplace=True)
    )
    (1): ConvBNReLU(
      (conv): Conv2d(64, 64, kernel_size=(3, 3), stride=(1, 1), padding=(1, 1))
      (bn): BatchNorm2d(64, eps=1e-05, momentum=0.1, affine=True,
track_running_stats=True)
      (relu): ReLU(inplace=True)
    )
    (2): ConvBNReLU(
      (conv): Conv2d(64, 64, kernel_size=(3, 3), stride=(1, 1), padding=(1, 1))
      (bn): BatchNorm2d(64, eps=1e-05, momentum=0.1, affine=True,
track_running_stats=True)
      (relu): ReLU(inplace=True)
    )
    (3): ConvBNReLU(
      (conv): Conv2d(64, 64, kernel_size=(3, 3), stride=(1, 1), padding=(1, 1))
      (bn): BatchNorm2d(64, eps=1e-05, momentum=0.1, affine=True,
track_running_stats=True)
      (relu): ReLU(inplace=True)
    )
    (4): ConvBNReLU(
      (conv): Conv2d(64, 64, kernel_size=(3, 3), stride=(1, 1), padding=(1, 1))
      (bn): BatchNorm2d(64, eps=1e-05, momentum=0.1, affine=True,
track_running_stats=True)
      (relu): ReLU(inplace=True)
    )
    (5): ConvBNReLU(
      (conv): Conv2d(64, 64, kernel_size=(3, 3), stride=(1, 1), padding=(1, 1))
      (bn): BatchNorm2d(64, eps=1e-05, momentum=0.1, affine=True,
track_running_stats=True)
```

```
      (relu): ReLU(inplace=True)
    )
    (6): ConvBNReLU(
      (conv): Conv2d(64, 64, kernel_size=(3, 3), stride=(1, 1), padding=(1, 1))
      (bn): BatchNorm2d(64, eps=1e-05, momentum=0.1, affine=True,
track_running_stats=True)
      (relu): ReLU(inplace=True)
    )
    (7): ConvBNReLU(
      (conv): Conv2d(64, 64, kernel_size=(3, 3), stride=(1, 1), padding=(1, 1))
      (bn): BatchNorm2d(64, eps=1e-05, momentum=0.1, affine=True,
track_running_stats=True)
      (relu): ReLU(inplace=True)
    )
    (8): ConvBNReLU(
      (conv): Conv2d(64, 64, kernel_size=(3, 3), stride=(1, 1), padding=(1, 1))
      (bn): BatchNorm2d(64, eps=1e-05, momentum=0.1, affine=True,
track_running_stats=True)
      (relu): ReLU(inplace=True)
    )
    (9): ConvBNReLU(
      (conv): Conv2d(64, 64, kernel_size=(3, 3), stride=(1, 1), padding=(1, 1))
      (bn): BatchNorm2d(64, eps=1e-05, momentum=0.1, affine=True,
track_running_stats=True)
      (relu): ReLU(inplace=True)
    )
    (10): ConvBNReLU(
      (conv): Conv2d(64, 64, kernel_size=(3, 3), stride=(1, 1), padding=(1, 1))
      (bn): BatchNorm2d(64, eps=1e-05, momentum=0.1, affine=True,
track_running_stats=True)
      (relu): ReLU(inplace=True)
    )
    (11): ConvBNReLU(
      (conv): Conv2d(64, 64, kernel_size=(3, 3), stride=(1, 1), padding=(1, 1))
      (bn): BatchNorm2d(64, eps=1e-05, momentum=0.1, affine=True,
track_running_stats=True)
      (relu): ReLU(inplace=True)
    )
    (12): ConvBNReLU(
```

```
      (conv): Conv2d(64, 64, kernel_size=(3, 3), stride=(1, 1), padding=(1, 1))
      (bn): BatchNorm2d(64, eps=1e-05, momentum=0.1, affine=True,
track_running_stats=True)
      (relu): ReLU(inplace=True)
    )
    (13): ConvBNReLU(
      (conv): Conv2d(64, 64, kernel_size=(3, 3), stride=(1, 1), padding=(1, 1))
      (bn): BatchNorm2d(64, eps=1e-05, momentum=0.1, affine=True,
track_running_stats=True)
      (relu): ReLU(inplace=True)
    )
    (14): ConvBNReLU(
      (conv): Conv2d(64, 64, kernel_size=(3, 3), stride=(1, 1), padding=(1, 1))
      (bn): BatchNorm2d(64, eps=1e-05, momentum=0.1, affine=True,
track_running_stats=True)
      (relu): ReLU(inplace=True)
    )
  )
  (out_conv): Conv2d(64, 1, kernel_size=(3, 3), stride=(1, 1), padding=(1, 1))
)
DnCNN input size:  torch.Size([1, 1, 128, 128])
DnCNN output size:  torch.Size([1, 1, 128, 128])
```

FFDNet（FFD 表示 Fast-and-Flexible Denoising）[5]可以看作基于 DnCNN 思路的一个改进，它的结构示意图如图 3-25 所示。首先，输入图像被转换成下采样后在通道中堆叠的子图；然后加入噪声水平图（Noise Level Map），共同送入主干网络，主干网络采用无残差连接的 DnCNN 形式，直接输出去噪后的子图；最后进行反变换，得到去噪图像。

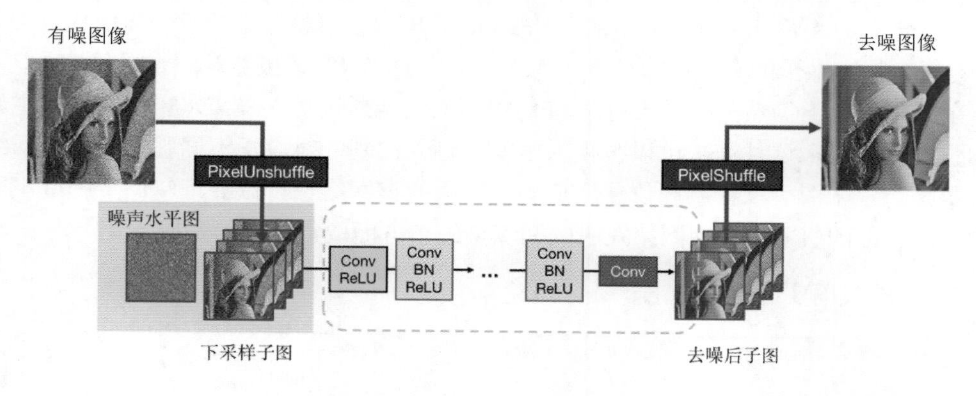

图 3-25　FFDNet 结构示意图

FFDNet 对于 DnCNN 的改进主要有两点。第一，采用了超分辨率模型中提出的经典的提升效率模块：PixelShuffle 和 PixelUnshuffle（也称为 Depth-to-Space 和 Space-to-Depth）。这两个模块的操作示意图如图 3-26 所示。第二，加入噪声水平图作为输入，提高了网络对于不同噪声强度的适应能力，并且可以处理空变的噪声情况（空间相同的噪声直接输入常数项噪声水平图，空间变异的情况直接输入各个位置的噪声强度即可）。

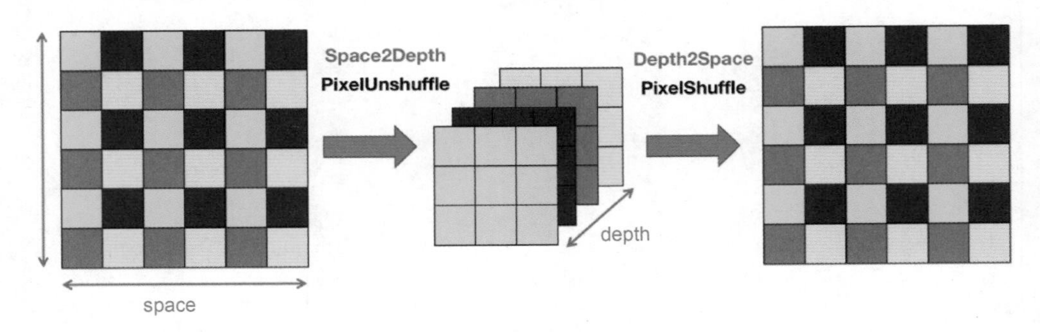

图 3-26 PixelShuffle 和 PixelUnshuffle 操作示意图

首先来介绍第一个改进。如图 3-25 所示，PixelUnshuffle 通过对原图像空间维度等间隔采样，并在通道中进行堆叠，使得图像的空间分辨率降低，同时增加了通道数。PixelShuffle 则为上述操作的逆过程，即将不同通道的像素点按照采样的位置在原图像上进行重新排布。引入子图操作的主要目的是提升网络的效率。一般的提高网络效率方案通常需要减少网络层数或者卷积核个数（特征图通道数），但是这类操作也降低了网络的学习能力。PixelUnshuffle 模块只在空间和通道数方面对像素点进行重排，因此可以在不损失图像信息的基础上降低参与网络计算的输入图像的尺寸，从而加速后续的网络层计算。另外，在子图上做卷积也可以有效扩大图像的感知域，从而可以允许使用更少的层数。这个改进对应的就是 FFDNet 中的“Fast”，即相比于原本的 DnCNN 的效率提升。

第二个改进则对应于 FFDNet 中的“Flexible”，即可扩展性或适应性。前面提到 DnCNN-S 需要对每个噪声水平的有噪图像分别训练模型，而 DnCNN-B 虽然有一定泛化性，但是在真实的复杂噪声场景下仍然去噪效果有限。FFDNet 的结构通过传入噪声水平图的方式更好地适应不同强度的噪声，这种结构可以被视为由噪声输入控制的对应于不同强度的去噪网络。另外，由于噪声水平图可以在不同位置取值不同，因此该网络也可以处理空间上强度不同的噪声。噪声水平图的引入可以使网络在去噪和保持细节方面取得更好的平衡。

FFDNet 的代码实现示例如下。

```
import numpy as np
import torch
```

```
import torch.nn as nn
import torch.nn.functional as F

class FFDNet(nn.Module):

    def __init__(self, in_ch, out_ch, nf=64, nb=15):
        super().__init__()
        scale = 2
        self.down = nn.PixelUnshuffle(scale)
        # 输入通道数+1 为噪声强度图
        module_ls = [
            nn.Conv2d(in_ch*(scale**2) + 1, nf, 3, 1, 1),
            nn.ReLU(inplace=True)
        ]
        for _ in range(nb - 2):
            cur_layer = [
                nn.Conv2d(nf, nf, 3, 1, 1),
                nn.ReLU(inplace=True)
            ]
            module_ls = module_ls + cur_layer
        module_ls.append(nn.Conv2d(nf, out_ch*(scale**2), 3, 1, 1))
        self.body = nn.Sequential(*module_ls)
        self.up = nn.PixelShuffle(scale)

    def forward(self, x_in, sigma):
        # 保证输入尺寸 pad 到可以 2 倍下采样
        h, w = x_in.shape[-2:]
        new_h = int(np.ceil(h / 2) * 2)
        new_w = int(np.ceil(w / 2) * 2)
        pad_h, pad_w = new_h - h, new_w - w
        # F.pad 的顺序为 left/right/top/bottom
        x = F.pad(x_in, (0, pad_w, 0, pad_h), "replicate")
        x = self.down(x)
        sigma_map = sigma.repeat(1, 1, new_h//2, new_w//2)
        x = self.body(torch.cat((x, sigma_map), dim=1))
        x = self.up(x)
        out = x[:, :, :h, :w]
        return out
```

```
if __name__ == "__main__":
    dummy_in = torch.randn(2, 1, 64, 64)
    sigma = torch.randn(2, 1, 1, 1)
    ffdnet = FFDNet(in_ch=1, out_ch=1, nf=64, nb=15)
    print(ffdnet)
    out = ffdnet(dummy_in, sigma)
    print('FFDNet input size: ', dummy_in.size())
    print('FFDNet output size: ', out.size())
```

测试结果输出如下。

```
FFDNet(
  (down): PixelUnshuffle(downscale_factor=2)
  (body): Sequential(
    (0): Conv2d(5, 64, kernel_size=(3, 3), stride=(1, 1), padding=(1, 1))
    (1): ReLU(inplace=True)
    (2): Conv2d(64, 64, kernel_size=(3, 3), stride=(1, 1), padding=(1, 1))
    (3): ReLU(inplace=True)
    (4): Conv2d(64, 64, kernel_size=(3, 3), stride=(1, 1), padding=(1, 1))
    (5): ReLU(inplace=True)
    (6): Conv2d(64, 64, kernel_size=(3, 3), stride=(1, 1), padding=(1, 1))
    (7): ReLU(inplace=True)
    (8): Conv2d(64, 64, kernel_size=(3, 3), stride=(1, 1), padding=(1, 1))
    (9): ReLU(inplace=True)
    (10): Conv2d(64, 64, kernel_size=(3, 3), stride=(1, 1), padding=(1, 1))
    (11): ReLU(inplace=True)
    (12): Conv2d(64, 64, kernel_size=(3, 3), stride=(1, 1), padding=(1, 1))
    (13): ReLU(inplace=True)
    (14): Conv2d(64, 64, kernel_size=(3, 3), stride=(1, 1), padding=(1, 1))
    (15): ReLU(inplace=True)
    (16): Conv2d(64, 64, kernel_size=(3, 3), stride=(1, 1), padding=(1, 1))
    (17): ReLU(inplace=True)
    (18): Conv2d(64, 64, kernel_size=(3, 3), stride=(1, 1), padding=(1, 1))
    (19): ReLU(inplace=True)
    (20): Conv2d(64, 64, kernel_size=(3, 3), stride=(1, 1), padding=(1, 1))
    (21): ReLU(inplace=True)
    (22): Conv2d(64, 64, kernel_size=(3, 3), stride=(1, 1), padding=(1, 1))
    (23): ReLU(inplace=True)
    (24): Conv2d(64, 64, kernel_size=(3, 3), stride=(1, 1), padding=(1, 1))
```

```
    (25): ReLU(inplace=True)
    (26): Conv2d(64, 64, kernel_size=(3, 3), stride=(1, 1), padding=(1, 1))
    (27): ReLU(inplace=True)
    (28): Conv2d(64, 4, kernel_size=(3, 3), stride=(1, 1), padding=(1, 1))
  )
  (up): PixelShuffle(upscale_factor=2)
)
FFDNet input size:  torch.Size([2, 1, 64, 64])
FFDNet output size:  torch.Size([2, 1, 64, 64])
```

3.4.2 噪声估计网络去噪：CBDNet

FFDNet 虽然可以加入噪声水平图作为自适应的参考，但是还需要预先对噪声强度和分布进行估计。下面介绍的 **CBDNet**[6]对于该问题进行了优化，可以实现真实图像噪声的盲去噪。CBDNet 中的 CBD 指的是 **Convolutional Blind Denoising**，也是该算法的主要改进之一，即在网络模型内部对图像噪声进行估计，并将估计结果作为引导，传入去噪网络，以实现更强泛化性能的盲去噪效果。CBDNet 结构示意图如图 3-27 所示。

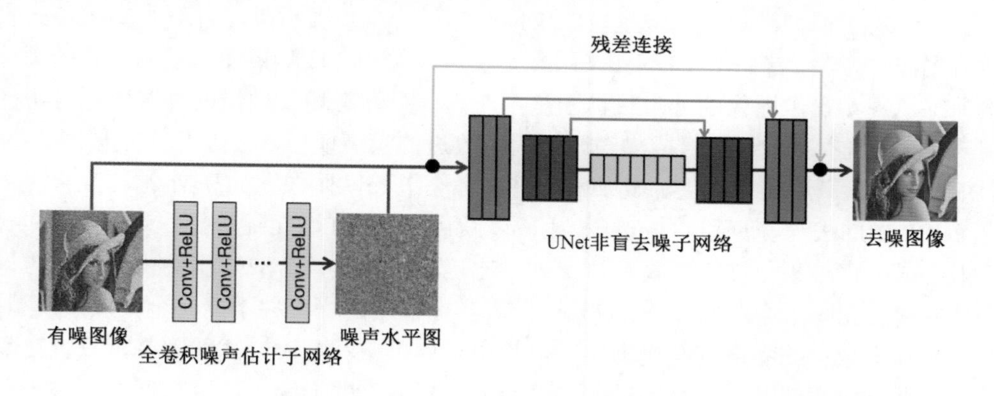

图 3-27 CBDNet 结构示意图

首先，CBDNet 的结构主要包括两个组成部分，分别是全卷积噪声估计子网络（Noise Estimation Subnetwork）和 UNet 非盲去噪子网络（Non-blind Denoising Subnetwork）。全卷积噪声估计子网络的作用是从有噪图像中估计出一个代表噪声强度的噪声水平图，并与有噪图像一起送进 UNet 非盲去噪子网络，用于得到去噪图像。全卷积噪声估计子网络结构较简单，由一定数量的卷积层和激活层串联而成。而 UNet 非盲去噪子网络采用 UNet 结构，即先对特征图进行多次下采样再进行上采样，并将下采样阶段的中间结果通过跳线连接到上采样的中间结果中，用于补充由于下采样损失的细节信息。另外，去噪网络考虑残差学习的方案，即用 UNet 预测噪声，然后与有噪图像相加后得到去噪图像。

全卷积噪声估计子网络的加入使得 CBDNet 可以自适应处理不同强度的噪声图像，而且由于两阶段的设计，可以显式获取噪声水平估计的中间结果，因此，CBDNet 可以支持对于去噪强度的手动调整，即交互式去噪。比如，一个简单的方法就是对噪声水平图乘以一个给定的系数，即可让后续的 UNet 非盲去噪子网络增大或者减小去噪的力度，从而在噪声压制与细节保留的权衡中取得合适的结果。另外，对于估计的噪声水平图和去噪图像，在训练时都需要计算损失函数，从而优化噪声估计网络。CBDNet 的损失函数包括三个部分：重建损失（Reconstruction Loss，L_{rec}）、非对称损失（Asymmetric Loss，L_{asymm}）、全变分损失（Total Variation Loss，L_{TV}）。其中，重建损失即去噪图像和真实无噪图像的差值的平方，是直接优化输出到目标值的基本损失函数；非对称损失和全变分损失施加于噪声水平图估计结果上，用于优化噪声估计。非对称损失通过对噪声水平预测结果低于真实值的预测施加相比于高于真实值的预测更大的惩罚权重，从而使预测结果偏向于更高，尽量避免预测强度低于真实值。引入非对称损失的原因在于：实验发现，当非盲去噪的噪声估计值大于真实值时，去噪效果相对也较满意（但可能会损失一些较弱的细节），而如果估计值小于真实值，那就会产生明显的噪声残留，效果不佳。因此，人们希望对预测过低的情况施加更大权重，从而减少低估噪声的情况。最后，全变分损失对输出噪声水平图的梯度进行约束，使预测出来的噪声水平图更加平滑。

除了以上对于模型和训练的改进，CBDNet 的另一个重要贡献是针对真实噪声去噪而设计的训练集构建方法。首先，CBDNet 采用真实噪声图像和合成噪声图像共同构建的训练集进行网络训练。真实噪声图像的无噪目标图是由对同一个静态场景拍摄的许多图像（可能有上百张图）进行平均得到的；而合成噪声则采用了改进的噪声模型，相比于只考虑 AWGN 的方案，CBDNet 的噪声退化方案更加复杂，它首先考虑了 raw 图像上的高斯-泊松混合噪声，并且考虑了 ISP 中的去马赛克和 Gamma 校正，以及后续的 JPEG 压缩等操作对于噪声的改变，从而使得合成噪声结果更加符合真实情况。对比这两种方案，合成数据的优势在于可以获得高质量且多样的无噪干净图像，但是缺点在于真实图像中的噪声并不能完全被噪声模型模拟；另外，虽然真实数据的噪声分布更真实，但是由于其采集和配对方式的限制，只能在静态场景中采集数据，成本较高，而且通过平均之后的结果得到的无噪干净图像通常会过于平滑，因此会影响模型对于细节的处理。基于上述原因，CBDNet 将合成数据与真实数据合并来训练模型。由于真实数据的噪声水平图未知，因此只需要优化 L_{rec} 项和 L_{TV} 项。实验表明，这种混合数据源的训练方案可以有效提高真实图像的去噪效果。

CBDNet 结构用 PyTorch 实现的代码示例如下，可以看到全卷积噪声估计子网络 `NoiseEstNetwork` 和 UNet 非盲去噪子网络 `UnetDenoiser`。与之前类似，这里模拟输入一个批次的 Tensor 数据对网络进行测试。

```
import torch
import torch.nn as nn
```

```
import torch.nn.functional as F

class ConvReLU(nn.Module):
    def __init__(self, in_ch, out_ch):
        super().__init__()
        self.conv = nn.Conv2d(in_ch, out_ch, 3, 1, 1)
        self.relu = nn.ReLU(inplace=True)
    def forward(self, x):
        out = self.relu(self.conv(x))
        return out

class UpAdd(nn.Module):
    def __init__(self, in_ch, out_ch):
        super().__init__()
        self.deconv = nn.ConvTranspose2d(in_ch, out_ch, 2, 2)
    def forward(self, x1, x2):
        # x1 为小尺寸特征图，x2 位大尺寸特征图
        x1 = self.deconv(x1)
        diff_h = x2.size()[2] - x1.size()[2]
        diff_w = x2.size()[3] - x1.size()[3]
        pleft = diff_w // 2
        pright = diff_w - pleft
        ptop = diff_h // 2
        pbottom = diff_h - ptop
        x1 = F.pad(x1, (pleft, pright, ptop, pbottom))
        return x1 + x2


class NoiseEstNetwork(nn.Module):
    """
    噪声估计子网络，全卷积形式
    """
    def __init__(self, in_ch=3, nf=32, nb=5):
        super().__init__()
        module_ls = [ConvReLU(in_ch, nf)]
        for _ in range(nb - 2):
            module_ls.append(ConvReLU(nf, nf))
        module_ls.append(ConvReLU(nf, in_ch))
        self.est = nn.Sequential(*module_ls)
```

```
    def forward(self, x):
        return self.est(x)


class UnetDenoiser(nn.Module):
    """
    去噪子网络，UNet 结构
    """
    def __init__(self, in_ch=3, nf=64):
        super().__init__()
        self.conv_in = nn.Sequential(
            ConvReLU(in_ch * 2, nf),
            ConvReLU(nf, nf)
        )
        self.down = nn.AvgPool2d(2)
        self.conv1 = nn.Sequential(
            ConvReLU(nf, nf * 2),
            *[ConvReLU(nf * 2, nf * 2) for _ in range(2)]
        )
        self.conv2 = nn.Sequential(
            ConvReLU(nf * 2, nf * 4),
            *[ConvReLU(nf * 4, nf * 4) for _ in range(5)]
        )
        self.up1 = UpAdd(nf * 4, nf * 2)
        self.conv3 = nn.Sequential(
            *[ConvReLU(nf * 2, nf * 2) for _ in range(3)]
        )
        self.up2 = UpAdd(nf * 2, nf)
        self.conv4 = nn.Sequential(
            *[ConvReLU(nf, nf) for _ in range(2)]
        )
        self.conv_out = nn.Conv2d(nf, in_ch, 3, 1, 1)

    def forward(self, x, noise_level):
        x_in = torch.cat((x, noise_level), dim=1)
        ft = self.conv_in(x_in) # nf, 1
        d1 = self.conv1(self.down(ft))  # 2nf, 1/2
        d2 = self.conv2(self.down(d1))  # 4nf, 1/4
```

```
        u1 = self.conv3(self.up1(d2, d1))  # 2nf, 1/2
        u2 = self.conv4(self.up2(u1, ft))  # nf, 1
        res = self.conv_out(u2) # nf, 1
        out = x + res
        return out


class CBDNet(nn.Module):
    def __init__(self,
                 in_ch=3,
                 nf_e=32, nb_e=5,
                 nf_d=64):
        super().__init__()
        self.noise_est = NoiseEstNetwork(in_ch, nf_e, nb_e)
        self.denoiser = UnetDenoiser(in_ch, nf_d)

    def forward(self, x):
        noise_level = self.noise_est(x)
        out = self.denoiser(x, noise_level)
        return out, noise_level


if __name__ == "__main__":
    dummy_in = torch.randn(4, 3, 67, 73)
    cbdnet = CBDNet()
    pred, noise_level = cbdnet(dummy_in)
    print('pred size: ', pred.size())
    print('noise_level size: ', noise_level.size())
```

测试输出结果如下所示。

```
pred size:  torch.Size([4, 3, 67, 73])
noise_level size:  torch.Size([4, 3, 67, 73])
```

3.4.3　小波变换与神经网络的结合：MWCNN

对于网络结构的设计也是深度学习模型去噪的关键环节。**MWCNN**[7]在网络结构上对去噪模型进行了改进。MWCNN 全称为 **Multi-level Wavelet CNN**，即多级小波 CNN。它的主要目的在于在对去噪模型的感受野进行扩大与计算效率之间寻找一个更好的平衡。对于感受野的扩大，通常的方法是通过级联的池化（Pooling）下采样来缩减特征图尺寸，从而使得卷积操作的影响可以对应到原图像中更大的范围。但是用这种方式缩减尺寸必然会带来信息的损失，因此研究者又提出了一些替代方案，如膨胀卷积［Dilated Convolution，也叫作空洞卷积（Atrous Convolution）］，这种方式可以不牺牲分辨率而获得更大的感受野，但是膨胀卷积容易产生棋盘格效应（Gridding Artifast），这个对于底层图像处理任务来说有较大的负面作用。为了处理感受野的问题，MWCNN 参考了传统图像处理中常用的小波变换的思路，用小波变换替代池化下采样，在保持原图像全部信息的同时（小波变换是可逆的）缩减了图像尺寸，同时扩大了网络的感受野。

MWCNN 结构示意图如图 3-28 所示。在整体网络结构上，MWCNN 采用了类似 UNet 的结构，先通过一定步骤的卷积和下采样，降低图像分辨率提取更大范围的特征信息，然后通过多阶段的上采样过程，并融合之前下采样的特征图，将特征图恢复到原图像的尺寸，并以此进行重建。UNet 通常采用池化与转置卷积进行下采样和上采样的步骤，而 MWCNN 则利用 DWT 和 IDWT 来实现这两个步骤。在每次 DWT 下采样之后，经过若干卷积层对特征子带进行处理，以便更好地利用频带间的依赖关系。在上采样时，需要通过 IDWT 直接减少通道数并放大特征图尺寸，然后与前面对应的特征图进行相加融合。最终，与 UNet 类似，重建得到的特征图进行卷积处理后即可得到最终的输出结果。MWCNN 与 DnCNN 等模型的配置类似，也是主干网络输出残差图像，去噪图像需要用输入图像减去残差图像获得。

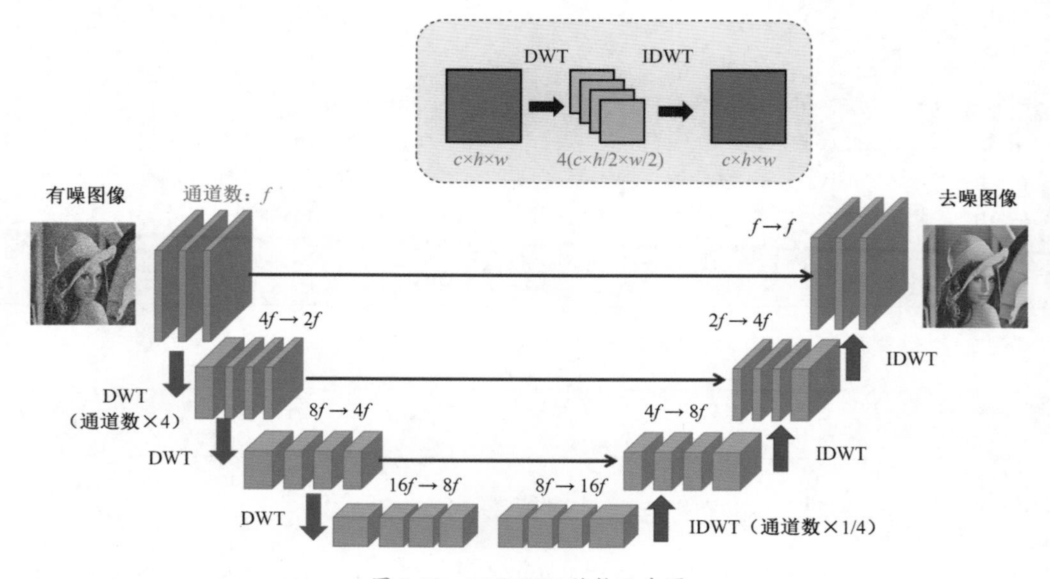

图 3-28 MWCNN 结构示意图

下面重点介绍下 DWT 和 IDWT 操作。在前面的小波变换去噪内容中，我们已经了解了小波变换的含义与效果。在神经网络模型中，我们可以利用卷积来实现小波变换。对于MWCNN 中采用的 Haar 小波来说，特征图的 LL、LH、HL、HH 4 个子带的获取可以用步长为 2、卷积核大小为 2×2 的卷积操作来实现，4 个子带分别对应的卷积核如下所示：

$$\boldsymbol{f}_{\mathrm{LL}}=\begin{bmatrix}1 & 1\\ 1 & 1\end{bmatrix},\ \boldsymbol{f}_{\mathrm{LH}}=\begin{bmatrix}-1 & -1\\ 1 & 1\end{bmatrix},\ \boldsymbol{f}_{\mathrm{HL}}=\begin{bmatrix}-1 & 1\\ -1 & 1\end{bmatrix},\ \boldsymbol{f}_{\mathrm{HH}}=\begin{bmatrix}1 & -1\\ -1 & 1\end{bmatrix}$$

通过一定的数学形式，DWT 操作可以与前面提到的池化下采样及膨胀卷积建立联系，DWT 可以被视为对于池化下采样或者膨胀卷积的一种改进和推广。由于 DWT 和 IDWT 是无损可逆的变化，以及小波变换对于空域和频域共同定位的良好性质，MWCNN 在去噪、超分辨率等图像恢复任务上表现较好，甚至对于目标分类任务也有增益。

下面是 MWCNN 的一个 PyTorch 代码的实现，其中 DWT 和 IDWT 通过下采样后子图的线性计算得到，等价于前面提到的步长为 2、卷积核大小为 2×2 的固定参数的卷积处理。

```
import torch
import torch.nn as nn

# torch.Tensor 实现 DWT 和 IDWT 操作
# 等价于通过 4 个不同的 2×2 卷积实现
class DWT(nn.Module):
    def __init__(self):
        super().__init__()
        self.requires_grad = False
    def forward(self, x):
        x1 = x[:, :, 0::2, 0::2] / 2
        x2 = x[:, :, 1::2, 0::2] / 2
        x3 = x[:, :, 0::2, 1::2] / 2
        x4 = x[:, :, 1::2, 1::2] / 2
        LL = x1 + x2 + x3 + x4
        LH = (x2 + x4) - (x1 + x3)
        HL = (x3 + x4) - (x1 + x2)
        HH = (x1 + x4) - (x2 + x3)
        out = torch.cat((LL, LH, HL, HH), dim=1)
        return out

class IDWT(nn.Module):
    def __init__(self):
        super().__init__()
```

```
        self.requires_grad = False
    def forward(self, x):
        n, c, h, w = x.size()
        out_c = c // 4
        out_h, out_w = h * 2, w * 2
        LL = x[:, 0*out_c: 1*out_c, ...] / 2
        LH = x[:, 1*out_c: 2*out_c, ...] / 2
        HL = x[:, 2*out_c: 3*out_c, ...] / 2
        HH = x[:, 3*out_c: 4*out_c, ...] / 2
        x1 = (LL + HH) - (LH + HL)
        x2 = (LL + LH) - (HL + HH)
        x3 = (LL + HL) - (LH + HH)
        x4 = LL + LH + HL + HH
        out = torch.zeros(n, out_c, out_h, out_w,
                          dtype=torch.float32)
        out[:, :, 0::2, 0::2] = x1
        out[:, :, 1::2, 0::2] = x2
        out[:, :, 0::2, 1::2] = x3
        out[:, :, 1::2, 1::2] = x4
        return out


# MWCNN 下采样阶段（编码器）中的组成模块
class DownBlock(nn.Module):
    def __init__(self, in_ch, out_ch, dilate1=2, dilate2=1):
        super().__init__()
        self.body = nn.Sequential(
            nn.Conv2d(in_ch, out_ch, 3, 1, 1),
            nn.ReLU(inplace=True),
            nn.Conv2d(out_ch, out_ch, 3, 1, dilate1,
                      dilation=dilate1),
            nn.ReLU(inplace=True),
            nn.Conv2d(out_ch, out_ch, 3, 1, dilate2,
                      dilation=dilate2),
            nn.ReLU(inplace=True)
        )

    def forward(self, x):
        out = self.body(x)
```

```
        return out


# MWCNN上采样阶段（解码器）中的组成模块
class InvBlock(nn.Module):
    def __init__(self, in_ch, out_ch, dilate1=2, dilate2=1):
        super().__init__()
        self.body = nn.Sequential(
            nn.Conv2d(in_ch, in_ch, 3, 1, dilate1,
                      dilation=dilate1),
            nn.ReLU(inplace=True),
            nn.Conv2d(in_ch, in_ch, 3, 1, dilate2,
                      dilation=dilate2),
            nn.ReLU(inplace=True),
            nn.Conv2d(in_ch, out_ch, 3, 1, 1),
            nn.ReLU(inplace=True)
        )

    def forward(self, x):
        out = self.body(x)
        return out

# 输出模块
class OutBlock(nn.Module):
    def __init__(self, in_ch, out_ch):
        super().__init__()
        self.body = nn.Sequential(
            nn.Conv2d(in_ch, in_ch, 3, 1, 2, dilation=2),
            nn.ReLU(inplace=True),
            nn.Conv2d(in_ch, in_ch, 3, 1, 1, dilation=1),
            nn.ReLU(inplace=True),
            nn.Conv2d(in_ch, out_ch, 3, 1, 1)
        )

    def forward(self, x):
        out = self.body(x)
        return out
```

```
class MWCNN(nn.Module):
    """
    MWCNN 主网络，采用 DWT 和 IDWT 实现特征图下/上采样
    """
    def __init__(self, in_ch, nf):
        super().__init__()
        self.dwt = DWT()
        self.idwt = IDWT()
        self.dl0 = DownBlock(in_ch, nf, 2, 1)
        self.dl1 = DownBlock(4*nf, 2*nf, 2, 1)
        self.dl2 = DownBlock(8*nf, 4*nf, 2, 1)
        self.dl3 = DownBlock(16*nf, 8*nf, 2, 3)
        self.il3 = InvBlock(8*nf, 16*nf, 3, 2)
        self.il2 = InvBlock(4*nf, 8*nf, 2, 1)
        self.il1 = InvBlock(2*nf, 4*nf, 2, 1)
        self.outblock = OutBlock(nf, in_ch)

    def forward(self, x):
        x0 = self.dl0(x)
        x1 = self.dl1(self.dwt(x0))
        x2 = self.dl2(self.dwt(x1))
        x3 = self.dl3(self.dwt(x2))
        x3 = self.il3(x3)
        x_r2 = self.idwt(x3) + x2
        x_r1 = self.idwt(self.il2(x_r2)) + x1
        x_r0 = self.idwt(self.il1(x_r1)) + x0
        out = self.outblock(x_r0) + x
        print("[MWCNN] downscale sizes:")
        print(x0.size(), x1.size(), x2.size(), x3.size())
        print("[MWCNN] reconstruction sizes:")
        print(x_r2.size(), x_r1.size(), x_r0.size(), out.size())
        return out



if __name__ == "__main__":

    dummy_in = torch.randn(1, 3, 64, 64)
    # 测试 DWT 和 IDWT
```

```
dwt = DWT()
idwt = IDWT()
dwt_out = dwt(dummy_in)
idwt_recon = idwt(dwt_out)
is_equal = torch.allclose(dummy_in, idwt_recon, atol=1e-6)
print("Is equal after DWT and IDWT? ", is_equal)

# 测试 MWCNN 网络
mwcnn = MWCNN(in_ch=3, nf=32)
output = mwcnn(dummy_in)
```

代码输出结果如下所示。

```
Is equal after DWT and IDWT?  True
[MWCNN] downscale sizes:
torch.Size([1, 32, 64, 64]) torch.Size([1, 64, 32, 32]) torch.Size([1, 128,
16, 16]) torch.Size([1, 512, 8, 8])
[MWCNN] reconstruction sizes:
torch.Size([1, 128, 16, 16]) torch.Size([1, 64, 32, 32]) torch.Size([1, 32,
64, 64]) torch.Size([1, 3, 64, 64])
```

可以看出，DWT 和 IDWT 可以可逆地对特征图进行下采样和复原。MWCNN 的结构类似于 UNet，编码器各阶段的输出尺寸逐渐减小，且通道数逐渐增多；解码器则相反，通道数减少、尺寸增大，尺寸变化在 MWCNN 中通过 DWT 和 IDWT 实现。

3.4.4 视频去噪：DVDNet 和 FastDVDNet

接下来介绍视频去噪的一个经典模型及其改进。视频去噪任务是图像去噪任务的一个自然推广，它可以直接通过逐帧处理的方式用图像去噪模型来实现，但是这样的方式忽略了对视频中帧间信息的利用。**DVDNet（Deep Video Denoising Network）**[8]提出了一种两阶段方式的视频去噪网络结构，目的在于更高效地利用视频中的时序信息。DVDNet 结构示意图如图 3-29 所示。

DVDNet 分为两个主要的步骤，分别是**空域去噪（Spatial Denoising）**和**时域去噪（Temporal Denoising）**。如果要处理的目标帧为第 i 帧，那么需要找到它临近的帧共同参与计算，比如从第 $i-T$ 帧到第 $i+T$ 帧，共 $k=2T+1$ 帧。首先，通过空域去噪网络对这 k 帧图像分别进行去噪处理，然后将这 $2T$ 帧去噪后的邻域图像向目标帧计算光流并进行扭曲映射对齐，将得到的多帧中间结果送入时域去噪网络进行去噪，得到第 i 帧的去噪结果。也就是说，DVDNet 实际上对视频的每一帧分别进行处理，但是在计算时会将目标帧及其邻域共同作为输入，只输出目标帧的去噪结果。

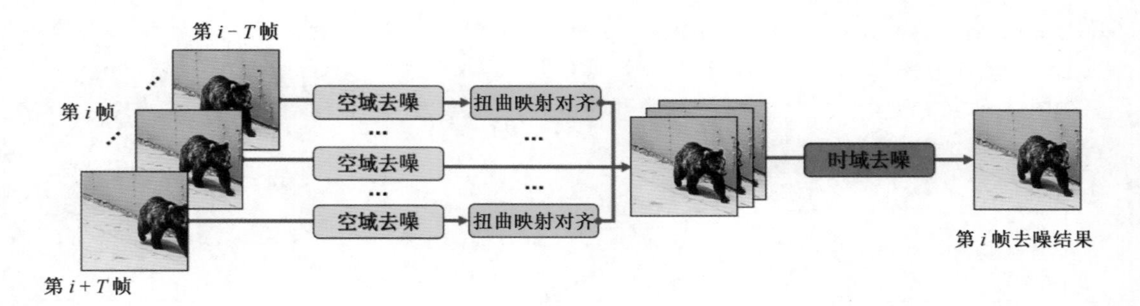

图 3-29 DVDNet 结构示意图

空域去噪和时域去噪的网络结构如图 3-30 所示。两个子网络都需要输入噪声图（Noise Map）作为去噪的参考，空域去噪只需要单帧，而时域去噪需要对齐好的多帧图像。从结构上来看，两个子网络都采用了串联的 Conv+BN+ReLU 的经典结构，并利用残差学习方式，输出噪声的预测结果，并与原图像相减得到去噪结果。另外，为了提高计算速度与减少内存需求，两个子网络都先对输入图像进行了 1/4 尺度的下采样（即 FFDNet 中的 PixelUnshuffle 模块），获取低分辨率输入进行处理，再对最终得到的结果进行 PixelShuffle 以提高到原图像分辨率尺寸。

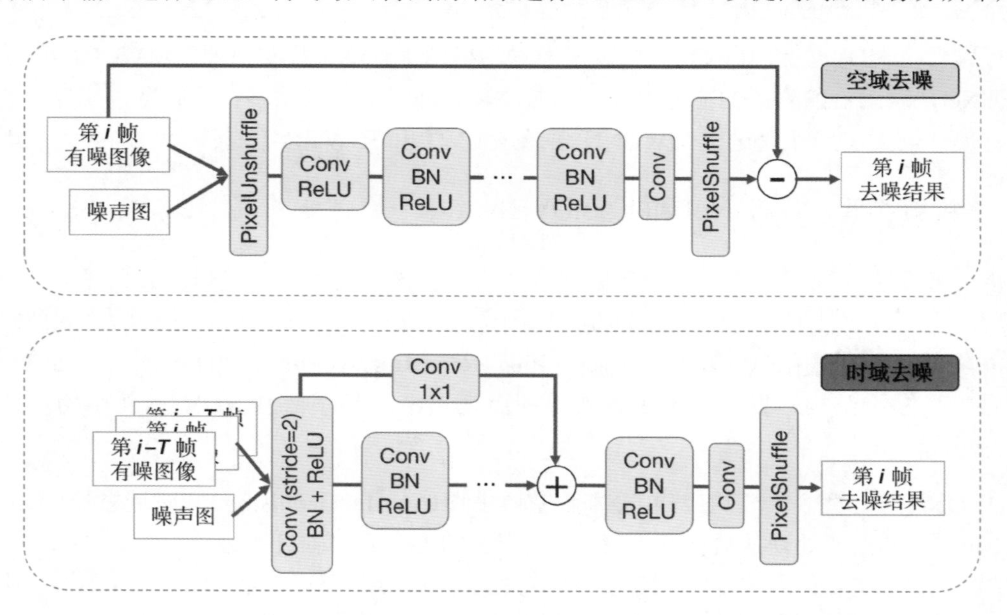

图 3-30 空域去噪与时域去噪的网络结构

对于前后帧对齐，DVDNet 采用了 DeepFlow 计算光流，并以此进行**运动补偿**（**Motion**

Compensation）来对齐邻近帧和目标帧。显然，最终的去噪结果与对齐的质量，即光流的计算，有密切关系，如果光流对齐没有做好，那么多帧的融合很容易产生鬼影（Ghost Artifact）。另外，显式计算光流也会限制网络的处理速度。

基于对这些问题的考虑，**FastDVDNet**[9]在 DVDNet 的基础上提出了改进，取消了 DVDNet 中的显式光流计算与运动补偿模块，通过两阶段的级联去噪网络，实现了端到端的去噪。FastDVDNet 结构示意图如图 3-31 所示。

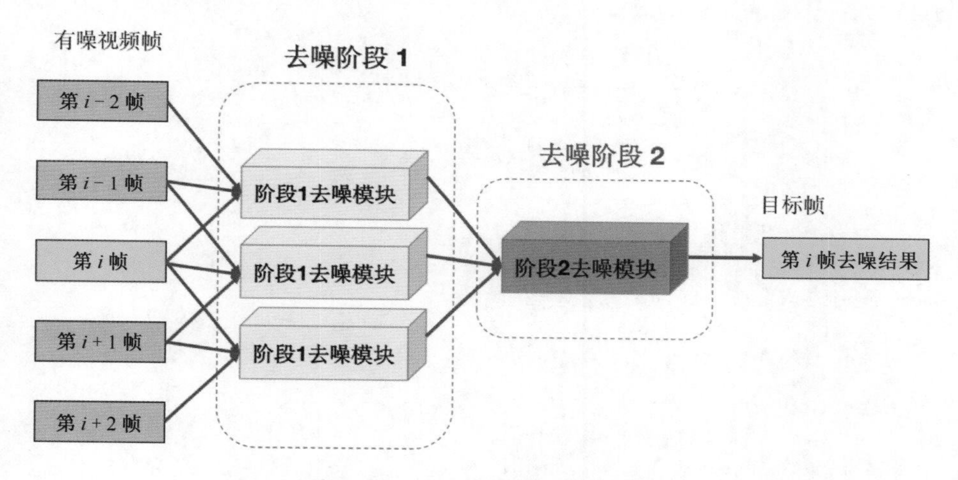

图 3-31　FastDVDNet 结构示意图

首先，在 FastDVDNet 的去噪阶段 1 中，先用去噪模块对各帧的 3 帧邻域进行去噪处理，然后将得到的结果送入去噪阶段 2 的去噪模块中，对上一级的初步去噪结果再次进行处理。两个阶段的去噪模块都是 UNet 形式。注意到在去噪阶段 1 中，每一帧取了前后邻域共 3 帧图像作为输入，输出的是中间 1 帧的去噪结果，然后去噪阶段 2 又以去噪阶段 1 中 3 帧的输出作为输入，因此去噪阶段 2 的每一帧都利用了其前后 3 帧的时序信息，而去噪阶段 2 则进一步隐式利用了时序信息对初步去噪的结果进行再次去噪。这个结构避免了显式光流计算，从而提高了计算速度并减少了出现鬼影的概率。另外，图 3-31 所示的分别进行 3 帧邻域的两阶段网络处理，在感受范围上等价于对中间帧以 5 帧邻域直接进行处理（不进行级联），但实验表明，通过 3 帧两阶段的处理结果要优于直接用 5 帧作为输入的单阶段处理结果。

下面用代码实现 FastDVDNet 的基本模型结构并运行测试，代码如下所示。

```
import torch
import torch.nn as nn


class ConvBNReLU(nn.Module):
```

```
    """
    基本模块：[Conv + BN + ReLU]
    stride = 2 用来实现下采样
    groups = nframe 用来实现各帧分别处理（多帧输入层）
    """
    def __init__(self, in_ch, out_ch, stride=1, groups=1):
        super().__init__()
        self.conv = nn.Conv2d(in_ch, out_ch,
                        3, stride, 1,
                        groups=groups, bias=False)
        self.bn = nn.BatchNorm2d(out_ch)
        self.relu = nn.ReLU(inplace=True)
    def forward(self, x):
        out = self.conv(x)
        out = self.bn(out)
        out = self.relu(out)
        return out

class Down(nn.Module):
    """
    UNet 压缩部分的下采样模块
    """
    def __init__(self, in_ch, out_ch):
        super().__init__()
        self.down = ConvBNReLU(in_ch, out_ch, stride=2)
        self.conv = ConvBNReLU(out_ch, out_ch)
    def forward(self, x):
        out = self.down(x)
        out = self.conv(out)
        return out

class Up(nn.Module):
    """
    UNet 扩展部分的上采样模块
    """
    def __init__(self, in_ch, out_ch):
        super().__init__()
        self.conv1 = ConvBNReLU(in_ch, in_ch)
        self.conv2 = nn.Conv2d(in_ch, out_ch * 4,
```

```
                        3, 1, 1, bias=False)
        self.upper = nn.PixelShuffle(2)
    def forward(self, x):
        out = self.conv1(x)
        out = self.conv2(out)
        out = self.upper(out)
        return out

class InputFrameFusion(nn.Module):
    """
    各帧分别做卷积后通过卷积融合
    """
    def __init__(self, in_ch, out_ch, nframe=5, nf=30):
        super().__init__()
        self.conv_sep = ConvBNReLU(nframe * (in_ch + 1),
                                   nframe * nf,
                                   stride=1, groups=nframe)
        self.conv_fusion = ConvBNReLU(nf * nframe, out_ch)
    def forward(self, x):
        out = self.conv_sep(x)
        out = self.conv_fusion(out)
        return out


class UnetDenoiser(nn.Module):
    def __init__(self, in_ch=3):
        super().__init__()
        nf = 32
        self.in_ch = in_ch
        self.in_fusion = InputFrameFusion(in_ch, nf, nframe=3)
        self.down1 = Down(nf, nf * 2)
        self.down2 = Down(nf * 2, nf * 4)
        self.up1 = Up(nf * 4, nf * 2)
        self.up2 = Up(nf * 2, nf)
        self.conv_last = ConvBNReLU(nf, nf)
        self.conv_out = nn.Conv2d(nf, in_ch,
                                  3, 1, 1, bias=False)
    def forward(self, x, noise_map):
        # x.size(): [n, nframe(=3), c, h, w]
```

```
        # noise_map.size(): [n, 1, h, w]
        assert x.dim() == 5 and x.size()[1] == 3
        multi_in = torch.cat(
            [x[:, 0, ...], noise_map,
             x[:, 1, ...], noise_map,
             x[:, 2, ...], noise_map], dim=1)
        print(f"[UnetDenoiser] network in size: "\
              f" {multi_in.size()}")
        feat = self.in_fusion(multi_in)
        d1 = self.down1(feat)
        d2 = self.down2(d1)
        u1 = self.up1(d2)
        u2 = self.up2(u1 + d1)
        out = self.conv_last(u2 + feat)
        res = self.conv_out(out)
        pred = x[:, 1, ...] - res
        print(f"[UnetDenoiser] \n down sizes: "\
              f" {feat.size()}-{d1.size()}-{d2.size()}")
        print(f"   up sizes: {u1.size()}-{u2.size()}-{out.size()}")
        return pred


class FastDVDNet(nn.Module):
    """
    去噪阶段 2 视频去噪网络，结构均为 UnetDenoiser
    """
    def __init__(self, in_ch=3):
        super().__init__()
        self.in_ch = in_ch
        self.denoiser1 = UnetDenoiser(in_ch=in_ch)
        self.denoiser2 = UnetDenoiser(in_ch=in_ch)

    def forward(self, x, noise_map):
        # x size: [n, nframe(=5), c, h, w]
        assert x.size()[1] == 5
        assert x.size()[2] == self.in_ch
        # stage 1
        print("====== STAGE I =======")
        out1 = self.denoiser1(x[:, 0:3, ...], noise_map)
```

```
        out2 = self.denoiser1(x[:, 1:4, ...], noise_map)
        out3 = self.denoiser1(x[:, 2:5, ...], noise_map)
        print(f"[FastDVDNet] STAGE I out sizes: \n"\
            f"{out1.size()}, {out2.size()}, {out3.size()}")
        # stage 2
        print("====== STAGE II =======")
        stage2_in = torch.stack((out1, out2, out3), dim=1)
        out = self.denoiser2(stage2_in, noise_map)
        print(f"[FastDVDNet] STAGE II out sizes: {out.size()}")
        return out

if __name__ == "__main__":
    noisy_frames = torch.randn(4, 5, 1, 128, 128)
    noise_map = torch.randn(4, 1, 128, 128)
    fastdvd = FastDVDNet(in_ch=1)
    output = fastdvd(noisy_frames, noise_map)
```

测试输出结果如下所示。

```
====== STAGE I =======
[UnetDenoiser] network in size:  torch.Size([4, 6, 128, 128])
[UnetDenoiser]
 down sizes:  torch.Size([4, 32, 128, 128])-torch.Size([4, 64, 64, 64])-
torch.Size([4, 128, 32, 32])
   up sizes: torch.Size([4, 64, 64, 64])-torch.Size([4, 32, 128, 128])-
torch.Size([4, 32, 128, 128])
[UnetDenoiser] network in size:  torch.Size([4, 6, 128, 128])
[UnetDenoiser]
 down sizes:  torch.Size([4, 32, 128, 128])-torch.Size([4, 64, 64, 64])-
torch.Size([4, 128, 32, 32])
   up sizes: torch.Size([4, 64, 64, 64])-torch.Size([4, 32, 128, 128])-
torch.Size([4, 32, 128, 128])
[UnetDenoiser] network in size:  torch.Size([4, 6, 128, 128])
[UnetDenoiser]
 down sizes:  torch.Size([4, 32, 128, 128])-torch.Size([4, 64, 64, 64])-
torch.Size([4, 128, 32, 32])
   up sizes: torch.Size([4, 64, 64, 64])-torch.Size([4, 32, 128, 128])-
torch.Size([4, 32, 128, 128])
[FastDVDNet] STAGE I out sizes:
```

```
torch.Size([4, 1, 128, 128]), torch.Size([4, 1, 128, 128]), torch.Size([4,
1, 128, 128])
====== STAGE II =======
[UnetDenoiser] network in size:  torch.Size([4, 6, 128, 128])
[UnetDenoiser]
 down sizes:  torch.Size([4, 32, 128, 128])-torch.Size([4, 64, 64, 64])-
torch.Size([4, 128, 32, 32])
   up sizes: torch.Size([4, 64, 64, 64])-torch.Size([4, 32, 128, 128])-
torch.Size([4, 32, 128, 128])
[FastDVDNet] STAGE II out sizes: torch.Size([4, 1, 128, 128])
```

3.4.5 基于 Transformer 的去噪方法：IPT 与 SwinIR

Transformer 模型是一种有别于 CNN 的重要的网络模型范式，最早用于自然语言处理（Natural Language Processing，NLP）相关任务，将要处理的最小单元（通常是单词）视为 token，然后利用**自注意力机制（Self-attention Mechanism）**建模各个 token 之间的关系，并用于相关预测任务。自注意力机制的操作流程如图 3-32 所示。

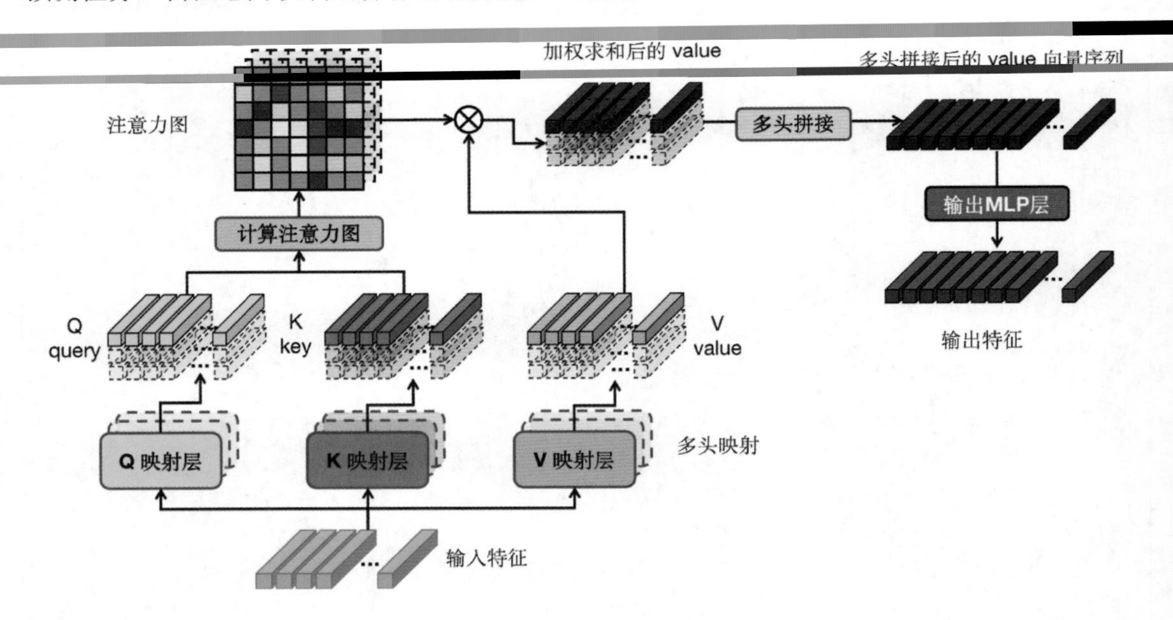

图 3-32　自注意力机制的操作流程

下面结合图 3-32 来详细介绍自注意力机制的操作流程。首先，自注意力机制的输入是一个特征向量序列，如果考虑 batchsize，则其尺寸应该为$[n, l, f]$，其中 n 表示 batchsize，即同一批次处理的样本数，l 表示序列长度，f 表示序列中每个元素（即输入特征向量）的维度。

输入特征首先分别进入三个映射层，分别为 Q、K 和 V 映射层。其中 **Q** 表示 **query**，**K** 表示 **key**，**V** 表示 **value**。query 是一个特征的查询内容，key 是被查询的内容，用这两个结果求解内积，就类似于在检索系统中根据搜索内容去数据库里查询相关条目的过程。而 value 则表示当前位置的值，后续计算实际上都是基于 value（实际上是加权后的 value）来进行的。Q、K、V 映射层可以通过线性网络层实现，由于它们来源于同一个输入，因此称为自注意力。另外，为了增加网络的表达能力，通常会设计多组 Q、K、V 映射层，得到多组 QKV 向量序列，这种机制称为**多头（Multi-head）**。多头之间由于相互独立，因此可以获得更多样化的表达能力。应用多头的自注意力计算需要在后面的步骤中对多头输出的结果进行融合。

得到 QKV 向量序列后，如前所述，需要用 Q 和 K 进行相关性计算，实际上就是对序列中的所有位置两两计算 Q 和 K 中向量的内积。假设映射得到的 QKV 向量的维度为 d，那么这三个输出的大小均为 $[n,l,d]$。对于 Q 和 K 元素间的内积，可以将 K 转置后进行计算，即 $[n,l,d]$ 和 $[n,d,l]$ 在第二和三维度上做矩阵乘法，得到的结果为 $[n, l, l]$，然后经过缩放处理（除以 d 的平方根，用于补偿内积求和带来的方差放大作用），逐行进行归一化，得到的结果就是注意力图（Attention Map）。将注意力图与 V 矩阵进行矩阵乘，得到大小为 $[n,l,d]$ 的张量，这里由于注意力图已归一化，因此得到的这个结果可以看作对于序列中各点原本 value 的加权求和，而且权重和为 1。对于输入数据，通过这种方式操作后，每个位置的输出结果都与其他所有位置进行了关联，因此由其组成的 Transformer 模型具有更强的全局建模能力。

将该张量进行多头拼接和 MLP（多层感知机）网络映射，可以得到整个流程的输出结果。由这种计算方式得到的模块称为**多头自注意力（Multi-head Self-attention）模块**，通常简称为 **MSA 模块**。MSA 模块是构成 Transformer 模型的最基本单元，Transformer 模型的主干结构就是串联的 MSA 模块，每个模块中的核心操作即 MSA 操作，除此之外还包括如 LayerNorm、MLP 网络和残差结构等其他部分。

为了更清楚地展示其计算过程，下面用 PyTorch 实现一个 MSA 模块，主要代码如下所示。

```
import torch
import torch.nn as nn

class MSA(nn.Module):
    def __init__(self,
                 in_dim,
                 n_head=8,
                 head_dim=64,
                 dropout=0.1):
        super().__init__()
```

```
        # 多头输出总维度
        dim = n_head * head_dim
        self.n_head = n_head
        self.head_dim = head_dim
        # 注意力图左乘 value，因此需要每行归一化
        self.softmax = nn.Softmax(dim=-1)
        self.dropout = nn.Dropout(dropout)
        # Q/K/V 映射层
        self.proj_qkv = nn.Linear(in_dim, dim * 3, bias=False)
        self.proj_out = nn.Sequential(
            nn.Linear(dim, dim),
            nn.Dropout(dropout)
        )
    def forward(self, x):
        # x size: [n, l, d]
        n, l, _ = x.size()
        h, d = self.n_head, self.head_dim
        qkv = self.proj_qkv(x) # [n, l, 3hd]
        q, k, v = torch.chunk(qkv, 3, dim=-1) # [n, l, hd]
        q = q.reshape(n, l, h, d).transpose(1, 2) # [n, h, l, d]
        k = k.reshape(n, l, h, d).transpose(1, 2)
        v = v.reshape(n, l, h, d).transpose(1, 2)
        # attn_map size: [n, h, l, l]
        attn_map = torch.matmul(q, k.transpose(2, 3)) / (d ** 0.5)
        attn_map = self.dropout(self.softmax(attn_map))
        out = torch.matmul(attn_map, v) # [n, h, l, d]
        out = out.transpose(1, 2).reshape(n, l, h * d)
        # [n, l, hd] -> [n, l, hd]
        out = self.proj_out(out)
        return out


if __name__ == "__main__":
    # 测试 MSA 模块对于向量序列的处理结果
    dummy_in = torch.randn(1, 10, 32)
    msa = MSA(in_dim=32, n_head=4, head_dim=16, dropout=0.1)
    out = msa(dummy_in)
    print(f"MSA input: {dummy_in.size()}\n   output: {out.size()}")
```

测试输出结果如下所示。

```
MSA input: torch.Size([1, 10, 32])
   output: torch.Size([1, 10, 64])
```

随着 Transformer 类型的模型（如 BERT 等）在 NLP 任务中展现巨大潜力，计算机视觉领域也逐渐接受了 Transformer 范式用于图像的语义识别和底层处理等任务。一个简单且经典的基于 Transformer 的主干网络（Backbone）就是 **ViT（Vision Transformer）**，ViT 模型的结构如图 3-33 所示。

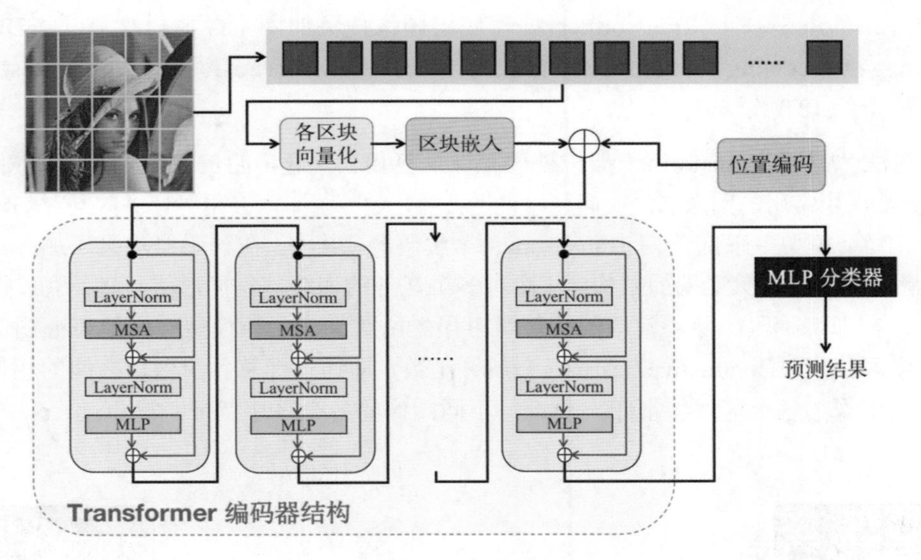

图 3-33　ViT 模型的结构

ViT 的主要构成部分就是一个由多个 MSA 模块串联而成的 Transformer 编码器结构，最后接入一个 MLP 网络，用于预测类别。由于图像天然并不是一个序列结构（不像语句可以直接以词为 token 转换为序列），因此第一步需要将图像转为 Transformer 模型可以处理的序列结构。ViT 首先将图像等尺寸不重叠地划分为区块（Patch），然后将区块拉平成为向量。比如，对于一个 8×8 的 RGB 图，即可拉平称为 192 维的向量。然后，利用一个通常称为嵌入层（Embedding Layer）的 MLP 网络，对输入向量进行映射（嵌入到特征隐空间），将得到的特征向量与位置编码（Position Encoding）进行结合。位置编码是为了对每个区块的不同位置进行区分所做的编码，由于 Transformer 模型将每个 token 作为独立的元素处理，没有考虑 token 之间的位置关系，因此需要通过位置编码进行补偿，使位置关系不完全丢失。进入 Transformer 模型后，每个自注意力模块由 MSA、LayerNorm 和 MLP 组合而成，并且在 MSA 和 MLP 后进行了残差连接。LayerNorm 是类似于 BatchNorm 的一种归一化方式，不同于 BatchNorm 对同一批次不同样本进行平均，LayerNorm 针对同一个样本中的所有特征进行规范化处理。最终，主干网络的输出结果送入后续的任务层，如 MLP 分类器，用于实现分类等预测任务。这就是 ViT 模型的基本流程。

Transformer 模型相比于 CNN 的优势在于其可以建模更广范围的依赖性关系，通常认为其上限高于对等的 CNN 范式模型。但是同时它也缺少了 CNN 的空间平移不变性、局部性等归纳偏置（Inductive Bias），因此可能更适合于大数据量和大模型任务场景。随着大模型领域的发展，Transformer 模型也得到了非常广泛的应用。

本节介绍的就是基于 Transformer 处理底层图像任务的两个经典模型算法：**IPT（Pre-trained Image Processing Transformer）算法**和 **SwinIR（Swin Transformer Image Restoration）算法**。首先介绍 IPT 算法。

IPT 算法[10]基于 Transformer 架构处理图像恢复相关问题，它的流程示意图如图 3-34 所示。IPT 算法采用常用的图像恢复类问题，包括去噪、超分辨率、去雨等任务共同对 Transformer 模型进行训练，模型主干部分为 Transformer 编/解码器，其中，在解码器阶段还加入了任务编码。IPT 整体是一个多头多端的结构，从而对多个任务的训练数据同时进行训练，以提高模型的泛化性。在训练阶段，除了常规的监督学习损失函数，为了让模型更好地表征图像，还加入了对比学习损失（Contrastive Learning Loss）函数，即通过计算各个区块之间的相似性，使来自同一张图像的各个区块特征距离更近，不同图像的各个区块特征距离更远。

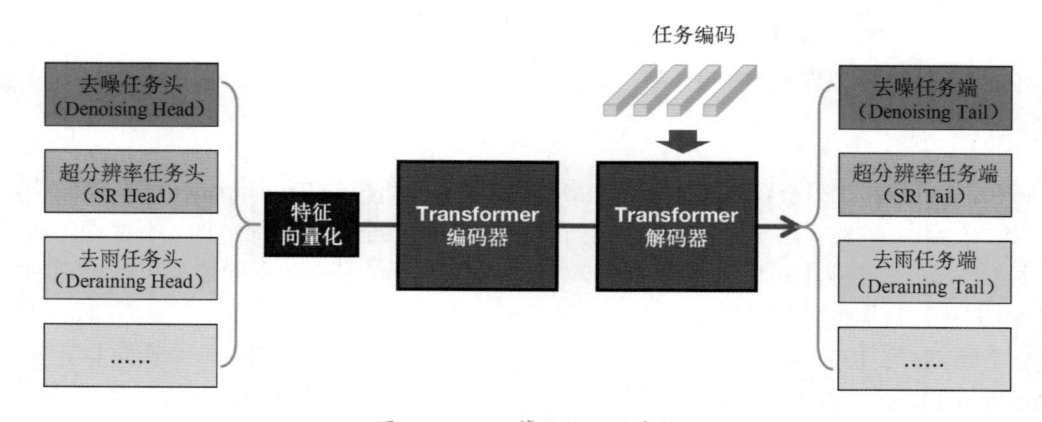

图 3-34 IPT 算法流程示意图

为了验证效果，IPT 算法在 ImageNet 数据集上对各个图像处理任务进行了预训练（比常见的底层视觉模型训练数据集更大），结果表明多任务预训练 IPT 算法在这些任务上可以取得很好的效果。另外，实验表明，Transformer 模型在大数据量任务上优势更显著。将经典 CNN 模型用更多的数据量进行训练，尽管效果也会随着数据量加大而有所提升，但是到一定程度后效果的提升不再明显，网络效果趋于饱和；而对应的 Transformer 模型虽然在小数据量任务上的效果不如经典 CNN 模型，但是随着数据量加大，其效果提升更加显著，从而在数据量达到一定阶段后效果持续优于 CNN 模型。这也说明了 Transformer 模型对于 CNN 模型的局部性等先验假设的放弃可以在一定程度上带来更强大的表现能力。

另一个比较常用的基于 Transformer 的底层视觉模型是 SwinIR[11]。SwinIR 模型是基于 Swin Transformer 思路的图像恢复网络。**Swin** 的含义是 **Shifted Window**，即**位移窗口**。在传统的 Transformer 模型（如上面的 ViT 模型）中，QKV 的注意力求解是全局的，即对整张图像中的每两个区块都直接有计算，这自然会导致非常高的复杂度。

为了提高计算效率，可以将注意力限制在一个窗口内，每个窗口单独进行计算，即每个区块特征都只与同一窗口内的所有特征计算注意力图，这种操作可以显著减小计算量，但是也会带来一个问题，那就是不同窗口中的特征信息没有交流，从而失去了 Transformer 模型全局连接的优势。Swin Transformer 模块的创新之处就在于，不同层采用不同的分窗方式，位移窗口注意力机制如图 3-35 所示。

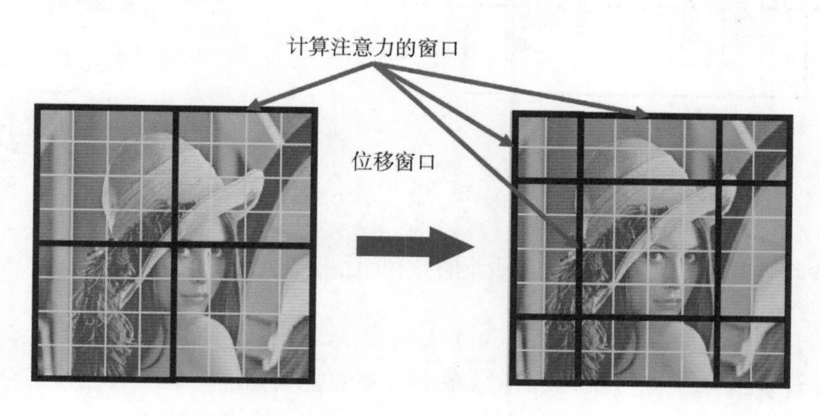

图 3-35　位移窗口注意力机制

对于 Swin Transformer 模块，上一层和下一层都是在窗口内计算（局部的）注意力的，但是对窗口的划分进行了平移（可以想象在无限大的特征图上，窗口整体进行了位移，图中右边的窗口形状实际上是位移后的窗口被特征图尺寸截断的效果）。通过位移窗口的策略，可以让同一个区块特征在前后两层中分别与不同的区块集合计算注意力，这样既沟通了不同窗口的特征信息，又减小了计算量。

SwinIR 就是利用 Swin Transformer 模块进行堆叠形成的网络，用于处理图像恢复类问题，包括去噪、超分辨率等，其网络结构图如图 3-36 所示。由于 CNN 对于浅层特征的提取效果较稳定，因此先通过 CNN 结构提取图像的浅层特征，然后将特征图送入网络的主干部分用于进一步提取特征。主干部分为多个残差 Swin Transformer（RSTB）模块的堆叠，每个模块包括多个 Swin Transformer 层和一个卷积层，卷积层可以补偿 Transformer 模型缺少的图像的归纳偏置，以便将处理后的特征用于后续 CNN 重建。图像重建模块利用浅层和深层的特征共同对目标图像进行重构，这部分主要还是采用残差卷积模块来实现。最终效果表明，SwinIR 算法可以用更小规模（参数量更少）的模型实现更优的效果，反映出 Swin Transformer 模块对于各种底层视觉任务也是有增益的。

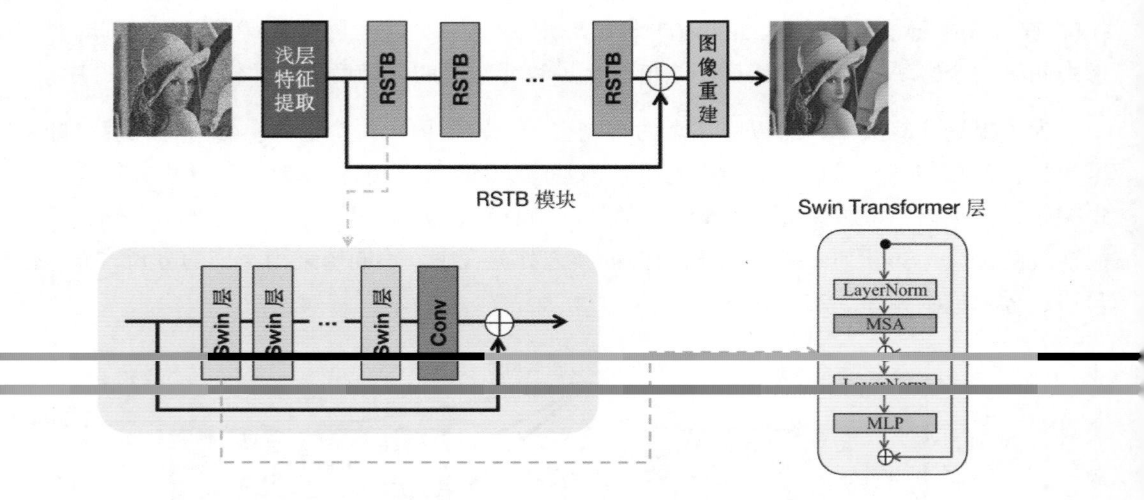

图 3-36 SwinIR 网络结构图

3.4.6 自监督去噪算法：Noise2Noise、Noise2Void 与 DIP

本节介绍几种自监督（Self-supervised）去噪算法。“自监督”指的是机器学习方案的一种模式，相对于经典的基于深度学习和神经网络的图像去噪算法，自监督去噪算法需要预先收集或者制备有噪-无噪样本对并用来训练（有监督），不需要无噪图像作为训练目标，让网络回归拟合到目标上。自监督去噪算法通过对图像退化和神经网络一些先验知识的挖掘，在没有真实无噪图像的基础上也可以获得较好的去噪效果。这一点对于真实世界的图像去噪是非常有帮助的（因为真实世界的干净无噪样本无法或者很难获取）。下面就以几种经典算法：**Noise2Noise**、**Noise2Void** 及**深度图像先验（Deep Image Prior，DIP）**为例，讨论自监督去噪的思路和方法。

首先来看 **Noise2Noise** 算法[12]，它的基本流程如图 3-37 所示。该算法不需要采集有噪-无噪样本对，只需要对同一个信号采集两次有噪图像，即用一个有噪图像通过网络去拟合另一个有噪图像。最终训练好的网络就可以用来去噪。

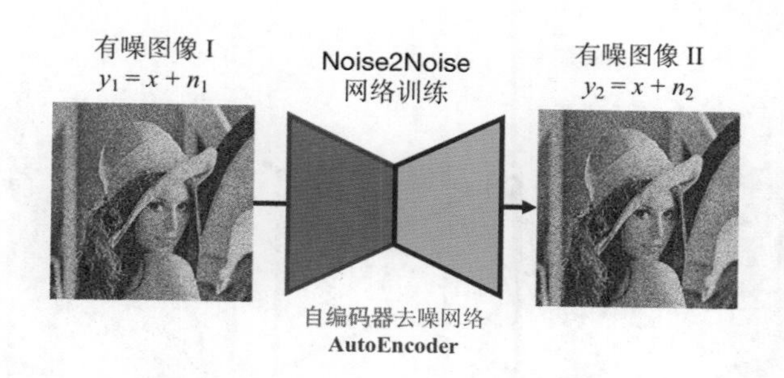

图 3-37　Noise2Noise 算法的基本流程

这种算法直观上似乎并不好理解，对于噪声图像的学习最终得到可以输出去噪图像的网络是如何实现的呢？要理解这个问题，首先需要对基于网络训练的深度学习去噪算法的过程和性质有一定的了解。

对于有监督的网络模型去噪算法来说，通过对大量数据集的拟合，网络优化输出图像与干净图像差异的过程实际上就是寻求经验误差最小化的过程，即在网络本身的先验约束下，尽可能地拟合到有噪图像所对应的干净图像上。然而，去噪问题本身是一个反问题，它具有一定程度的多义性，同一个干净区块可能退化到多个有噪区块；同理，同一个有噪区块可能对应到多个干净区块。当用足够多的数据对网络进行训练时，对于一个有噪区块，由于训练集中可能有多个对应的干净区块，所以网络会倾向于拟合这些对应值的均值（期望），从而使总的经验误差最小。

既然拟合的是对应干净区块的数学期望，那么，如果噪声是零均值的，那么就可以用有噪图像作为拟合目标了，因为有噪区块中的信号成分经过平均后与直接拟合干净区块相同，而其中的噪声成分经过平均成了 0（数据量足够且噪声均值为 0）。这个现象可以用一个更直观的例子来说明：如果要测量室内的温度，由于温度计的误差，我们可以测量 3 次取平均值作为最终的结果，比如，最终的评价结果为 25℃，那么这 3 次测量的结果都是 25℃，还是分别为 24℃、25℃和 26℃，对于最终的结果并没有影响。这就是 Noise2Noise 算法的基本原理。

对于真实场景的去噪任务来说，一般需要连续采集多张静态有噪图像，并用它们的平均值作为干净目标图像。这种采集自然是困难且耗费较大的。而 Noise2Noise 算法可以只采集两张有噪图像，其中一张作为输入，另一张作为拟合目标，即可对网络进行训练。根据上面所述的原理，经过训练后的网络的输出结果可以基本排除噪声的影响，从而得到去噪结果。

尽管 Noise2Noise 算法不需要采集或者合成干净目标图像，但是仍然需要采集两张有噪图像，这在某些特殊的成像设备或者场景中仍然是难以满足的。因此，**Noise2Void 算法**[13]对这种算法进行了改进，它可以允许完全无对应关系的有噪图像（不需要同场景）对网络进行训练。换句话说，有噪图像自身学习自身，并且去掉图像中的噪声。Noise2Void 算法的基本流程如图 3-38 所示。

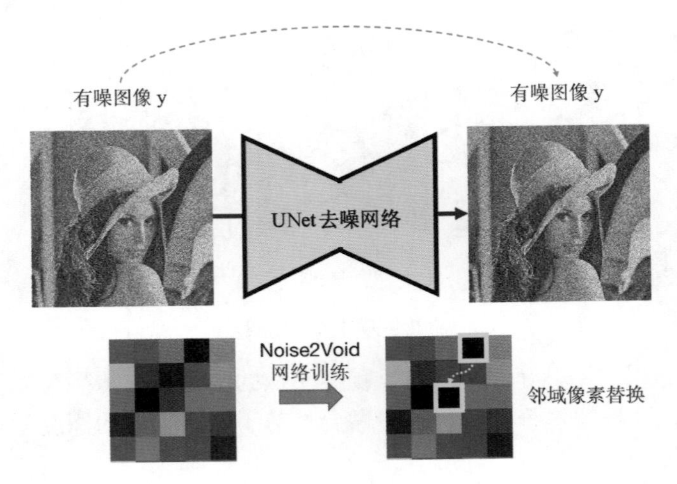

图 3-38　Noise2Void 算法的基本流程

这个算法的思路有两个重点：一个是自身学习自身如何避免学到脉冲函数（即只有自己对应位置为 1、其他位置都为 0 的平凡解，相当于没有做任务处理即输出）；另一个是这种算法为何可以去除噪声。

首先，为了避免学到脉冲函数，Noise2Void 算法采用了盲点（Blind Spot）邻域策略，即在网络的感知域中，去除中心点，使网络不可能学到平凡解。在实现过程中，采用邻域像素替换来实现这个过程，即用邻域随机的某个像素的值替换掉当前中心点位置的值。在损失函数计算时，只对这些位置进行计算，强行使网络利用周围邻域信息学习到该点的值（有噪声的真实值）。

第二个重点是 Noise2Void 算法可以实现去噪的原因，可以结合如下先验假设进行理解。首先，由于自然图像的先验性质，我们可以认为，有噪图像中的有效信号是空域相关的（至少是邻域相关的，即每个像素与周围的像素都有一定的关系，这也是图像恢复的理论基础），而其中每个像素的噪声都是空间无关的，只可能和它对应的像素位置的信号有关。那么，利用上述盲点邻域策略，中心点的值只能由周围邻域（不含自身）进行重建，那么由于信号的空间相关性，可以通过周围信号对该点的有效信号进行重建，而由于噪声的空间无关性，在重建的过程中无法对噪声进行恢复，因此网络学习到的就只有信号成分，而噪声成分在大量数据的训练下被去除掉了。当然，对于不满足该先验条件的情况，如平坦区域单点的有效信号，由于不满足与邻域的相关性，因此容易被当作噪声去除；对于细纹理保持较差，结果容易过度平滑。这些问题也反映了 Noise2Void 算法的一些局限性。

下面再来讨论一种自监督去噪算法，称为**深度图像先验算法**，即 DIP 算法[14]。顾名思义，它想说明的是深度神经网络自带一些先验，可以用来进行图像恢复。

DIP 算法不同于传统图像深度学习方法，它的基本流程如图 3-39 所示，DIP 算法虽然用到了网络模型，但是并没有像常见的深度学习方法一样利用训练集对网络进行训练。相反，它只用一张要被处理的有噪图像来“训练”网络（实际上，这张图像不仅可以是有噪图像，还可以是模糊的、部分缺失的或者由压缩导致的块状伪影等退化的图像，DIP 算法并不是通过建模退化来处理某类任务的，而是从建模信号的角度，直接利用先验知识对图像进行重构）。训练方法是输入一个随机的图像，用网络去拟合逼近有噪图像。在训练过程中，迭代一定次数后，我们会发现输出的结果是一个无噪的干净图像，然后随着训练的继续迭代进行，噪声逐渐被加在干净图像上，得到对目标拟合得更加准确的有噪图像。在这个过程中，只有我们找准时机将训练提前截断，才可以得到与退化图像（Degradation Map）对应的干净图像。

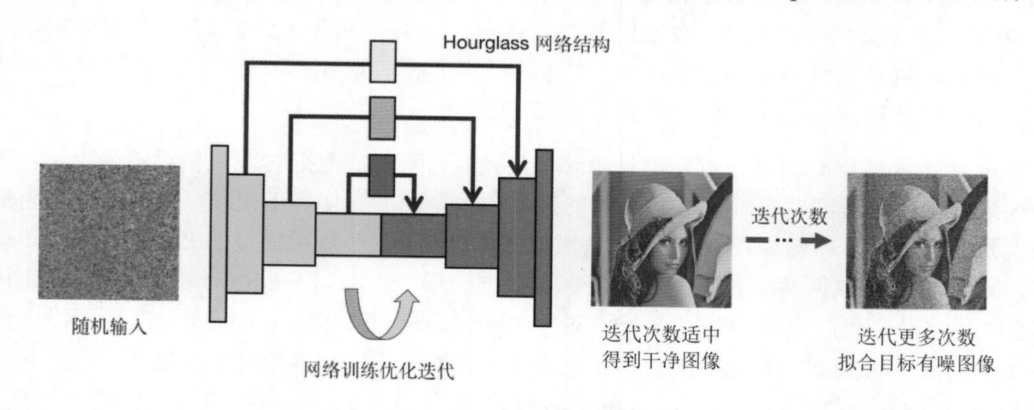

图 3-39　DIP 算法的基本流程

那么为何会出现这样的现象呢？经过实验可以发现，深度网络模型天然地对自然图像具有低阻抗（Low Impedance）特性，而对噪声具有高阻抗特性。通俗来说，就是网络更“容易”学习有效信号，而对于常见的噪声或者其他伪影（如压缩块状伪影）则比较难学到。DIP 算法的发明者进行了如下实验：让目标分别为纯噪声图像、无噪声的自然图像、有噪声的自然图像等，然后迭代训练网络拟合，并打印各个步骤的 MSE（均方误差）。通过均方误差趋势可以看到，对于无噪声的自然图像，在较早的迭代步骤中 MSE 会很快下降收敛，有噪声的自然图像次之，而对于纯噪声图像，在网络前面一定次数的迭代中 MSE 几乎不下降，而在后面才开始拟合。这提示我们，该模型对于自然状态的图像天然具有一定的先验知识，即可以很流畅地建构出图像，而噪声则因为不符合深度网络的先验而被拒绝。利用这个性质，可以将 DIP 算法用在各种图像恢复任务中。

DIP 算法可以对退化图像直接进行拟合，免去了网络模型训练的麻烦，但是也带来了一些问题。比如，DIP 算法对于任何图像都需要迭代计算，因此计算量较大，基于训练的方案虽然训练成本高，但是预测阶段比较简单、直接，效率更高。另外，DIP 算法一个最关键的要素就是停止迭代的时间，停止迭代的位置会直接影响最终输出的效果。而通用且合适的停止策略很难被找到。

3.4.7 Raw 域去噪策略与算法：Unprocess 与 CycleISP

这里讨论 Raw 域去噪的相关方案。前面提到的很多模型和算法都是对灰度图或者 RGB 图像进行去噪的，那么为什么要研究 Raw 域去噪呢？首先，Raw 域图像，即传感器输出的结果（Bayer 阵列）中的噪声更加符合前面提到的高斯-泊松噪声分布模型，而经过了后续的 ISP 后，噪声形态会发生改变。另外，对于去马赛克、ISP 的去噪等模块来说，其计算时需要考虑邻域信息，还会导致邻近像素点相互作用而将噪声在空间中的形态改变，从而令算法难以捕捉，也难以与图像中有效信号的纹理细节进行区分。另外，常见 RGB 域的 AWGN 模拟方式实际上很难模拟真实世界采集到的 RGB 图像的噪声形态，因此导致用这些合成加性噪声数据训练出的模型在实际应用中的泛化性能很受限制。

Raw 域去噪虽然有诸多优点，但是 Raw 域有噪-无噪真实数据对采集相对较为困难，需要多帧连续曝光，并且需要去除设备微小的位移及环境亮度的变化等干扰项。因此，一个自然的想法就是通过噪声分布模型在 Raw 域人为模拟并添加噪声，然后用模拟的 ISP 流程对噪声进行处理，得到的 RGB 数据就具有了更加接近真实数据的噪声形态。而在 Raw 域去噪后，通过 ISP，在 RGB 域的噪声也应该被去除。此外，对于 Raw 域图像的获取，可以通过高清干净图像的 RGB 域图像进行反处理（Unprocess），即对所有 ISP 的流程进行模拟并反向操作，即可得到模拟的 Raw 域图像。后面将该方法称为**Unprocess 算法**[15]。Unprocess 算法流程图如图 3-40 所示。

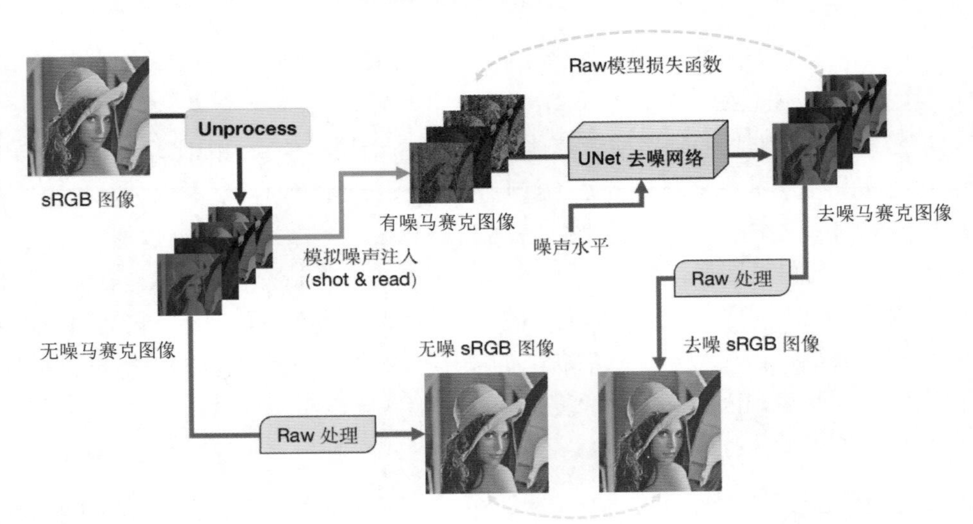

图 3-40 Unprocess 算法流程图

Unprocess 操作是该算法的核心，它指的是首先对 ISP 进行逐步逆向操作，以从干净无噪的 sRGB 图像中重新得到 Bayer 阵列的 Raw 图像，或者是将相同颜色像素集中在一起的马赛克图像（Mosaic，等价于 Bayer 阵列 Raw 图像）。其次，在 Raw 域对图像进行噪声注入，这里主要考虑光子散粒噪声和读噪声（即 Shot Noise 和 Read Noise），通过高斯-泊松噪声模型来模拟。再次，通过 UNet 去噪网络，结合传入的噪声水平，直接在 Raw 域马赛克图像上进行去噪，得到去噪后的马赛克图像。最后，通过 Raw 域到 RGB 域的处理过程，将其重新转换为 sRGB 图像。并且对无噪马赛克图施加同样的操作，从而保证 sRGB 域中的无噪 GT 和去噪结果处理参数对齐。对于网络训练，可以根据损失函数的不同得到两种模型，Raw 模型基于 Raw 域施加监督损失函数，即在直接去噪后的马赛克图像和无噪的马赛克图像之间施加损失，而 sRGB 模型考虑到最终结果还是要呈现到 RGB 图像中，因此对经过了 Raw 处理的 sRGB 结果进行约束。

在 Unprocess 过程中，主要考虑了几个常见的 ISP 步骤的逆变换，处理操作主要包括逆色调映射、逆 Gamma 压缩、将 sRGB 转为 RGB（通过 CCM 矩阵逆变换），以及逆白平衡（即去掉白平衡乘上的增益值），然后去除数字增益（Digital Gain），这样即可得到模拟的无噪 Raw 格式数据。实验表明，通过这种方法进行数据模拟和网络训练，可以在效率更高的情况下取得更好的真实噪声去噪效果。

下面介绍 **CycleISP** 算法[16]，CycleISP 算法主要解决的是减少模拟噪声数据对与真实噪声之间差异的问题。它的主要思路是通过网络学习到图像的 RGB 到 Raw 和 Raw 到 RGB 的转换映射，然后将 RGB 图像转到 Raw 域中加噪后再转回到 RGB 域，形成更加符合真实噪声分布的训练数据。CycleISP 算法流程图如图 3-41 所示。

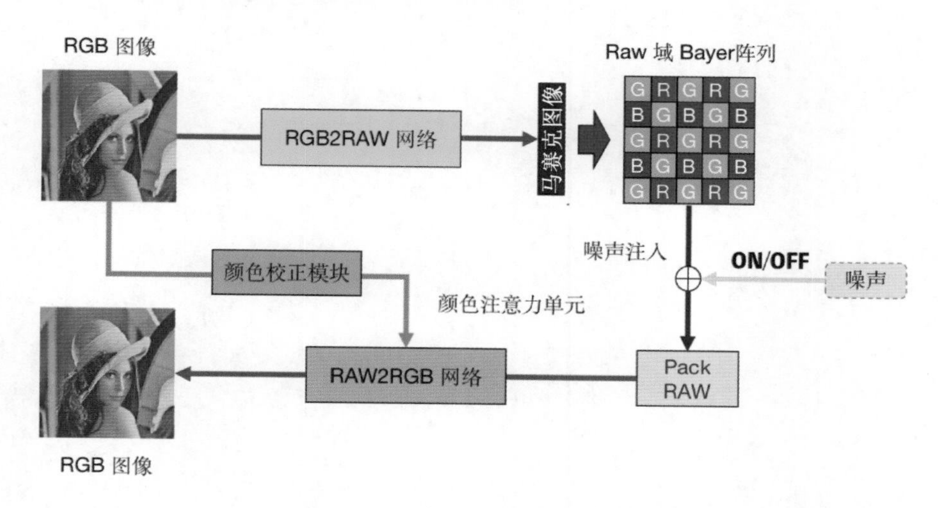

图 3-41　CycleISP 算法流程图

CycleISP 算法利用双向循环的结构对 RGB 域和 Raw 域的转换进行模拟。首先，CycleISP 算法通过一个正向 RGB2RAW 网络将 RGB 转换到马赛克图像的 4 通道；然后利用去马赛克的反变换（即 Mosaic 操作）转换为 Raw 域的 Bayer 阵列。最后在 Raw 域加入噪声，并通过逆向 RAW2RGB 反变换为 RGB 图像。整个过程的循环一致性保证了这两个网络的效果。另外，为了辅助 RGB 颜色的准确恢复，还采用了颜色校正模块，并在 RAW2RGB 网络中设计了颜色注意力单元（Color Attention Unit）对颜色信息进行利用。作为 Raw 域和 RGB 域迁移的循环网络，在对正逆向网络进行训练时，需要关闭噪声注入，即只需要让网络准确学到两个域的转换。网络训练需要先单独对 RGB2RAW 网络和 RAW2RGB 网络进行训练，然后进行联合训练。在网络训练好之后，将噪声注入打开，即可模拟 Raw 域有噪图像转换到 RGB 域的结果。这个结果相比于 AWGN 更加接近噪声的物理模型，从而更符合真实去噪任务。这个结论也在 CycleISP 算法对真实噪声的去噪实验中得到了验证。

第 4 章　图像与视频超分辨率

本章讨论视频和图像的**超分辨率（SR）**任务。超分辨率通常简称为超分，超分辨率任务是画质需求的核心任务，简单来说，它的目的就是通过一定的技术手段，对图像的细节丰富度、内容的细腻程度，以及整体的通透性与解析力进行提升，从而优化人们对于图像的视觉观感，在某些场景下还可以有助于下游任务的处理。图 4-1 所示为图像超分辨率效果示意图（基于 Real-ESRGAN×4 upscale）。

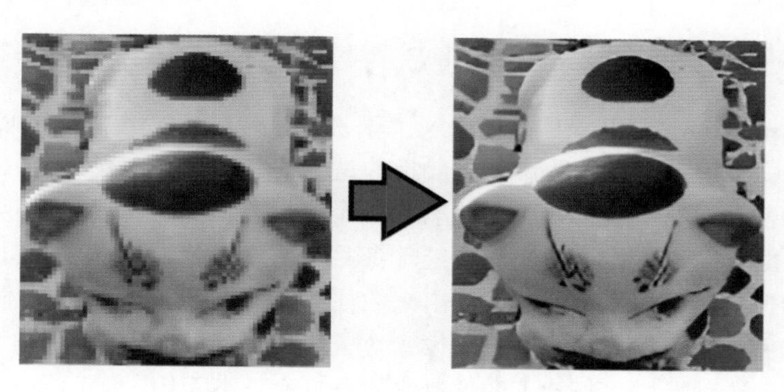

图 4-1　图像超分辨率效果示意图（基于 Real-ESRGAN ×4 upscale）

人们平时通过各种方式采集，以及在网络上看到的图像和视频往往都具有不同程度的画质退化，再叠加上对于图像的各种处理过程，图像内容的细节往往会有不同程度的丢失和损伤。举例来说，在观看视频直播时，由于受限于网络带宽等因素，画质效果往往很难达到直接播放一个高清视频的效果，对于这种问题，应用超分辨率技术可以提升用户的观感。另外，人们每天使用的表情包图片，经过各种传播和存储，由于中途的尺寸缩放、图像压缩等退化，一般会变得越来越“糊”，有的甚至产生了“电子包浆”。这些退化也可以使用超分辨率技术进行一定的补偿，从而得到缓解，得到一张更加符合清晰自然图像效果的高分辨率图像。

实际上，超分辨率技术的应用范围是非常广泛的，除了上述的与人的主观画质感受相关的直播、图像处理及手机/相机的拍摄等场景，在一些特殊的图像中，也会对超分辨率技术有需求。比如，遥感卫星图像处理，一般的卫星图像由于距离限制，通常分辨率相对较低，影响了相关人员对地物信息的判读。而超分辨率技术可以对遥感图像的分辨率进行提升，从而提升专家对地理信息的分析能力和判断准确度，因此该技术对于土地资源利用、环境分析监测等下游任务都有所助益。对于医学图像、智能交通、监控设备等场景，超分辨率技术也具有重要的应用价值。

本章主要讲解超分辨率任务，包括任务设定及传统算法，以及经典的深度学习模型。另外，对于与实际工程应用联系较紧密的两个超分辨率子任务：真实世界的超分辨率模型与轻量化超分辨率模型，本章也将详细进行介绍。除此之外，本章还会涉及视频超分辨率任务的方案，并探讨视频超分辨率与图像超分辨率的区别和联系。在最后，本章会对超分辨率算法的一些优化方向进行简要汇总，以便加深读者对任务的理解。这里首先从分辨率的概念及超分辨率任务的设定开始讲起。

4.1 超分辨率任务概述

4.1.1 分辨率与超分辨率任务

分辨率（Resolution）从其最广义的意义上来说，指的是某种信号系统所能辨识最小粒度的能力。对于图像来说，图像的分辨率一般指的是空间分辨率（在视频中，有时也用时间分辨率这个说法来表示不同帧的连续性），也就是各个像素点在空间中表征对应物理对象细节的能力。对于相机成像来说，相机的光学系统本身并不是理想的，它有多方面的限制，按照透镜成像模型，物理空间中的一个点，成像出来的往往是一个弥散圆，弥散圆的直径决定了画面的模糊程度。另外，由于传感器中感光像素数量的限制，成像过程相当于对连续的光信号进行了空间采样，这种采样也限制了图像最终的分辨率。下面用一张图像来形象地说明分辨率的意义。分辨率问题及其来源如图 4-2 所示。

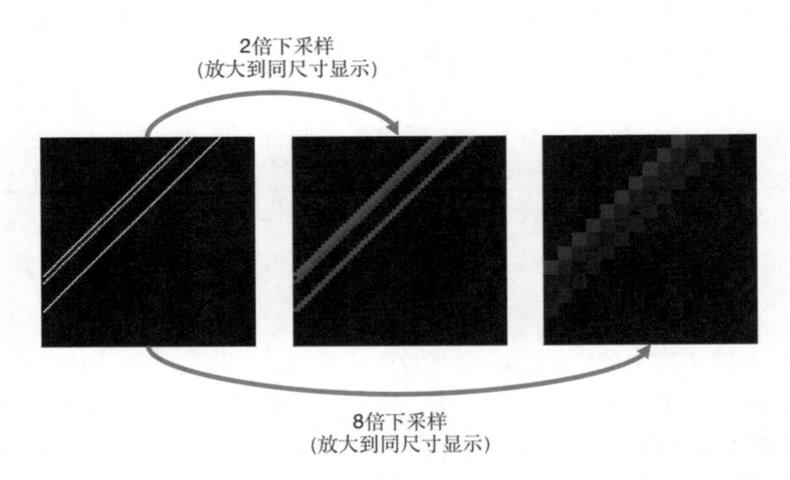

图 4-2　分辨率问题及其来源

在图 4-2 中，最左边所示的是高分辨率下可以清晰分辨的三条线，它们之间间隔一段距离。在经过不同程度的下采样缩放后，这些线之间的界限逐渐变得不明显，对于模糊程度低的情况，我们还可以分辨出距离较远的两条线之间的区别，但是随着模糊程度的增大，经过某个临界值后，这些线在我们看来已经变成了一条更粗的线，此时它们的区别已经无法被分辨。对于自然图像来说，这种现象会使得人们关注的目标物体中的细节和纹理丢失，从而影响图像质量。简单来说，这种现象就是超分辨率任务所需要重点处理的问题。

超分辨率从广义上来说包含两种不同的任务：一种是与光学相关的超分辨率任务，它的目的是突破系统的**衍射极限**（**Diffraction Limit**），即在小孔成像模型下，由于光的衍射导致两个相邻的光斑在一定范围内无法被分辨，与光学相关的超分辨率技术一般应用在显微成像等领域，以获得真实的高清图像；而另一种则是在相机成像场景下，突破相机的光学系统，以及传感器尺寸和像素数的限制，对成像结果的空间细节进行增强和提升，以获得更加清晰的成像效果。本章中讨论的图像和视频的超分辨率都属于后者。

超分辨率任务本质上是一个**图像恢复**（**Image Restoration**）问题，或者图像信号的**反问题**（**Inverse Problem**），它假设输入的图像都是由一张高质量图像经过某种模糊卷积与下采样等过程退化得到（正向退化）的，我们的任务就是通过退化图像还原或恢复原始的高质量图像（逆向还原）。由于退化过程中是有信息损耗的（见图 4-3），也就是说，多个不同的输入可能会对应于相同的退化结果，因此超分辨率任务也是一个**不适定问题**（**Ill-posed Problem**），要获得更符合实际的结果，就需要对原始图像及高清图像到低清图像的关系设计合理的先验，并通过一定的手段学习到最可能的逆向映射。

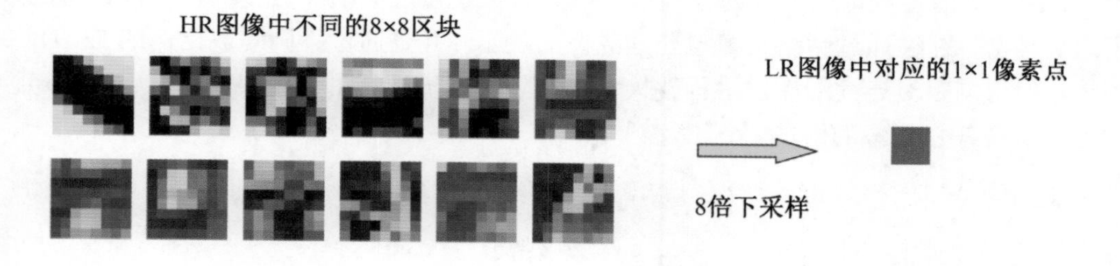

图 4-3　超分辨率任务的病态性

由于这个逆向求解的过程较为复杂、解空间较大，因此超分辨率任务也衍生出了很多不同的研究相关和工程相关的方向。在开始介绍超分辨率算法之前，这里先对后面经常出现的术语及不同的任务设定进行简单介绍。

4.1.2　超分辨率的任务设定与特点

从最直观的方面来说，超分辨率可以分为需要放大尺寸（像素数量）的超分辨率及等尺寸的超分辨率两类。这个区分根据的是输入、输出尺寸关系的不同，放大尺寸的超分辨率算法的目的是将一张小尺寸图像处理成一张大尺寸图像（比如，将 256 像素× 256 像素的输入图像超分辨率为 1024 像素×1024 像素的图像），同时使得大尺寸图像仍然能保持较高的分辨率。另外一些算法虽然不对图像的尺寸进行放大，但是会对较低质量原图像的边缘和细节进行补充，使输出图像具有更好的画质效果，这些算法也可以归属于等尺寸的超分辨率算法。常见的超分辨率算法以第一种，即放大尺寸的超分辨率算法为主，通常将输入的待放大的低分辨率图像记作 **LR（Low Resolution）图像**，而与之对应的高分辨率图像记作 **HR（High Resolution）图像**。

对于放大尺寸的超分辨率任务来说，通常的研究任务设定是对 LR 图像进行固定倍率的放大，然后分析与 HR 图像的近似程度或者视觉观感。最常见的放大倍率一般是×2 和×4。对于特别大的倍率，比如×8 或者×16，往往需要单独进行研究，因为在大倍率缩放过程中，图像信息丢失较多，所以需要更强的先验信息。这类超分辨率任务一般需要限定在某类特定数据分布中，如人脸图像，并且在网络设计中加入了更多的对于数据分布先验信息的学习过程，从而达到了类似编码生成的效果。

除了固定倍率的放大尺寸超分辨率任务，还有一些算法研究的是任意倍率超分辨率（Arbitrary Scale Super-Resolution）策略。任意倍率超分辨率的基本思路是将图像的放大看成在实数范围的插值和离散化问题，通过利用已知的图像特征信息与坐标位置信息，预测出放大后各个坐标位置对应的像素值。我们知道，人们所看到的真实物理世界的图像可以被视为连续的，而对物理世界的成像由于传感器像素数量的限制，输出图像被离散化。从这个视角来看，图像放大的过程可以被视为查询已赋值离散像素点之间的实数坐标位置像素值的过程。对于这类任务，往往通过网络来模拟连续图像的表示，并且通过不同缩放比例的 LR-HR 之间的训练，使得网络对连续的图像进行建模。在实际测试阶段，由于输入的坐标可以是连续值，因此可以实现任意倍率的缩放。

常见的超分辨率任务可以被视为如下退化的结果：

$$y = (k * x)\downarrow_s$$

式中，x 为 HR 图像；k 是**退化核（Degradation Kernel）**，用于对原始 HR 图像进行卷积。然后将图像进行 s 倍下采样，得到 LR 图像（即公式中的 y）。放大尺寸的超分辨率算法的目的就是对 y 进行恢复，使得恢复的结果尽量接近真实的 x，从而具有更好的细节效果。

最早对于超分辨率模型的研究通常基于已知的退化核 k 对图像进行退化降质。为了与真实退化近似，以及方便对不同模型和算法的效果进行对比，在关于超分辨率的研究中通常采用**双三次下采样（Bicubic-down，简记为 BI）**和**高斯模糊后下采样（Blur-Down，简记为 BD）**来模拟图像的退化。许多经典的超分辨率模型都是基于这类标准的退化方式进行优化和测试的，并且已经可以达到相对较好的效果。但由于真实世界的退化并不一定是 BI 或者 BD，因此这类算法往往在其他的退化核下表现不佳。为了解决这个问题，人们对未知退化核的低分辨率数据的超分辨率任务进行了研究，这类任务通常被称为**盲超分辨率（Blind Super-Resolution）任务**。盲超分辨率任务可以通过显式预测退化核或者隐式模拟退化过程等方案实现，具体的策略与实现后面会详细介绍。

与盲超分辨率任务类似的另一个任务类型通常被称为**真实世界超分辨率（Real World Super-Resolution）任务**，它主要是为了解决在固定的 BI 和 BD 退化下训练的模型无法被较好应用到真实的低质量图像画质提升任务中的问题。与退化核未知的盲超分辨率任务不同，真实世界超分辨率任务涉及的范围更广一些，它包含了实际场景中任何可能的退化方式与退化强度，因此最接近真实任务需求的设定。真实世界超分辨率任务可能不仅需要对不同的退化核和下采样带来的模糊进行处理，还要对图像噪声（可能经过各种处理，如相机的 ISP，以及网络传输、存储、压缩等过程的噪声）进行去除，因此对模型和数据的要求也更高。真实世界超分辨率任务在流程上的侧重点及算法设计方案与常规的超分辨率任务也有所不同，在后面将以几类处理方式为例，详细讨论不同真实世界超分辨率任务的方案。

最后，从算法的最终目标来看，超分辨率任务也可以分为两个支线，分别是以**保真度（Fidelity）**为主要目的的超分辨率任务和以**视觉感知效果（Perceptual）**为优化目标的超分辨率任务。以保真度为主要目的的超分辨率算法主要优化与原图像在数值上的相似性程度，即尽可能与原图像在数值上接近。前面提到了超分辨率任务的病态性，一张低分辨率图像可以对应多张细节不同的高分辨率图像，由于信息损失，具体对应到哪张高分辨率图像是无法确定的，因此为了与所有可能的高分辨率图像的距离都更接近，最终算法优化出来的是一个无细节偏向的图像（类似最小二乘解）。这样的结果相对比较真实，但同时更缺乏高频细节。而以视觉感知效果为优化目标的超分辨率算法则会合理增加细节（类似于在所有可能对应的高分辨率图像中选择一张作为最终输出），这样得到的预测结果可能与真实高清图像有区别，但是在视觉效果上更符合预期。两种超分辨率算法所得到的结果示意图如图 4-4 所示。可以看出，对于难以准确预测的细节区域，以保真度为主要目的的超分辨率算法会尽可能真实地还原出更加高频的信息，但是还原出的结果仍然有些模糊。而以视觉感知效果为优化目标的超分辨率算法增加的高频细节更多，从整体效果上看，图像也更加清晰，但是放大后会发现很多细节（相对于真实的 HR 图像）并不准确。

超分辨率算法的保真度与视觉感知效果通常是一个需要折中权衡（Trade Off）的项目，一般来说，更关注保真度会损失一定的细节纹理的补偿，因此影响视觉感知效果，结果相对模糊一些；而更关注视觉感知效果则保真度往往有限，在纹理丰富的场景中结果容易产生瑕疵（特别是有意义的符号和纹理，如文字、茂盛的树叶等），对于有些任务来说，这种瑕疵是不可接受的。因此，在工程应用中对这两者保持何种倾向，需要根据具体的任务类型和算法效果来具体地确定。

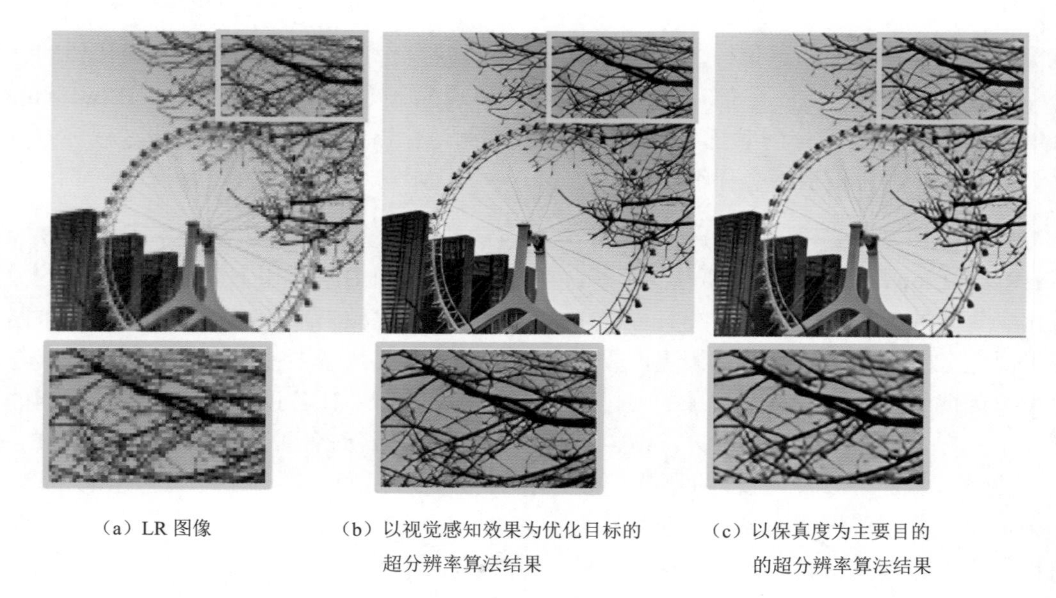

（a）LR 图像　　（b）以视觉感知效果为优化目标的超分辨率算法结果　　（c）以保真度为主要目的的超分辨率算法结果

图 4-4　两种超分辨率算法所得到的结果示意图

4.1.3　超分辨率的评价指标

上面提到了超分辨率算法的两个向度：保真度和视觉感知效果，因此评价超分辨率算法的表现也有这样的两类指标。其中，对于保真度的评价与去噪任务的评价类似，也是基于 PSNR 和 SSIM 的，它度量的是超分辨率后的结果与下采样前的结果的相似度。PSNR 和 SSIM 这类指标实际上是所有图像恢复类任务的通用指标。但是，如之前所讨论的，超分辨率任务不仅限于对高清图像的恢复，而且要考虑结果的视觉感知效果，因此人们还设计了一些其他指标来评价超分辨率算法的效果，常用的一些视觉感知效果指标包括 LPIPS、NIQE、BRISQUE 等，下面分别对它们进行简单介绍。

首先是 **LPIPS**，它的全称为 **Learned Perceptual Image Patch Similarity**，即**习得感知图像区块相似性**。该指标利用训练好的神经网络提取各级信息，从而获取更加符合人类感知的、更加鲁棒的结构特征和语义特征相似性。对于常用的客观图像质量评价指标 PSNR 和 SSIM 来说，它们可以看作在浅层上进行像素级别的对比，因此在很多情况下效果不理想。比如，对于一张模糊的低质图像，它的各个像素亮度接近高质量图像，但是其细节、边缘较为模糊，甚至没有原图像的结构，而另一张低质图像基本保持了原图像的结构，但是像素有一定的位移和扭曲，并且有一定的颜色畸变，在这种情况下，人类往往会判断后者的视觉感知效果更好，因为它更大程度地保留了原图像的结构信息，但是在采用 PSNR、SSIM 等的方法计算中，这种扭曲、位移和颜色的改变等对结果的评价影响较大，因此与人类感知不符，具有一定的局限性。

LPIPS 采用 CNN 类网络模型对图像的相似性进行度量，由于 CNN 本身具有一定的平移不变性，因此对于扭曲、位移等容易在像素级指标计算上不稳定的干扰更加鲁棒。LPIPS 计算原理示意图如图 4-5 所示。

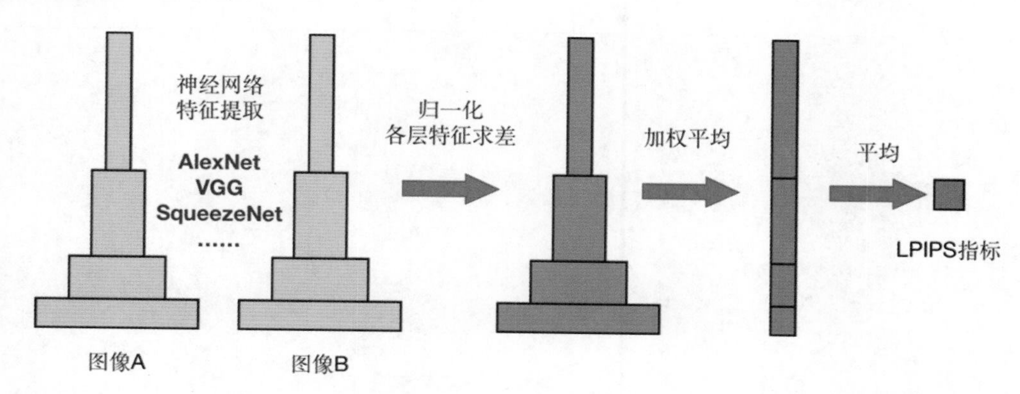

图 4-5　LPIPS 计算原理示意图

计算感知相似度的具体步骤如下：对于两个图像区块，通过某训练好的主干网络（如 VGG、AlexNet、SqueezeNet 等）对图像区块进行特征提取，然后对得到的激活后的特征图在通道维度上进行归一化（Normalization），最后对每个通道计算两者的欧氏距离，并在空间维度和不同网络层维度上进行平均，从而得到两张图像的差距指标。

LPIPS 通过对不同网络结构及训练监督的方式进行尝试，发现不同的网络结构都可以被用来作为特征提取器来度量两张图像的感知相似度，并且对于有监督、自监督和无监督的网络结构也都适用。但是未经训练的网络没有该效果，说明该效果并不是网络结构本身的功能，而是通过对于大量图像的训练获得的具有感知意义的特征先验。LPIPS 具有三种不同的实现方式，分别记作 lin、tune 和 scratch，其中 lin 表示保留在高阶语义任务上训练好的网络权重，然后在其上训练一个线性层，用于加权，这个操作相当于在一个现有的特征空间中进行“感知校准（Perceptual Calibration）”；tune 表示以预训练的权重为初值，在感知评价的数据集上进行微调（Fine Tuning）；scratch 则表示直接用感知评价数据集从头开始训练（Train From Scratch）。实验表明，这三种实现方式在常见的几种不同的图像恢复任务中均能取得较好的结果，并且相比于 PSNR、SSIM 等图像处理类评价指标，LPIPS 可以获得更好的与人类感知的一致性。另外，通过学习各通道权重感知校准的实现方式，统计其在不同层的特征权重分布可以发现，浅层权重较小，更加稀疏，说明浅层信息多数被忽略，而深层信息则被利用得更多。这也表明了，LPIPS 可以有效利用 PSNR 等像素级浅层信息所缺乏的感知语义和结构信息。

下面用 Python 中的 IQA-PyTorch 来计算不同退化的 LPIPS 指标，由于该指标反映了两张图像特征空间的差距，因此数值越小，说明两张图像在感知上越接近。对于画质恢复任务评价来说，输入真实高质量图像与算法恢复的图像，LPIPS 值越小也就说明算法的恢复效果越好。代码如下所示。

```
import cv2
import numpy as np
import torch
import torch.nn.functional as F
import pyiqa

print('all available metrics: ')
print(pyiqa.list_models())

device='cpu'
lpips_metric = pyiqa.create_metric('lpips', device=device)
print('LPIPS is lower better? ', lpips_metric.lower_better)
psnr_metric = pyiqa.create_metric('psnr', device=device)
print('PSNR is lower better? ', psnr_metric.lower_better)

img = cv2.imread('../datasets/srdata/Set5/baby_GT.bmp')[...,::-1].copy()
H, W = img.shape[:2]

# 测试模糊损失的 LPIPS （以 PSNR 指标作为对比）
gt_tensor = torch.FloatTensor(img).permute(2,0,1) / 255.0
gt_tensor = gt_tensor.unsqueeze(0) # [1, 3, H, W]
down2_tensor = F.interpolate(gt_tensor, scale_factor=0.5, mode='area')
down2_tensor = F.interpolate(down2_tensor, (H, W), mode='bicubic')
down4_tensor = F.interpolate(gt_tensor, scale_factor=0.25, mode='area')
down4_tensor = F.interpolate(down4_tensor, (H, W), mode='bicubic')
lpips_score = lpips_metric(gt_tensor, down2_tensor).item()
psnr = psnr_metric(gt_tensor, down2_tensor).item()
print(f'LPIPS score of down2 is : '\
     f'{lpips_score:.4f} (PSNR: {psnr:.4f})')
lpips_score = lpips_metric(gt_tensor, down4_tensor).item()
psnr = psnr_metric(gt_tensor, down4_tensor).item()
print(f'LPIPS score of down4 is : '\
     f'{lpips_score:.4f} (PSNR: {psnr:.4f})')

# 测试空间变换损失的 LPIPS
```

```
mat_src = np.float32([[0, 0],[0, H-1],[W-1, 0]])
mat_dst = np.float32([[0, 0],[10, H-10],[W-10, 10]])
mat_trans = cv2.getAffineTransform(mat_src, mat_dst)
warp_img = cv2.warpAffine(img, mat_trans, (W, H))
warp_tensor = torch.FloatTensor(warp_img).permute(2,0,1) / 255.0
warp_tensor = warp_tensor.unsqueeze(0) # [1, 3, H, W]
lpips_score = lpips_metric(gt_tensor, warp_tensor).item()
psnr = psnr_metric(gt_tensor, warp_tensor).item()
print(f'LPIPS score of warp is : '\
     f'{lpips_score:.4f} (PSNR: {psnr:.4f})')
```

输出结果如下所示。

```
all available metrics:
['ahiq', 'brisque', 'ckdn', 'clipiqa', 'clipiqa+', 'clipiqa+_rn50_512',
'clipiqa+_vitL14_512', 'clipscore', 'cnniqa', 'cw_ssim', 'dbcnn', 'dists',
'entropy', 'fid', 'fsim', 'gmsd', 'hyperiqa', 'ilniqe', 'lpips', 'lpips-
vgg', 'mad', 'maniqa', 'maniqa-kadid', 'maniqa-koniq', 'ms_ssim', 'musiq',
'musiq-ava', 'musiq-koniq', 'musiq-paq2piq', 'musiq-spaq', 'nima', 'nima-
vgg16-ava', 'niqe', 'nlpd', 'nrqm', 'paq2piq', 'pi', 'pieapp', 'psnr',
'psnry', 'ssim', 'ssimc', 'tres', 'tres-flive', 'tres-koniq', 'uranker',
'vif', 'vsi']
Loading pretrained model LPIPS from
/home/jzsherlock/.cache/torch/hub/checkpoints/LPIPS_v0.1_alex-df73285e.pth
LPIPS is lower better?  True
PSNR is lower better?  False
LPIPS score of down2 is : 0.1256 (PSNR: 36.0400)
LPIPS score of down4 is : 0.2970 (PSNR: 30.6454)
LPIPS score of warp is : 0.1582 (PSNR: 15.3865)
```

可以看到，上述 LPIPS 分数结果是基于 AlexNet 的预训练模型进行计算的。在上述代码中测试了 2 倍和 4 倍下采样并上采样回原尺寸的结果，以及一个经过仿射变换的图像的结果。为了进行对比，还计算了各个测试用例对应的 PSNR 结果。对于下采样模糊的结果，倍率越高，结果越差，关于这一点，LPIPS 与 PSNR 是符合的。但是对于图像空间变换和扭曲操作，因为像素发生了偏移，因此 PSNR 这种像素级评价指标往往会效果较差。但是对于 LPIPS 来说，它主要计算的是在感知特征维度上的差异，因此虽然有微小的位移，但是由于图像内容没有太大变动，画质也基本保持了原来的状态，因此可以获得相对较好的分数。这也是 LPIPS 感知度量在图像质量评价中的优势。

下面介绍另外两种常见的图像质量评估指标，即 **NIQE**（**Natural Image Quality Evaluator**）和 **BRISQUE**（**Blind/Referenceless Image Spatial Quality Evaluator**）。它们都是基于自然图像固有的质量敏感（Quality-Aware，即图像画质不同特征分布也会有变化）的统计特性，并且通过多元高斯分布建模。对于受到某种退化或者扰动的图像，其统计分布会偏离自然图像的分布，利用这些统计特征计算偏离的程度，即可对图像的质量进行评价，判断其是否具有自然的高质量图像表观。NIQE 和 BRISQUE 的基本流程如图 4-6 所示。

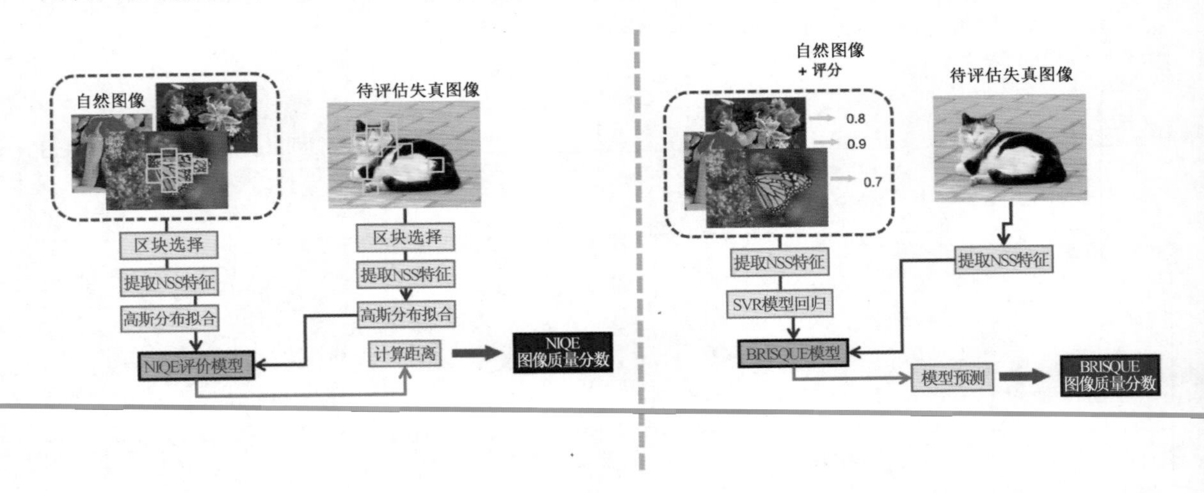

图 4-6 NIQE 和 BRISQUE 的基本流程

NIQE 和 BRISQUE 都是基于图像空域的 **NSS**（**Natural Scene Statistics**）**特征**进行计算的。两者的主要不同点在于，NIQE 不对人类主观评分进行拟合，而是直接计算特征分布偏差，并将其作为评价的结果。而 BRISQUE 会利用提取到的 NSS 特征对人类主观评分进行拟合，对拟合后的模型进行保持，并且对有退化的图像提取特征后通过模型预测对应的人类主观评分。NIQE 在计算过程中，需要对图像进行分块，并计算有统计意义的图像内容区块中的特征。而 BRISQUE 则直接对整张图像进行特征提取，并利用对应的意见分数（Opinion Score），回归出一个 SVR 模型。在测试阶段，对于一张图像，BRISQUE 先用与 NIQE 同样的方式提取特征，然后经过 SVR 模型进行评分预测。由于这个区别，NIQE 通常可以适应不同类型的畸变和退化，而 BRISQUE 则需要训练与使用的畸变类型相同。但是对于同一种畸变来说，由于 BRISQUE 对人类主观评分进行了拟合，因此 BRISQUE 一般比 NIQE 具有更强的与人类画质感知的一致性。

下面仍然利用 IQA-PyTorch 来计算 NIQE 和 BRISQUE 的分数。代码如下所示。

```
import cv2
import numpy as np
```

```
import torch
import torch.nn.functional as F
import pyiqa

device='cpu'
niqe_metric = pyiqa.create_metric('niqe', device=device)
print('NIQE is lower better? ', niqe_metric.lower_better)
brisque_metric = pyiqa.create_metric('brisque', device=device)
print('BRISQUE is lower better? ', brisque_metric.lower_better)
psnr_metric = pyiqa.create_metric('psnr', device=device)
print('PSNR is lower better? ', psnr_metric.lower_better)

img = cv2.imread('../datasets/srdata/Set5/baby_GT.bmp')[...,::-1].copy()
H, W = img.shape[:2]

# 测试模糊损失的 NIQE（以 PSNR 指标作为对比）
gt_tensor = torch.FloatTensor(img).permute(2,0,1) / 255.0
gt_tensor = gt_tensor.unsqueeze(0) # [1, 3, H, W]
down2_tensor = F.interpolate(gt_tensor, scale_factor=0.5, mode='area')
down2_tensor = F.interpolate(down2_tensor, (H, W), mode='bicubic')
down4_tensor = F.interpolate(gt_tensor, scale_factor=0.25, mode='area')
down4_tensor = F.interpolate(down4_tensor, (H, W), mode='bicubic')

niqe_score = niqe_metric(down2_tensor).item()
brisque_score = brisque_metric(down2_tensor, gt_tensor).item()
psnr = psnr_metric(gt_tensor, down2_tensor).item()
print(f'down2 NIQE : {niqe_score:.4f} '\
     f'BRISQUE: {brisque_score:.4f} (PSNR: {psnr:.4f})')
niqe_score = niqe_metric(down4_tensor).item()
brisque_score = brisque_metric(down4_tensor, gt_tensor).item()
psnr = psnr_metric(gt_tensor, down4_tensor).item()
print(f'down4 NIQE : {niqe_score:.4f} '\
     f'BRISQUE: {brisque_score:.4f} (PSNR: {psnr:.4f})')
```

输出结果（NIQE 和 BRISQUE 越小，表示画质越好）如下所示。

```
NIQE is lower better?  True
BRISQUE is lower better?  True
PSNR is lower better?  False
```

```
down2 NIQE : 4.6250 BRISQUE: 33.7809 (PSNR: 36.0400)
down4 NIQE : 7.6058 BRISQUE: 54.8489 (PSNR: 30.6454)
```

4.2 超分辨率的传统算法

在本节中，先介绍几种和超分辨率任务相关的传统算法。当前学术界和工业界较为关注基于网络模型和深度学习的超分辨率算法，而在许多深度学习超分辨率算法的设计中，都不同程度地借鉴或者参考了传统算法中的一些思想，因此在介绍这些模型之前，了解“前深度学习时代”的超分辨率和细节增强方法也是很有必要的。首先从最简单的上采样插值算法（尺寸扩展的超分辨率相同的同类任务）和锐化算法（等尺寸超分辨率的类似任务）开始讨论，然后介绍几种典型的非深度学习网络方案的超分辨率算法。

4.2.1 上采样插值算法与图像锐化处理

一般所说的超分辨率任务需要对图像尺寸进行放大，提高像素数量，从而使得画面可以显示出更多的细节内容。尺寸放大操作会使得原始 LR 图像中的一个像素对应到预测结果的多个像素中，由于采样时已经损失了高频部分的细节信息，因此这个一对多的变换通常是不可逆的。对于多出来的像素如何进行计算，这就是上采样插值算法的核心。

在图像处理中，比较常用的上采样插值算法主要有**最近邻插值**（**Nearest-Neighbor Interpolation**）、**双线性插值**（**Bilinear Interpolation**）及**双三次插值**（**Bicubic Interpolation**）。这三种插值算法都可以用来放大图像尺寸，提升分辨率，从效果上看，双三次插值算法的效果最好，而最近邻插值算法的效果最弱。相对应地，双三次插值算法的计算复杂度也更高，而最近邻插值算法的则最低。下面首先来看最近邻插值算法，其原理如图 4-7 所示。

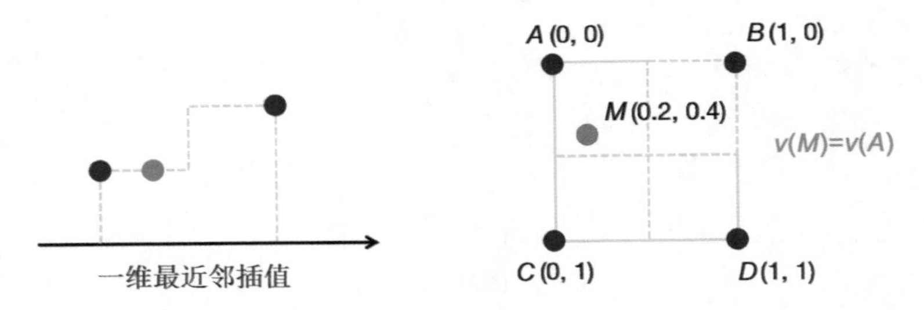

图 4-7 最近邻插值算法原理

图 4-7 中展示了一维和二维上的最近邻插值算法的原理。最近邻插值算法操作简单，对于待插值的位置，找到已知数值的点中与它最近的点，并将该点的数值作为待求位置的值。最近邻插值算法相当于用已知点将所有空间分成了不同的区间，其中每个区间取值相同，即

区间中心点的已知值相同。这种算法虽然简单易操作，计算效率高，但是其缺陷也显而易见。这种算法由于在两个已知点中间的位置会从一个点的值突变到另一个点的值，因此在图像放大中会出现锯齿和马赛克现象，导致边缘不够平滑。

对平滑性的一种改进方式就是对待求位置按照其与各已知点的空间距离进行加权平均。如果只用临近的左右两个点（一维图像情况）或者周围的四个点（二维图像情况），并且用线性多项式（$y=a_1x+a_0$）对连续空间位置进行建模，那这种方式就是线性插值。对于二维图像来说，对应的算法为双线性插值算法，它需要对周围的四个点进行三次线性插值。一维线性插值与图像双线性插值示意图如图 4-8 所示。

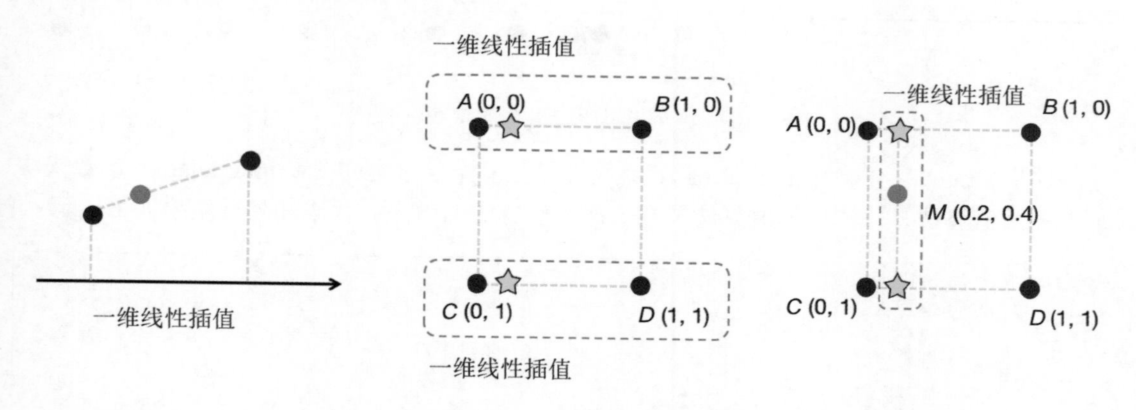

图 4-8　一维线性插值与图像双线性插值示意图

对于一次多项式，只需要两个点就可以确定其参数，因此在一维空间只需要将待求位置左右两个点的值代入方程即可求解出两个参数 a_0 和 a_1，然后代入插值位置的 x 坐标，就得到了插值结果。在二维图像中，如图 4-8 的右图所示，由于 x 和 y 坐标都需要插值，因此可以先对待求解位置的 x 坐标（也可以先对 y 坐标）进行插值，即找到 y 值不变情况下可以计算 x 位置的值的两个点，即图中五角星标识的位置。通过 A 点和 B 点对上面的五角星位置进行一维线性插值，对 C 点和 D 点进行相同操作，插值下面的五角星位置。然后连接两个五角星位置，由于待求点与该两点只有 y 坐标不同，因此可以沿着 y 轴方向再次进行一维线性插值，用已经求出的两五角星位置的值计算出目标点 M 的值。双线性插值算法的计算量要大于最近邻插值算法的，但是其效果也要优于最近邻插值算法的，因此通常会将双线性插值算法设置为默认采用的插值算法。

一种更复杂但是效果更优的算法就是双三次插值算法，它的思路与双线性插值算法类似，但是其在每个方向都采用三次多项式进行拟合，即 $y=a_3x^3+a_2x^2+a_1x+a_0$。因为其参数为 4 个，因此需要 4 个已知点来进行求解。在一维情况下就需要临近的 4 个点，而对于二维图像来说就需要 4×4 共 16 个已知点，自然计算复杂度要高于之前的两种插值算法，但是效果也更好。

双三次插值算法的示意图如图 4-9 所示。

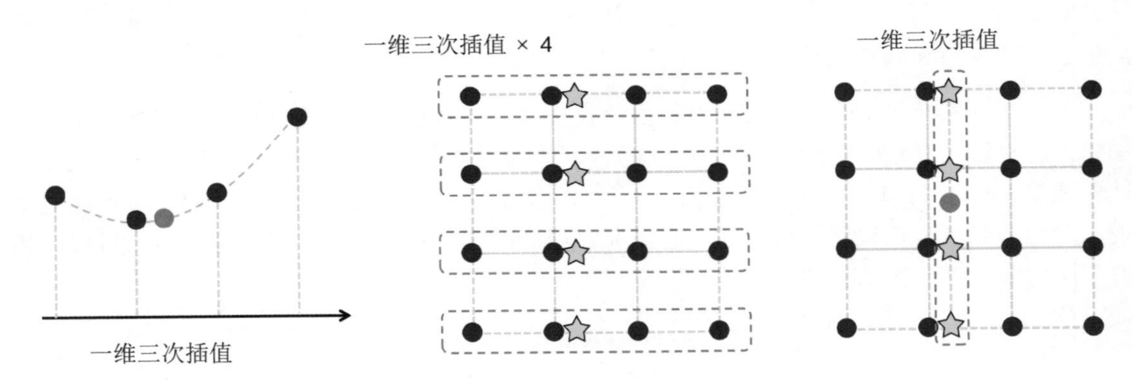

图 4-9 双三次插值算法的示意图

下面用 OpenCV 中自带的 cv2.resize 函数实现上采样，并通过设置 interpolation 参数来实验最近邻插值算法、双线性插值算法及双三次插值算法的效果。代码和处理结果如下所示。

```
import os
import cv2
import numpy as np
import matplotlib.pyplot as plt

os.makedirs('./results/upsample', exist_ok=True)
img = cv2.imread('../datasets/srdata/Set5/baby_GT.bmp')[:,:,::-1]
lr = cv2.resize(img, (64, 64), interpolation=cv2.INTER_AREA)

# 最近邻、双线性和双三次插值上采样
target_size = (512, 512)
up_nn = cv2.resize(lr, target_size, interpolation=cv2.INTER_NEAREST)
up_linear = cv2.resize(lr, target_size, interpolation=cv2.INTER_LINEAR)
up_cubic = cv2.resize(lr, target_size, interpolation=cv2.INTER_CUBIC)

# 显示并保存结果
fig = plt.figure(figsize=(15, 5))
fig.add_subplot(131)
plt.imshow(up_nn)
plt.title('nearest upsample')
fig.add_subplot(132)
plt.imshow(up_linear)
```

```
plt.title('bilinear upsample')
fig.add_subplot(133)
plt.imshow(up_cubic)
plt.title('bicubic upsample')
plt.savefig(f'results/upsample/upsample_result.png')
plt.close()
```

不同上采样插值算法的结果如图 4-10 所示。可以看出，最近邻插值算法的结果具有较强的锯齿感，双线性插值算法和双三次插值算法的结果更加平滑一些，而双三次插值算法的效果更好一些，边缘更加锐利，且帽子处的细节更加丰富。

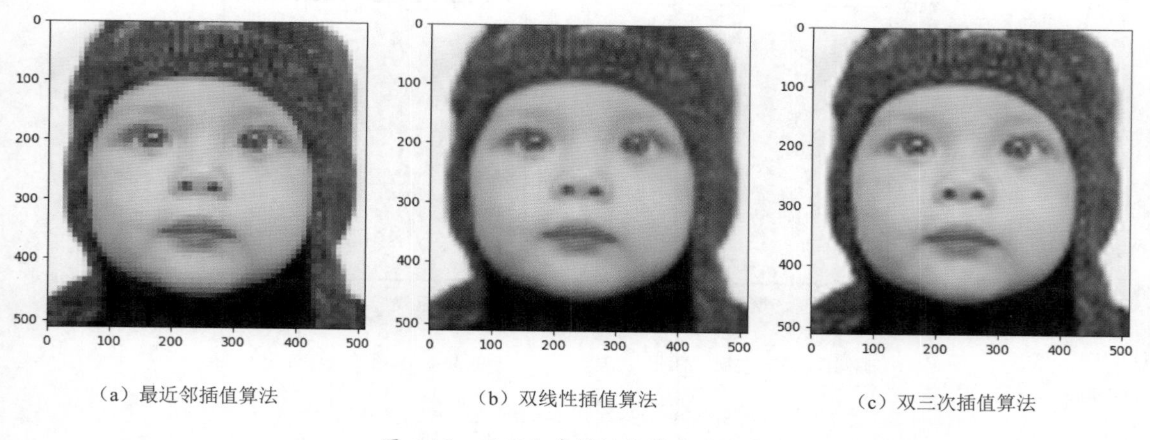

（a）最近邻插值算法　（b）双线性插值算法　（c）双三次插值算法

图 4-10　不同上采样插值算法的结果

另一种与超分辨率算法类似的经典算法就是**锐化（Sharpening）算法**，锐化算法不改变图像的分辨率，它通过增强图像的高频成分来提高边缘和细节，从而提升对于图像清晰度的视觉感知。锐化算法与等尺寸超分辨率算法的目标效果类似，但是从原理上来说，等尺寸超分辨率算法可以根据现有的频率成分来预测和补充图像中未知的细节和高频成分，从而提升图像解析力。而锐化算法仅能提高已有高频信息的比重，取得视觉效果的提升，并不能增加新的频率成分。但是从效果上来说，等尺寸超分辨率算法也具有一定的锐化效果，使得边缘可以更加清晰。

常用的经典锐化算法为 **USM（Unsharp Mask）算法**。该算法的原理比较简单，它首先对原图像进行一次模糊，然后将原图像与高斯模糊后的图像做差，得到图像的高频成分。将该高频成分乘以一定系数后，再加回原图像，即可实现对原图像中高频成分的增强。USM 算法的原理示意图如图 4-11 所示。

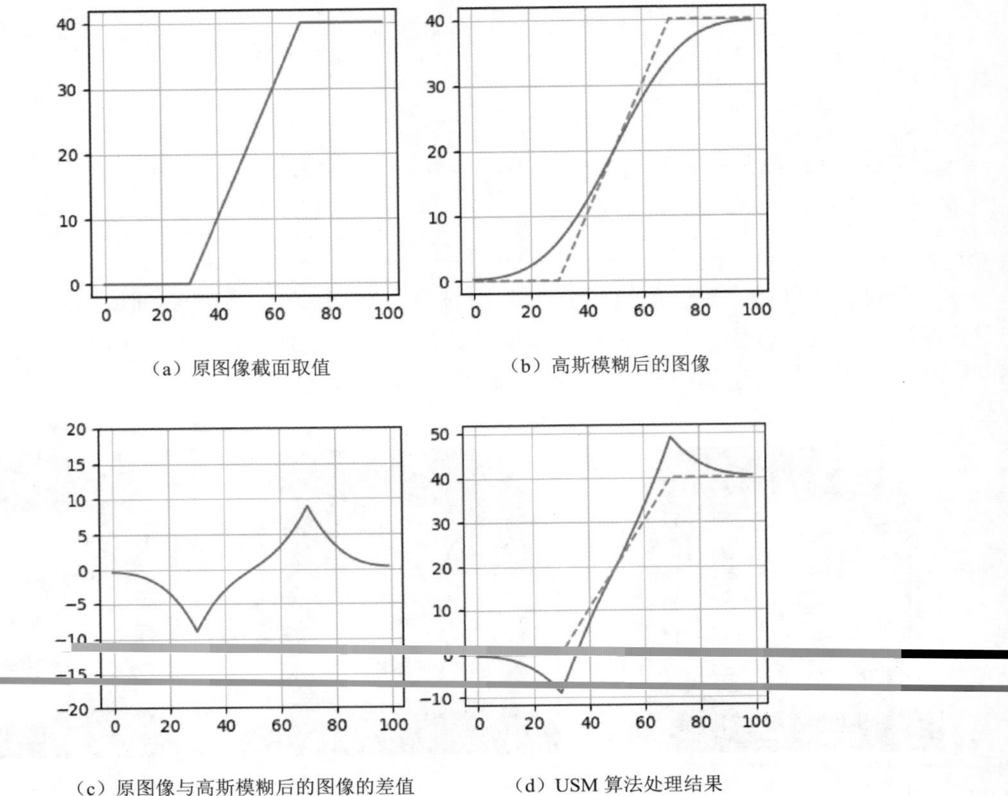

图 4-11 USM 算法的原理示意图

图 4-11（a）表示将图像画成三维函数图（图像的两个方向+对应取值）后某条直线方向的截面图，图中的斜坡与平面交界的两个点对应着图像中的边缘。经过高斯滤波后，图中边缘与平面的交界处不再锐利。然后，将原图像与滤波结果做差，得到的就是两侧的边缘，由于高斯滤波保留了低频成分，因此做差结果可以将经过高斯滤波失去的部分找到，这个部分就是需要增强的高频细节，而低频部分的差值接近零，即不进行增强。最后，将高频差值经过一定缩放后加回到原图像中，即得到 USM 算法的锐化结果。

下面用 Python 实现 USM 算法，并测试不同强度的锐化效果，代码和效果如下。

```
import os
import cv2
import numpy as np
import matplotlib.pyplot as plt
```

```python
def unsharpen_mask(img, sigma, w):
    blur = cv2.GaussianBlur(img, ksize=[0, 0], sigmaX=sigma)
    usm = cv2.addWeighted(img, 1 + w, blur, -w, 0)
    return usm

if __name__ == "__main__":

    os.makedirs('results/usm', exist_ok=True)
    img = cv2.imread('../datasets/srdata/Set5/butterfly_GT.bmp')[:,:,::-1]
    img = cv2.resize(img, (128, 128), interpolation=cv2.INTER_AREA)

    # USM 锐化参数
    sigma_list = [1.0, 5.0, 10.0]
    w_list = [0.1, 0.8, 1.5]

    fig = plt.figure(figsize=(10, 10))
    M, N = len(sigma_list), len(w_list)

    cnt = 1
    for sigma in sigma_list:
        for w in w_list:
            usm_out = unsharpen_mask(img, sigma, w)
            fig.add_subplot(M, N, cnt)
            plt.imshow(usm_out)
            plt.axis('off')
            plt.title(f'sigma={sigma}, w={w}')
            cnt += 1

    plt.savefig(f'results/usm/usm_result.png')
    plt.close()
```

不同参数 USM 算法的锐化结果如图 4-12 所示。可以看出，sigma 越大，说明保留的低频成分越少，也就是更多频率范围被增强，而低频部分的增强会影响对比度，因此增强效果也越明显，并且整体对比度也会发生变化。而 w 表示增强的程度，w 越大，边缘越锐利，图像显得越清晰，锐化效果越显著。但是当 w 过大时，会引入过锐的伪影。因此，控制合适的锐化强度也是非常重要的。

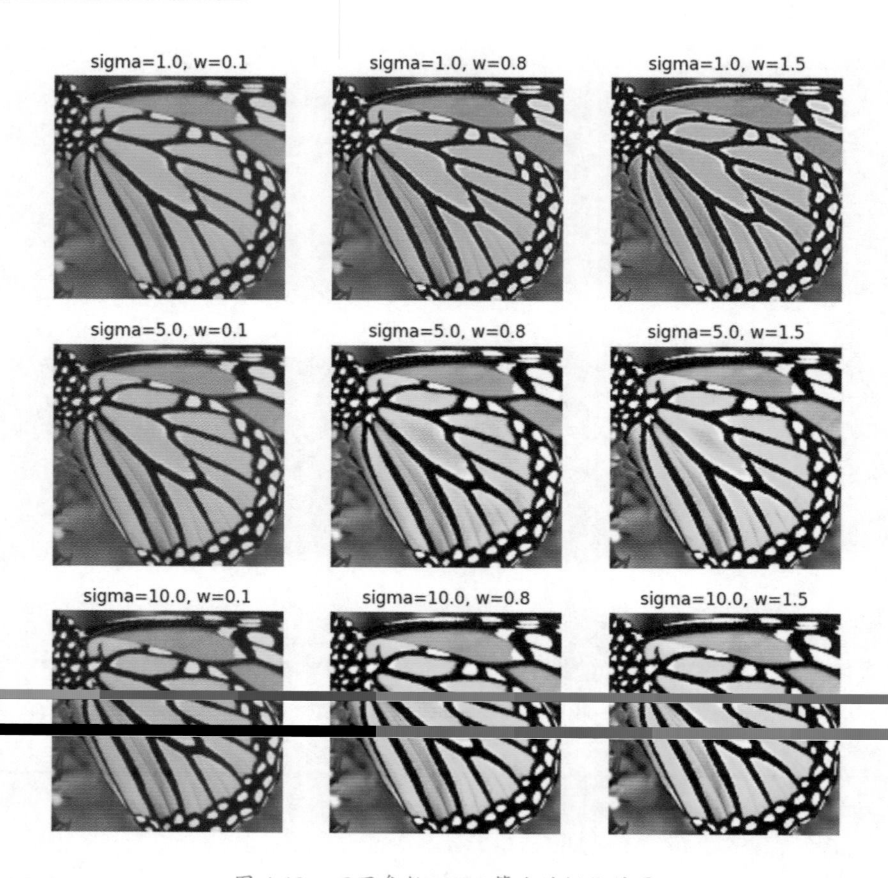

图 4-12 不同参数 USM 算法的锐化结果

4.2.2 基于自相似性的超分辨率

传统算法中常见的一个思路是基于图像的**自相似性（Self-similarity）**进行超分辨率上采样。在传统图像去噪算法中，我们已经了解到，自然图像中通常存在具有相似性的区块，利用该先验知识，可以对相似区块进行整合和滤波，用于去噪。对于超分辨率任务来说，也有一系列方案是基于图像的自相似性先验来设计的。

自然图像中的自相似性（示例图像取自城市数据集 Urban100）如图 4-13 所示，在一张图像中，被摄物体本身可能具有重复出现的模式（Pattem），由于距离等因素，这些相同或者相似模式的分辨率可能不同。比如，对于图中玻璃上的纹理，在近处的相对尺寸较大，从而更加清晰，分辨率更高；而远处的则相对模糊，画质较低。如果可以对低分辨率的纹理找到图中高分辨率下相同模式的对应范例，那么就可以利用高分辨率的区块作为参考，对低分辨率的区块进行超分辨率。这个过程与去噪任务中利用自相似性的方式有些区别：去噪需要尽量相同的尺寸以便做平均，而超分辨率需要同模式下的不同尺寸，以便作为参考。因此，基于自相似性的超分辨率算法的设计思路也和自相似性去噪的略有不同。

图 4-13　自然图像中的自相似性（示例图像取自城市数据集 Urban100）

一个经典的基于自相似性的方案是 **Glasner 单图超分辨率算法**[1]。该算法利用了基于样例的超分辨率算法思路，超分辨率的过程仅需要单张待超分辨率的图像，它的思路是利用图像的自相似性，并结合不同尺度对不同自相似区域的对应关系进行匹配和查找，以此为参考对低质区域进行超分辨率预测。图 4-14 简要地展示了 Glasner 单图超分辨率算法的思路。首先，对图像进行不同倍率的下采样，从而建立起图像金字塔；然后，对于原图像中的某个区块在低分辨率小图像中查找模式匹配的对应区块，比如，图中的 A_0 对应小图像中的 B_{-1}（这里用下标表示层数，负数表示小图像，正数表示放大后的图像，下标 0 表示原图像中的区块），于是可以找到 B_{-1} 对应的高分辨率图像（即原图像）中的区块 B_0，这时由于 B_0 是 B_{-1} 对应的高分辨率结果，因此可以将其作为 A_0 的高分辨率结果，记作 A_1。类似地，如果在更小的图像如下标为−2 的图像中找到对应区块，那么会得到该区块下标为 2 的上采样结果。最后，将所有高分辨率层的结果整合到需要超分辨率的倍率所在的层中，就得到了最终的超分辨率结果。

对于自然图像中的自相似性还有一个问题需要考虑，那就是尽管自然图像中可能出现区块重现（Patch Recurrence）的现象，但是由于角度、距离等不同，这些相似的区块之间可能存在某些纹理外观上的变化（可以参考图 4-13 所示的几个相似区块），因此需要通过进行某种形变才能将它们更好地对齐。**SelfExSR 算法**[2]主要对上述问题进行优化，该算法对图像中的平面进行定位，并以此计算不同区块所在平面的透视变换，同时还考虑了仿射变换以修正局部的形变。通过在高清和低质区块的匹配过程中考虑空间变化，该算法可以更准确地找到对应的区块，减小匹配误差，从而更好地利用图像自身的自相似性。该算法将这种经过一定形变后的样例称为**形变自示例**（**Transformed Self-exemplar**）。实验表明，该算法可以在仅有单张图像的情况下取得较好的表象，另外，尤其是对于城市数据集（图 4-13 所示的样例即取自城市数据集 Urban100），由于这些图像中具有重复性的大楼等建筑目标占多数，而且建筑的平面性更加明显，非常符合该算法的先验预设，因此在这些数据上，SelfExSR 算法相较于之前的算法取得了明显的效果提升。

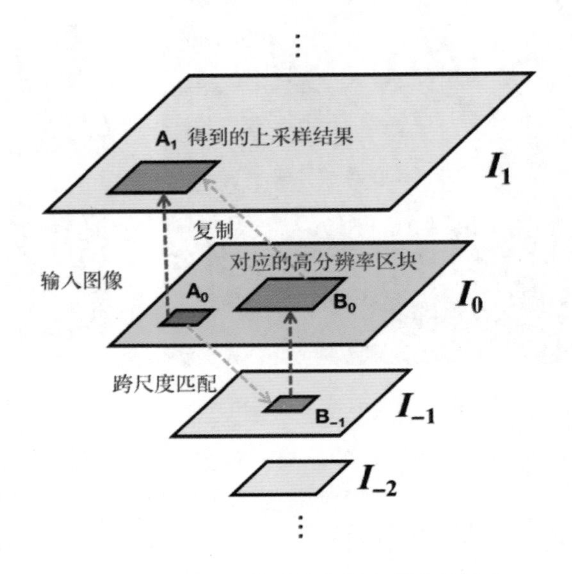

图 4-14 Glasner 单图超分辨率算法的思路

4.2.3 基于稀疏编码的超分辨率

在前深度学习时代，**稀疏编码（Sparse Coding）算法**曾一度是基于学习的信号处理中的常用算法。所谓稀疏编码，指的是对于一个信号 x，将其表示为一系列**字典（Dictionary）**中**元素（Atom）**的加权和形式，这里的权重组成的向量就是编码的系数，用数学形式可以表示如下：

$$\boldsymbol{x} = \boldsymbol{D\alpha}$$

式中，$\boldsymbol{x}$ 是被表示的 $N\times1$ 的向量；$\boldsymbol{D}$ 为字典，形式为 $N\times K$ 的矩阵；$\boldsymbol{\alpha}$ 对应于从字典中重构原始信号的系数，大小为 $K\times1$。也就是说，字典 D 中的每个列向量表示一个元素，$\boldsymbol{x}$ 就是通过 $\boldsymbol{\alpha}$ 中的各个值对字典中的各个元素进行线性组合得到的。在稀疏编码中，对应的系数向量 $\boldsymbol{\alpha}$ 是**稀疏的（Sparse）**，即其中的大量元素为 0，仅有少部分非零元素。也就是说，在对通过稀疏编码得到的字典进行信号重构时，对于每个被重构的信号，仅有少量字典元素参与计算，多数的字典对于某一个重构信号来说都是冗余的，说明字典 D 是**过完备的（Overcomplete）**，即它存储了大量不同的可能出现的有效信号的模式，用于对不同的信号进行重构。对信号进行稀疏编码，即找到一个合适的字典，可以提取出输入数据集中信号尽可能多的有效特征，并用来对测试样例进行比较合理的重构（系数稀疏且重构误差小）。

稀疏编码算法可以用来实现超分辨率重构任务[3]。基于稀疏编码的超分辨率算法的流程如下：对于图像中 $h \times w$ 的区块，对其分别进行向量化，得到尺寸为 $hw \times 1$ 的信号向量。对所有信号向量进行学习，可以得到过完备字典和稀疏系数。如果已经有了 LR 图像的字典 $\boldsymbol{D}_{\mathrm{LR}}$，那么这个对于某区块的稀疏重构过程就可以转化为求解如下优化问题的过程：

$$\min_{\boldsymbol{\alpha}} \left\| \boldsymbol{D}_{\mathrm{LR}} \boldsymbol{\alpha} - \boldsymbol{y}_{\mathrm{LR}} \right\|_2^2 + \lambda \| \boldsymbol{\alpha} \|_1$$

式中，$\boldsymbol{y}_{\mathrm{LR}}$ 为 LR 图像的区块。上面目标函数的第一项为重构误差损失，即希望重构结果尽量逼近图像区块；第二项为稀疏性约束，即通过 L1 范数约束重构系数，希望重构系数向量尽可能稀疏。如果可以对 LR 图像和 HR 图像的字典元素进行配对，那么就可以将 LR 图像的稀疏编码表示中的系数向量保留，而将字典对应替换为 HR 图像的字典进行重构，这样就可以得到 LR 图像对应的 HR 图像了。写成数学形式如下：

$$\boldsymbol{y}_{\mathrm{SR}} = \boldsymbol{D}_{\mathrm{HR}} \boldsymbol{\alpha}$$

基于稀疏编码的超分辨率算法的原理如图 4-15 所示（为便于理解，上述仅为大致计算过程，在实际计算过程中通常需要对局部区块进行均值归零等操作）。

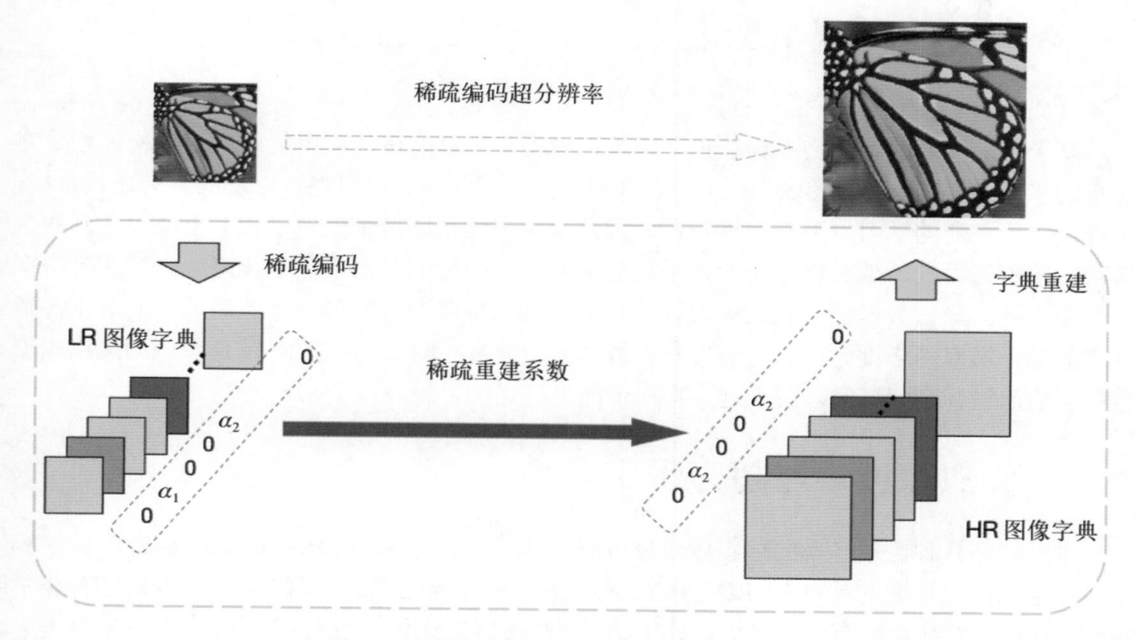

图 4-15 基于稀疏编码的超分辨率算法的原理

剩下的问题就是如何得到这样一对匹配的 HR 图像和 LR 图像字典，即 D_{HR} 和 D_{LR}。在前面的计算过程中实际上已经提到了，用于 LR 图像和 HR 图像重构的系数必须是相同的，那么在训练获得字典的过程中，就可以采用**联合字典训练（Joint Dictionary Training）**策略：首先将 LR 图像和 HR 图像对应区块的向量进行拼接，然后对形成的数据集学习字典（和稀疏重构过程类似，只是优化变量增加了字典），得到的字典即 LR 图像字典元素与对应的 HR 图像字典元素拼接而成的。因为每个有效信号都是由匹配的 LR 图像和 HR 图像区块两部分拼接得到的，而它们在重构过程中又直接采用了拼接的字典元素，这个过程强制保证了对于对应的 LR-HR 重构采用相同的系数，因此也就保证了在该系数下 D_{HR} 和 D_{LR} 的元素是对应的。联合字典训练原理示意图如图 4-16 所示。

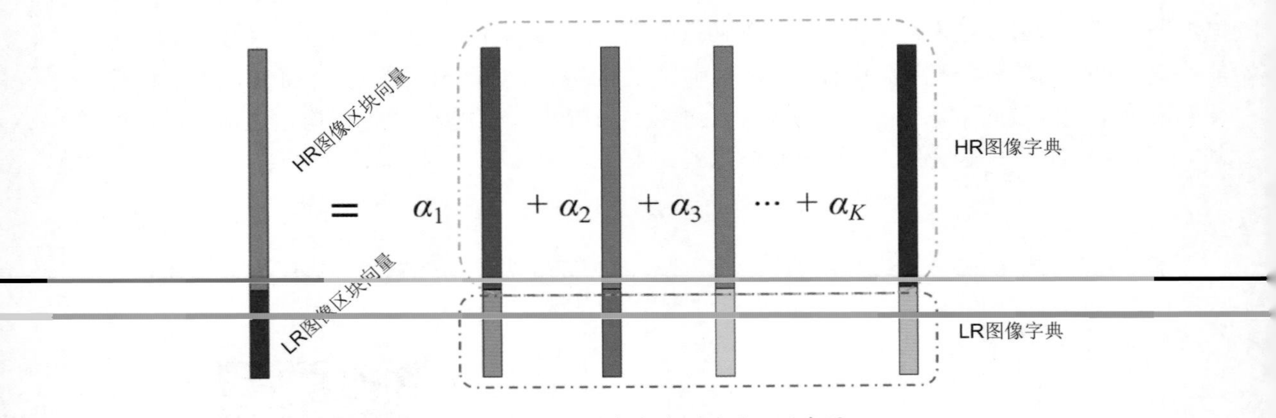

图 4-16 联合字典训练原理示意图

基于稀疏编码的超分辨率算法也是通过训练得到字典并进行应用的，由于重构过程是对已有的字典元素（也就是图像模式）进行加权拟合，因此该算法自然地对于噪声会比较鲁棒。另外，由于字典的学习受限于训练数据，因此如果在测试图像中出现了较多无法用学到的字典稀疏表示的模式，那么该算法的效果也会受到一定的影响。由于基于稀疏编码的超分辨率算法在不同的测试数据上表现效果较好，且原理较为直观和可解释，因此对后来的基于神经网络的超分辨率网络设计有一定的启发。最早的超分辨率网络 SRCNN 就是受到稀疏编码流程的影响而设计和解释的，关于这点将在下面进行详细讨论。

4.3 经典深度学习超分辨率算法

本节介绍几种比较经典的单图像超分辨率（Single Image Super-Resolution，SISR）算法和模型，包括比较早期的针对 BI 或者 BD（固定退化核和退化方法）退化 LR 图像的超分辨率算法，这里主要涉及网络结构的优化、针对主观画质效果优化的 GAN 类型的算法，以及考虑退化核问题的盲超分辨率相关算法。

4.3.1　神经网络超分辨率开端：SRCNN 和 FSRCNN

最早采用卷积神经网络（CNN）模型来处理超分辨率任务的模型是 **SRCNN（Super-Resolution CNN）**[4]。SRCNN 的结构相对较为简单，其结构示意图如图 4-17 所示。

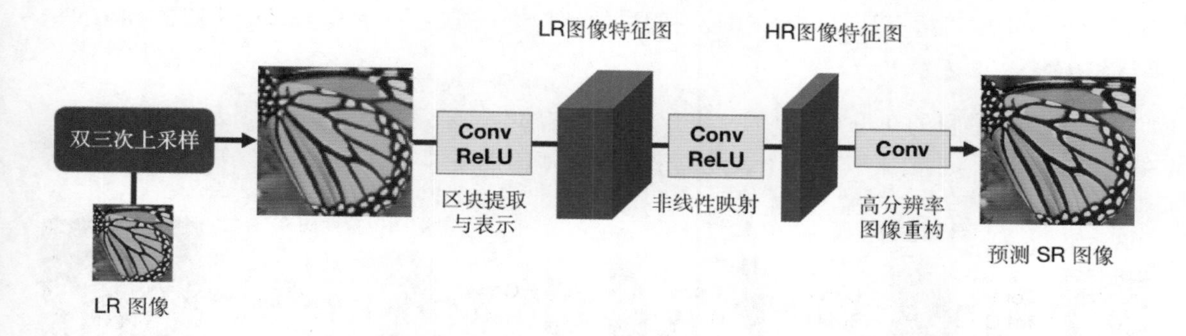

图 4-17　SRCNN 的结构示意图

可以看出，SRCNN 主要由三次卷积操作构成，是一个端到端（End-to-End）的结构，将传统算法中的特征提取和匹配等操作利用卷积神经网络训练优化的方式隐式地进行处理。SRCNN 的网络结构设计参考了前面提到的基于稀疏编码的超分辨率算法，这三个卷积步骤分别可以对应于以下方面。

（1）局部化的区块提取及特征表示。该步骤对应于稀疏编码中先将 LR 图像经过区块切分，然后映射到低分辨率字典中的过程。由于 CNN 的卷积操作本身具有局部化的特点，因此不需要手动切分区块。而且由图像到特征的映射也可以由 CNN 学到。这部分操作用 9×9 的卷积实现，大卷积核用于整合更大范围的邻域信息，起到类似较大区块的效果。

（2）低分辨率特征（编码字典）到高分辨率特征的非线性映射。该步骤对应于稀疏编码过程中用低分辨率字典元素查找匹配的高分辨率字典元素，从而用于后续重构的过程。该部分映射由 1×1 的卷积实现。

（3）高分辨率图像重构。这部分通过 5×5 的卷积实现，它将特征图重建为输入图像。该步骤对应于稀疏编码中用匹配好的高分辨率字典结合系数重建高分辨率输出的过程。

在 SRCNN 中，LR 图像先经过双三次上采样放大到目标倍率，然后输入网络，整个网络没有下采样类的操作（如步长大于 1 的卷积层或者池化层），如果考虑边缘填充，输入、输出应该是等尺寸的。尽管 SRCNN 在现在看来其网络结构设计较简单，但是在 CNN 模型和大量数据训练优化的加持下，SRCNN 在效果上超越了当时一系列经典的超分辨率算法，并且还能保持高效率。

当然，SRCNN 的性能还是有优化空间的。最先被注意到的可能是双三次上采样放大的 LR 图像。由于 CNN 可以通过一些手段对特征图进行缩放，因此这个步骤并不是必需的。另外，在 SRCNN 中也实验了不同网络中的特征图通道数（或者称为网络的宽度，也可以理解为各层卷积核的个数），发现增加特征图的宽度，输出效果会更好，但是计算量也更大。为了在不降低效果的前提下提高计算效率，需要对网络的结构进行修改，于是得到了改进版的 SRCNN，即 **FSRCNN**（F 表示 Fast）[5]。

FSRCNN 的目的在于对 SRCNN 进行加速，它的结构示意图如图 4-18 所示。可以看出，在 FSRCNN 中，主要采取了两个改进点来实现效率的提高。

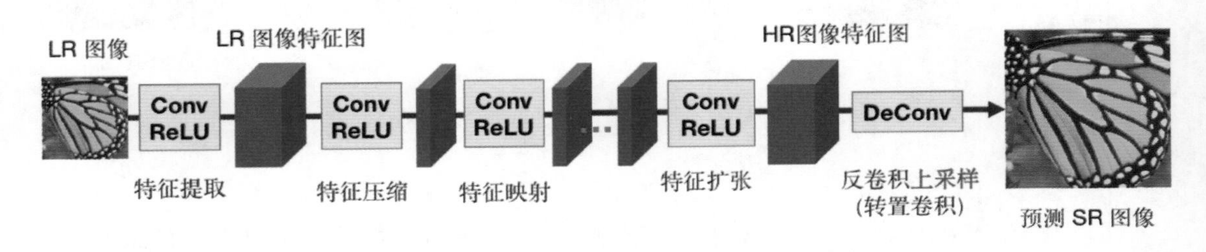

图 4-18 FSRCNN 的结构示意图

对应于前面所述的输入尺寸问题，在 FSRCNN 中，直接采用低分辨率的小图像作为输入，取消了之前的双三次上采样操作，并在网络的最后层通过反卷积[转置卷积（Transposed Convolution）]上采样模块 DeConv 实现放大功能。

另外，考虑到特征图卷积运算的计算量瓶颈，FSRCNN 将中间的非线性映射部分拆分成了如下三个步骤。

第一个步骤是特征压缩（Shrinking），它的作用是用 1×1 的卷积将提取出来的较宽的特征图（如 56 个通道）压缩成宽度较小的特征图（如 12 个通道），也就是对特征图的通道数进行压缩。第二个步骤是特征映射（Mapping），与之前的非线性映射作用相同，但是在较少通道数上进行操作的，因此计算量降低。这个步骤由多层 3×3 卷积实现，以便更好地学习低分辨率到高分辨率的映射关系。第三个步骤是第一个步骤的逆变换，它通过 1×1 的卷积将映射后的小宽度特征图重新升高维度，得到通道数较多的特征图（从 12 个通道重新映射回 56 个通道），这个过程称为特征扩张（Expanding）。

在网络的最后，通过转置卷积的方式实现上采样还有一个额外的优点，对于不同倍率的超分辨率任务，FSRCNN 可以只通过微调最后一层 DeConv 即可实现，而不需要重新从头开始训练。在 FSRCNN 中，前面网络层提取和映射的特征，对于不同倍率都可以复用，从而有更好的适应性。

下面用 PyTorch 对 SRCNN 和 FSRCNN 的网络结构进行简单实现，并测试网络的计算量和参数量。代码和结果如下所示。

```
import torch
import torch.nn as nn
import torch.nn.functional as F
from thop import profile

class SRCNN(nn.Module):
    def __init__(self, in_ch, nf=64):
        super().__init__()
        hid_nf = nf // 2
        self.conv1 = nn.Conv2d(in_ch, nf, kernel_size=9, padding=4)
        self.conv2 = nn.Conv2d(nf, hid_nf, kernel_size=5, padding=2)
        self.conv3 = nn.Conv2d(hid_nf, in_ch, kernel_size=5, padding=2)
        self.relu = nn.ReLU(inplace=True)

    def forward(self, x):
        x = self.relu(self.conv1(x))
        x = self.relu(self.conv2(x))
        x = self.conv3(x)
        return x

class ConvPReLU(nn.Module):
    def __init__(self, in_ch, out_ch, ksize):
        super().__init__()
        pad = ksize // 2
        self.body = nn.Sequential(
            nn.Conv2d(in_ch, out_ch, ksize, 1, pad),
            nn.PReLU(num_parameters=out_ch)
        )
    def forward(self, x):
        return self.body(x)


class FSRCNN(nn.Module):
    def __init__(self, in_ch=3, d=56, s=12, scale=4):
        super().__init__()
        self.feat_extract = ConvPReLU(in_ch, d, 5)
```

```
        self.shrink = ConvPReLU(d, s, 1)
        self.mapping = nn.Sequential(
            *[ConvPReLU(s, s, 3) for _ in range(4)]
        )
        self.expand = ConvPReLU(s, d, 1)
        self.deconv = nn.ConvTranspose2d(d, in_ch,
                kernel_size=9, stride=scale, padding=4,
                output_padding=scale-1)

    def forward(self, x):
        out = self.feat_extract(x)
        out = self.shrink(out)
        out = self.mapping(out)
        out = self.expand(out)
        out = self.deconv(out)
        return out


if __name__ == "__main__":
    x_in = torch.randn(4, 3, 64, 64)
    x_in_x4 = F.interpolate(x_in, scale_factor=4)
    # 测试 SRCNN
    srcnn = SRCNN(in_ch=3, nf=64)
    srcnn_out = srcnn(x_in_x4)
    print('SRCNN output size: ', x_in_x4.shape)
    print('SRCNN output size: ', srcnn_out.shape)
    # 测试 FSRCNN
    fsrcnn = FSRCNN(in_ch=3, scale=4)
    fsrcnn_out = fsrcnn(x_in)
    print('FSRCNN output size: ', x_in.shape)
    print('FSRCNN output size: ', fsrcnn_out.shape)
    # 对比计算量与参数量
    flops, params = profile(srcnn, inputs=(x_in_x4, ))
    print(f'SRCNN profile: {flops/1000**3:.4f}G flops, '\
        f'{params/1000**2:.4f}M params')
    flops, params = profile(fsrcnn, inputs=(x_in, ))
    print(f'FSRCNN profile: {flops/1000**3:.4f}G flops, '\
        f'{params/1000**2:.4f}M params')
```

输出结果如下所示。

```
SRCNN output size:  torch.Size([4, 3, 256, 256])
SRCNN output size:  torch.Size([4, 3, 256, 256])
FSRCNN output size:  torch.Size([4, 3, 64, 64])
FSRCNN output size:  torch.Size([4, 3, 256, 256])
[INFO] Register count_convNd() for <class 'torch.nn.modules.conv.Conv2d'>.
[INFO] Register zero_ops() for <class 'torch.nn.modules.activation.ReLU'>.
SRCNN profile: 18.1278G flops, 0.0693M params
[INFO] Register count_convNd() for <class 'torch.nn.modules.conv.Conv2d'>.
[INFO] Register count_prelu() for <class
'torch.nn.modules.activation.PReLU'>.
[INFO] Register zero_ops() for <class
'torch.nn.modules.container.Sequential'>.
[INFO] Register count_convNd() for <class
'torch.nn.modules.conv.ConvTranspose2d'>.
FSRCNN profile: 3.7458G flops, 0.0247M params
```

可以看出，相比于 SRCNN，FSRCNN 在参数量和计算量上都有明显的优化。

4.3.2　无参的高效上采样：ESPCN

在前面讲述的 FFDNet 部分，提到了一个来自超分辨率模型的模块：PixelShuffle，其可以用于无参的上采样和下采样，从而在某些场景下提升计算效率。提出这个模块并在超分辨率任务中应用的模型是 **ESPCN（Efficient Sub-Pixel Convolutional Network）**[6]。下面就来简单介绍一下 ESPCN 模型的基本内容。ESPCN 的结构示意图如图 4-19 所示。

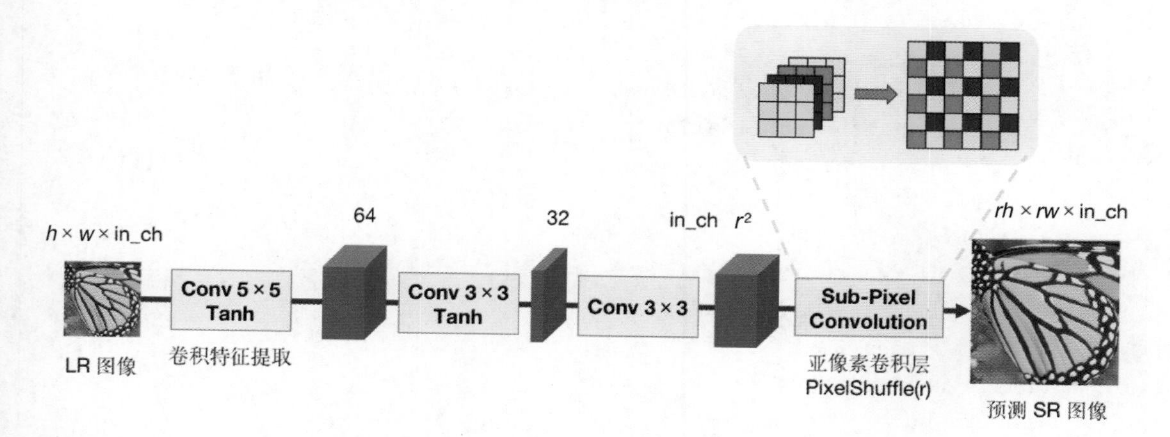

图 4-19　ESPCN 的结构示意图

可以看出，ESPCN 的结构较为简单，它也是基于类似 SRCNN 的三层结构的，但是采用了低分辨率图像直接输入，并且在最后利用 PixelShuffle 的方式进行上采样。这个操作被称为**亚像素卷积层（Sub-Pixel Convolution Layer）**。所谓亚像素，指的是通过小于像素级别的操作，也就是对于相邻的像素之间继续细分得到的新像素，观察亚像素卷积前后的特征图，由于输入的各个像素被按照位置排列到了空间中，对于输入小尺寸特征图中的一个像素来说，如果它的通道数为 r^2，那么通过该操作，一个像素就变成了 $r \times r$ 的模式，从而相当于进行了类似分数步长卷积或者反卷积的操作。该操作只利用了通道和像素之间的有序重排，因此没有引入新的参数，并且计算也比较快速高效。另外，它可以直接对小尺寸图像的结果进行放大，得到指定倍率的输出结果，具体做法就是将 PixelShuffle 前的通道数设置为 $c \times r^2$，其中 c 为输出的通道数。另外，ESPCN 还用 Tanh 激活函数取代了 ReLU，并通过实验证明，在该模型下处理图像超分辨率任务，Tanh 激活函数具有比 ReLU 更好的效果。

下面用 PyTorch 实现 ESPCN 的基本结构，代码如下所示。

```
import torch
import torch.nn as nn

class ESPCN(nn.Module):
    """
    ESPCN，通过 PixelShuffle 实现上采样
    """
    def __init__(self, in_ch, nf, factor=4):
        super().__init__()
        hid_nf = nf // 2
        out_ch = in_ch * (factor ** 2)
        self.conv1 = nn.Conv2d(in_ch, nf, 5, 1, 2)
        self.conv2 = nn.Conv2d(nf, hid_nf, 3, 1, 1)
        self.conv3 = nn.Conv2d(hid_nf, out_ch, 3, 1, 1)
        self.pixshuff = nn.PixelShuffle(factor)
        self.tanh = nn.Tanh()

    def forward(self, x):
        x = self.tanh(self.conv1(x))
        x = self.tanh(self.conv2(x))
        x = self.conv3(x)
        out = self.pixshuff(x)
        return out
```

```
if __name__ == "__main__":
    x_in = torch.randn(4, 3, 64, 64)
    espcn = ESPCN(in_ch=3, nf=64, factor=4)
    x_out = espcn(x_in)
    print('ESPCN input size: ', x_in.size())
    print('ESPCN output size: ', x_out.size())
```

输出结果如下所示。

```
ESPCN input size:  torch.Size([4, 3, 64, 64])
ESPCN output size:  torch.Size([4, 3, 256, 256])
```

4.3.3　无 BN 层的残差网络：EDSR

下面介绍 EDSR 模型[7]。**EDSR** 的全称为 **Enhanced Deep Super-Resolution**，它是视觉领域著名竞赛 NTIRE 2017 的超分辨率方向的冠军方案。它对 SRResNet 进行了改进，SRResNet 是用 ResNet 中的模块处理超分辨率任务的模型，EDSR 将 SRResNet 中的批归一化层去掉，得到了一个无 BN 层的残差网络，用于学习超分辨率任务。EDSR 网络结构及其残差模块示意图如图 4-20 所示。

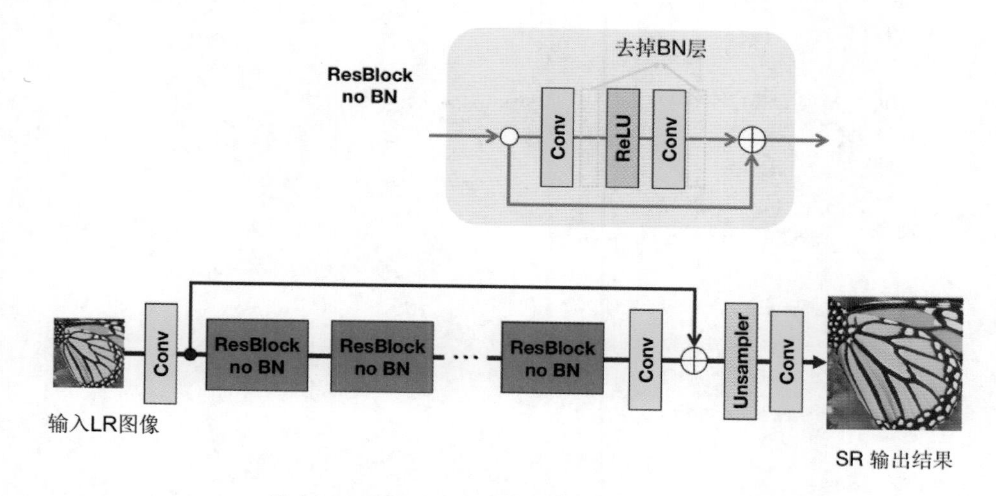

图 4-20　EDSR 网络结构及其残差模块示意图

EDSR 是一个多层堆叠的残差结构，它的输入为待超分辨率的 LR 图像。首先通过卷积层对输入 LR 图像提取特征；然后经过一系列无 BN 层的残差模块，对特征进行映射；最后经过一层卷积得到恢复后的特征。将最初提取的特征与处理后的特征相加（相当于学习的是输入、输出特征的残差），经过上采样和卷积后得到超分辨率后的结果。

在视觉任务的神经网络设计中，BN 层通常可以优化网络的效果。BN 层的引入可以加速网络收敛，降低方差偏移，并提高网络的表达能力，防止过拟合。但是，在 EDSR 结构的超分辨率模型中，由于 BN 层会对特征图在批次维度上进行归一化，并通过学习到的参数进行尺度的控制，从而使得网络结构丧失了部分对于特征图真实数值的敏感性和灵活性，并且丧失了对于每个批次中单个样本值域特殊性的利用。这种操作对于语义层面的视觉任务，如分类、分割等是具有正向作用的，因为这些任务要求网络只对特征结构和模式敏感，而对真实取值不敏感。但是对于超分辨率任务，由于输出结果对应于输入的图像，人们更加希望输入、输出之间的对比度、亮度等与数值尺度相关的信息可以对应，而 BN 层会对这些信息造成破坏，因此通过去除 BN 层这个操作，EDSR 在效果上取得了一定的提升。

另外，EDSR 还可以拓展到多尺度结构，即对于不同倍率的上采样采用不同的预处理残差模块，并且对应于输出部分不同倍率的上采样网络，中间特征恢复过程的残差模块组对于不同尺度通用。该模型称为 MDSR（M 表示 Multi-scale），通过 MDSR，可以在较小的参数量下高效实现不同倍率的超分辨率过程。

EDSR 模型结构的代码示例如下所示。

```
import numpy as np
import torch
import torch.nn as nn

class ResBlock_woBN(nn.Module):
    """
    ResBlock 模块，无 BN 层
    """
    def __init__(self, nf, res_scale=1.0):
        super().__init__()
        self.conv1 = nn.Conv2d(nf, nf, 3, 1, 1)
        self.relu = nn.ReLU(inplace=True)
        self.conv2 = nn.Conv2d(nf, nf, 3, 1, 1)
        self.res_scale = res_scale

    def forward(self, x):
        res = self.relu(self.conv1(x))
        res = self.conv2(res)
        out = x + res * self.res_scale
        return out
```

```
class Upsampler(nn.Module):
    """
    上采样模块，通过卷积和 PixelShuffle 进行上采样
    """
    def __init__(self, nf, scale):
        super().__init__()
        module_ls = list()
        assert scale == 2 or scale == 4
        num_blocks = int(np.log2(scale))
        for _ in range(num_blocks):
            module_ls.append(nn.Conv2d(nf, nf * 4, 3, 1, 1))
            module_ls.append(nn.PixelShuffle(2))
        self.body = nn.Sequential(*module_ls)

    def forward(self, x):
        out = self.body(x)
        return out


class EDSR(nn.Module):
    """
    EDSR 模型实现，包括 Conv、无 BN 层的 ResBlock、PixelShuffle
    """
    def __init__(self, in_ch, nf, num_blocks, scale):
        super().__init__()
        self.conv_in = nn.Conv2d(in_ch, nf, 3, 1, 1)
        self.resblocks = nn.Sequential(
            *[ResBlock_woBN(nf) for _ in range(num_blocks)],
            nn.Conv2d(nf, nf, 3, 1, 1)
        )
        self.upscale = Upsampler(nf, scale)
        self.conv_out = nn.Conv2d(nf, in_ch, 3, 1, 1)

    def forward(self, x):
        x = self.conv_in(x)
        x = self.resblocks(x)
        x = self.upscale(x)
        out = self.conv_out(x)
        return out
```

```
if __name__ == "__main__":
    dummy_in = torch.randn(4, 3, 128, 128)
    edsr = EDSR(in_ch=3, nf=64, num_blocks=15, scale=4)
    out = edsr(dummy_in)
    print('EDSR input size: ', dummy_in.size())
    print('EDSR output size: ', out.size())
```

输出结果如下所示。

```
EDSR input size:  torch.Size([4, 3, 128, 128])
EDSR output size:  torch.Size([4, 3, 512, 512])
```

4.3.4 残差稠密网络

下面要介绍的是另一种对超分辨率网络结构优化的策略，称为 **RDN（Residual Dense Network）**[8]，即**残差稠密网络**。RDN 的基本组成模块即残差稠密模块（Residual Dense Block，RDB）。RDB 利用多级稠密连接及最终的各级特征融合，实现了对于多级特征的充分利用。RDB 结构示意图如图 4-21 所示。

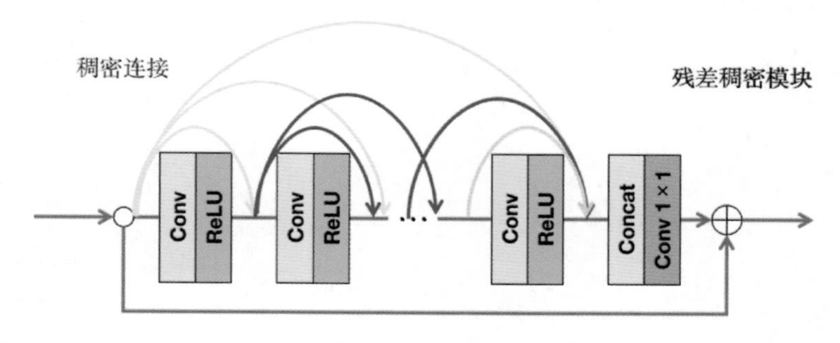

图 4-21 RDB 结构示意图

RDB 的两个主要特点是**局部特征融合（Local Feature Fusion）**和**局部残差学习（Local Residual Learning）**，其中局部特征融合利用稠密连接及最后的 Concat+Conv1×1 层实现，该操作可以自适应地从上一层和当前层的特征中学习到更有效的特征，同时可以使训练过程更加稳定。而局部残差学习即输入进来的上一级 RDB 的输出与当前结果相加融合后传入下一级 RDB。对上述 RDB 进行串联，就构成了 RDN 的结构，RDN 的结构图如图 4-22 所示。RDN 先通过卷积层将图像转换为特征图，最后通过上采样和卷积从特征图中得到超分辨率图像。

在 RDN 中间部分，每个 RDB 的输出都传递到最后的融合层中，进行全局特征融合（Global Feature Fusion）。另外，输入特征也通过跳线连接直接传入到最后恢复的结果中，形成了全局残差学习（Global Residual Learning）的操作。由于采用了残差学习策略，中间的每一个 RDB 输出的实际上是不同层级的（Hierarchical）残差特征。以往的直接顺序计算网络忽视了不同层级的残差对于最终特征重构的作用，而 RDN 通过对不同层级的残差进行融合，获得了更优的超分辨率效果。这种融合不同卷积操作层级的输出残差的方案也被很多其他网络模型采用（如后面将会提到的 IMDN、RFDN 等）。

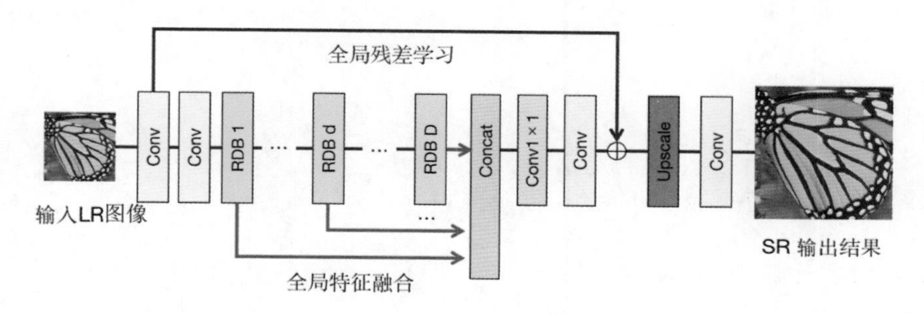

图 4-22　RDN 的结构图

RDB 结构的 PyTorch 实现代码如下所示。

```
import torch
import torch.nn as nn

class ConvCat(nn.Module):
    def __init__(self, in_ch, out_ch, ksize=3):
        super().__init__()
        pad = ksize // 2
        self.body = nn.Sequential(
            nn.Conv2d(in_ch, out_ch, ksize, 1, pad),
            nn.ReLU(inplace=True)
        )
    def forward(self, x):
        out = self.body(x)
        out = torch.cat((x, out), dim=1)
        return out

class ResidualDenseBlock(nn.Module):
    def __init__(self, nf, gc, num_layer):
        super().__init__()
        self.dense = nn.Sequential(*[
            ConvCat(nf + i * gc, gc, 3)
                for i in range(num_layer)
```

```
        ])
        self.fusion = nn.Conv2d(nf + num_layer * gc,
                                nf, 1, 1, 0)
    def forward(self, x):
        out = self.dense(x)
        out = self.fusion(out) + x
        return out


if __name__ == "__main__":
    x_in = torch.randn(4, 64, 16, 16)
    rdb = ResidualDenseBlock(nf=64, gc=32, num_layer=4)
    x_out = rdb(x_in)
    print('RDB output size: ', x_out.size())
```

输出结果如下所示。

```
RDB output size:  torch.Size([4, 64, 16, 16])
```

4.3.5 针对视觉画质的优化：SRGAN 与 ESRGAN

在前面的超分辨率任务设定和评价指标部分，我们讨论过超分辨率任务的两种不同的优化目标导向，即保真度和视觉感知效果。经典的超分辨率模型通常直接拟合 MSE 或 L1 损失，即直接让输出的超分辨率结果在数值上尽可能逼近对应的 HR 图像。这种优化方式偏向于恢复结果的保真度，在 PSNR 和 SSIM 指标上往往效果较优。但是，从视觉感知效果来说，这种优化方式可能会导致超分辨率结果偏向平滑，尤其是对于复杂纹理往往生成效果有限，从而影响视觉观感。

为了解决这个问题，**SRGAN**[9]和 **ESRGAN（Enhanced SRGAN）**[10]基于生成对抗网络（Generative Adversarial Network，GAN）对超分辨率算法进行了优化，从而获得了具有更加逼真画质的超分辨率结果。首先，我们对 GAN 的基本原理进行简单介绍。

GAN 的基本原理如图 4-23 所示，GAN 的结构主要包括两个网络，分别是**生成器（Generator，即 G 网络）**和**判别器（Discriminator，即 D 网络）**。GAN 的基本思路是通过生成器拟合目标分布，从而生成符合目标分布的样本（如生成符合 HR 分布的高清 SR 图像）；而用另一个网络即判别器判断该样本是真实目标分布中的样本（即 HR 图像），还是通过生成器生成的伪样本（即 SR 图像）。对于生成器，优化的目标是使它可以更好地“骗过”判别器，即让判别器误认为它所生成的结果是真实样本。而对于判别器，优化的目标则是使它更好地区分真实样本和生成结果。生成器的形式是一个从 LR 到 SR 的图像生成网络，而判别器则是一个用于输出真实或伪造样本的分类网络。对生成器和判别器同时进行迭代优化，相当于让两者进行 min-max 博弈，最终的结果会收敛到这样一种状态，即判别器无法判断输入结果是真实样本还是生成器生成的结果。这就说明生成器的生成结果符合真实分布，也就达到了我们的目标。

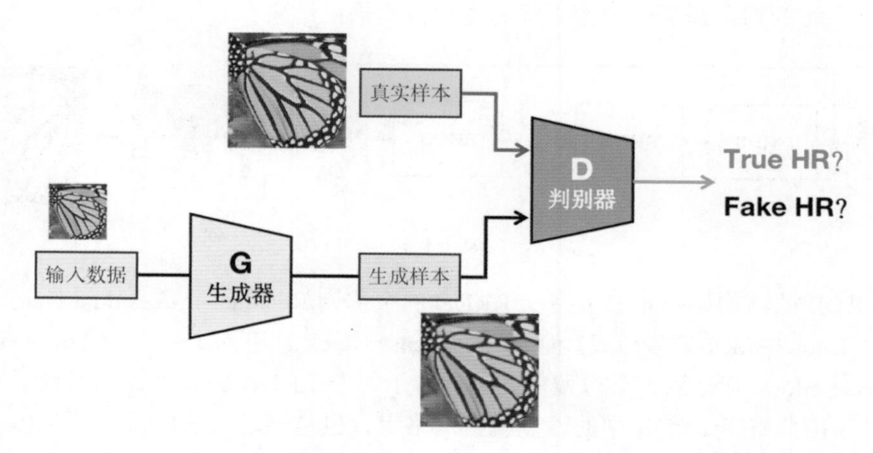

图 4-23　GAN 的基本原理

SRGAN 模型基于 GAN 的基本原理实现。它的生成器为多个残差模块组成的深度残差网络（即 EDSR 用于改进的 SRResNet 网络）。在损失函数的设计上，SRGAN 包括三个部分：第一个部分是像素级回归损失函数，即 MSE-loss，其函数形式如下：

$$\text{MSE-loss} = \frac{1}{HW}\sum_{x}\sum_{y}\left[\boldsymbol{I}_{x,y}^{\mathrm{HR}} - G\left(\boldsymbol{I}^{\mathrm{LR}}\right)_{x,y}\right]^2$$

该损失函数即基于保真度的网络的常规损失函数，用于优化输出 SR 结果与对应的 HR 图像的相似性。第二个部分为 VGG-loss，该损失函数将一个预训练好的 VGG-19 网络作为特征提取器，用于对 SR 图像与 HR 图像的特征进行提取，并用各级激活后的特征表示二者的欧氏距离，作为特征空间的损失函数，其数学形式如下：

$$\text{VGG-loss}_{\mathrm{L}} = \frac{1}{W_{\mathrm{L}}H_{\mathrm{L}}}\sum_{x}\sum_{y}\left[\boldsymbol{\phi}_{\mathrm{L}}\left(\boldsymbol{I}^{\mathrm{HR}}\right)_{x,y} - \boldsymbol{\phi}_{\mathrm{L}}\left(G\left(\boldsymbol{I}^{\mathrm{LR}}\right)\right)_{x,y}\right]$$

式中，$\boldsymbol{\phi}_{\mathrm{L}}(\cdot)$ 表示提取到的各层的特征图。损失函数的最后一个部分即 GAN-loss，它表示的是生成器生成的 SR 图像在判别器处的输出，对于生成器（即超分辨率网络）的优化需要让 SR 图像在判别器的输出值尽量更大，这里用$-\log(\cdot)$函数来实现（该项越小，判别器的输出值越大，表示越“确信”生成的 SR 图像是真实 HR 分布中的样本），其数学形式如下：

$$\text{GAN-loss} = \sum -\log D\left(G\left(\boldsymbol{I}^{\text{LR}}\right)\right)$$

ESRGAN 是 SRGAN 的一个改进版本。它主要的优化内容有以下几项：首先，在网络结构设计上，ESRGAN 采用 RRDBNet 代替了 SRResNet 的残差网络，RRDBNet 的结构如图 4-24 所示。RRDBNet 与常规的超分辨率网络类似，先通过卷积提取特征，然后经过堆叠的 RRDB 进行特征映射，最后经过上采样和卷积得到输出结果。

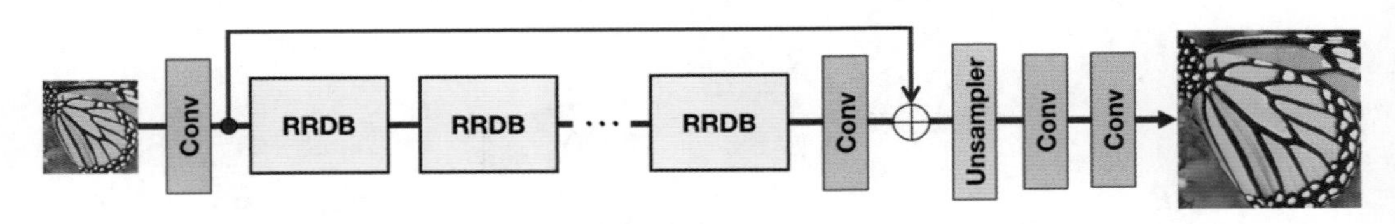

图 4-24　RRDBNet 的结构

其中，RRDB 的结构如图 4-25 所示。RRDB 的全称为 Residual-in-Residual Dense Block，其主要由多个 Dense Block 串联而成，而且每个 Dense Block 都引入了输入、输出的直连跳线，因此所有 Dense Block 都是用来学习残差的，而对于每个 RRDB 的整体，也连接了一条输入到输出的通路，因此整个 RRDB 中的残差稠密网络组合也是学习残差，因此称为 Residual-in-Residual 结构。Dense Block 的结构类似前面提到的 RDB 结构，通过稠密跨层连接，让上一层的输入与输出拼接后共同进入下一层，以此迭代进行，使输出保持固定的通道数，这样每层的输入通道数就是 $nf+n\text{gc}$，其中 nf 表示初始输入大小，n 表示层数（第一层 n=0），gc 为每层的输出，这样可以最大程度地保留各层输出的信息。另外，RRDB 中去掉了 BN 层（类似 EDSR），同时对于残差部分还加入了残差缩放系数β，用于防止训练不稳定。

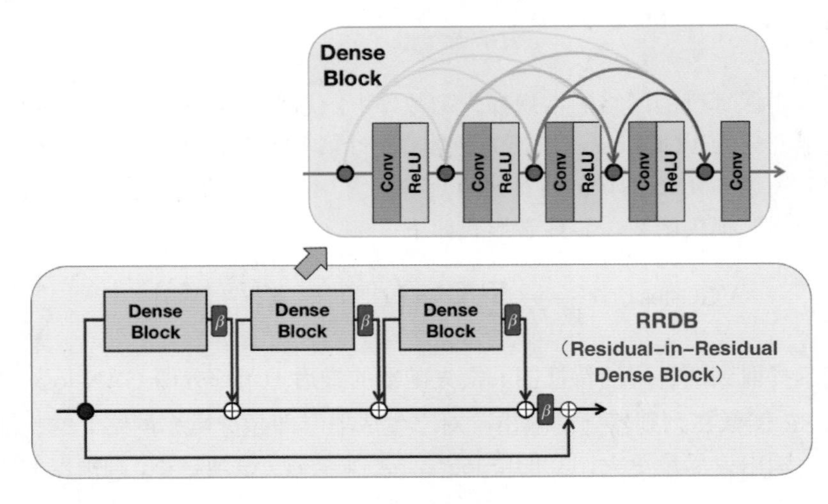

图 4-25　RRDB 的结构

RRDB 的网络实现代码如下所示。

```
import functools
import torch
import torch.nn as nn


class RDB(nn.Module):
    """
    残差稠密模块
    residual dense block
    """
    def __init__(self, nf=64, gc=32):
        super().__init__()
        in_chs = [nf + i * gc for i in range(5)]
        self.conv0 = nn.Conv2d(in_chs[0], gc, 3, 1, 1)
        self.conv1 = nn.Conv2d(in_chs[1], gc, 3, 1, 1)
        self.conv2 = nn.Conv2d(in_chs[2], gc, 3, 1, 1)
        self.conv3 = nn.Conv2d(in_chs[3], gc, 3, 1, 1)
        self.conv4 = nn.Conv2d(in_chs[4], nf, 3, 1, 1)
        self.lrelu = nn.LeakyReLU(negative_slope=0.2)
    def forward(self, x):
        x0 = self.lrelu(self.conv0(x))
        x_in = torch.cat((x, x0), dim=1)
        x1 = self.lrelu(self.conv1(x_in))
        x_in = torch.cat((x_in, x1), dim=1)
        x2 = self.lrelu(self.conv2(x_in))
        x_in = torch.cat((x_in, x2), dim=1)
        x3 = self.lrelu(self.conv3(x_in))
        x_in = torch.cat((x_in, x3), dim=1)
        res = self.conv4(x_in)
        out = x + 0.2 * res
        return out


class RRDB(nn.Module):
    """
    残差内残差稠密模块
    residual-in-residual dense block
```

```
    """
    def __init__(self, nf=64, gc=32):
        super().__init__()
        self.body = nn.Sequential(
            *[RDB(nf, gc) for _ in range(3)]
        )
    def forward(self, x):
        res = self.body(x)
        out = x + 0.2 * res
        return out


if __name__ == "__main__":
    dummy_in = torch.randn(4, 64, 8, 8)
    rrdb = RRDB(nf=64, gc=32)
    out = rrdb(dummy_in)
    print(f"RRDB output size {out.size()}")
```

测试输出结果如下所示。

```
RRDB output size torch.Size([4, 64, 8, 8])
```

对于损失函数部分，ESRGAN 也进行了一些改进。首先，对于 VGG-loss 部分，经过激活后的特征图比较稀疏，监督能力有限，得到的效果也受到影响。另外，激活后的特征图做损失约束还会导致重构的图像亮度不一致。因此，ESRGAN 用激活前的特征图取代了 SRGAN 激活后的特征图。另外，对于 GAN-loss 部分，采用了相对 GAN 损失，即将标准的判别器替换为相对判别器（Relativistic Discriminator，RaD）。相对判别器和判别器的不同在于，标准的判别器优化的是真实样本和生成结果的预测值，真实样本的预测值目标输出 1（Sigmoid 函数激活后），而生成样本的预测值目标输出 0。而相对判别器的目标是使真实样本的预测结果与生成结果的预测结果的差距尽量大，因此，它的优化目标为

$$\mathrm{RaD}\left(x_{\mathrm{r}},x_{\mathrm{f}}\right)=\sigma\left(C\left(x_{\mathrm{r}}\right)-E\left[C\left(x_{\mathrm{f}}\right)\right]\right)\rightarrow 1$$
$$\mathrm{RaD}\left(x_{\mathrm{f}},x_{\mathrm{r}}\right)=\sigma\left(C\left(x_{\mathrm{f}}\right)-E\left[C\left(x_{\mathrm{r}}\right)\right]\right)\rightarrow 0$$

式中，x_{r} 和 x_{f} 分别表示 real 和 fake 的输入；C 表示未经过 Sigmoid 函数转为 0～1 的判别器输出；σ 表示 Sigmoid 函数；E 表示期望或者均值操作。可以看出，相对判别器预测的是 real 和 fake 的差距，只要 C 的输出值中 real 和 fake 相比更大，差距尽可能也更大，那么结果就是符合要求的。

最后，ESRGAN 还提出了一种网络插值（Network Interpolation）策略。基于 GAN 的网络的视觉感知效果好，但是容易产生伪影，而基于 PSNR 优化的（即利用 MSE 优化直接拟合 HR）网络的视觉感知效果有限但是较为稳定。一个直观的想法就是将两者进行融合，并通过系数来控制各自的比例。ESRGAN 的网络插值策略基于以上目的，先分别训练 GAN 导向和 PSNR 导向的两个网络，然后将两者对应的网络参数进行插值，即可得到可控、可调的效果折中的网络，其数学形式如下（其中 $\boldsymbol{\theta}$ 表示生成器各层对应的参数）。

$$\boldsymbol{\theta}^{\text{INTERP}}=\alpha\boldsymbol{\theta}^{\text{GAN}}+(1-\alpha)\boldsymbol{\theta}^{\text{PSNR}}$$

4.3.6 注意力机制超分辨率网络：RCAN

下面介绍常用的超分辨率任务的基线模型 **RCAN（Residual Channel Attention Network）**[11]。RCAN 主要通过注意力机制对超分辨率网络结构进行优化，其网络结构也是先通过卷积提取图像特征，然后经过中间部分的特征图处理，得到恢复的特征，并进行上采样和卷积得到最终结果。RCAN 主干部分的特征图处理由多个串联的**残差组合（Residual Group，RG）**模块构成。其中每个 RG 模块中串联多个 **RCAB（Residual Channel Attention Block）**，并通过卷积层进行特征整合。另外，每个 RG 模块利用残差结构将输入直接通过跳线叠加到 RCAB 的输出中。RCAN 的结构如图 4-26 所示。

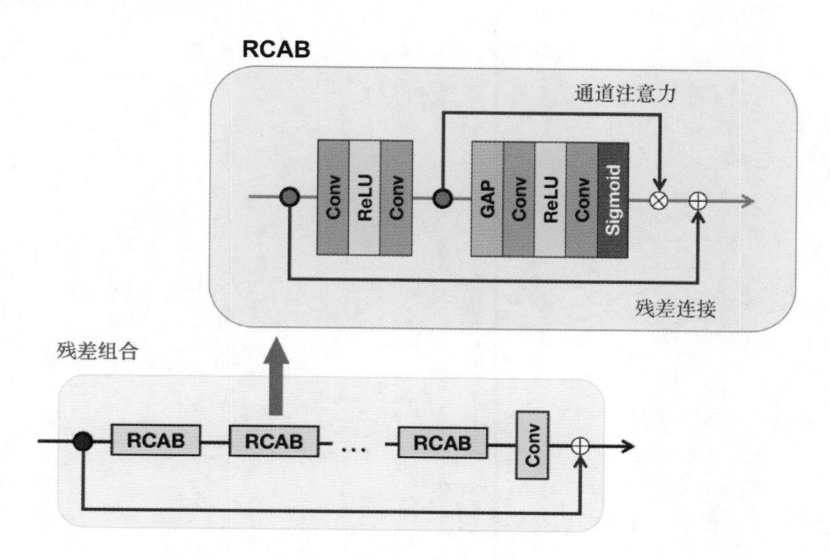

图 4-26 RCAN 的结构

RCAB 的结构类似超分辨率中常用的无 BN 层的 ResBlock 结构，但是增加了通道注意力机制。对于 Conv+ReLU+Conv 的输出特征图，首先进行全局平均池化（Global Average Pooling，GAP）操作，将其在空间维度上进行压缩，得到长度等于通道数的特征向量；然后经过对于特征向量的特征下采样和上采样映射（通过 1×1 卷积实现，对于输入的 1×1 特征图进行 1×1 卷积，相当于经过了一层 MLP 结构），将得到的结果经过 Sigmoid 函数转换为 0～1 的注意力向量，并与注意力结构的输入特征图相乘，从而实现对不同通道施加不同的权重。通过引入通道注意力，以及 RCAB 和 RG 模块中的残差连接，RCAN 在多个数据集上都取得了较好的表现。

下面通过 PyTorch 实现一个 RCAN 结构，并用随机数据进行测试。

```
import numpy as np
import torch
import torch.nn as nn

class ChannelAttention(nn.Module):
    def __init__(self, nf, reduction=16):
        super().__init__()
        self.gap = nn.AdaptiveAvgPool2d((1, 1))
        # 用 1x1 Conv 实现 MLP 功能
        self.mlp = nn.Sequential(
            nn.Conv2d(nf, nf // reduction, 1, 1, 0),
            nn.ReLU(inplace=True),
            nn.Conv2d(nf // reduction, nf, 1, 1, 0),
            nn.Sigmoid()
        )
    def forward(self, x):
        vec = self.gap(x)
        attn = self.mlp(vec)
        # [n,c,h,w] * [n,c,1,1]
        out = x * attn
        return out

class RCAB(nn.Module):
    """
    Residual Channel Attention Block
    残差通道注意力模块，RCAN 的基础模块
    """
    def __init__(self, nf, reduction):
        super().__init__()
        self.body = nn.Sequential(
            nn.Conv2d(nf, nf, 3, 1, 1),
```

```
            nn.ReLU(inplace=True),
            nn.Conv2d(nf, nf, 3, 1, 1),
            ChannelAttention(nf, reduction)
        )
    def forward(self, x):
        res = self.body(x)
        out = res + x
        return out

class ResidualGroup(nn.Module):
    """
    将 RCAB 进行组合，形成残差模块
    """
    def __init__(self, nf, reduction, n_blocks):
        super().__init__()
        self.body = nn.Sequential(
            *[RCAB(nf, reduction) for _ in range(n_blocks)],
            nn.Conv2d(nf, nf, 3, 1, 1)
        )
    def forward(self, x):
        res = self.body(x)
        out = res + x
        return out

class Upsampler(nn.Module):
    """
    上采样模块，通过卷积和 PixelShuffle 进行上采样
    """
    def __init__(self, nf, scale):
        super().__init__()
        module_ls = list()
        assert scale == 2 or scale == 4
        num_blocks = int(np.log2(scale))
        for _ in range(num_blocks):
            module_ls.append(nn.Conv2d(nf, nf * 4, 3, 1, 1))
            module_ls.append(nn.PixelShuffle(2))
        self.body = nn.Sequential(*module_ls)

    def forward(self, x):
```

```
        out = self.body(x)
        return out


class RCAN(nn.Module):
    def __init__(self,
                 n_groups=10,
                 n_blocks=20,
                 in_ch=3,
                 nf=64,
                 reduction=16,
                 scale=4):
        super().__init__()
        self.conv_in = nn.Conv2d(in_ch, nf, 3, 1, 1)
        self.body = nn.Sequential(
            *[ResidualGroup(nf, reduction, n_blocks) \
                for _ in range(n_groups)],
            nn.Conv2d(nf, nf, 3, 1, 1)
        )
        self.upper = Upsampler(nf, scale)
        self.conv_out = nn.Conv2d(nf, in_ch, 3, 1, 1)

    def forward(self, x):
        feat = self.conv_in(x)
        feat = self.body(feat) + feat
        upfeat = self.upper(feat)
        out = self.conv_out(upfeat)
        return out


if __name__ == "__main__":
    dummy_in = torch.randn(4, 3, 64, 64)
    rcan = RCAN(scale=4)
    out = rcan(dummy_in)
    print("RCAN output size: ", out.size())
```

输出结果如下所示。

```
RCAN output size:  torch.Size([4, 3, 256, 256])
```

4.3.7　盲超分辨率中的退化估计：ZSSR 与 KernelGAN

前面介绍了多种对于网络结构的设计和改进方案，这些方案通常都在固定的公开数据集上，采用固定的 BD 或者 BI 方式生成 LR 图像，从而验证超分辨率效果。但实际中的下采样过程可能并不符合这种设定，因此直接将固定退化核下采样训练的模型应用于其他退化核的 LR 图像进行处理，通常受限于泛化性能，效果会大打折扣。因此，为了适应更符合真实需求的场景，需要研究针对不同退化核的盲超分辨率算法。

如果在对图像进行超分辨率时可以知道退化核，那么这个信息可以作为参考用于指导超分辨率过程。这个操作与去噪中将噪声水平图作为先验信息以用来控制去噪强度的操作比较类似。一个经典且较为直接地显式利用退化核以适应不同退化 LR 图像模型的方案称为 **SRMD**（**Super-Resolution for Multiple Degradations**）。SRMD 退化核的利用方式如图 4-27 所示。该方法首先对退化核进行向量化（Vectorization）；其次，对向量计算 PCA，将其映射到 t 维；再次，将噪声水平也拼接到该向量中，形成 t+1 维的退化向量；最后对其在空间上进行拉伸，变成退化图，与 LR 图像进行拼接后输入网络中进行训练，这样就可以让网络适应于不同的退化图，从而达到用一个网络实现多种退化的图像超分辨率的作用。

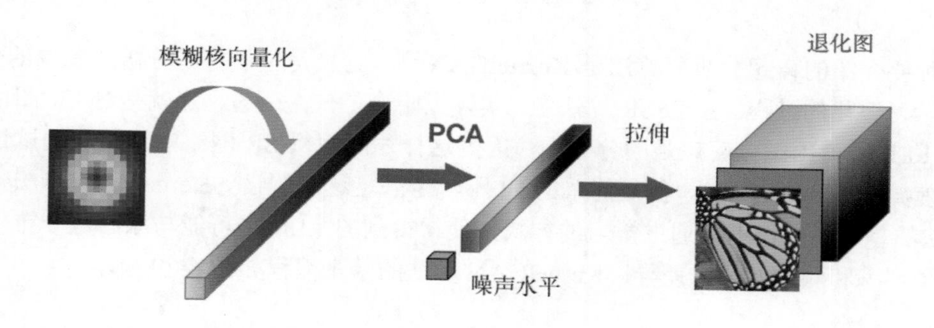

图 4-27　SRMD 退化核的利用方式

SRMD 证明了退化核的指导对于退化核未知的盲超分辨率是有效的，因此，如何显式计算退化核或者模拟退化过程就是盲超分辨率的重要任务。下面简单介绍两种经典的盲超分辨率算法：ZSSR 和 KernelGAN。

ZSSR 的全称为 **Zero-Shot Super-Resolution**[12]，顾名思义，即零样本超分辨率。所谓零样本，指的是在 ZSSR 算法中，不需要进行大量的 LR-HR 配对训练集的准备和训练，只需要对待超分辨率的 LR 图像进行下采样，得到更小尺寸的结果（这里简单记为 LLR），然后利用 LLR-LR 配对训练一个 CNN，用于学习针对当前图像内容的超分辨率过程。训练好后，将网络应用于 LR 图像，得到超分辨率结果（见图 4-28）。该策略称为**内部学习**（**Internal Learning**）。ZSSR 算法的主要贡献在于，这种策略摆脱了对于训练数据的要求，简化了整个超分辨率的过程，并且能够对任何实际图像进行处理。

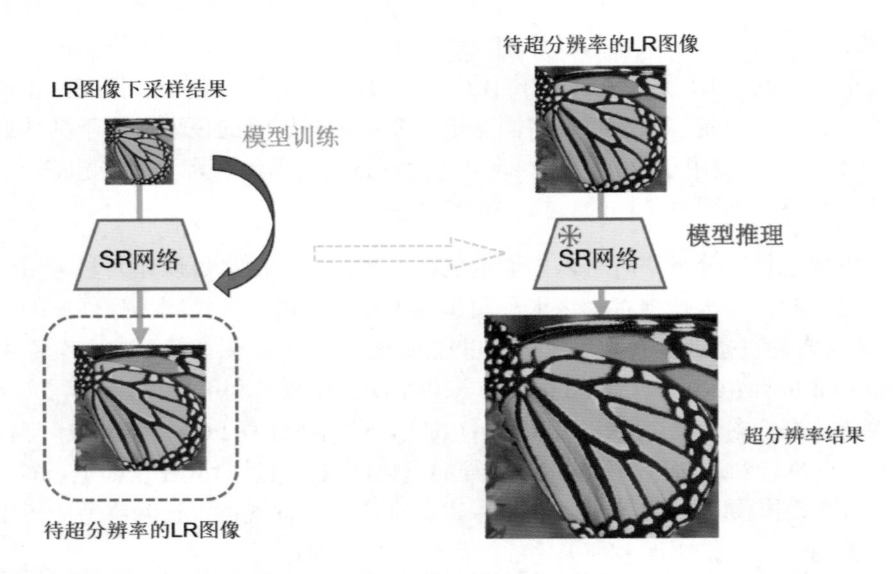

图 4-28 ZSSR 算法的基本流程

另一种要介绍的盲超分辨率算法是 **KernelGAN**[13]，它也是基于待超分辨率图像的分布，通过网络学习退化的过程。在 ZSSR 算法中，实际上隐含了一个假设，那就是对 LR 图像下采样得到的 LLR 与 LR 图像应该是同分布的，因为这样才能使得 SR 网络的训练和测试过程不会有域间差异（Domain Gap）。但是简单的 BI 不一定满足这个假设。KernelGAN 算法延续了 ZSSR 算法的基本思想，但是通过学习的方式，使得得到的 LLR 尽可能与原图像分布一致，从而降低了训练和测试的输入差异。KernelGAN 算法的基本流程如图 4-29 所示。

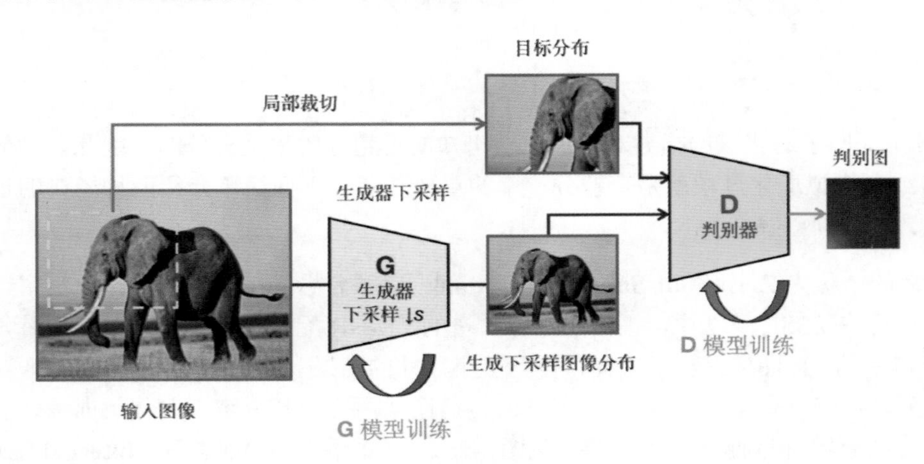

图 4-29 KernelGAN 算法的基本流程

KernelGAN 算法利用了 GAN 模型可以学习分布的优势，设计了一套流程用于学习下采样的退化方式。首先，对于输入 LR 图像，经过一个有下采样操作的生成器，得到 LLR。同时对 LR 图像直接进行局部裁切，该部分代表了 LR 图像真实的数据分布。将裁切后的 LR 图像与生成的 LLR 分别作为真实目标和生成结果送到判别器中，得到判别图。对这个 GAN 进行训练，就会使得 LLR 与 LR 图像的分布趋于一致，而生成器就可以用来模拟退化。

在 KernelGAN 算法中，为了学到退化核，对生成器的结构及其损失函数也进行了设计。首先，生成器是一个没有非线性全卷积层的网络结构，这种结构使得生成器操作输入的过程可以直接用一个更大的卷积核来等价，这个等价退化卷积核可以通过网络中所有滤波器的卷积得到。另外，对于退化核的性质，可以用损失函数来进行约束，主要包括以下几个方面：首先是归一化，即卷积核各系数求和为 1；然后使边界尽量为 0，以及尽可能稀疏（防止过度平滑的核）；最后还要考虑其中心性（Centerness），使其能量分布尽量向核的中心集中。判别器是一个区块判别器（Patch Discriminator），整体是带有非线性激活的全卷积网络，并且不进行下采样，保持原有的分辨率。

通过 KernelGAN 算法得到的退化核可以通过 SRMD 方案或者 ZSSR 算法等进行利用，在 SRMD 方案中直接将估计退化核作为输入的一部分。在 ZSSR 算法中则利用该退化核下采样 LR 图像得到 LLR，用于单图训练 SR 网络和对 LR 图像的超分辨率操作。实验表明，通过这种方式估计的核用在 ZSSR 等算法上，可以取得较好的效果。

但是，ZSSR 或者 KernelGAN 这类算法的出发点也有一定的局限，它们主要模拟的是 LR 图像的退化核，因此只考虑了模糊和下采样带来的影响，而在很多真实的场景中，图像的降质是一个复杂且多样的过程，因此仅考虑退化核无法覆盖所有的退化类型。为了解决这个问题，需要引入新的假设与方案目标，这就是接下来要讨论的真实世界的超分辨率模型。

4.4 真实世界的超分辨率模型

在实际的有超分辨率需求的场景中，退化往往是非常复杂的，不仅包含不同卷积核的下采样，还可能包括成像的噪声或者去噪后的残留噪声、压缩产生的瑕疵等。这种复杂的未知退化对超分辨率模型提出了更高的要求和更大的挑战。而这种针对不同的退化图像都较为鲁棒的模型也是最接近实际场景的解决方案。针对这个问题，有不同的解决方案，这类方案通常被称为**真实世界超分辨率（Real World Super-Resolution）模型**，下面就介绍几种较为经典的方案。

4.4.1 复杂退化模拟：BSRGAN 与 Real-ESRGAN

由于真实世界中数据退化的多样性，超分辨率网络也需要对更大范围内的数据分布进行适应，因此，一个直接的方法就是：通过对真实世界中可能存在的退化降质过程的大规模随机模拟，从而得到不同类型的低质图像，以便网络可以适应于更加复杂的退化。本节要介绍的 BSRGAN 和 Real-ESRGAN 都属于以这种方式为核心的真实世界超分辨率模型。

首先介绍 **BSRGAN（Blind SRGAN）**[14]，它的核心在于对退化模拟的设计。BSRGAN 退化模拟示意图如图 4-30 所示。BSRGAN 主要考虑了如下几类退化：模糊（Blur）、下采样（Downsampling）及噪声。对于模糊退化，需要考虑不同参数的各向同性高斯核与各向异性高斯核。下采样也可以有不同的方式，如最近邻、双线性、双三次等，还可以先下采样到某个倍率，然后上采样回目标缩放倍率，这种下采样-上采样的操作之间还可以插入其他的退化步骤。对于噪声的模拟更加复杂，除了常见的高斯噪声，还考虑了 JPEG 压缩带来的噪声（实际上是伪影），以及 ISP 噪声。对于 ISP 噪声的模拟，在前面去噪的相关部分曾经提到过，这个过程需要对 ISP 的各个组成模块进行模拟，以复原 ISP 对于图像画质的影响。实际在对 HR 图像进行模拟退化时，需要随机选择一些退化过程，然后在一定的限制下对各个退化模块的顺序进行**混排（Shuffle）**，从而合成更加复杂多样的 LR 退化结果。

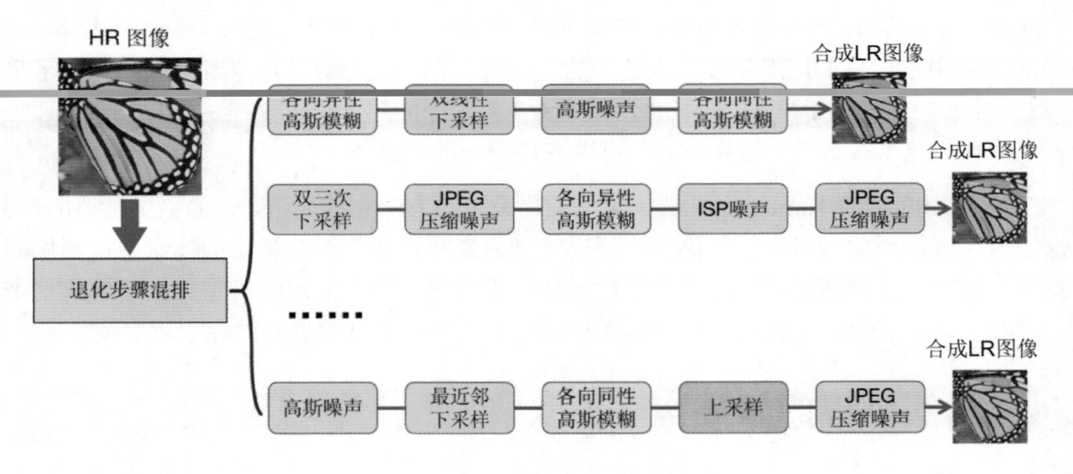

图 4-30　BSRGAN 退化模拟示意图

另一种退化模拟方案 **Real-ESRGAN**[15]与 BSRGAN 的思路比较相似，也对不同退化参数进行随机生成并用于复杂退化模拟。Real-ESRGAN 二阶退化示意图如图 4-31 所示。

Real-ESRGAN 采用高阶退化策略来模拟复杂退化。图中的一阶退化过程包含模糊退化、尺寸缩放、噪声注入及 JPEG 压缩操作，然后对一阶退化操作后的结果进行退化，即“二阶退化”。这种方式合成出来的 LR 图像更加复杂，画质损失往往也更加严重，从而有助于网络适应不同场景。在模糊退化操作中，与 BSRGAN 类似，Real-ESRGAN 也考虑了各向同性高斯核与各向异性高斯核进行滤波，以及双线性、双三次等不同的缩放策略。对于噪声类型，Real-ESRGAN 考虑了高斯噪声、泊松噪声，并且考虑了灰度噪声和彩噪，JPEG 压缩部分通过设定随机的压缩质量来产生不同程度的退化。

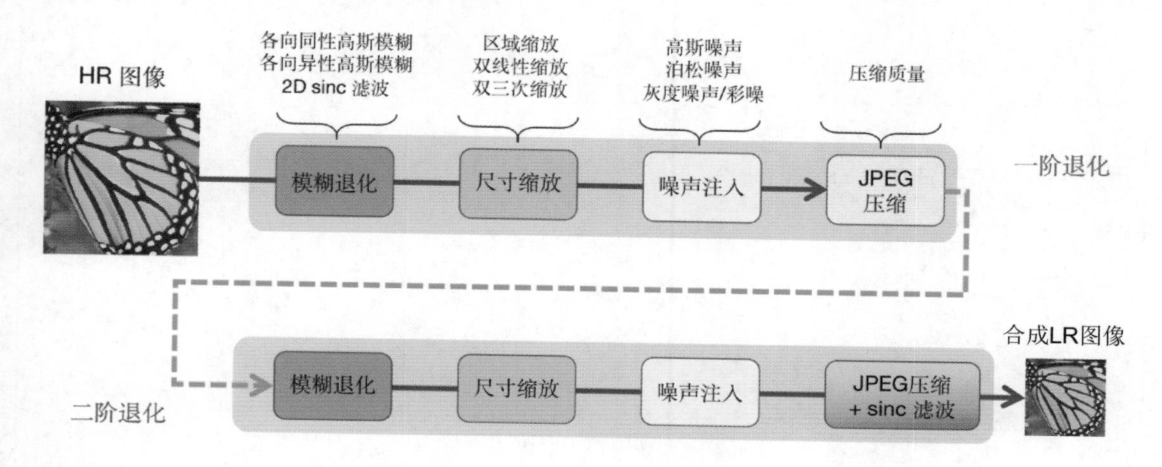

图 4-31　Real-ESRGAN 二阶退化示意图

另外，为了模拟真实图像中常见的**振铃状伪影**（Ringing Artifact，即图像边缘多出一圈反转的边），Real-ESRGAN 还引入了 **2D sinc 核**来模拟这种现象。sinc 函数是中心能量集中且多旁瓣的一种函数，2D sinc 即其二维形式，1D sinc 函数与 2D sinc 函数的图像如图 4-32 所示。

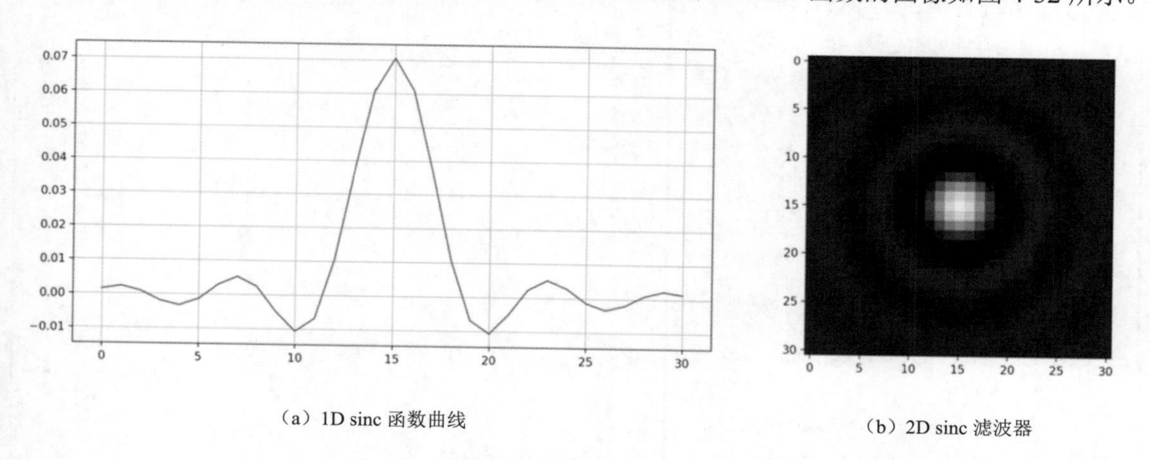

（a）1D sinc 函数曲线　　（b）2D sinc 滤波器

图 4-32　1D sinc 函数与 2D sinc 函数的图像

sinc 函数的旁瓣性质，使其可以较好地模拟振铃状伪影，下面用代码实现图像的 2D sinc 模糊滤波并展示其效果。代码如下所示，这里的 circular_lowpass_kernel 函数即 2D sinc 滤波器，参考自 Real-ESRGAN 官方网站的实现代码（BasicSR）。

```
import os
import cv2
```

```
import numpy as np
import torch
import torch.nn.functional as F
from scipy import special

def circular_lowpass_kernel(cutoff=3, kernel_size=7, pad_to=0):
    """
    2D sinc filter
    """
    assert kernel_size % 2 == 1, \
            'Kernel size must be an odd number.'
    kernel = np.fromfunction(
        lambda x, y: cutoff * special.j1(cutoff * np.sqrt(
            (x - (kernel_size - 1) / 2)**2
            + (y - (kernel_size - 1) / 2)**2))
            / (2 * np.pi * np.sqrt(
            (x - (kernel_size - 1) / 2)**2
            + (y - (kernel_size - 1) / 2)**2) + 1e-10),
            [kernel_size, kernel_size])
    kernel[(kernel_size - 1) // 2,
          (kernel_size - 1) // 2] = cutoff**2 / (4 * np.pi)
    kernel = kernel / np.sum(kernel)
    if pad_to > kernel_size:
        pad_size = (pad_to - kernel_size) // 2
        kernel = np.pad(kernel,
                ((pad_size, pad_size), (pad_size, pad_size)))
    return kernel


def simulate_ringing(img, cutoff=np.pi/3, ksize=11, pad_to=0):
    """
        img: torch.Tensor [h, w, c]
        cutoff, ksize, pad_to: 对应于sinc函数参数
    """
    # 获取 kernel
    sinc_kernel = circular_lowpass_kernel(cutoff, ksize, pad_to)
    ksize = max(ksize, pad_to)
    sinc = torch.Tensor(sinc_kernel).reshape(1, 1, ksize, ksize)
    # 计算卷积
    pad = ksize // 2
```

```
    h, w, c = img.size()
    img = img.permute(2,0,1).unsqueeze(0)
    img = F.pad(img, (pad, pad, pad, pad), mode='reflect')
    img = img.transpose(0, 1) # [c, 1, h_paded, w_paded]
    ringed = F.conv2d(img, sinc).squeeze(1).permute(1, 2, 0)
    return ringed


if __name__ == "__main__":
    img = cv2.imread('../datasets/srdata/Set14/flowers.bmp')
    img_ten = torch.FloatTensor(img)
    ring_out = simulate_ringing(img_ten).numpy()
    ring_out = np.clip(ring_out, a_min=0, a_max=255)
    os.makedirs('./results/degrade/', exist_ok=True)
    cv2.imwrite('./results/degrade/sinc.png', ring_out.astype(np.uint8))
```

2D sinc 滤波振铃状伪影模拟效果如图 4-33 所示，可以看出，输出图像除了模糊，还在边缘处产生了一些伪影，类似经过压缩等降质带来的退化。

（a）输入图像　　（b）模拟效果

图 4-33　2D sinc 滤波振铃状伪影模拟效果

4.4.2　图像域迁移：CycleGAN 类网络与无监督超分辨率

除了直接通过制备退化数据的方式来处理真实世界超分辨率任务，还有另外一类方案通过 GAN 来直接学习从低质图像域到高清图像域的相互转换过程。这类方案利用了 GAN 对于输出所在分布的约束作用，直接进行域到域之间的迁移，从而可以在无监督（无配对数据）的设定下处理真实世界盲超分辨率问题。下面介绍几种较为典型的方案。

首先，对于未配对的两组数据集，分别为低质低分辨率图像（记为 LQ 图像，Low-Quality，表示不仅分辨率低，而且附加了真实世界的其他退化，如噪声等，以便与仅分辨率低但是无噪声的 LR 图像相区别）和高清图像（即 HR 图像）。一个直接的方案就是直接利用 CycleGAN 的思路，从 HR—LQ 及 LQ—HR 两个方向分别进行生成，并用各自的判别器监督输出分布。该方案最早在人脸超分辨率任务上被应用，该参考文献的题目就是其核心思想：为了学习超分辨率，需要先用 GAN 来学习如何退化[16]。CycleGAN 无监督超分辨率流程图如图 4-34 所示。

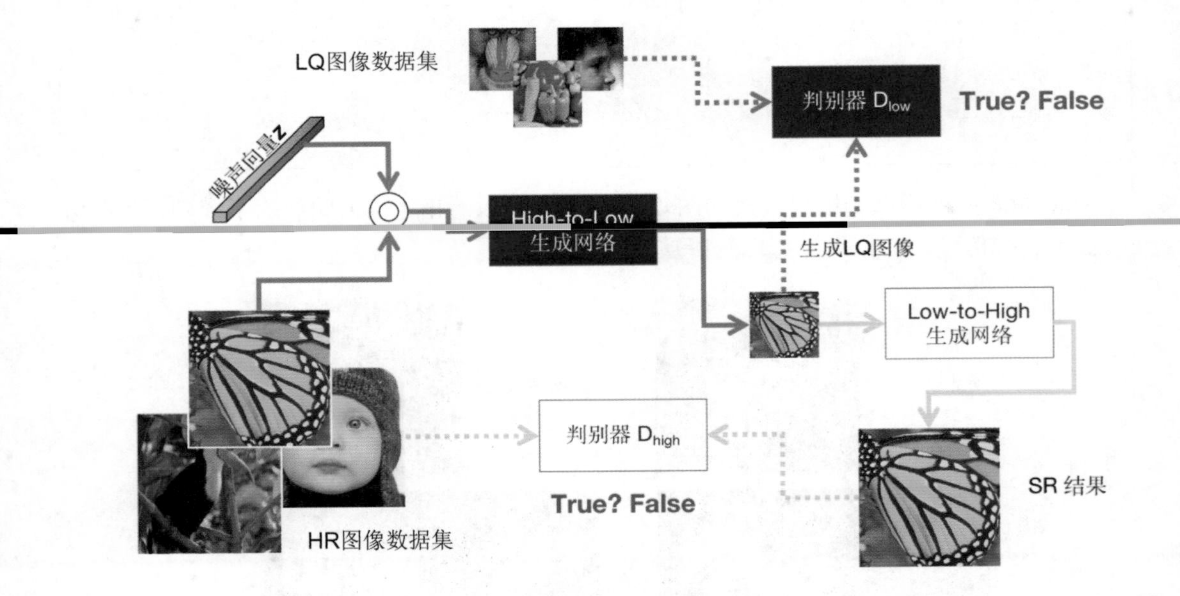

图 4-34 CycleGAN 无监督超分辨率流程图

如图 4-34 所示，该方案利用 High-to-Low 生成网络，对 HR 图像数据集中的图像进行下采样，生成 LQ 图像，然后利用判别器 D_{low} 进行约束，优化使得生成的 LQ 图像和真实的 LQ 图像数据集分布一致，即生成的 LQ 图像中包含真实的模糊和噪声等退化。然后，将 LQ 图像反过来通过一个 Low-to-High 生成网络（实际上就是 SR 网络），得到 SR 结果，即高分辨率尺寸且高质量的图像。这里利用另一个判别器 D_{high} 来保证 SR 结果与真实 HR 图像更相似。另外，由于进行处理的 HR 图像（即图中所示的蝴蝶图像）完成了从 HR 到 LQ 再到 SR 的过程，因此可以通过 L2 损失对其内容进行约束。但是相比于 ESRGAN 等基于 GAN 模型的超分辨率网络以 GAN-loss 作为优化视觉感知效果的辅助损失来说，这里的 GAN-loss 是算法的核心内容，因为生成的 LQ 图像需要在无监督的情况下被判断是否符合真实 LQ 图像分布。基于这种 CycleGAN 类的思路，衍生出了很多改进方案。一个比较经典的改进就是 CinCGAN 模型[17]。

CinCGAN 的全称为 **Cycle-in-Cycle GAN**，该模型相对于上述方案的优化主要在于它不直接在小尺寸下的 LQ 图像与大尺寸下的 HR 图像之间进行相互的生成，而是通过一个中介，即干净无噪的、仅有下采样操作的 LR 图像。由于 LQ 图像通常既有模糊退化又有噪声，因此如果直接对 LQ 图像进行上采样，那么容易将噪声模式也放大。因此，CinCGAN 采取的思路是：先将 LQ 图像利用 CycleGAN 结构转换到 LR 图像域中，然后利用另一个 CycleGAN 将其超分辨率到高质量图像空间，即 HR 图像域。CinCGAN 模型结构示意图如图 4-35 所示。

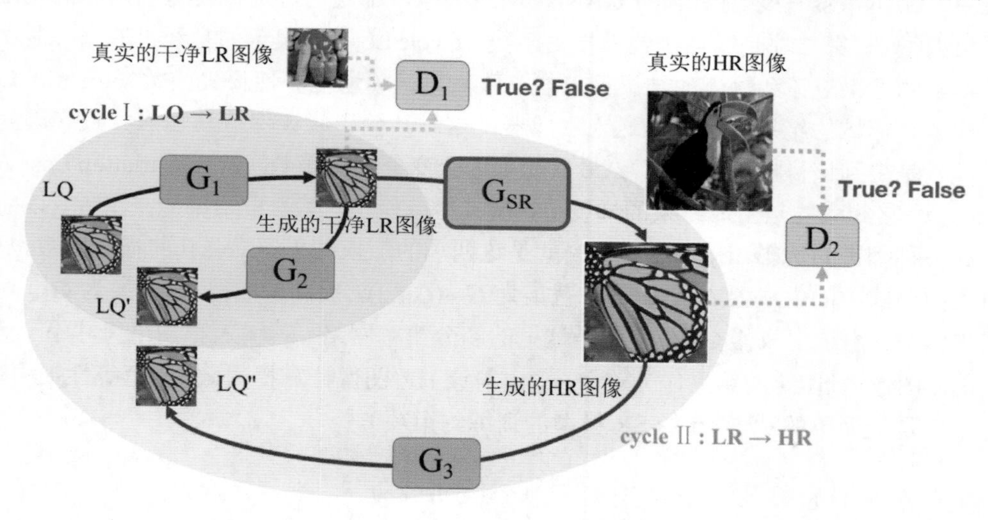

图 4-35　CinCGAN 模型结构示意图

CinCGAN 的输入为两组不配对的数据集：一组为大尺寸高清图像，另一组为经过了实际退化过程的小尺寸低质图像。首先，CinCGAN 内层的 CycleGAN 结构用于将复杂退化 LQ 图像转换到与 BI 的 LR 图像（干净 LR 图像）相同的分布，输入 LQ 图像通过 G_1 映射得到干净 LR 图像的预测结果，然后将其通过 G_{SR} 网络上采样到高质量超分辨率结果。为了施加 CycleGAN 形式的循环一致性约束，还通过 G_2 和 G_3 两个生成器将得到的输出反向映射回 LQ 图像（即输入的数据）。在整个过程中，G_1 和 G_2 形成了 cycle Ⅰ，通过 D_1 约束得到的干净 LR 图像分布符合预期；而 G_1+G_{SR} 和 G_3 形成了 cycle Ⅱ，通过 D_2 约束得到的 HR 图像的视觉效果更好。

在损失函数方面，CinCGAN 主要考虑了四种类型的损失，以内层的 LQ→LR 的 cycle Ⅰ 为例，其损失函数为以下几项的加权和：

$$L_{\mathrm{GAN}}^{\mathrm{LR}}=\frac{1}{N}\sum_{i}\left\|D_{1}\left(G_{1}\left(x_{i}\right)\right)-1\right\|_{2}$$

$$L_{\mathrm{cyc}}^{\mathrm{LR}}=\frac{1}{N}\sum_{i}\left\|G_{2}\left(G_{1}\left(x_{i}\right)\right)-x_{i}\right\|_{2}$$

$$L_{\mathrm{idt}}^{\mathrm{LR}}=\frac{1}{N}\sum_{i}\left\|G_{1}\left(y_{i}\right)-y_{i}\right\|_{1}$$

$$L_{\mathrm{TV}}^{\mathrm{LR}}=\frac{1}{N}\sum_{i}\left[\left\|\nabla_{h}G_{1}\left(x_{i}\right)\right\|_{2}+\left\|\nabla_{w}G_{1}\left(x_{i}\right)\right\|_{2}\right]$$

其中，GAN-loss 与之前讲到的 GAN 类网络类似，都是通过优化使得判别器的输出在生成器结果上得 1。第二项是循环一致性损失函数（Cycle Loss），表示的是经过 G_1 和 G_2 循环回来后，得到的结果应该和输入的结果尽可能一致。第三项为恒等性损失函数（Identity Loss），它将生成器目标域的结果作为输入送入生成器，这时其输出应该保持与输入一致（因为生成器的目标就是得到该目标域的结果）。最后一项为全变分损失函数（Total Variation Loss，简记为 TV-loss），它约束的是生成结果的梯度值，使其尽可能小，即约束结果的平滑性，以防止出现噪声和各种细密的伪影。cycle Ⅰ 的损失就是这四项的加权结果。cycle Ⅱ 的损失函数也类似，需要将上面公式中的生成器 $G_1(\cdot)$的部分替换为 $G_{SR}(G_1(\cdot))$，反向生成器 G_2 替换为 G_3。对于恒等性损失函数，由于生成器 G_{SR}，也就是这里的超分辨率网络，其输入和输出尺寸不一致，因此采用 HR 图像通过 BI 的结果作为输入，输出与该 HR 图像计算损失，作为恒等性损失项（这个实际上就是最简单的对于 BI 的 SR 模型的训练约束项）。

4.4.3 扩散模型的真实世界超分辨率：StableSR

扩散模型（Diffusion Model）是一种生成模型，它可以通过多步迭代的方式从噪声输入中生成内容。通过条件对扩散模型进行控制，可以用它来实现多种不同的任务，如图像生成、多模态图像编辑等。扩散模型在任务类型上与 GAN 和 VAE（Variational Autoencoder）等生成类模型类似，由于其强大的生成能力，使得该类模型在近期热门的 AIGC 类任务中获得了广泛应用。它的基本过程如下：对于要生成的图像，首先对其进行逐步加噪声的过程，这个过程可以看作原图像与噪声的加权和，随着操作步数 t 的增加，噪声的比重会逐渐变大，当 t 趋向无穷时，可以认为得到的就是噪声图像。这个过程被称为**前向过程（Forward Process）**，或者被形象地称为**扩散过程（Diffusion Process）**。在得到了噪声图像后，通过神经网络进行**逆向过程（Reverse Process）**，以逐步预测并去除每一步骤的噪声，最终得到无噪声的图像。当这个网络训练好后，由于其输入可以看作噪声图像，因此对于一张输入的噪声图像，网络可生成符合原始训练数据分布的图像。这就是扩散模型用于图像生成的基本流程。扩散模型基本流程示意图如图 4-36 所示。

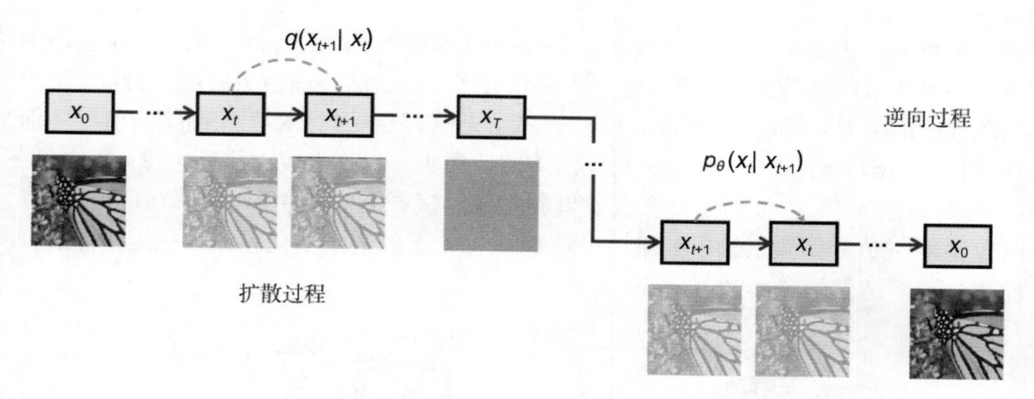

图 4-36　扩散模型基本流程示意图

扩散模型的一个经典改进是 **Stable Diffusion 模型（SD 模型）**，SD 模型已经被广泛应用于文本图像生成（Text to Image，通常简称为“文生图”）、图像编辑等各种 AIGC 场景。SD 模型的主要改进是引入了隐空间（Latent Space），即将图像编码到低维向量中，该低维向量可以反映图像的语义信息，然后采用解码器利用低维向量得到生成的高分辨率图像。SD 模型在隐空间进行扩散和生成，对于文本图像生成任务，需要以文本的编码为引导，将噪声隐向量逐步转换为具有文本所指示语义信息的隐向量，并解码为所需要的图像。

扩散模型强大的生成能力，使得它也可以被用于画质恢复等任务中。扩散模型在超分辨率任务上也已经有了一些研究和应用，比如 **SR3（Super-Resolution via Repeated Refinement）** 和 **SR3+** 算法。SR3 算法通过对 HR 图像逐步加噪的过程得到噪声图像，并利用 LR 图像作为条件引导扩散逆过程，从而在噪声图像中构建生成对应的 HR 图像；SR3+算法在 SR3 算法的基础上针对真实图像的盲超分辨率进行了改进，包括引入复杂的退化过程，以及**噪声条件增强（Noise Condition Augmentation）**，从而实现了对于真实世界图像的更加鲁棒的超分辨率结果。

另外一个效果比较好的基于扩散模型的超分辨率算法是 **StableSR 算法**[18]。它将 SD 模型作为一种图像先验，由于训练文本图像生成的 SD 模型里面已经有了非常丰富的图像内容信息，因此 StableSR 算法并没有对其中用到的 SD 模型从头进行训练，而是在其中插入了几个模块，并对模块的参数进行训练。StableSR 的模型结构如图 4-37 所示。

首先，在扩散模型的去噪 UNet 中，StableSR 加入了特征调制模块，即通过 **SFT（Spatial Feature Transform）** 层学习到仿射变换参数，并对特征图进行映射。另外，**时间感知编码器（Time-Aware Encoder）** 可以用于将时间信息（扩散和逆过程的迭代步骤）通过编码嵌入到每次迭代中，从而自适应调整特征。最后，还有一个重要的模块，就是**可控特征装配（Controllable Feature Wrapping，CFW）模块**。StableSR 采用了 VQGAN 的编码器和解码器，由于经过了 SD 模型后，得到的图像更偏向于生成而非恢复，虽然视觉质量和效果会相对更好，但是保真度往往会变差。为了在保真度和视觉感知效果之间进行折中，需要通过 CFW

模块调节系数 w。从图 4-37 中可以看出，w 控制的是两个支路的比例关系。一个支路的特征来源于编码器和解码器的融合结果，这个支路包含了 LR 图像特征域生成后的特征。这个支路的影响越强（w 越大），输出保真度越好，输出结果越容易受到 LR 图像结构的引导。而另一个支路就是解码器的特征，较小的 w 对应的支路比重大，因此生成的痕迹更重，保真度下降，但画质效果可能会更好。下面用几张真实世界图像测试 StableSR 的效果（w=0.5），另外，对一张图像调整 w 值分别测试输出效果，以观察不同 w 下的效果变化。StableSR 在真实世界数据上的超分辨率结果如图 4-38 所示。

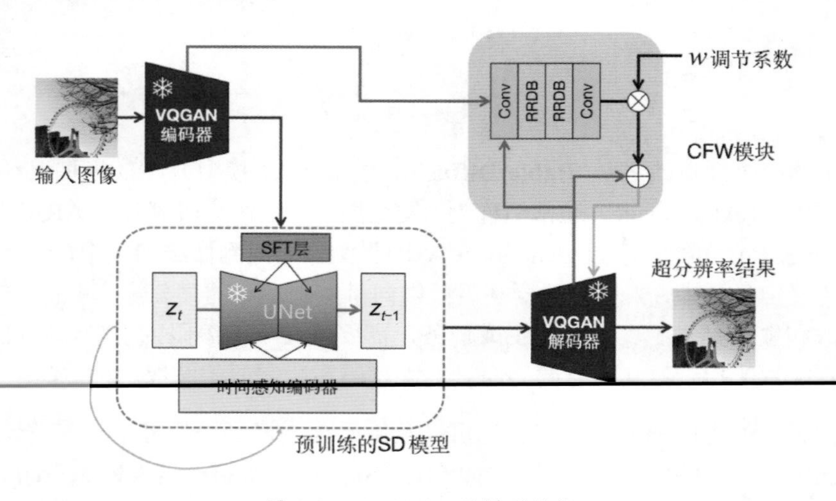

图 4-37 StableSR 的模型结构

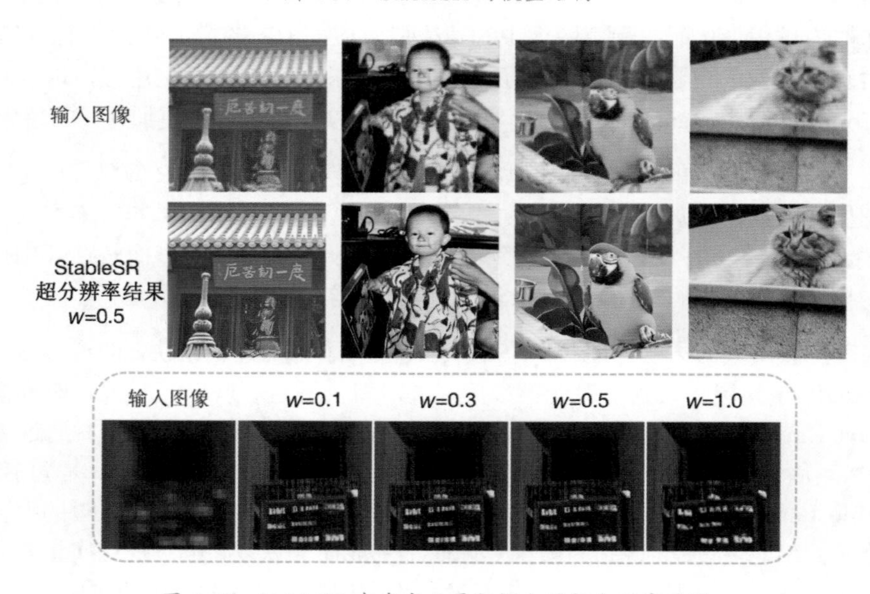

图 4-38 StableSR 在真实世界数据上的超分辨率结果

可以看出，StableSR 的画质效果更加逼真，细节和纹理区域（如最后一张图像中猫的毛发和砖墙的纹理等）也能有真实且自然的视觉效果。但是对于文字等有意义的纹理区域（如第一张图像中的牌匾），还是会产生扭曲和伪影。通过调整 w 可以看出，w 越大，图像越倾向于模糊，但是与 LR 图像的匹配程度越高，说明此时的保真度更好，反之则效果清晰，但是偏向于生成，保真度较差。

4.5 超分辨率模型的轻量化

接下来讨论超分辨率任务的另一个重要问题：模型的轻量化。在实际应用中，由于计算资源的限制，以及对于运行时间和功耗的要求，在保证效果的基础上，往往更倾向于计算量和参数量更小的模型。高阶语义任务（分类、检测等）模型由于物体的类别属性具有尺度不变性，因此可以将模型缩减至较小的尺寸。而对于超分辨率模型，由于需要输出一个等尺寸甚至更大尺寸的密集像素级预测，因此实现轻量化有一定的难度。目前，超分辨率任务已有了一些较为有效的方案来降低计算量或参数量，下面分别进行介绍。

4.5.1 多分支信息蒸馏：IMDN 与 RFDN

IMDN（Information Multi-Distillation Network）[19]是一种经典的轻量化超分辨率网络，它的核心思想是多分支信息蒸馏，即通过将得到的特征图递归地进行拆分（Split）和不对称的后续操作，将部分特征图直接传到最后的融合阶段，而剩下的部分继续进行卷积等操作对特征进一步提取。最后对上述得到的特征图进行拼接并融合。IMDN 及其基本单元 IMDB 的结构如图 4-39 所示。

下面介绍 IMDN 的整体结构，主要分为三个部分：浅层特征提取、深层特征提取与恢复，以及最后的基于恢复后特征的高分辨率图像重建。其中浅层特征提取与基于恢复后特征的高分辨率图像重建部分与常见的超分辨率模型中的部分相似，而中间部分则采用了 IMDB 进行串联，并将各模块的输出都传入最后的融合层进行融合处理。然后，将浅层特征通过跳线直连到处理后的结果中，使得整个深层特征处理部分仅学习残差。最后，通过卷积与 PixelShuffle 上采样，得到重建后的超分辨率结果。

IMDB 是 IMDN 效果的主要来源，它采用了一种特殊的信息处理方式，即**渐进修正模块（Progressive Refinement Module）**，相当于将一个串联模块中不同位置的信息都保留一部分直接用于最后的融合。对于超分辨率任务来说，各级处理得到的特征图中可能都存在有益于最后重建的结果，但是通常的方案将浅层特征经过后面的处理后，这些有效的信息可能也会受到损失，IMDB 通过将通道拆分为两部分的方式，强制保证一部分特征通道不被后续的操作所影响，从而尽可能保留原始提取到的信息。IMDB 的过程如下：首先，对输入的特征图进行卷积处理，得到的特征图按照一定比例对通道进行拆分，比如取出 1/4 的通道直接传入后面的融合，剩下的 3/4 通道继续进行操作。以输入为 64 个通道、比例为 1/4 为例，经过第一层卷积后，得到的结果为 64 个通道的，经过拆分，16 个通道的结果被直接保留，剩下 48 个通道的结果继续进行计算。下一层卷积层的输入为 48 个通道，输出为 64 个通道，这 64 个通道继续被拆分为 16 个通道+48 个通道，以此类推，最后一层卷积层直接输出 16 个通道的特征图，这样每层得到的 16 个通道的特征图在最后拼接为 16×4=64 个通道的特征图，然后通过后续模块进行融合。

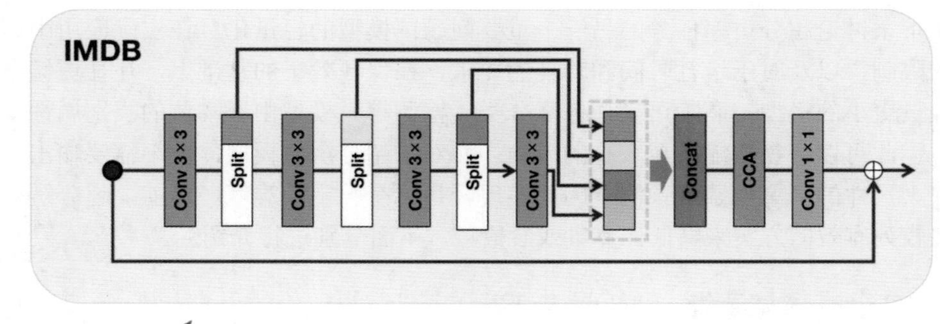

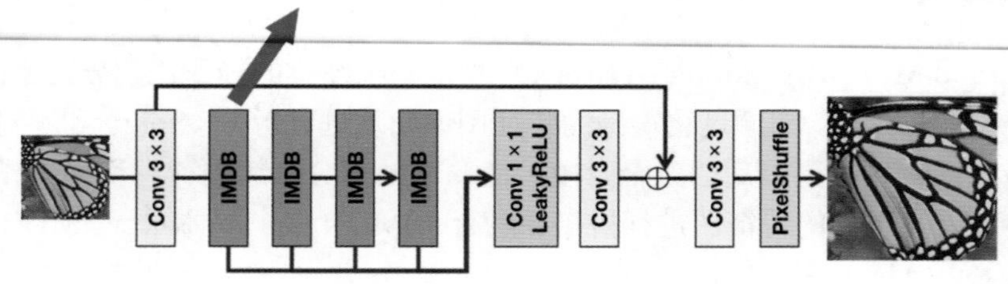

图 4-39 IMDN 及其基本单元 IMDB 的结构

IMDB 中最后除了 1×1 卷积，还有一个 CCA 模块。该模块的全称为 Contrast-aware Channel Attention，即对比度感知的通道注意力。不同于高阶语义任务中的通道注意力机制直接对特征图进行 GAP 以获取激活值较大的区域，超分辨率的注意力需要考虑纹理、边缘等细节信息。因此，CCA 模块将 GAP 替换为各个通道的标准差和均值，用于后续计算注意力图。实验表明，IMDN 可以以较小的参数量达到较好的超分辨率性能，因此也常被用作轻量化 SR 模型的基线。

对于 IMDN 的一个改进方案是 **RFDN（Residual Feature Distillation Network）**[20]，即残差特征蒸馏网络。它的基础模块是 RFDB，其结构示意图如图 4-40 所示。

RFDB 取消了 IMDB 中的通道拆分操作，尽管实验表明这种结构有助于提高效果，但是 3×3 卷积结合通道拆分的策略并不是特别高效，并且可适应性有限，由于拆分后输入和输出的通道数不同，因此也无法采用恒等映射的方式进行残差学习。在 RFDB 中，1×1 卷积操作被用来作为通道拆分的一个等效结构，主要目的是代替直接拆分而实现通道压缩。这样的修改使得主通路上的卷积可以保持输入、输出的通道数一致，从而便于引入残差模块，在不增加参数量的前提下优化训练，这就是图 4-40 中的 **SRB**（**Shallow Residual Block**）。在整体结构上，RFDB 沿用了 IMDB 的多分支信息蒸馏结构，最终使得 RFDN 在更少参数量和计算量下的效果超越 IMDN 的。

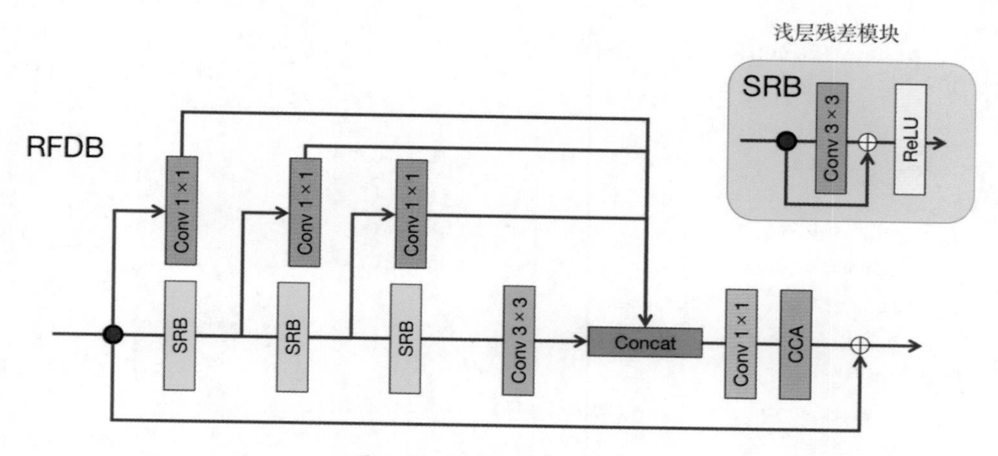

图 4-40　RFDB 结构示意图

下面通过代码实现 IMDB 和 RFDB 的结构，从而更清楚地了解其具体计算过程。

```
import torch
import torch.nn as nn

class CCA_Module(nn.Module):
    """
    Contrast-aware Channel Attention module
    [Block] -- ChannelStd -|
        |_____ GlobalPool -+- FC - ReLU - FC - Sigmoid - x -
        |_______________________________________________|
        nf (int): 特征通道数
        sf (int): 压缩比例系数
    """
    def __init__(self, nf, sf=16):
        super(CCA_Module, self).__init__()
        self.avg_pool = nn.AdaptiveAvgPool2d(1)
        self.attn = nn.Sequential(
            nn.Conv2d(nf, nf // sf, 1, padding=0, bias=True),
```

```
            nn.ReLU(inplace=True),
            nn.Conv2d(nf // sf, nf, 1, padding=0, bias=True),
            nn.Sigmoid()
        )

    def stdv_channels(self, featmap):
        """
        featmap (torch.tensor): [b, c, h, w]
        """
        assert(featmap.dim() == 4)
        channel_mean = featmap.mean(3, keepdim=True)\
                            .mean(2, keepdim=True)
        channel_variance = (featmap - channel_mean)\
            .pow(2).mean(3, keepdim=True).mean(2, keepdim=True)
        return channel_variance.pow(0.5)

    def forward(self, x):
        y = self.stdv_channels(x) + self.avg_pool(x)
        y = self.attn(y)
        return x * y

# ============================ #
#           IMDB               #
# ============================ #

class IMDB_Module(nn.Module):
    """
    -- conv -- split -------------------- cat - CCA - conv -
                 |__ conv -- split --------|
                              |___ conv --|
    """
    def __init__(self, n_feat, num_split=3) -> None:
        super(IMDB_Module, self).__init__()
        distill_rate = 1.0 / (num_split + 1)
        self.nf_distill = int(n_feat * distill_rate)
        self.nf_remain = n_feat - self.nf_distill
        self.level = num_split + 1

        self.conv_in = nn.Conv2d(n_feat, n_feat, 3, 1, 1)
```

```
        conv_r_ls = []
        for i in range(num_split):
            if i < num_split - 1:
                conv_r_ls.append(
                    nn.Conv2d(self.nf_remain,
                              n_feat, 3, 1, 1)
                    )
            else:
                conv_r_ls.append(
                    nn.Conv2d(self.nf_remain,
                              self.nf_distill, 3, 1, 1)
                              )
        self.conv_remains = nn.ModuleList(conv_r_ls)
        self.conv_out = nn.Conv2d(self.nf_distill * self.level,
                                  n_feat, 1, 1, 0)
        self.lrelu = nn.LeakyReLU(inplace=True)
        self.cca = CCA_Module(n_feat)

    def forward(self, x):
        feat_in = self.conv_in(x)
        out_d0, out_r = torch.split(feat_in,
                                    (self.nf_distill, self.nf_remain), dim=1)
        print(f"[IMDB] split no.0, out_d: "\
            f" {out_d0.size()}, out_r: {out_r.size()}")
        distill_ls = [out_d0]
        for i in range(self.level - 2):
            out_dr = self.lrelu(self.conv_remains[i](out_r))
            # out_d 和 out_r 分别为每一次分裂的 distill 和 remain 部分
            out_d, out_r = torch.split(
                                out_dr,
                                (self.nf_distill, self.nf_remain), dim=1)
            print(f"[IMDB] split no.{i + 1}, "\
                f"out_d: {out_d.size()}, out_r: {out_r.size()}")
            distill_ls.append(out_d)
        out_d_last = self.conv_remains[self.level - 2](out_r)
        print(f"[IMDB] last conv size: {out_d_last.size()}")

        distill_ls.append(out_d_last)
        fused = torch.cat(distill_ls, dim=1)
```

```
        print(f"[IMDB] fused size: {fused.size()}")
        fused = self.cca(fused)
        print(f"[IMDB] CCA out size: {fused.size()}")
        out = self.conv_out(fused)
        print(f"[IMDB] conv1x1 size: {fused.size()}")
        return out + x


# ============================ #
#          RFDB              #
# ============================ #

class SRB(nn.Module):
    """
    浅层残差模块，用于构建 RFDB
    shallow residual block
    --- conv3 -- + --
     |___________|
    """
    def __init__(self, nf) -> None:
        super().__init__()
        self.conv = nn.Conv2d(nf, nf, 3, 1, 1)

    def forward(self, x):
        out = self.conv(x) + x
        return out


class RFDB_Module(nn.Module):
    """
     -- conv -- conv1 ----------- cat -- conv -- CCA -
             |__conv3 --- conv1 ----|
                      |__conv3 ----|
    """
    def __init__(self, n_feat, nf_distill, stage):
        super().__init__()
        self.nf_dis = nf_distill
        self.stage = stage

        conv_d_ls = [nn.Conv2d(n_feat, self.nf_dis, 1, 1, 0)]
```

```
        conv_r_ls = [SRB(n_feat)]
        for i in range(1, self.stage - 1):
            conv_d_ls.append(nn.Conv2d(n_feat, self.nf_dis, 1, 1, 0))
            conv_r_ls.append(SRB(n_feat))
        conv_d_ls.append(nn.Conv2d(n_feat, self.nf_dis, 3, 1, 1))
        self.conv_distill = nn.ModuleList(conv_d_ls)
        self.conv_remains = nn.ModuleList(conv_r_ls)
        self.conv_out = nn.Conv2d(self.nf_dis * stage, n_feat, 1, 1, 0)
        self.relu = nn.ReLU(inplace=True)
        self.cca = CCA_Module(n_feat)

    def forward(self, x):
        cur = x.clone()
        distill_ls = []
        for i in range(self.stage):
            out_d = self.conv_distill[i](cur)
            distill_ls.append(out_d)
            if i < self.stage - 1:
                cur = self.conv_remains[i](cur)
                print(f"[RFDB] stage {i}, "\
                    f"distill: {out_d.size()}, remain: {cur.size()}")
            else:
                print(f"[RFDB] stage {i}, distill: {out_d.size()}")
        fused = torch.cat(distill_ls, dim=1)
        print(f"[RFDB] fused size: {fused.size()}")
        out = self.conv_out(fused)
        print(f"[IMDB] conv1x1 size: {out.size()}")
        out = self.cca(out)
        print(f"[IMDB] CCA out size: {out.size()}")
        return out + x


if __name__ == "__main__":
    dummy_in = torch.randn(4, 32, 64, 64)
    # 测试 IMDB
    imdb = IMDB_Module(n_feat=32, num_split=3)
    imdb_out = imdb(dummy_in)
    print('IMDB output size : ', imdb_out.size())
    # 测试 RFDB
```

```
    rfdb = RFDB_Module(n_feat=32, nf_distill=8, stage=4)
    rfdb_out = rfdb(dummy_in)
    print('RFDB output size : ', rfdb_out.size())
```

测试结果如下所示（注意 remain 部分 IMDB 与 RFDB 的通道数差异）。

```
[IMDB] split no.0, out_d:  torch.Size([4, 8, 64, 64]), out_r: torch.Size([4,
24, 64, 64])
[IMDB] split no.1, out_d: torch.Size([4, 8, 64, 64]), out_r: torch.Size([4,
24, 64, 64])
[IMDB] split no.2, out_d: torch.Size([4, 8, 64, 64]), out_r: torch.Size([4,
24, 64, 64])
[IMDB] last conv size: torch.Size([4, 8, 64, 64])
[IMDB] fused size: torch.Size([4, 32, 64, 64])
[IMDB] CCA out size: torch.Size([4, 32, 64, 64])
[IMDB] conv1x1 size: torch.Size([4, 32, 64, 64])
IMDB output size :  torch.Size([4, 32, 64, 64])
[RFDB] stage 0, distill: torch.Size([4, 8, 64, 64]), remain: torch.Size([4,
32, 64, 64])
[RFDB] stage 1, distill: torch.Size([4, 8, 64, 64]), remain: torch.Size([4,
32, 64, 64])
[RFDB] stage 2, distill: torch.Size([4, 8, 64, 64]), remain: torch.Size([4,
32, 64, 64])
[RFDB] stage 3, distill: torch.Size([4, 8, 64, 64])
[RFDB] fused size: torch.Size([4, 32, 64, 64])
[IMDB] conv1x1 size: torch.Size([4, 32, 64, 64])
[IMDB] CCA out size: torch.Size([4, 32, 64, 64])
RFDB output size :  torch.Size([4, 32, 64, 64])
```

4.5.2 重参数化策略：ECBSR

下面讨论一种基于重参数化策略的轻量级超分辨率网络：**ECBSR（Edge-oriented Convolution Block for SR）**[21]。它的推理结构较为简单、直接，适应性强，便于在移动端等不同平台部署，同时推理速度更快，效果也比较好。首先来了解一下 ECBSR 中的核心操作：**重参数化（Reparameterization）**。

重参数化简单来说指的是这样一种网络模块的设计方案：这个模块在训练和推理时可以有不同的结构，但是计算结果完全一致。比如，设想对一个输入特征图分别使用两个卷积层进行卷积处理，然后将两个结果求和进行合并，那么这个操作就等效于直接将两个卷积核相加（有偏置的也要操作），用这个卷积核作为新的卷积层对输入进行处理。可以看到，如果在训练时通过两个并联的卷积层进行训练，那么在推理时并不需要计算两份结果，直接用一个等效的卷积层就可以得到同样的结果。这种将原来的参数进行重新整理和组合（如上面的卷积核相加），形成等效结构（通常是更精简的结构）的过程，就是重参数化。

重参数化有很多代表性模型，如 ACNet、RepVGG、Diverse Branch Block 等，下面结合 ACNet 和 RepVGG 的结构，简单讨论重参数化的原理与思路。ACNet 和 RepVGG 的重参数化示意图如图 4-41 所示。

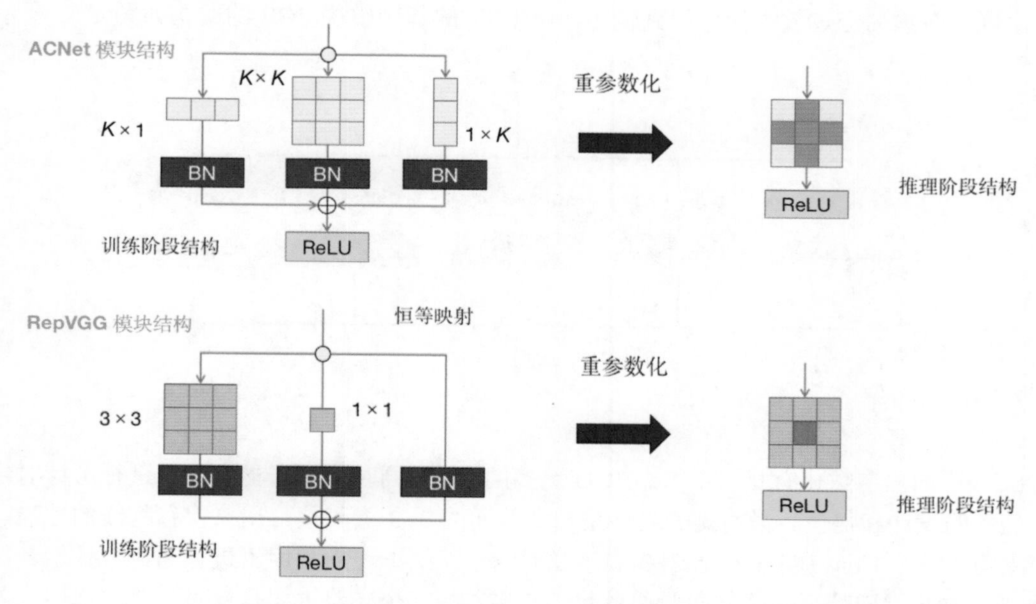

图 4-41　ACNet 和 RepVGG 的重参数化示意图

首先来看 ACNet（Asymmetric Convolution Network）模块，即非对称卷积模块。它是由平行的三个卷积操作组成的，其中，三个卷积核的尺寸分别为 $K \times K$、$K \times 1$ 和 $1 \times K$，每个卷积层后接 BN 层。在训练过程中对这样的并联多支路模块组成的网络进行优化，由于三个卷积核的形态不同，因此可以期望它们学习到不同的信息，用于增强网络的表达能力。而在模型推理阶段，可以通过重参数化过程，将这个模块等效为一个 $K \times K$ 的卷积层。首先，对于各个卷积和之后的 BN 层，考虑到 BN 层和卷积操作的线性性质，经过简单整理，即可将 BN 层的系数吸收到前面的卷积核及其偏置中，形成新的卷积核参数与偏置参数。而对于平行的三个卷积层，将其卷积核与偏置相加，即可得到最终等效卷积层的参数。RepVGG 模块的操作也是类似的，它的主要改进是其模块结构的设计。RepVGG 的基本模块为并联的 3×3 卷积、1×1 卷积和恒等映射三个支路，其中每个支路都有 BN 层。与 ACNet 相同，首先将 BN 层吸收到卷积层中，然后对三个支路进行相加（1×1 的卷积需要填充成 3×3 的卷积以便对应相加）。RepVGG 通过这种模块设计及重参数化策略，使得 VGG 类型的直筒型简单网络结构（推理阶段）也可以获得很好的性能。

重参数化的优势在于其训练阶段可以用更为复杂的结构进行训练以获得更好的性能，而在推理时可以合并为简单结构以提高效率。ECBSR 模型在超分辨率任务中采用了该策略，在轻量化条件下取得了更好的效果，同时，由于最终重参数化完成后的网络主干部分都只有普通的 3×3 卷积，因此非常便于在端侧进行部署（通常移动端的计算模块对于 3×3 卷积都会做优化）。ECBSR 的整体网络结构较为普通，与常见的超分辨率网络类似，主干为多个基础模块的串联，在最后经过放大操作得到输出。ECBSR 的基础模块 ECB 的结构如图 4-42 所示。

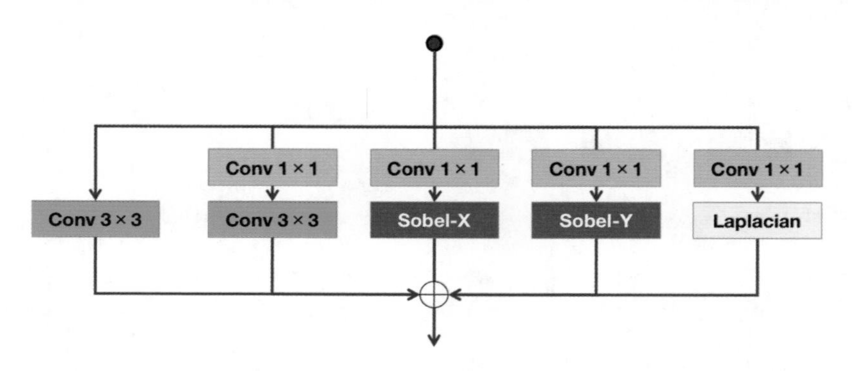

图 4-42 ECBSR 的基础模块 ECB 的结构

ECB 中的重参数化有相对于 RepVGG 更多的支路，同时在每个支路上还进行了针对超分辨率任务的设计和优化。最左侧的支路是一个普通的 3×3 卷积层，用来保存基线的性能。第二个支路是一个 Conv1×1 + Conv3×3 的串联支路，其中 1×1 卷积用于进行通道数扩增，然后通过 3×3 卷积提取特征并降维回原通道数。紧接着的三个支路主要是针对边缘的优化，前面也讨论过，边缘信息对于超分辨率任务是非常重要的，因此，这里通过 1×1 卷积后进行 X 和 Y 两个方向的 Sobel 算子提取梯度，以及通过 Laplacian 层提取二阶梯度，重点处理边缘特征的优化，边缘算子有对应可学习的尺度参数用于控制输出的强度。最后，将多个分支的结果相加，作为融合的特征结果进入激活层及后续操作。

对于 ECB 的结构，Conv1×1 + Conv3×3 串联支路可以整合成 3×3 卷积，在紧接着的三个支路中，Sobel 算子和 Laplacian 算子也都可以用卷积形式进行表示，因此也可以与前面的 Conv1×1 进行合并。最后，各个支路得到的等价 3×3 卷积核与偏置分别相加，可以得到这样一个结构的等效 3×3 卷积层，在推理时利用该卷积层进行计算，从而提高效率。

下面用 PyTorch 实现一个 ECB 模块，并测试其重参数化前后的结果。代码如下所示。

```
import torch
import torch.nn as nn
import torch.nn.functional as F

class Conv1x1Conv3x3(nn.Module):
    def __init__(self, in_ch, out_ch, mult=1.0):
        super().__init__()
        mid_ch = int(out_ch * mult)
        self.mid_ch = mid_ch
        conv1x1 = nn.Conv2d(in_ch, mid_ch, 1, 1, 0)
        conv3x3 = nn.Conv2d(mid_ch, out_ch, 3, 1, 1)
        self.k0, self.b0 = conv1x1.weight, conv1x1.bias
        self.k1, self.b1 = conv3x3.weight, conv3x3.bias
    def forward(self, x):
        # conv 1x1 (input, weight, bias, stride, pad)
        y0 = F.conv2d(x, self.k0, self.b0, 1, 0)
        y0 = F.pad(y0, (1, 1, 1, 1), 'constant', 0)
        b0_pad = self.b0.view(1, -1, 1, 1)
        y0[:, :, 0:1, :] = b0_pad
        y0[:, :, -1:, :] = b0_pad
        y0[:, :, :, 0:1] = b0_pad
        y0[:, :, :, -1:] = b0_pad
        out = F.conv2d(y0, self.k1, self.b1, 1, 0)
        return out
    def rep_params(self):
        # F.conv2d 默认 padding=0
        rep_k = F.conv2d(self.k1, self.k0.permute(1, 0, 2, 3))
        rep_b = self.b0.reshape(1, -1, 1, 1).tile(1, 1, 3, 3)
        # rep_b 尺寸为 3×3, k1 尺寸为 3×3, 输出尺寸为 1×1
        rep_b = F.conv2d(rep_b, self.k1).view(-1,) + self.b1
        return rep_k, rep_b


def gen_edge_tensor(nc, mode='sobel_x'):
    mask = torch.zeros((nc, 1, 3, 3), dtype=torch.float32)
    for i in range(nc):
        if mode == 'sobel_x':
            mask[i, 0, 0, 0] = 1.0
            mask[i, 0, 1, 0] = 2.0
```

```
            mask[i, 0, 2, 0] = 1.0
            mask[i, 0, 0, 2] = -1.0
            mask[i, 0, 1, 2] = -2.0
            mask[i, 0, 2, 2] = -1.0
        elif mode == 'sobel_y':
            mask[i, 0, 0, 0] = 1.0
            mask[i, 0, 0, 1] = 2.0
            mask[i, 0, 0, 2] = 1.0
            mask[i, 0, 2, 0] = -1.0
            mask[i, 0, 2, 1] = -2.0
            mask[i, 0, 2, 2] = -1.0
        else:
            assert mode == 'laplacian'
            mask[i, 0, 0, 1] = 1.0
            mask[i, 0, 1, 0] = 1.0
            mask[i, 0, 1, 2] = 1.0
            mask[i, 0, 2, 1] = 1.0
            mask[i, 0, 1, 1] = -4.0
    return mask


class Conv1x1SobelLaplacian(nn.Module):
    def __init__(self, in_ch, out_ch, mode='sobel_x'):
        # mode: ['sobel_x', 'sobel_y', 'laplacian']
        super().__init__()
        self.in_ch = in_ch
        self.out_ch = out_ch
        conv1x1 = nn.Conv2d(in_ch, out_ch, 1, 1, 0)
        self.k0, self.b0 = conv1x1.weight, conv1x1.bias
        scale = torch.randn(out_ch, 1, 1, 1) * 1e-3
        self.scale = nn.Parameter(scale)
        bias = torch.randn(out_ch) * 1e-3
        self.bias = nn.Parameter(bias)
        mask = gen_edge_tensor(out_ch, mode)
        self.mask = nn.Parameter(mask, requires_grad=False)
    def forward(self, x):
        y0 = F.conv2d(x, self.k0, self.b0, 1, 0)
        y0 = F.pad(y0, (1, 1, 1, 1), 'constant', 0)
        b0_pad = self.b0.view(1, -1, 1, 1)
```

```
        y0[:, :, 0:1, :] = b0_pad
        y0[:, :, -1:, :] = b0_pad
        y0[:, :, :, 0:1] = b0_pad
        y0[:, :, :, -1:] = b0_pad
        out = F.conv2d(y0, self.scale * self.mask,
                       self.bias, 1, 0, groups=self.out_ch)
        return out
    def rep_params(self):
        k1 = torch.zeros(self.out_ch, self.out_ch, 3, 3)
        scaled_mask = self.scale * self.mask
        for i in range(self.out_ch):
            k1[i, i, :, :] = scaled_mask[i, 0, :, :]
        rep_k = F.conv2d(k1, self.k0.permute(1, 0, 2, 3))
        rep_b = self.b0.reshape(1, -1, 1, 1).tile(1, 1, 3, 3)
        rep_b = F.conv2d(rep_b, k1).view(-1,) + self.bias
        return rep_k, rep_b


class EdgeOrintedConvBlock(nn.Module):
    def __init__(self, in_ch, out_ch, mult):
        super().__init__()
        self.conv3x3 = nn.Conv2d(in_ch, out_ch, 3, 1, 1)
        self.conv1x1_3x3 = Conv1x1Conv3x3(in_ch, out_ch, mult)
        self.conv1x1_sbx = Conv1x1SobelLaplacian(in_ch, out_ch, 'sobel_x')
        self.conv1x1_sby = Conv1x1SobelLaplacian(in_ch, out_ch, 'sobel_y')
        self.conv1x1_lap = Conv1x1SobelLaplacian(in_ch, out_ch, 'laplacian')
        self.prelu = nn.PReLU(num_parameters=out_ch)
    def forward(self, x):
        if self.training:
            print("[ECB] use multi-branch params")
            out = self.conv3x3(x)
            out += self.conv1x1_3x3(x)
            out += self.conv1x1_sbx(x)
            out += self.conv1x1_sby(x)
            out += self.conv1x1_lap(x)
        else:
            print("[ECB] use reparameterized params")
            rep_k, rep_b = self.rep_params()
            out = F.conv2d(x, rep_k, rep_b, 1, 1)
```

```
        out = self.prelu(out)
        return out
    def rep_params(self):
        k0, b0 = self.conv3x3.weight, self.conv3x3.bias
        k1, b1 = self.conv1x1_3x3.rep_params()
        k2, b2 = self.conv1x1_sbx.rep_params()
        k3, b3 = self.conv1x1_sby.rep_params()
        k4, b4 = self.conv1x1_lap.rep_params()
        rep_k = k0 + k1 + k2 + k3 + k4
        rep_b = b0 + b1 + b2 + b3 + b4
        return rep_k, rep_b


if __name__ == "__main__":

    # 测试边缘提取算子（Sobel 和 Laplacian）
    sobel_x = gen_edge_tensor(2, 'sobel_x')
    sobel_y = gen_edge_tensor(2, 'sobel_y')
    laplacian = gen_edge_tensor(2, 'laplacian')
    print("Sobel x: \n", sobel_x)
    print("Sobel y: \n", sobel_y)
    print("Laplacian: \n", laplacian)

    x_in = torch.randn(2, 64, 8, 8)
    # 测试 ECB 模块的计算与重参数化结果
    ecb = EdgeOrintedConvBlock(in_ch=64, out_ch=32, mult=2.0)
    out = ecb(x_in)
    print('ECB train mode: ', ecb.training)
    print('output train (slice): \n', out[0, 0, :4, :4])
    print('output train size: ', out.size())
    with torch.no_grad():
        ecb.eval()
        print('ECB train mode: ', ecb.training)
        out_rep = ecb(x_in)
        print('output inference (slice): \n', out_rep[0, 0, :4, :4])
        print('output inference size: ', out_rep.size())
```

```
    print('is reparam output and multi-branch the same ?',
        torch.allclose(out, out_rep, atol=1e-6))
```

在上述代码中，每个模块中的 rep_params 函数就是该模块的重参数化操作过程。首先测试了三个边缘算子的卷积核形式的结构，然后对一个输入张量进行训练时和推理时两个状态的计算，并比较其结果是否一致。测试输出结果如下所示。

```
Sobel x:
 tensor([[[[ 1.,  0., -1.],
          [ 2.,  0., -2.],
          [ 1.,  0., -1.]]],


        [[[ 1.,  0., -1.],
          [ 2.,  0., -2.],
          [ 1.,  0., -1.]]]])
Sobel y:
 tensor([[[[ 1.,  2.,  1.],
          [ 0.,  0.,  0.],
          [-1., -2., -1.]]],


        [[[ 1.,  2.,  1.],
          [ 0.,  0.,  0.],
          [-1., -2., -1.]]]])
Laplacian:
 tensor([[[[ 0.,  1.,  0.],
          [ 1., -4.,  1.],
          [ 0.,  1.,  0.]]],


        [[[ 0.,  1.,  0.],
          [ 1., -4.,  1.],
          [ 0.,  1.,  0.]]]])
[ECB] use multi-branch params
ECB train mode:  True
output train (slice):
 tensor([[ 0.6116,  0.2104,  0.0609,  0.6044],
```

```
        [-0.1460,  0.0566,  0.4635, -0.1054],
        [-0.1270,  0.7493, -0.0139, -0.0550],
        [ 0.3433, -0.1119,  0.3986,  0.9590]], grad_fn=<SliceBackward0>)
output train size:  torch.Size([2, 32, 8, 8])
ECB train mode:  False
[ECB] use reparameterized params
output inference (slice):
 tensor([[ 0.6116,  0.2104,  0.0609,  0.6044],
        [-0.1460,  0.0566,  0.4635, -0.1054],
        [-0.1270,  0.7493, -0.0139, -0.0550],
        [ 0.3433, -0.1119,  0.3986,  0.9590]])
output inference size:  torch.Size([2, 32, 8, 8])
is reparam output and multi-branch the same ? True
```

从输出结果可以看出，经过重参数化的 ECB 模块仅用一个卷积操作（F.conv2d），将参数设置为了等效的 rep_k 和 rep_b，计算结果即可与训练时的多支路结构保持一致，说明了重参数化策略的有效性。

4.5.3 消除特征冗余：GhostSR

下面介绍另一种超分辨率模型轻量化策略，称为 **GhostSR**[22]。它的主要设计动机基于对超分辨率 CNN 模型特征图的一个观察：在特征图中通常存在大量的冗余特征通道，这些特征可以通过另外一些特征经过一些简单变换（如位移、模糊等）得到，这些特征被称为**幻影特征（Ghost Feature）**，与之相对的其他特征称为**内禀特征（Intrinsic Feature）**。GhostSR 的基本思路就是以少量的有较强表达能力和特征性质的特征图通道为基础，通过一些简单的映射方式，如平移等，来构造其他的特征，从而降低复杂卷积运算的次数，提高模型计算效率。Ghost 模块的基本结构如图 4-43 所示。

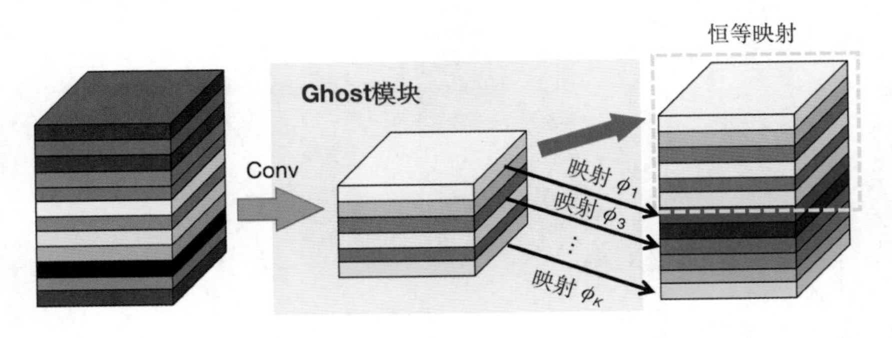

图 4-43 Ghost 模块的基本结构

如图 4-43 所示，首先对于输入特征，通过一个普通的卷积，得到一定通道数的特征图，这些特征图每个通道对应的就是内禀特征，然后通过简单操作得到另一批幻影特征，最后将这两部分特征直接在通道维度上进行拼接，就得到了 Ghost 模块的输出。在 GhostSR 中，简单操作采用可学习的平移模块实现。对于超分辨率任务来说，高频部分的信息对于精准预测处理边缘和细节是非常重要的，通过平移操作，可以使不同的特征图之间产生一定的空间错位，结合后续卷积层对不同通道之间的信息进行交流，其中可能包括类似通道之间差值的操作，在错位的特征图之间求差值可以提出高频信息，有助于后续的处理。

为了让网络可以自适应调整其平移参数，这里的平移通过卷积来实现，比如，对于一个 3×3 的卷积核，如果其只有左上角为 1，其余位置为 0，那么这个卷积核操作后的结果就是将整张图像向右下方平移（右和下各一个像素）。这个过程也很容易理解：对于某个点(i,j)来说，经过这个卷积后，当前点的值就变成了$(i-1,j-1)$位置的像素值，由于所有点都是同样的操作，每个点的新值都来自左上角的点，因此整体相当于进行了平移。可学习平移的目标就是学到一个只有某个值为 1、其余为 0 的卷积核，操作后即可得到平移的结果。GhostSR 采用将卷积核中取值最大的元素置为 1、其他元素置为 0 的方式来实现平移卷积核的生成。为了处理 argmax 不可导的问题，该步骤采用了 Gumble-Softmax 技巧，它可以在前向传播时输出独热（One-hot）格式（即只有一个值为 1，其余为 0）的滤波器核，符合平移条件，而反向则传播软参数，方便求导。

该卷积实现的平移，以及以此为基础计算幻影特征的 Ghost 模块的代码示例如下。

```
import math
import torch
import torch.nn as nn
import torch.nn.functional as F

class ShiftByConv(nn.Module):
    def __init__(self, nf, ksize=3):
        super().__init__()
        self.weight = nn.Parameter(
            torch.zeros(1, 1, ksize, ksize, requires_grad=True)
        )
        torch.nn.init.kaiming_uniform_(self.weight, a=math.sqrt(5))
        self.nf = nf
        self.ksize = ksize
        self.shift_kernel = None
    def forward(self, x):
        nc = x.size()[1]
```

```
        assert nc == self.nf
        w = self.weight.reshape(1, 1, self.ksize**2)
        is_hard = not self.training
        w = F.gumbel_softmax(w, dim=-1, hard=is_hard)
        w = w.reshape(1, 1, self.ksize, self.ksize)
        self.shift_kernel = w
        w = w.to(x.device).tile((nc, 1, 1, 1))
        pad = self.ksize // 2
        out = F.conv2d(x, w, padding=pad, groups=nc)
        return out

class GhostModule(nn.Module):
    def __init__(self, in_ch, out_ch, ksize=3,
                 intrinsic_ratio=0.5):
        super().__init__()
        self.intrinsic_ch = math.ceil(out_ch * intrinsic_ratio)
        self.ghost_ch = out_ch - self.intrinsic_ch
        pad = ksize // 2
        self.primary_conv = nn.Conv2d(in_ch, self.intrinsic_ch,
                                      ksize, 1, pad)
        self.cheap_conv = ShiftByConv(self.ghost_ch, ksize)
    def forward(self, x):
        x1 = self.primary_conv(x)
        if self.ghost_ch > self.intrinsic_ch:
            x1 = x1.repeat(1, 3, 1, 1)
        x2 = self.cheap_conv(x1[:, :self.ghost_ch, ...])
        out = torch.cat([x1[:, :self.intrinsic_ch], x2], axis=1)
        return out


if __name__ == "__main__":
    dummy_in = torch.randn(4, 16, 64, 64)
    shiftconv = ShiftByConv(nf=16)
    # 测试卷积核实现平移
    with torch.no_grad():
        shiftconv.eval()
        out = shiftconv(dummy_in)
        print("Shift Conv kernel is : \n", shiftconv.shift_kernel)
        print("Shift Conv output size: ", out.size())
```

```
# 测试 Ghost 模块的构建与计算
ghostmodule = GhostModule(in_ch=16, out_ch=50, intrinsic_ratio=0.6)
out = ghostmodule(dummy_in)
print("Ghost module output size: ", out.size())
```

测试输出结果如下所示。

```
Shift Conv kernel is :
 tensor([[[[[0., 0., 0.],
          [0., 0., 0.],
          [0., 1., 0.]]]]])
Shift Conv output size:  torch.Size([4, 16, 64, 64])
Ghost module output size:  torch.Size([4, 50, 64, 64])
```

结合代码及输出结果可以看出，在推理计算时，shift_kernel 是独热编码的，因此可以执行平移操作。Ghost 模块中的卷积分别是由 primary_conv 和 cheap_conv（即平移卷积）来实现的。另外，这里的 cheap_conv 还可以采用其他操作，如一些简单线性运算，3×3 或 5×5 深度可分离卷积，或者仿射变换、小波变换等。这种通过消除和模拟重建冗余特征的方法是一种较为通用的轻量化策略，因此也可以推广到其他任务中。

4.5.4　单层极轻量化模型：edgeSR

本节介绍一种特殊的超分辨率网络模型：**edgeSR 模型**[23]。该模型比较特殊，它与上面所讲的所有网络模型的结构和设计的出发点都有所不同，它的主要目的是填补传统方法（双三次上采样）和轻量级 SR 模型（如 FSRCNN、ESPCN 等）之间的差异，即在精度和运行时间之间进行平衡，以期望在与传统方法基本类似的运算时间下，获得比传统方法更好的效果。

为了实现这个目的，edgeSR 模型采用了卷积神经网络实现超分辨率最小必要的结构：单层卷积+简单后处理操作。这个设计基本类似于传统的双三次上采样方法，对于从 HR 图像到 LR 图像的下采样来说，通常先进行滤波，然后下采样，那么双三次上采样就可以看作其逆过程：先上采样（空白位置补 0），然后进行滤波，滤波步骤可以等价于一个带步长的转置卷积（Strided Transposed Convolution）。从整体来看，传统上采样方法可以通过前面提到的 ESPCN 中的卷积层+亚像素卷积（即 PixelShuffle）操作来实现，因此，在 edgeSR 模型中采用了先卷积后 PixelShuffle 上采样的模式，并加入了一定的后处理操作。为了更好地适用于不同的场景，本书还设计了几种变体，即 **edgeSR-MAX**、**edgeSR-TM** 和 **edgeSR-TR**。三种变体的结构如图 4-44 所示。

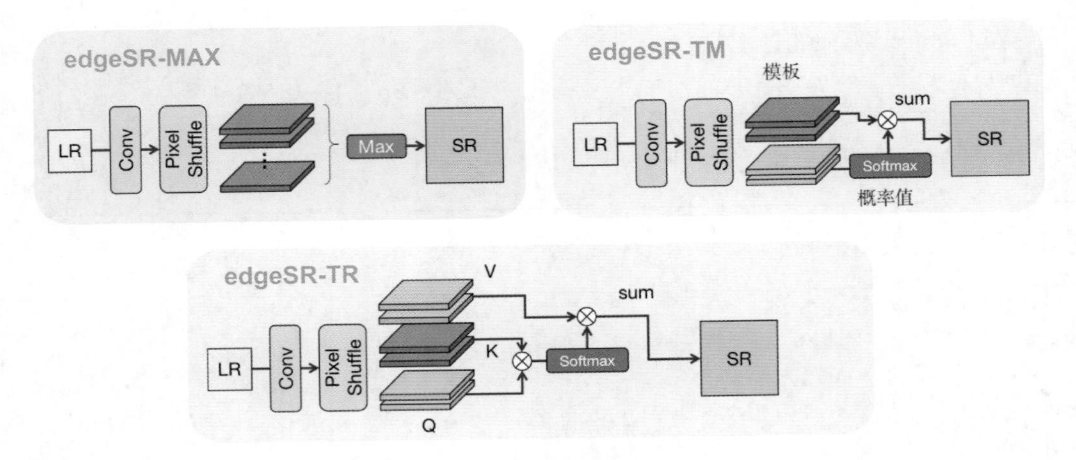

图 4-44　三种变体的结构

可以看到，这三种变体前面的基本步骤是一致的，都是卷积滤波+PixelShuffle，三者的差别在于后处理操作。首先，edgeSR-MAX 将卷积+PixelShuffle 生成多个通道的输出结果对各像素逐通道取最大值，得到最终结果，这个过程相当于 MaxOut 激活函数操作。edgeSR-TM 中的 TM 指的是 Template Matching，即模板匹配，它的处理方式是将得到的多通道特征分为两组，并将一组经过 Softmax 形成找到某个模板的概率，另一组作为各种模板，最终的结果是以第一组的概率对第二组模板特征的加权和。而 edge-TR 中的 TR 代表 Transformer，即借用了类似 Transformer 中自注意力的机制，将得到的多通道特征图分为三组，分别代表 Q、K 和 V，然后将 Q 和 K 相乘后过 Softmax，最后与 V 相乘，沿着通道求和即可得到最终结果。最终实验表明，edgeSR-MAX 体量最小（后处理不需要分组相互计算，因此可以将通道数设计得更小），但是会有不稳定的情况，而 edgeSR-TM 和 edgeSR-TR 则可以更好地获得速度与表现之间的均衡。

edgeSR 模型三种变体结构的代码实现如下。

```
import torch
from torch import nn
from thop import profile

class edgeSR_MAX(nn.Module):
    def __init__(self, channels=2, ksize=5, stride=2):
        super().__init__()
        self.pixelshuffle = nn.PixelShuffle(stride)
        pad = ksize // 2
        self.filter = nn.Conv2d(1,
                        stride ** 2 * channels,
```

```
                ksize, 1, pad)
        nn.init.xavier_normal_(self.filter.weight, gain=1.0)
        self.filter.weight.data[:, :, pad, pad] = 1.0
    def forward(self, x):
        out = self.filter(x)
        out = self.pixelshuffle(out)
        out = torch.max(out, dim=1, keepdim=True)[0]
        return out


class edgeSR_TM(nn.Module):
    def __init__(self, channels=2, ksize=5, stride=2):
        super().__init__()
        self.pixelshuffle = nn.PixelShuffle(stride)
        self.softmax = nn.Softmax(dim=1)
        pad = ksize // 2
        self.ch = channels
        self.filter = nn.Conv2d(1,
                    2 * stride ** 2 * channels,
                    ksize, 1, pad)
        nn.init.xavier_normal_(self.filter.weight, gain=1.0)
        self.filter.weight.data[:, :, pad, pad] = 1.0
    def forward(self, x):
        out = self.filter(x)
        out = self.pixelshuffle(out)
        k, v = torch.split(out, [self.ch, self.ch], dim=1)
        weight = self.softmax(k)
        out = torch.sum(weight * v, dim=1, keepdim=True)
        return out


class edgeSR_TR(nn.Module):
    def __init__(self, channels=2, ksize=5, stride=2):
        super().__init__()
        self.pixelshuffle = nn.PixelShuffle(stride)
        self.softmax = nn.Softmax(dim=1)
        pad = ksize // 2
        self.ch = channels
        self.filter = nn.Conv2d(1,
```

```
                        3 * stride ** 2 * channels,
                        ksize, 1, pad)
        nn.init.xavier_normal_(self.filter.weight, gain=1.0)
        self.filter.weight.data[:, :, pad, pad] = 1.0
    def forward(self, x):
        out = self.filter(x)
        out = self.pixelshuffle(out)
        q, v, k = torch.split(out,
                              [self.ch, self.ch, self.ch], dim=1)
        weight = self.softmax(q * k)
        out = torch.sum(weight * v, dim=1, keepdim=True)
        return out


if __name__ == "__main__":
    x_in = torch.randn(1, 1, 128, 128)
    esr_max = edgeSR_MAX(2, 5, 2)
    out_max = esr_max(x_in)
    esr_tm = edgeSR_TM(2, 5, 2)
    out_tm = esr_tm(x_in)
    esr_tr = edgeSR_TR(2, 5, 2)
    out_tr = esr_tr(x_in)

    # 对比计算量与参数量
    flops, params = profile(esr_max, inputs=(x_in, ))
    print(f'edgeSR-MAX profile: \n {flops/1000**2:.4f}M flops, '\
          f'{params/1000:.4f}K params, '\
          f'output size: {list(out_max.size())}')
    flops, params = profile(esr_tm, inputs=(x_in, ))
    print(f'edgeSR-TM profile: \n {flops/1000**2:.4f}M flops, '\
          f'{params/1000:.4f}K params, '\
          f'output size: {list(out_tm.size())}')
    flops, params = profile(esr_tr, inputs=(x_in, ))
    print(f'edgeSR-TR profile: \n {flops/1000**2:.4f}M flops, '\
          f'{params/1000:.4f}K params, '\
          f'output size: {list(out_tr.size())}')
```

测试输出结果如下，可以看出，edgeSR-MAX 仅有 0.2080K 参数量和 3.2768M 计算量，

edgeSR-TM 和 edgeSR-TR 的稍大一些，其参数量分别为 0.4160K 和 0.6240K，计算量也仅为 6.8813M 和 10.1581M（128×128 输入），相比于常见的 CNN 轻量化模型轻量很多。

```
[INFO] Register zero_ops() for <class 'torch.nn.modules.pixelshuffle. PixelShuffle'>.
[INFO] Register count_convNd() for <class 'torch.nn.modules.conv.Conv2d'>.
edgeSR-MAX profile:
 3.2768M flops, 0.2080K params, output size: [1, 1, 256, 256]
[INFO] Register zero_ops() for <class
'torch.nn.modules.pixelshuffle.PixelShuffle'>.
[INFO] Register count_softmax() for <class
'torch.nn.modules.activation.Softmax'>.
[INFO] Register count_convNd() for <class 'torch.nn.modules.conv.Conv2d'>.
edgeSR-TM profile:
 6.8813M flops, 0.4160K params, output size: [1, 1, 256, 256]
[INFO] Register zero_ops() for <class
'torch.nn.modules.pixelshuffle.PixelShuffle'>.
[INFO] Register count_softmax() for <class
'torch.nn.modules.activation.Softmax'>.
[INFO] Register count_convNd() for <class 'torch.nn.modules.conv.Conv2d'>.
edgeSR-TR profile:
 10.1581M flops, 0.6240K params, output size: [1, 1, 256, 256]
```

4.6 视频超分辨率模型简介

本节讨论**视频超分辨率（Video Super-Resolution，VSR）**任务及其相关模型算法。与单张图像的超分辨率任务相比，视频输入提供了更多的时序信息，利用物体在时序上的连贯性，可以对低分辨率上损失的信息进行一定的补偿。将该先验应用于网络设计，可以取得比单帧超分辨率更好的效果。下面先来详细讨论一些视频超分辨率的特点和处理思路，然后以经典模型 BasicVSR 系列为例来介绍视频超分辨率网络设计的相关思路。

4.6.1 视频超分辨率的特点

视频超分辨率可以视为对图像超分辨率的拓展，原则上来说，所有的图像超分辨率算法都可以用于视频超分辨率任务，对视频进行逐帧处理得到更高分辨率和画质结果。但是对于视频超分辨率任务来说，在不考虑计算量和功耗限制的前提下，这种逐帧操作往往不是最优的，因为视频中帧间的**时序信息（Temporal Information）**没有被充分利用，而这部分信息可以在一定程度上补充空间分辨率的损失，有助于提高超分辨率效果。

因此，对于视频超分辨率任务来说，其核心任务就是利用多帧信息在时序上带来的信息补充。根据对多帧信息利用方式的不同，视频超分辨率模型大致可以分为两大主要类别：一类是显式计算并对不同帧或者不同帧的特征图进行对齐，并将对齐结果合并输入主干模块进行计算；另一类是隐式计算不同帧的信息融合，即将多帧直接输入网络，并通过特殊的网络拓扑结构强制不同帧之间的信息进行交流。下面分别对这两类模型进行简单介绍。

首先是显式计算不同帧间对应关系的策略。由于视频中前后帧之间的内容通常会有位移，因此为了准确利用相同目标的多帧信息，一个主要的任务就是将不同帧进行对齐。不同帧的对齐可以在图像层面进行，比如，先将不同的帧对齐到参考帧，然后合并输入网络；也可以在特征图层面进行，即将属于相同内容的特征向量对齐，以便网络模块可以更好识别那些特征向量是否属于同一物体内容。常见的帧间对齐方案就是之前提到的光流算法，利用光流可以对不同帧间的运动进行估计和补偿。另一类方案是利用**可变形卷积（Deformable Convolution，简写为 DeformConv 或 DCN）**学习对应特征之间的偏移量，其计算示意图如图 4-45 所示。

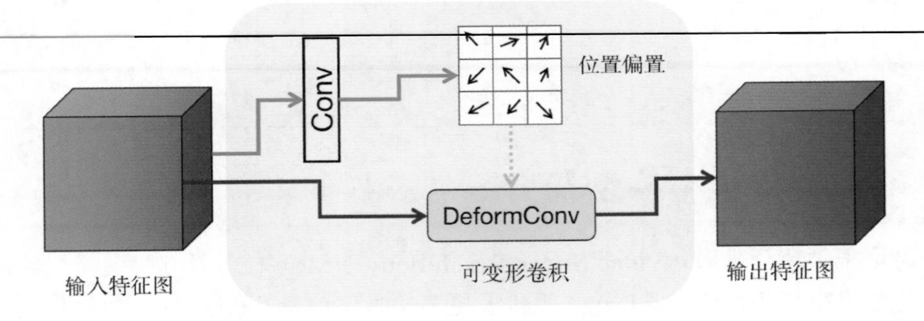

图 4-45 可变形卷积计算示意图

可变形卷积的目的在于超越普通卷积受限于卷积核范围及规则形状的缺陷，试图采用可学习的参数位置偏置来决定对于每个像素点来说，哪些点可用来对该位置进行计算。它的基本操作如下：对于一个特征图，首先通过卷积操作学习一个位置偏置特征图，其中每个点输出一个和卷积核大小相同的（如 3×3）偏置矩阵，用于表示卷积核中对应位置的权重值所加权的那个向量所在的位置。通过数学形式可以更清晰地表达这个过程，对于普通卷积，其数学形式如下：

$$y(\boldsymbol{p}_0)=\sum_{\boldsymbol{p}_n\in R} w(\boldsymbol{p}_n)x(\boldsymbol{p}_0+\boldsymbol{p}_n)$$

式中，$\boldsymbol{p}_0$ 表示当前处理的点；$\boldsymbol{p}_n$ 表示其卷积核范围 R 内的点的相对坐标，上式表达的含义即对原图像当前点的卷积核范围内各点进行加权求和，得到输出对应点的值。而 DeformConv 的数学形式可以写成：

$$y(\boldsymbol{p}_0)=\sum_{\boldsymbol{p}_n\in R} w(\boldsymbol{p}_n)x(\boldsymbol{p}_0+\boldsymbol{p}_n+\Delta\boldsymbol{p}_n)$$

可以看出，可变形卷积与普通卷积的差别在于它对输入图像像素取点的坐标加了一个偏置项Δp_n，该项就是通过卷积学习到的每个点的偏置坐标，对于Δp_n 不为整数的情况，需要进行插值获取其输入位置对应的值。通过可变形卷积，不同位置的特征可以自适应地进行对齐，从而利用相邻帧的特征对当前帧的特征进行强化，更充分地利用时序信息。基于可变形卷积的视频超分辨率模型有 EDVR（Enhanced Deformable convolution Video Restoration）、BasicVSR++等。

基于隐式提取相邻帧之间时序关系的思路也可以通过不同的方案实现，比如，利用 3D 卷积可以直接对不同帧邻近区域的相关性进行自适应的整合，从而获得比 2D 空间卷积更丰富的信息。另外一种更常见的方案是将 RNN（Recurrent Neural Network，循环神经网络）的思路引入 VSR 任务。由于视频的时序性，VSR 任务天然适合用 RNN 的形式进行处理，即将每个帧及其特征作为一个时序节点，然后考虑前一帧的内容和计算得到的隐状态（Hidden State）信息，对当前帧的处理进行指导。对于这类方案的改进实际上就是对 RNN 结构的改进，如考虑双向连接、稠密连接等。这些改进也被实验证明对 VSR 任务是有效的。

视频超分辨率任务也有很多经典且效果较好的模型。这里选择以较为经典的 BasicVSR 模型及其改进版：BasicVSR++，以及适应真实退化的 RealBasicVSR 模型为例进行讨论，通过这些模型的设计方式与改进策略，进一步理解视频超分辨率算法的关键问题。

4.6.2　BasicVSR、BasicVSR++与 RealBasicVSR

首先介绍 **BasicVSR 模型**[24]，其也是这一系列工作的最初版本。BasicVSR 模型的设计是基于对视频超分辨率整个流程的分析开始的。对于视频超分辨率模型来说，通常可以将其中的模块按照必要的功能分为四个部分：**信息传播（Propagation）**、**对齐策略（Alignment）**、**特征集成（Aggregation）**、**上采样（Upsampling）**。下面分别对它们进行介绍。

首先，信息传播指的是不同帧之间信息的传递方式，不同的模型处理方式有只依赖局部信息（只考虑一个邻域窗口中的几帧 LR 图像）传播、单向传播（Unidirectional，信息从前向后沿着时间顺序从首帧传播到末帧）及双向传播（Bidirectional，从前向后和从后向前传播）。对于这三种方式来说，局部信息传播由于没有充分利用更长距离的信息，因此限制了其算法上限；而对于单向传播来说，前面的帧可以利用的信息相比于后面的帧要少，从而导致不同帧的信息不均衡，也限制了整体的处理效果。双向传播方式相对更优，可以更加充分地利用整个视频帧序列的信息，从而获得更好的效果。BasicVSR 模型就采用了这种双向传播方式对各帧的信息进行流通。

对齐策略在不同模型中也有所区别，有的模型不进行对齐，直接进行处理。对于需要对齐的模型，可以采用光流、DCN、相关性等计算方式，对齐从操作对象上来说也可以分为对输入帧图像的对齐，或者对不同帧特征图的对齐。实验表明，不进行对齐会有效果上的损失，因此对齐操作在视频超分辨率任务中是必要的，而相比于图像层面的对齐，特征层面的对齐效果更好。因此，在 BasicVSR 模型中，采用了基于光流的特征层面对齐策略，对齐后的特征图送入多级残差模块中进行修正。对于特征集成和上采样两个部分，BasicVSR 模型沿用了超分辨率任务中常用的多次卷积+PixelShuffle 上采样的模式。BasicVSR 模型的整体结构如图 4-46 所示。

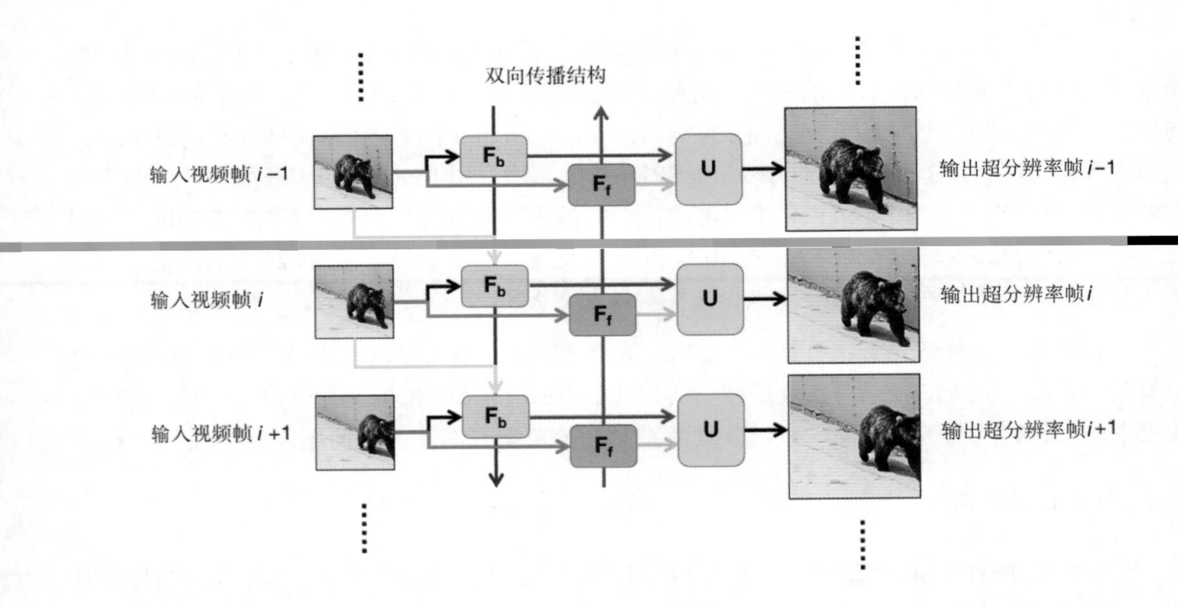

图 4-46 BasicVSR 模型的整体结构

BasicVSR 模型的设计使其可以在较快的运行速度下获得当时最优的效果。在 BasicVSR 模型的基础上增加两个新的机制：**信息填充（Information Fill）**和**耦合传播（Coupled Propagation）**，可以得到加强版的 IconVSR 模型，其中信息填充用来防止对齐不准导致的误差累积，而耦合传播则对原本独立传播的两个方向建立联系。IconVSR 模型以较少的计算量为代价，将 BasicVSR 模型的效果又进行了一定的提升。在后续的研究中，也通常将 BasicVSR 模型作为一个较强的基线进行对比。

BasicVSR 模型的一个改进版本就是 **BasicVSR++模型**[25]，它主要在信息传播和对齐模块的计算上对 BasicVSR 模型进行了优化，其整体架构如图 4-47 所示。

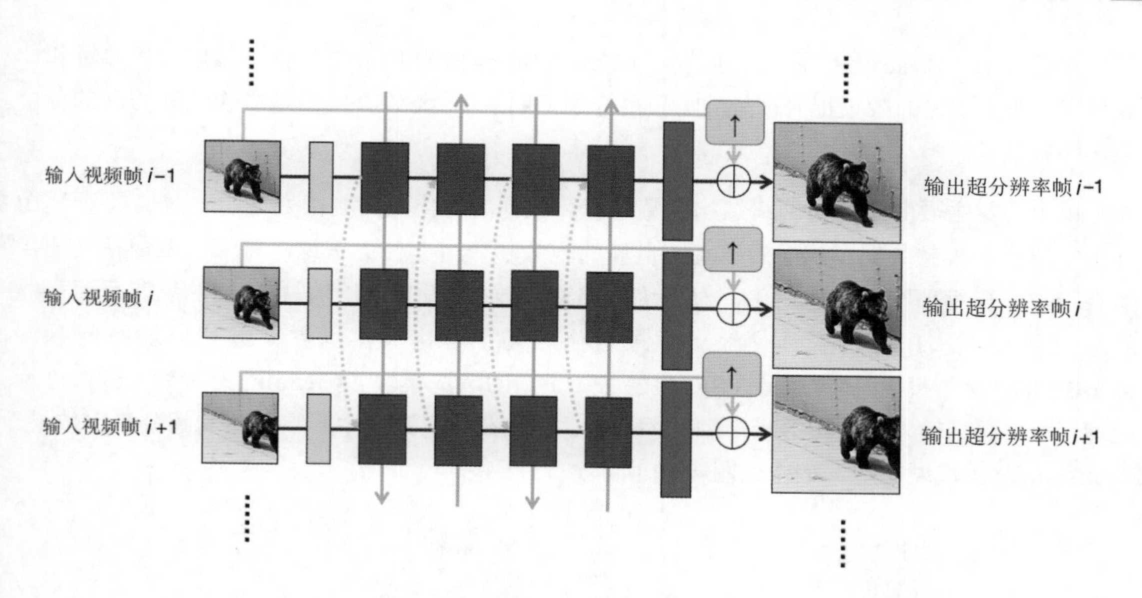

图 4-47　BasicVSR++模型的整体架构

从图 4-47 可以看出，BasicVSR++模型的信息传播方式比 BasicVSR 模型的更加复杂，相比于 BasicVSR 模型的双向传播方式，BasicVSR++模型采用了**二阶网格传播（Second-order Gird Propagation）**方式，可以更加高效地实现特征信息的传播。这种方式以交替正向/反向的方式传递各帧特征，并且，该方式不仅直接考虑前后帧的联系，还增加了二阶连接（图中的虚线连接部分），从而可以在遮挡等情况下获得更好的信息传播的鲁棒性。对于对齐操作，BasicVSR++模型设计了**光流引导的可变形模块（Flow-guided Deformable Module）**，其基本结构如图 4-48 所示。由于直接训练 DCN 容易不稳定，而光流恰好是一个合适的初步估计的偏移量，因此，可以先通过光流对特征图进行映射，然后计算 DCN 的偏移量，用来对光流偏移进行修正。最后，将光流和预测的残差偏置结合，得到最终的偏移量，传入 DCN 模块实现可变形卷积。这个模块相比于光流对齐具有更大的灵活性和多样性，有助于更好地融合具有相关性的特征信息。

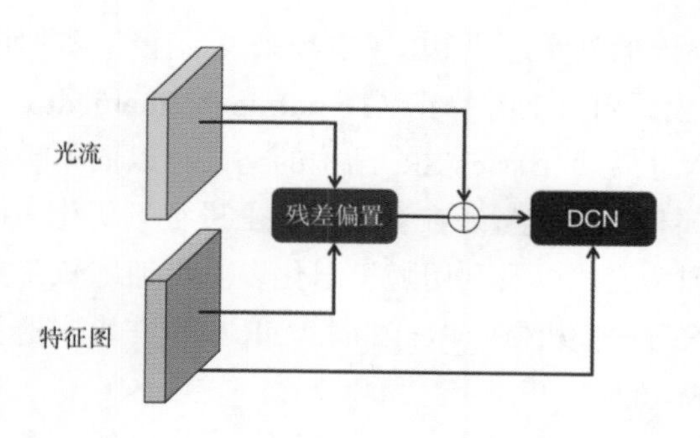

图 4-48　光流引导的可变形模块的基本结构

实验表明，BasicVSR++模型可以在与 BasicVSR 模型和 IconVSR 模型相似的参数量和计算量下，获得明显的效果提升。消融实验也分别证明了 BasicVSR++模型中设计和修改的各个模块的有效性。

以上方案主要集中于对网络结构和整体计算流程的优化，其测试处理的通常也是基于 BI 等固定退化的视频数据。然而对于真实世界的视频超分辨率任务来说，每帧的图像往往还伴随有噪声、压缩伪影等其他退化，对于这样的输入数据，利用多帧信息传播的思路反而可能放大这些噪声和压缩伪影，使输出效果退化。为了解决真实世界视频超分辨率问题，**RealBasicVSR**[26]模型基于 BasicVSR 模型增加了新的**清洗模块（Cleaning）**对输入图像进行处理，抑制原始输入图像中的噪声和压缩伪影，防止在传播过程中影响整体的超分辨率效果。RealBasicVSR 模型的基本架构如图 4-49 所示。

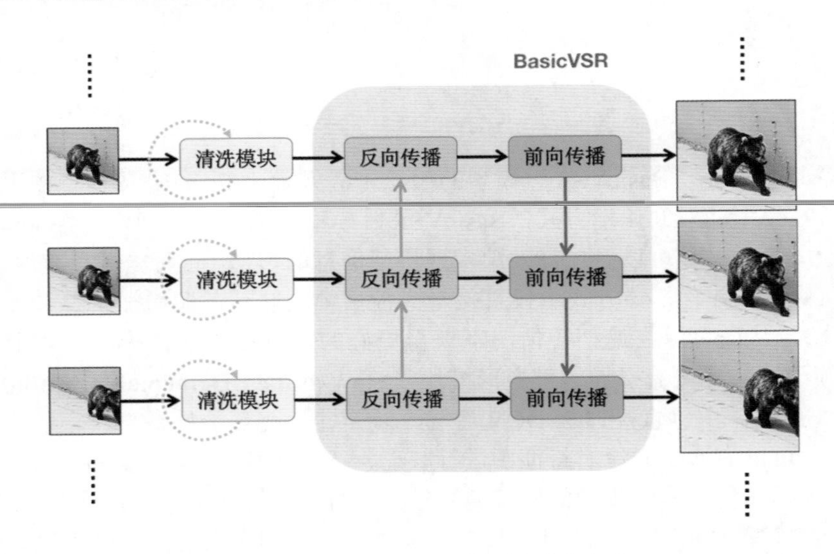

图 4-49 RealBasicVSR 模型的基本架构

对于清洗模块处理输入的真实退化 LR 图像帧来说，往往一次处理不能获得期望的效果，因此 RealBasicVSR 模型中采用了**动态修正（Dynamic Refinement）**策略，通过自适应地进行多次清洗处理，使得输入进后续 BasicVSR 结构的结果可以取得噪声压制与细节保留之间的折中平衡。另外，RealBasicVSR 模型还在训练策略上进行了优化，比如，在训练资源有限的情况下优先选择增加序列长度，以及利用随机退化以减少训练负荷并提高鲁棒性。最终，利用退化的预处理与长期信息传播机制，RealBasicVSR 模型在真实退化的视频数据上获得了更好的细节恢复与细节生成功能。

4.7　超分辨率模型的优化策略

这里简单探讨几个针对超分辨率任务的优化策略，包括基于分频分区域处理的模型设计、针对细节纹理的恢复策略、可控可解释的画质恢复与超分辨率。通过对这些优化策略的分析和思考，读者可以更深入地理解超分辨率任务的难点和可用的思路，有助于在业务场景落地和实验研究中找到可能的突破口。

4.7.1　基于分频分区域处理的模型设计

超分辨率任务在本质上来说，就是恢复与补偿退化和缩放丢失的高频信息。那么一个自然的推论就是：图像的频率信息与特性可以被用来对超分辨率算法和模型设计进行优化。实际上，在深度学习超分辨率方法的研究中，也有许多方案是基于对图像进行分频处理（包括按照主要频率成分进行分区域处理）的。以图 4-50 为例，在一张图像中，如果按照一定的尺寸在空间切分区块，那么根据每个区块频率成分的不同，可以将这些区块分成不同的类型。对于图中的天空区域，基本没有高频细节，因此对于这些位置的内容，通过超分辨率模型进行放大和直接进行插值上采样差别不大，这些区块被划分为简单区块；而对于鸟翅膀位置的区块，由于其中有丰富的高频纹理和细节（羽毛的形状和排列），因此在下采样后更容易损失信息，这些部分就是困难区块；而介于两者之间的，如鸟腹部的中频占主导的区块就被划分为中等区块。

图 4-50　分频分区域处理的动机与基本观察

如果人们能将图像按照重建难度进行合理的划分，那么一个直接的用处就是减少模型设计的成本。对于简单区块，由于任务难度低，网络的复杂性增加不会带来更多增益（甚至还会带来效果下降），因此，可以用较小的网络来实现这些位置的超分辨率处理。而对于困难区块，则需要增加模型的复杂性以提高其表达能力。通过这种自适应的处理，对于一张既有困难区块又有简单区块的输入图像来说，就可以在保持整体效果的情况下实现网络的轻量化。

这种方式的代表性网络有 **FADN（Frequency-Aware Dynamic Network）**[27]、**ClassSR**[28]、**APE（Adaptive Patch Exiting）**[29]等。FADN 以 DCT 频域变换的结果作为引导，利用网络学习区分不同频率成分（不同难度）的像素，然后通过一个多支路的动态残差模块（Dynamic Resblock）进行超分辨率处理，对于困难信号采用复杂模块，对于简单的低频则采用简单操作，从而提高整体效率。ClassSR 主要由分类模块（Class Module）和超分辨率模块（SR Module）组成，分类模块用于将图像区域分类成困难区块、简单区块、中等区块，以便输入后续不同大小的超分辨率模块中。分类模块与超分辨率模块共同作用于最后的结果，两个模块都进行训练优化。APE 通过对 LR 图像进行分区块的处理，并通过每个区块在经过超分辨率模块各层后的容量增量（Incremental Capacity）判断该层是否必要。如果增量较小，那么即可在该层退出（Exiting）。而在哪个位置退出则由另一个回归网络进行回归预测。这样的设计本质上来说还是利用了不同区块的频域特性不同的特点，从而动态调整对于不同属性区块的处理方案，既能提高效率又能避免高复杂度模块对于简单区块的过拟合，从而提高输出效果。

4.7.2 针对细节纹理的恢复策略

超分辨率任务中的另一个关键问题是对于纹理信息的恢复。在本章开头的讨论中，本书已经详细说明了超分辨率问题的病态性，仅依靠低分辨率图像中的低频信息较难准确地对已损失的高频信息进行恢复，因此才有了对于视觉感知效果与保真度之间的平衡问题。对于追求复原清晰度的情况来说，在复杂纹理和细节区域（如草地、密集树叶等）容易出现明显不自然的伪影，这种效果往往是不能被接受的。仅靠低频信息无法确定要恢复的高频纹理类型，因此需要借助于其他信息施加先验。

基于该思路的一个经典模型就是 **SFT-GAN（Spatial Feature Transform GAN）模型**[30]，该模型利用图像语义分割计算出的各区域语义类别信息对超分辨率模型进行条件控制，从而使生成出来的高频纹理细节符合对应的语义类别分布。SFT-GAN 的基本结构如图 4-51 所示。

可以看出，SFT-GAN 模型首先需要通过一个语义分割网络对输入的 LR 图像进行分割，获得各位置的语义信息（经过 Softmax 处理后的各类别概率图形式）作为条件（Condition），然后通过**空间特征转换层（SFT 层**，前面曾经简单提到过）将语义信息嵌入到超分辨率网络中。SFT 层对条件输入进行映射，得到一个缩放系数张量与偏移系数张量，然后以这两个系数对超分辨率模块中的特征图进行仿射变换，得到输出 $y=\gamma x+\beta$。该操作将图像的语言信息纳入超分辨率网络的训练中，从而使得超分辨率网络对于密集纹理区域的恢复有了合适的参考和条件，从而在训练时学习到基于类别先验的条件来生成不同纹理的效果。

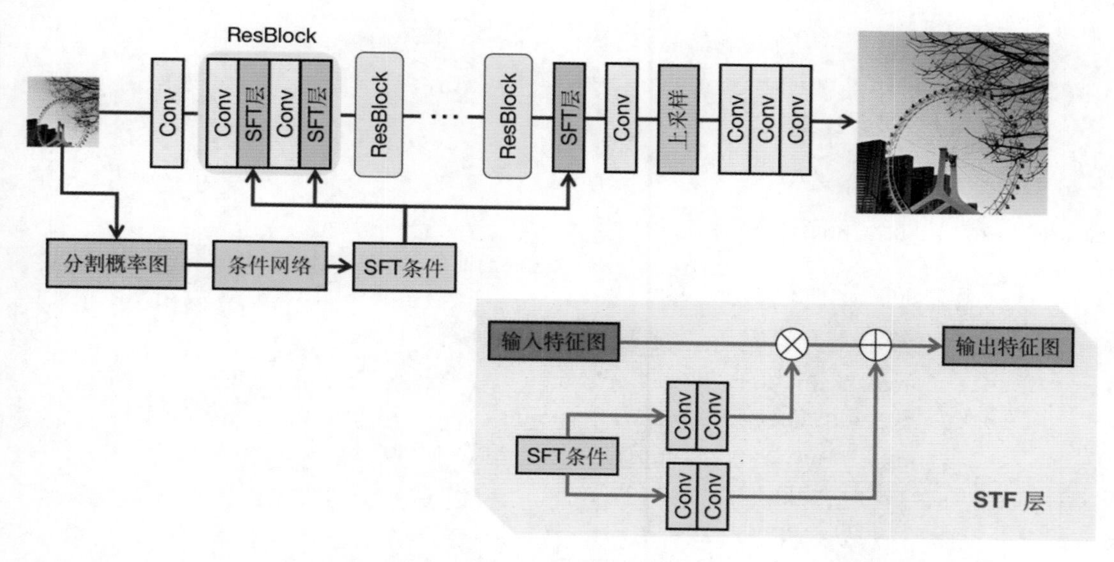

图 4-51　SFT-GAN 的基本结构

为了更准确地展示 SFT 层的操作，下面给出了一个 SFT 层的 PyTorch 实现代码。

```
import torch
import torch.nn as nn
import torch.nn.functional as F

class SFTLayer(nn.Module):
    def __init__(self, cond_nf=32, res_nf=64):
        super().__init__()
        self.calc_scale = nn.Sequential(
            nn.Conv2d(cond_nf, cond_nf, 1, 1, 0),
            nn.LeakyReLU(0.1, inplace=False),
            nn.Conv2d(cond_nf, res_nf, 1, 1, 0)
        )
        self.calc_shift = nn.Sequential(
            nn.Conv2d(cond_nf, cond_nf, 1, 1, 0),
            nn.LeakyReLU(0.1, inplace=False),
            nn.Conv2d(cond_nf, res_nf, 1, 1, 0)
        )
    def forward(self, cond, feat):
        gamma = self.calc_scale(cond)
        beta = self.calc_shift(cond)
        print("[SFTLayer] gamma size: ", gamma.size())
```

```
        print("[SFTLayer] beta size: ", beta.size())
        out = feat * (gamma + 1) + beta
        return out


class ResBlockSFT(nn.Module):
    def __init__(self, cond_nf=32, res_nf=64):
        super().__init__()
        self.stf0 = SFTLayer(cond_nf, res_nf)
        self.conv0 = nn.Conv2d(res_nf, res_nf, 3, 1, 1)
        self.stf1 = SFTLayer(cond_nf, res_nf)
        self.conv1 = nn.Conv2d(res_nf, res_nf, 3, 1, 1)
        self.relu = nn.ReLU(inplace=True)
    def forward(self, cond, feat):
        out = self.stf0(cond, feat)
        out = self.relu(self.conv0(out))
        out = self.stf1(cond, out)
        out = self.conv1(out) + feat
        return cond, out


if __name__ == "__main__":
    cond = torch.randn(4, 32, 16, 16)
    feat = torch.randn(4, 64, 16, 16)
    block = ResBlockSFT(cond_nf=32, res_nf=64)
    out = block(cond, feat)
    print(f"[ResBlock SFT] cond size: {out[0].size()}, \n"\
          f"     feat size: {out[1].size()}")
```

测试输出结果如下所示。

```
[SFTLayer] gamma size:  torch.Size([4, 64, 16, 16])
[SFTLayer] beta size:  torch.Size([4, 64, 16, 16])
[SFTLayer] gamma size:  torch.Size([4, 64, 16, 16])
[SFTLayer] beta size:  torch.Size([4, 64, 16, 16])
[ResBlock SFT] cond size: torch.Size([4, 32, 16, 16]),
    feat size: torch.Size([4, 64, 16, 16])
```

为了展示语义类别先验的有效性，这里利用预训练好的 SFT-GAN 模型对 LR 图像进行推理测试，并手动对 SFT-GAN 模型的条件张量（即类别概率图）进行调整，使其被判别为任意不同类别，并作为约束传入超分辨率模型进行推理，不同语义类别恢复出的结果如图 4-52 所示（实验采用了官方代码及预训练模型）。

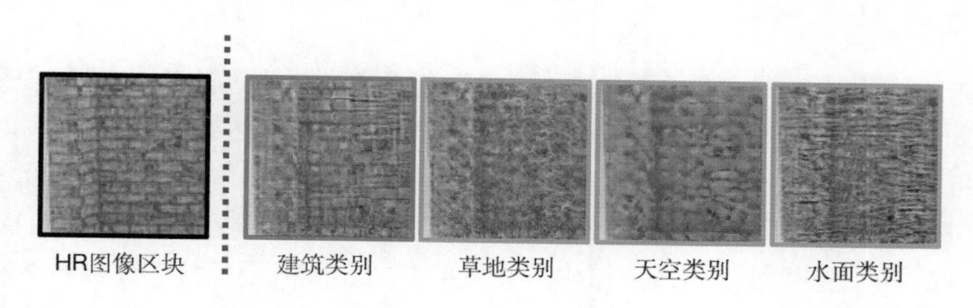

图 4-52　不同语义类别恢复出的结果

可以看出，该图原本真实的类别为建筑，因此加入正确的语义类别指导后，得到的细节纹理倾向于砖块的模式。而如果将这个类别改为天空、水面、草地等，其纹理形态就会发生变化，更倾向于目标类别的纹理。这个效果说明了语义类别对于纹理恢复的有效性。

除了 SFT-GAN 模型的语义类别指导纹理恢复的方案，还有一类方案通过提供高分辨率参考图（记为 Ref）来辅助细节的恢复。这类任务通常被称为**基于参考的超分辨率（Reference-based Super-Resolution，RefSR）任务**。这类方案的重点在于如何有效利用参考高分辨率图的信息，以及如何进行模式的查询与匹配。基于这类设定的方案有 **TTSR（Texture Transformer SR）**[31]。该方案利用注意力机制，自适应计算 LR 图像中各个位置与 Ref 中各个位置的相关性（即作为 Q 和 K），并用来利用 Ref 中的高质量特征（作为 V）。实验表明，对于超分辨率任务来说，增加具有相关性的高分辨率参考图，对于降低超分辨率任务的病态性、压缩解空间从而恢复更真实的纹理很有帮助。

4.7.3　可控可解释的画质恢复与超分辨率

最后介绍另一个超分辨率模型的优化策略：**可调可解释**。在图像恢复相关任务中，相比于传统方法来说，深度学习和神经网络模型的一个很大的弱点就在于其可解释性与可控性差。尽管在统计意义上来说，基于网络模型的超分辨率算法能够获得更好的效果，但是在某些需求下，如输入分布与训练集有差异、输出效果过强或过弱、某些坏案例（Badcase）需要进行特殊调整等，经典的超分辨率算法往往无法调节，导致效果可能不符合预期，对不同场景和任务的泛化性能也受到限制。

对于复杂退化的 LR 图像来说，通常需要训练时所采用的退化强度与类型与测试场景尽可能一致，否则会出现过度处理或者处理不足的问题。对于噪声和伪影，如果处理不足会有残留，而处理过度则又会过于平滑；对于去模糊、锐化和超分辨率，如果处理不足则不够清晰，处理过度又会在边缘处产生伪影。在实际任务中，在某个退化方式下训练的模型对于一个固定的输入往往只有一个对应的输出，这个输出中的各方面处理强度是固定的。为了让处理程度可以调节，需要在现有模型的基础上额外设计一些策略或模块，以暴露出接口，方便使用时进行调节。

调整输出效果的一种最简单也最直观的方法，就是前面提到过的 ESRGAN 中采用的网络插值策略，即对两个网络的权重线性组合并连续调节其系数，以达到 PSNR 导向和 GAN 导向的两种状态间平滑过渡的输出结果。但是真实世界的退化往往是多样的，因此需要设计多种类型退化的调整方案，并尽量使最终效果可解释（这里的可解释指的是符合人们对于参数调整的直观预期，类似图像处理传统方法中可设置的参数，如高斯模糊的滤波器大小，与最终效果即模糊程度的关系）。

针对上述问题的一个经典模型是 **CResMD（Controllable Residual Multi-Dimension）**[32] 模型，它通过调节系数达到生成图像效果的连续，并且具有实际意义（如代表去噪强度、去模糊强度等），在测试推理阶段，可以通过交互方式，人为设定降质类型与程度系数，以达到可控制处理效果的目的。CResMD 模型的主要优势在于它可以独立控制不同退化维度的强度控制效果，平衡不同降质过程带来的影响。CResMD 模型结构示意图如图 4-53 所示。

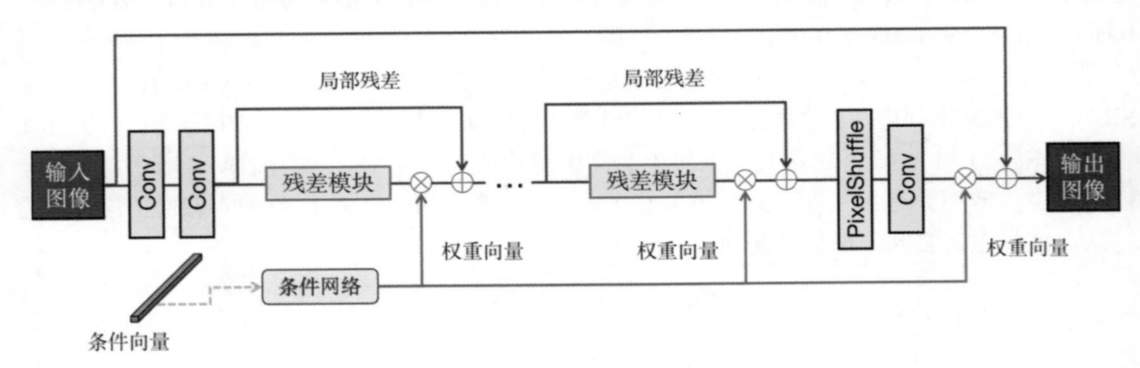

图 4-53　CResMD 模型结构示意图

参考图 4-53 可以看出，CResMD 模型对于控制参数的利用方式是这样的：首先，对于网络主干来说，采用的是残差结构的串联，而条件向量映射到的权重则通过相乘的方式作用在残差分支上，以控制残差的影响程度。从结构上来说，这种控制既有局部的控制（单个 ResBlock 残差乘数），又有全局的控制（整个网络残差学习的乘数）。如果某个乘数为 0，则相当于跳过了该模块的处理（没有加入该模块的残差），屏蔽掉了该步骤对结果的影响。

下面对去噪和去模糊这两个维度的参数进行调整，并输出对应的处理结果，CResMD 模型不同参数的效果示意图如图 4-54 所示。可以看到，参数所在的维度及其数值大小与其对应的处理方式具有直观的可解释性，这种性质在实际应用中是很有意义的。

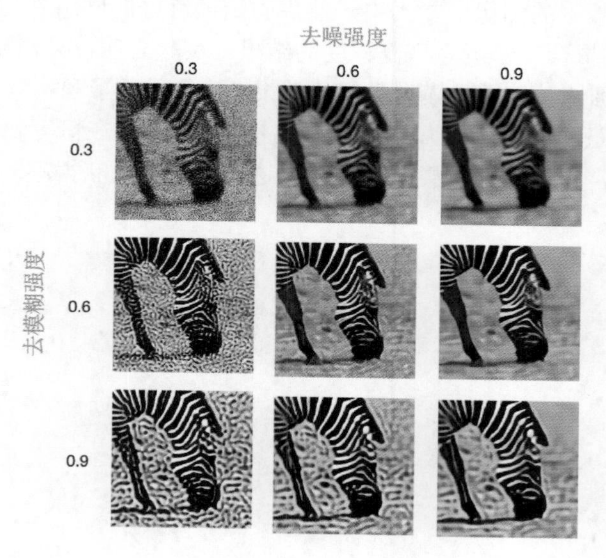

图 4-54　CResMD 模型不同参数的效果示意图

另一个经典的可控可解释的图像恢复模型是 **AdaFM（Adaptive Feature Modification，动态特征调制）模型**[33]，它的目的是实现对图像恢复效果的一个连续平滑的调制，使得输出图像在过锐（Over-sharpening）和过平滑（Over-smoothed）之间进行折中和过渡。AdaFM 模型基于对如下现象的观察：对不同的恢复程度来说，卷积模型的滤波器在形态模式上非常接近，只是在尺度和方差上有所不同，另外，通过调整特征图和滤波器的统计量，可以让输出有一个连续平滑的变化过程。既然有上述性质，那么自然就会想到，是否可以设计一个特殊的层，用于对滤波器进行处理，从而实现调制。

AdaFM 模型正是基于这个思路设计的，它对普通的残差模块（包括整体的残差连接）进行改进，在卷积后面插入了 AdaFM 层用于对滤波器进行调制。AdaFM 模型调制的残差模块示意图如图 4-55 所示。

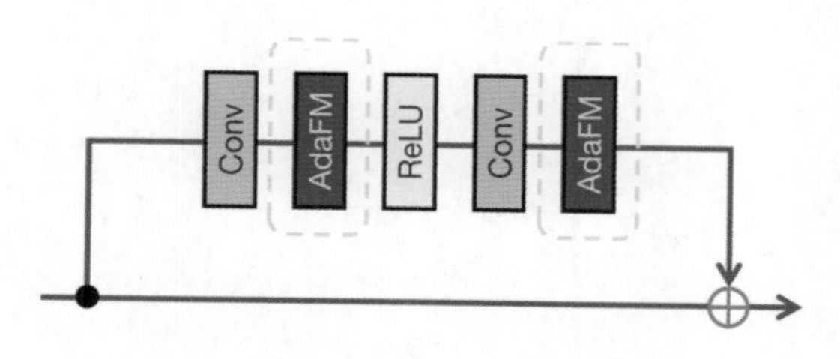

图 4-55　AdaFM 模型调制的残差模块示意图

AdaFM 层的实现采用了**深度可分离卷积（Depth-wise Convolution）**，在训练过程中，首先不加入 AdaFM 层（相当于 AdaFM 层的卷积核都是恒等映射的卷积核），在初始的恢复强度上直接训练一个基础版本的图像恢复网络，然后固定训练好的网络并加入 AdaFM 层，只对 AdaFM 层进行微调，拟合一个最强恢复程度的结果。实验表明，只需要对 AdaFM 层进行微调，就能得到与从头训练基础版本模型类似的效果（这也说明了观察到的现象的普适性）。当训练好网络后，就可以设置一个参数，类似于网络插值的方式，在恒等映射和训练好的 AdaFM 滤波器之间进行插值，得到中间结果，通过调整这个参数即可获得不同恢复程度的结果。

第 5 章 图像去雾

本章主要介绍**图像去雾（Image Dehazing）**任务及相关的算法。在天气或者空气污染等因素下，受到雾霾对于光线的影响，成像得到的结果往往呈现出低对比度、低饱和度，整体画面泛白发蒙，以及部分区域细节丢失等问题（见图 5-1），严重影响图像画质和视觉观感。在某些场景，如监控设备、无人驾驶等应用中，图像的有雾退化还会影响对于路况和场景信息的进一步识别和判读，因此，对有雾图像进行去雾是非常有必要的。

（a）有雾图像

（b）无雾图像

图 5-1 有雾图像与无雾图像对比示例

去雾算法可以改善受到雾天影响的图像质量，从而去除雾霾感，提高对比度和通透性，恢复之前难以辨识的细节。在本章中，我们将首先简述有雾图像的成因，以及解决去雾任务的几种不同方案。然后，对其中基于物理模型和基于深度学习的相关经典算法进行介绍。

5.1 图像去雾任务概述

为了更好地设计算法和方案处理有雾图像，需要先对有雾退化的物体成因进行分析。在本节中，我们先对有雾图像的形成过程及造成的退化特点进行介绍，然后对当前常见的几类去雾算法的基本思路进行梳理。

5.1.1 有雾图像的形成与影响

有雾场景通常出现在有雾霾天气或者大气污染严重的区域，在这些场景中，空气中悬浮着大量的微小颗粒，包括水滴、灰尘、烟雾和各种其他杂质等。这些颗粒会对光线产生一定程度的**散射**（**Scattering**）和**吸收**（**Absorption**）作用，当对场景中的物体进行拍摄时，到达镜头的光线就会与正常天气下的情况不同，从而表现出低对比度、整体发亮、细节不清晰的特点。

散射指的是光线受到障碍物影响改变方向，从而向着各个方向传播行进的现象。根据散射的特点和性质不同，人们将散射分为不同的种类，如平时常见的引起天空变蓝和夕阳变红的**瑞利散射**（**Rayleigh Scattering**），就是光线受到分子和原子级别的障碍物而产生的散射，它的散射强度与波长有关，由于大气中充满了氮气、氧气等物质，因此太阳光（白光）照射进大气层后，短波的蓝紫光散射较强，从而使得天空呈现蓝色；而长波的红光散射较弱，因此在拂晓和傍晚的长距离散射中，就只保留下了没有被散射掉的红光，使得朝阳和夕阳呈现红色。另一种常见的散射是**米氏散射**（**Mie Scattering**），米氏散射主要产生于光线与光的波长相当甚至更大的障碍物之间，如烟雾、灰尘、气溶胶等。米氏散射的强度与波长无关，散射光线多呈现灰白色。米氏散射由于发生于体积较大的微粒中，因此常产生于微粒较大、较为充分的大气的低层，比如，云彩的颜色就会受到米氏散射的影响。

在雾天场景中，受到空气介质中较大颗粒悬浮物米氏散射的影响，被摄物体反射的光线能量衰减，从而进入相机的有效信号的亮度变弱，并且对比度和饱和度降低。另外，雾霾颗粒对太阳光的散射，还会引入一定强度的背景光，使得成像出来的结果发白、发蒙，并损伤部分细节。

为了更好地对这个退化过程进行定量的分析和模拟，人们引入了**大气散射模型**（**Atmospheric Scattering Model**）对有雾退化进行模拟。下面就来详细介绍该模型的数学形式及其对应意义。

5.1.2 有雾图像的退化：大气散射模型

前面介绍了雾天对于成像的两个主要影响，即散射造成的反射光线的衰减，以及背景大气光的引入。大气散射模型主要对这两个影响进行模拟，其常见的数学形式如下：

$$\boldsymbol{I}(x)=\boldsymbol{J}(x)t(x)+\boldsymbol{A}[1-t(x)]$$

式中，$I(x)$表示在雾天成像的结果图像，即**有雾图像**（**Hazy Image**）；$J(x)$代表目标物体未经过透射衰减的反射光，通常称为**场景辐射**（**Scene Radiance**），可以理解为该项就是需要通过去雾算法恢复的无雾图像或有效信号；$t(x)$表示**介质透射**（**Medium Transmission**），它表示的是没有被散射而被成像设备捕捉到的光线数量；A为**全局大气光**（**Global Atmospheric Light**），即前面提到的太阳光等光源通过各雾气颗粒的散射而形成的背景光。

介质透射 $t(x)$ 与场景的深度有关，通常可以建模为如下形式：$t(x)=\mathrm{e}^{-\beta d(x)}$，其中 $d(x)$ 表示该点场景深度，β 称为**大气散射系数（Scattering Coefficient of Atmosphere）**。可以看出，景深越大，$t(x)$ 越小，即透射过来的目标物体反射光线越弱，从视觉上来说，这些位置的雾就越"厚"，清晰度也越差。对于极限情况，如果 $d(x)$ 趋于无限大，那么介质透射就趋向于 0，也就是无有效信号，该位置全部为全局大气光的背景。大气散射模型示意图如图 5-2 所示。

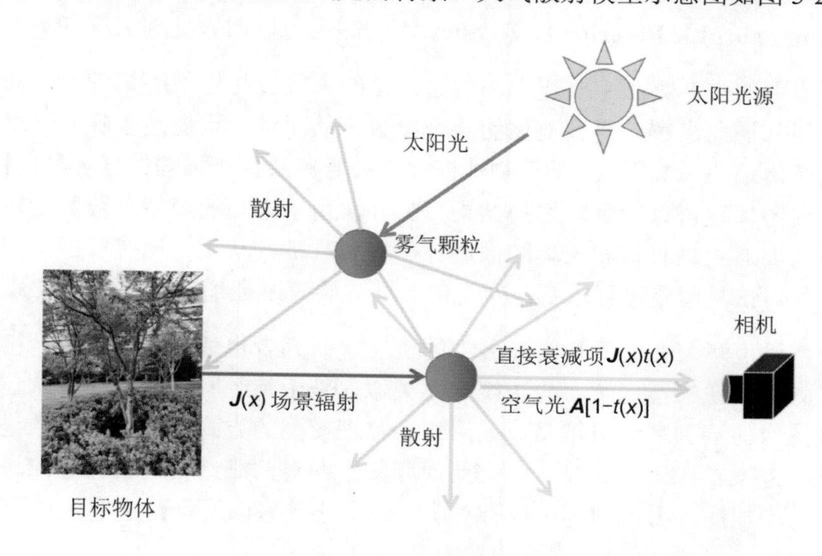

图 5-2 大气散射模型示意图

在该模型的右边有两项，其中 $J(x)t(x)$ 表示的是目标物体反射的光线在有雾的空气介质中衰减的情况，因此该项通常被称为**直接衰减项（Direct Attenuation）**。而 $A[1-t(x)]$ 则表示大气背景光被加入到最终的观察结果中的数量，这一项通常被称为**空气光（Airlight）**。对于 RGB 三通道图来说，空气光的加入会对场景产生色偏。由于 $J(x)$ 和 A 的权重之和为 1，因此，从数学角度来看，$I(x)$ 相当于 $J(x)$ 和 A 点连线中的一个点，$t(x)$ 控制该点在连线线段上的移动位置。

对于去雾任务来说，相当于已知 $I(x)$ 项，需要求解 $J(x)$、A 和 $t(x)$ 这三项。可以看出，该问题本身也是一个未知数大于约束项的欠定问题（与之前提到的盲超分辨率等任务类似），因此需要施加一定的先验才能进行求解，这也是基于物理模型的去雾算法要处理的核心问题。

5.1.3 去雾算法的主要思路

常见的去雾算法主要可以分为如下三类：基于**图像增强**的去雾算法、基于**物理模型**的去雾算法、利用**深度学习和神经网络**的去雾算法。

基于图像增强的去雾算法将去雾问题看作一个对低对比度、低饱和度图像增强的问题，即通过图像处理的方式提高图像的对比度、色彩饱和度，并且恢复一些观感上不清晰的细节。因此，这类算法不局限于对于雾天退化的有雾图像的处理，对于所有具备类似失真的图像，或者有提高对比度需求的情况都可以处理。这类算法一般是比较通用的，如之前讨论过的直方图均衡化算法、局部自适应的直方图均衡化算法，以及基于小波变换域处理的各种算法都可以实现提高对比度从而改善有雾图像质量的效果。另外，其他的通用图像增强算法，诸如**同态滤波（Homomorphic Filtering）**、**Retinex 算法**等也可以用来处理去雾任务。

基于物理模型的去雾算法主要建立在前面讨论的大气散射模型的基础上，通过对物理退化过程进行建模和逆向求解，得到退化的各种参数，从而进行反变换去除雾气退化的影响。相比于基于图像增强的去雾算法，基于物理模型的去雾算法具有很强的任务导向性和针对性，因此对于去雾任务往往可以得到较好的结果。另外，由于未知的模型参数数量较多，无法直接求解，因此需要对大量有雾和无雾图像进行研究和分析，从而挖掘有雾图像的先验，建立可靠的约束条件对恢复问题进行求解。常见的一些先验有暗通道先验、颜色衰减先验等。

最后，随着深度学习在底层视觉任务中的进展，研究者也逐渐开始利用网络建模和数据驱动的方法来处理图像去雾问题。与传统方案类似，基于神经网络的去雾算法包括直接从有雾图像到无雾图像的端到端学习策略，采用结合物理模型的方式对其中的参数进行预测用来进行图像恢复的方案。对于这类算法，主要问题集中在对网络结构的优化和改进，如增加特征的表达能力、增加注意力机制等，也有对于训练策略等方面进行改进的优化。

由于基于图像增强的去雾算法属于较为通用的算法，因此不在本章中进行介绍。下面对物理模型的传统方案和深度学习方案，分别列举几例经典算法进行详细讲解。

5.2 基于物理模型的去雾算法

本节介绍三种不同的基于大气散射模型的传统去雾算法，这些算法主要借助一些经验观察或者理论假设，对物理模型施加先验减少参数量，进而求解出目标图像 $J(x)$。这三种算法分别是基于反照系数分解的 Fattal 去雾算法、暗通道先验去雾算法，以及颜色衰减先验去雾算法。首先介绍基于反照系数分解的 Fattal 去雾算法。

5.2.1 基于反照系数分解的 Fattal 去雾算法

该算法由 Raanan Fattal 在其文章“Single Image Dehazing”[1]中提出，其核心思路是将 $J(x)$ 分解为 $R(x)$ 和 $l(x)$ 的乘积，其中 $R(x)$ 表示**表面反照系数（Surface Albedo Coefficient）**，$l(x)$ 表示**着色因数（Shading Factor）**。$R(x)$ 是一个 RGB 空间中的三维向量，表示的是物体表面的反射情况；而 $l(x)$ 为标量，描述从物体表面反射的光线。为了减少解方程过程中的不确定性，可以将 $R(x)$ 视为分片常量（Piecewise Constant），因此如果只考虑一个 $R(x)$ 相同的区域 Ω，那么

$R(x)$可以表示为 $\boldsymbol{R}$（三维常数向量）。另外，考虑到 $t(x)$与 $l(x)$的性质，即 $t(x)$的介质透射率取决于场景的深度及雾的浓度，而 $l(x)$取决于场景的光照和物体表明的反射性质等，这样来说，我们可以认为在一个局部上，$t(x)$和 $l(x)$是没有关系的，因此从数学形式上来说，这两者在 Ω 上统计无关（Statistically Uncorrelated），即 $C_{\Omega}(l, t) = 0$。

基于上述设定与假设，我们可以对大气散射模型进行重新整理。首先，将大气散射模型的数学形式改写为

$$\boldsymbol{I}(x) = t(x)l(x)\boldsymbol{R} + \boldsymbol{A}[1 - t(x)]$$

接下来，对 $\boldsymbol{R}$ 进行正交分解，分解的两个方向分别是 $\boldsymbol{A}$ 的方向及与 $\boldsymbol{A}$ 正交的方向。对 $\boldsymbol{R}$ 和 $\boldsymbol{J}(x)$正交分解的示意图如图 5-3 所示。

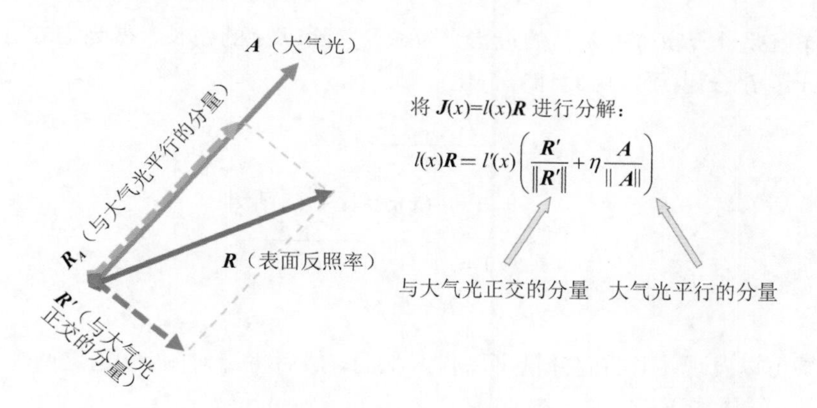

图 5-3 对 $\boldsymbol{R}$ 和 $\boldsymbol{J}(x)$正交分解的示意图

将 $\boldsymbol{R}$ 的分解结果代入 $l(x)\boldsymbol{R}$，就可以得到对于 $\boldsymbol{J}(x)$的分解结果，如图 5-3 中的公式所示。其中的两个参数如下（$<\boldsymbol{R}, \boldsymbol{A}>$表示两者的内积）：

$$l'(x) = l(x)\|\boldsymbol{R}'\|$$

$$\eta = \frac{<\boldsymbol{R}, \boldsymbol{A}>}{\|\boldsymbol{R}'\| \cdot \|\boldsymbol{A}\|}$$

然后，将上面的结果代入有雾图像（即输入图像）的公式中，则可得到：

$$\boldsymbol{I}(x) = t(x)l'(x)\left(\frac{\boldsymbol{R}'}{\|\boldsymbol{R}'\|} + \eta\frac{\boldsymbol{A}}{\|\boldsymbol{A}\|}\right) + \boldsymbol{A}[1 - t(x)]$$

对 $\boldsymbol{I}(x)$也沿着大气光 $\boldsymbol{A}$ 和其垂直方向进行分解，对输入有雾图像进行正交分解的示意图如图 5-4 所示。

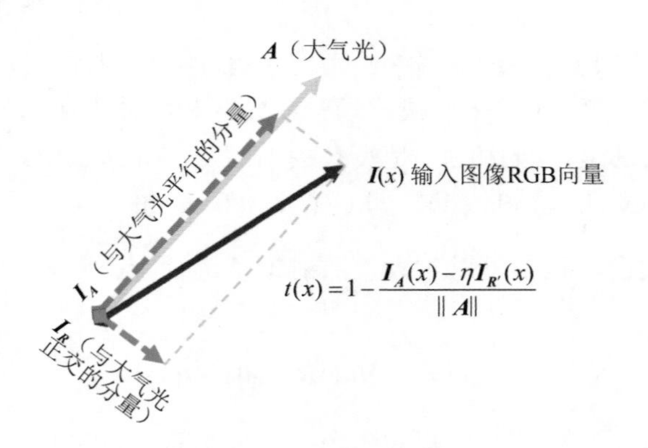

图 5-4 对输入有雾图像进行正交分解的示意图

具体操作就是计算 $I(x)$在 A 上的投影（内积）并除以 A 的模长，得到沿着 A 的分量 $I_A(x)$，另一个正交分量 $I_{R'}(x)$也可以由此计算得出：

$$\begin{aligned}I_A(x) &= \frac{\langle I(x), A>}{\|A\|} \\ &= t(x)l'(x)\eta + [1-t(x)]\|A\|\end{aligned}$$

$$\begin{aligned}I_{R'}(x) &= \sqrt{\|I(x)\|^2 - I_A(x)^2} \\ &= t(x)l'(x)\end{aligned}$$

观察两式结果可以发现，下面的分量可以代入上面，然后将透射图 $t(x)$用这两个分量进行表示（含有参数 η），结果如下：

$$t(x) = 1 - \frac{I_A(x) - \eta I_{R'}(x)}{\|A\|}$$

如果已经有大气光 A 的估计结果，那么 $I_A(x)$和 $I_{R'}(x)$是可以通过分解得到的，那么问题就转为如何求解参数 η。考虑到上面的另一个假设，即 $C_\Omega(l,t)=0$，将上面的分解结果代入，经过整理后，得到参数 η 的计算公式如下：

$$\eta = \frac{C_\Omega\left(I_A, h\right)}{C_\Omega\left(I_{R'}, h\right)}$$

其中，

$$h = \frac{\|A\| - I_A(x)}{I_{R'}(x)}$$

这样就有了整体的从输入和大气光进行去雾的整个计算步骤：首先，通过对 I 进行正交分解计算出 h，然后与两个分量计算协方差得到参数 η，将 η 代入 $t(x)$的表达式中计算出 $t(x)$，结

合 t 和 A 即可计算出去雾结果。

下面通过 Python 实现基于反照系数分解的 Fattal 去雾算法。代码如下所示。

```
import cv2
import numpy as np
import matplotlib.pyplot as plt

def estimate_trans(I, A, tmin=0.4):
    A = np.expand_dims(A, axis=[1]) # [3, 1]
    norm_A = np.linalg.norm(A)
    IA = np.dot(I, A) / norm_A # [N, 1]
    norm_I2 = np.linalg.norm(I, axis=1, keepdims=True) ** 2
    IR = norm_I2 - IA ** 2
    IR = np.sqrt(IR)
    h = (norm_A - IA) / (IR + 1e-8)
    cov_IA = np.cov(IA.flatten(), h.flatten())
    cov_IR = np.cov(IR.flatten(), h.flatten())
    eta = (cov_IA / cov_IR)[1, 0]
    t_map = 1 - (IA - eta * IR) / norm_A
    t_map = (t_map - t_map.min()) / (t_map.max() - t_map.min())
    t_map = np.clip(t_map, a_min=tmin, a_max=1.0)
    return t_map

def dehaze_fattal(img, atmo, tmin=0.3):
    H, W, C = img.shape
    I = img.reshape((H * W, C))
    t_map = estimate_trans(I, atmo, tmin)
    J = (I - (1 - t_map) * np.expand_dims(atmo, axis=[0])) / (t_map + 1e-16)
    dehazed = J.reshape((H, W, C))
    t_map = t_map.reshape((H, W))
    return dehazed, t_map


if __name__ == "__main__":

    img_path = "../datasets/hazy/house-input.bmp"
    img = cv2.imread(img_path)[:,:,::-1] / 255.0
    atmo = np.array([210., 217., 223.]) / 255.0
```

```
    out, tmap = dehaze_fattal(img, atmo)
    out = np.clip(out, 0, 1)

    plt.figure()
    plt.imshow(img)
    plt.title('hazy input')
    plt.xticks([]), plt.yticks([])

    plt.figure()
    plt.imshow(out)
    plt.title('fattal dehaze output')
    plt.xticks([]), plt.yticks([])

    plt.figure()
    plt.imshow(tmap, cmap='gray')
    plt.title('transmission map')
    plt.xticks([]), plt.yticks([])
    plt.show()
```

上面的代码实现了基于反照系数分解的 Fattal 去雾算法，并通过一张经典的有雾图像进行了测试，得到的效果图如图 5-5 所示。可以看出，该算法可以较好地估计出透射图，并对图像进行去雾处理。去雾后图像的对比度和饱和度得到了一定程度的恢复，同时对于无雾或者少雾区域也尽可能保留了原来的色彩。

（a）输入有雾图像

（b）算法的去雾效果

（c）算法估计的透射图

图 5-5 基于反照系数分解的 Fattal 去雾算法效果图

5.2.2 暗通道先验去雾算法

接下来要介绍的是另一种经典的去雾算法：**暗通道先验（Dark Channel Prior）去雾算法**[2]。该算法是 He Kaiming 的代表成果之一，获得了 2009 年的 CVPR Best Paper。该算法的推导步骤与计算并不复杂，它基于对于有雾图像与正常高质量无雾图像的经验规律为雾气退化模型施加了先验，从而求解出透射图并用于去雾。

这个先验就是暗通道先验，它指的是在自然图像中的一种统计规律或者现象，即对于无雾的非天空区域，在某些像素中至少有一个通道值非常小（暗通道）。对于这种规律本书作者进行了实验统计，发现这种暗通道的性质在无雾图像上基本都能看到，而对于有雾图像则通常不满足（即各个通道值都较高）。对于这个先验性质可以有一个很直观的理解，对于 RGB 图像来说，如果令至少一个通道为 0，那么该颜色就是一个较为饱和、鲜艳的颜色，比如，(255, 0, 0)就是红色，而(255, 255, 0)就是黄色，等等。而对于有雾图像来说，由于加入了大气光 $\boldsymbol{A}$，使得最终成像出来的图像偏灰蒙，即 RGB 通道都加了一定比例的 $\boldsymbol{A}$ 向量的值，这个过程破坏了自然无雾图像的暗通道先验，因此可以通过计算暗通道来区分有雾和无雾区域。

暗通道先验写成数学形式如下：

$$J^{\text{dark}}(k)=\min_{x\in\Omega}\left(\min_{c\in\{r,g,b\}}\boldsymbol{J}^{c}(x)\right)\to 0$$

式中，k 表示像素点的坐标；c 表示通道。上式的含义是，对于在 Ω 范围内的像素点，先各自找到其 3 个通道中的最小值，然后将得到的结果在该范围内再求一次最小值。这个过程相当于对大小为 $H\times W\times 3$ 的图像沿着通道维度求 min，得到 $H\times W$ 的图像，然后对该图像进行最小值滤波，这样得到的结果即**暗通道（Dark Channel）**。

对几个有雾图像与无雾图像分别按照上述方式计算暗通道，有雾图像与无雾图像的暗通道如图 5-6 所示。

从图 5-6 可以看出，无雾图像的暗通道除了在天空或个别小区域较亮，其他位置都较暗，即有较小的取值。而对于有雾图像，场景深度较大、被雾气退化较明显从而较为灰蒙的区域都不符合暗通道先验，计算得到的暗通道在这些区域取值也较大。

上面简单验证了暗通道先验的合理性，那么，如何将该先验代入到物理模型中用于求解透射图呢？考虑大气散射模型公式，并对两边同时除以 $\boldsymbol{A}$（$\boldsymbol{A}$ 为三维向量，除法按通道进行，相当于各个通道分别做普通的标量除法），可以得到下式：

$$\frac{\boldsymbol{I}(x)}{\boldsymbol{A}}=t(x)\frac{\boldsymbol{J}(x)}{\boldsymbol{A}}+[1-t(x)]$$

（a）无雾图像的原图像与暗通道　　（b）不同程度的有雾图像的原图像与暗通道

图 5-6　有雾图像与无雾图像的暗通道

下面将暗通道先验代入上式的左右两边，考虑到 $t(x)$在局部小窗口内可以被视为常数，$\boldsymbol{A}$ 为大气光也是常数，那么上式就变成了：

$$\min_{\Omega}\min_{C}\left(\frac{\boldsymbol{I}(x)}{\boldsymbol{A}}\right)=t(x)\min_{\Omega}\min_{C}\left(\frac{\boldsymbol{J}(x)}{\boldsymbol{A}}\right)+[1-t(x)]$$

考虑到右边的 $J(x)$服从暗通道先验，那么该项就趋于 0，于是可以直接得到透射图的计算表达式：

$$t(x)=1-\min_{\Omega}\min_{C}\left(\frac{\boldsymbol{I}(x)}{\boldsymbol{A}}\right)$$

也就是说，只需要将原图像除以大气光 $\boldsymbol{A}$，并计算暗通道，再用 1 减去得到的结果，就可以获得透射图的估计值。如果透射图与大气光都已经被计算出来，那么代入大气散射模型原始公式即可得到无雾图像 $J(x)$。

下面的问题就是如何估计大气光 $\boldsymbol{A}$。在暗通道先验去雾算法中采用了如下方法：首先，对图像暗通道中的各个像素点亮度进行排序，找到其中最亮的 0.1%个点（暗通道越亮也就意味着越倾向于有雾区域）；然后在这些挑选出来的点对应的原图像中取出各自的 3 个通道向量，对每个通道求出最大值，即可作为对于大气光的估计。这个估计方法的目的在于排除白色物体的干扰，在有雾场景中，如果有白色物体，那么按照亮度来找大气光容易受到干扰，从而将这些亮度值较大的物体误判为大气光的亮度（透射率 t 为 0）。由于暗通道先验可以区分有雾区域和无雾区域，并且参考了一定程度的局部信息（最小值滤波），因此可以减少白色物体的干扰，使得挑选出的像素点更多的是远处雾气的亮度。

计算出 $\boldsymbol{A}$ 的估计后，结合透射图计算公式，就可以计算出整图的透射图 $t(x)$，从而代入大气散射模型原始公式得到去雾结果。另外，在实际计算过程中，由于最小值滤波的结果容易产生块效应，因此可以以原图像为参考对得到的透射图进行导向滤波，以获得更加保边的效果。

下面通过 Python 实现暗通道先验去雾算法，并对实际有雾图像进行测试。代码如下所示。

```
import os
import cv2
import numpy as np
import matplotlib.pyplot as plt


def calc_dark_channel(img, patch_size):
    h, w = img.shape[:2]
    min_ch = np.min(img, axis=2)
    dark_channel = np.zeros((h, w))
    r = patch_size // 2
    for i in range(h):
        for j in range(w):
            top, bottom = max(0, i - r), min(i + r, h - 1)
            left, right = max(0, j - r), min(j + r, w - 1)
            dark_channel[i, j] = np.min(min_ch[top:bottom + 1, left:right + 1])
    return dark_channel

def estimate_atmospheric_light(img, dark, percent=0.1):
    h, w = img.shape[:2]
    img_vec = img.reshape(h * w, 3)
    dark_vec = dark.reshape(h * w)
    topk = int(h * w * percent / 100)
    idx = np.argsort(dark_vec)[::-1][:topk]
    atm_light = np.max(img_vec[idx, :], axis=0)  # [topk, 3] -> [3]
    return atm_light.astype(np.float32)

def calc_transmission(img, atmo, patch_size, omega, t0, radius=11, eps=1e-3):
    dark = calc_dark_channel(img / atmo, patch_size)
    trans = 1 - omega * dark
    trans = np.maximum(trans, t0)
```

```
    guide = img.astype(np.float32) / 255.0
    trans = trans.astype(np.float32)
    trans_refined = cv2.ximgproc.guidedFilter(
                guide, trans, radius=radius, eps=eps)
    return trans_refined

def calc_scene_radiance(img, trans, atmo):
    atmo = np.expand_dims(atmo, axis=[0, 1])
    trans = np.expand_dims(trans, axis=2)
    radiance = (img - atmo) / trans + atmo
    radiance = np.clip(radiance, a_min=0, a_max=255).astype(np.uint8)
    return radiance

def dehaze_dark_channel_prior(img, cfg, return_all=True):
    dark_channel = calc_dark_channel(img, patch_size=cfg["patch_size"])
    atmo_light = estimate_atmospheric_light(img,
                        dark_channel, percent=cfg["atmo_est_percent"])
    trans_est = calc_transmission(img, atmo_light, cfg["patch_size"],
                            cfg["omega"], cfg["t0"],
                            cfg["guide_radius"], cfg["guide_eps"])
    dehazed = calc_scene_radiance(img, trans_est, atmo_light)

    if return_all:
        return {
            "dark_channel": dark_channel,
            "atmo_light": atmo_light,
            "trans_est": trans_est,
            "dehazed": dehazed
        }
    else:
        return dehazed


if __name__ == "__main__":
    # 测试去雾效果
    cfg = {
        "patch_size": 5,
        "atmo_est_percent": 0.1,
        "omega": 1.0,
```

```
        "t0": 0.4,
        "guide_radius": 21,
        "guide_eps": 0.1
    }

    img_path = "../datasets/hazy/IMG_20200405_163759.jpg"

    img = cv2.imread(img_path)[:,:,::-1]
    h, w = img.shape[:2]
    img = cv2.resize(img, (w // 3, h // 3))

    output = dehaze_dark_channel_prior(img, cfg, return_all=True)
    dark_channel = output["dark_channel"]
    atmo_light = output["atmo_light"]
    trans_est = output["trans_est"]
    dehazed = output["dehazed"]

    print('estimated atmosphere light : ', atmo_light)
    plt.figure()
    plt.imshow(img)
    plt.title('hazy image')
    plt.xticks([]), plt.yticks([])

    plt.figure()
    plt.imshow(dark_channel, cmap='gray')
    plt.title('dark channel')
    plt.xticks([]), plt.yticks([])

    plt.figure()
    plt.imshow(trans_est, cmap='gray')
    plt.title('transmission map')
    plt.xticks([]), plt.yticks([])

    plt.figure()
    plt.imshow(dehazed)
    plt.title('dehazed')
    plt.xticks([]), plt.yticks([])
    plt.show()
```

得到的输出结果如下，即估计出的大气光。

```
estimated atmosphere light :  [249. 246. 243.]
```

暗通道先验去雾算法结果图如图 5-7 所示。可以看出，该算法计算出的暗通道在雾气较少的近处绿植上比较暗，而在远处浓雾场景中则比较明亮。从由此计算出来的透射图也可以看出，近处的绿植和树枝的透射率较大，而有雾场景则取值较小。最终的去雾结果也基本符合预期，远处建筑的对比度、颜色饱和度及细节也都得到了一定程度的恢复，整图的通透感也更强。

（a）有雾图像　（b）去雾结果

（c）透射图　（d）暗通道

图 5-7　暗通道先验去雾算法结果图

5.2.3　颜色衰减先验去雾算法

基于图像统计信息先验结合物理模型的去雾算法就是**颜色衰减先验（Color Attenuation Prior）去雾算法**[3]。所谓颜色衰减先验，指的是这样一种观察：对于有雾图像，其雾的浓度随着场景深度的变化而变化，反映到最终图像中就是**亮度和饱和度差异**的变化。亮度和饱和度相差越大，就说明雾气越浓，场景深度越大；相反，亮度和饱和度相差越小，则说明受到雾气影响的程度越低，场景离得也越近。这个先验也很好理解，根据大气散射模型，距离越远透射率越小，因此该位置就越接近于大气光，而大气光一般是亮度高且饱和度低的灰色，因此其差值就相对较大；而距离近的则相反，由于中间隔着的雾气颗粒较少，场景反射的光更容易被成像设备捕获，因此更符合目标物体的真实颜色，类似暗通道先验的发现，无雾场景下的真实颜色往往比较鲜艳、饱和度较高，因此饱和度与亮度的差距也就越小。这个先验的数学形式表达如下：

$$d(x) \propto c(x) \propto [v(x) - s(x)]$$

式中，$d(x)$表示场景深度；$c(x)$表示**雾气浓度（Concentration）**；$v(x)$和 $s(x)$分别表示亮度和饱和度。下面用一个示例来对这种统计规律进行展示，还是采用前面的示例图像，亮度和饱和度差异与雾气浓度及场景深度的对应关系如图 5-8 所示。可以看到，对于远处的雾气来说，其亮度高且饱和度低，而对于近处较为清晰的绿植，其亮度和饱和度都较高，因此差异较小。通过计算两者的差异可以发现，从整体上来说，随着场景变远，差值也逐渐变大。

（a）有雾图像

（b）各像素的饱和度图

（c）各像素的亮度图

（d）亮度和饱和度差异

图 5-8　亮度和饱和度差异与雾气浓度及场景深度的对应关系

这个先验将图像的深度与简单的图像特征进行了关联，从而可以根据有雾图像直接得到深度图的估计。由于此时只能确定两者的正比关系，所以还需要具体的系数才能完成计算。对于这个系数，颜色衰减先验去雾算法采用了基于学习的策略，首先，将场景深度与亮度、饱和度之间的关系建模为线性模型，数学形式如下：

$$d(x)=\theta_0+\theta_1 v(x)+\theta_2 s(x)+\varepsilon(x)$$

式中，$d(x)$即场景深度；θ_0、θ_1和θ_2为待求的参数；$\varepsilon(x)$表示模型误差，其为均值为0、方差为σ^2的高斯分布。采用最大似然估计和梯度下降方法，可以对θ_0、θ_1和θ_2进行优化，最终通过对500张图像的训练，确定了最优参数如下：$\theta_0=0.121779, \theta_1=0.959710, \theta_2=-0.780245, \sigma=0.041337$。将$\theta_0$、$\theta_1$和$\theta_2$代入上式，即可直接对有雾图像计算深度图。直接计算的深度图可以通过最小值滤波进行修正，以避免近处的白色物体被误判为远处的有雾区域。然后通过导向滤波对最小值滤波造成的快效应进行消除，使得深度图更符合原图像的内容分布。这种操作基本类似暗通道先验去雾算法。

根据透射图与深度图的关系$t(x)=\mathrm{e}^{-\beta d(x)}$，设置好参数$\beta$后就可以直接从深度图得到透射图。结合对大气光的估计值，即可计算得到无雾图像。大气光的估计在该算法中是根据深度图进行的，具体操作：首先找到估计出的深度图中深度最大的若干个像素点，然后对这些像素点按照模值排序，选出TopK个进行RGB逐通道最大值计算。这里大气光估计的整体流程与暗通道先验去雾算法的操作流程类似，但该算法利用了深度图，根据物理模型，深度趋向于无穷远时，像素值趋近于$\boldsymbol{A}$，因此可以直接通过深度图估计大气光。

下面是颜色衰减先验去雾算法的Python实现，仍用真实的有雾图像进行测试，以展示该算法的效果。代码如下所示。

```
import cv2
import numpy as np
import matplotlib.pyplot as plt

def miminum_filter(smap, ksize):
    h, w = smap.shape
    output = np.zeros_like(smap)
    hw = ksize // 2
    for i in range(h):
        for j in range(w):
            t, b = max(0, i - hw), min(i + hw, h - 1)
            l, r = max(0, j - hw), min(j + hw, w - 1)
            output[i, j] = np.min(smap[t:b+1, l:r+1])
    return output
```

```
def calc_depth_map(img,
                   minfilt_ksize,
                   guide_radius,
                   guide_eps):
    img = img.astype(np.float32)
    hsv = cv2.cvtColor(img, cv2.COLOR_RGB2HSV)
    satu, value = hsv[..., 1], hsv[..., 2]
    epsilon = np.random.normal(0, 0.041337, img.shape[:2])
    depth = 0.121779 + 0.959710 * value - 0.780245 * satu + epsilon
    depth_mini = miminum_filter(depth, minfilt_ksize)
    depth_mini = depth_mini.astype(np.float32)
    depth_guide = cv2.ximgproc.guidedFilter(img,
            depth_mini, radius=guide_radius, eps=guide_eps)
    return depth_guide, depth_mini, depth

def estimate_atmospheric_light(img, depth, percent=0.1):
    h, w = img.shape[:2]
    n_sample = int(h * w * percent / 100)
    depth_v = depth.reshape((h * w))
    img_v = img.reshape((h * w, 3))
    loc = np.argsort(depth_v)[::-1] # descending
    # 找到深度最大的 n_sample 个备选点
    Acand = img_v[loc[:n_sample], :] # [n_sample, 3]
    Anorm = np.linalg.norm(Acand, axis=1)
    loc = np.argsort(Anorm)[::-1]
    select_num = min(n_sample, 20)
    # 筛选 norm 最大的点（最多 20 个）取最大值
    Asele = Acand[loc[:select_num], :]
    A = np.max(Asele, axis=0)
    return A

def calc_scene_radiance(img, trans, atmo):
    atmo = np.expand_dims(atmo, axis=[0, 1])
    trans = np.expand_dims(trans, axis=2)
    radiance = (img - atmo) / trans + atmo
    radiance = np.clip(radiance, a_min=0, a_max=1)
    radiance = (radiance * 255).astype(np.uint8)
    return radiance
```

```
def dehaze_color_attenuation(img, cfg, return_all=True):
    img = img / 255.0
    depth, _, _ = calc_depth_map(img,
                    cfg["minfilt_ksize"],
                    cfg["guide_radius"],
                    cfg["guide_eps"])
    trans_est = np.exp( - cfg["beta"] * depth)
    t_min, t_max = cfg["t_min"], cfg["t_max"]
    trans_est = np.clip(trans_est, a_min=t_min, a_max=t_max)
    atmo = estimate_atmospheric_light(img, depth, cfg["percent"])
    dehazed = calc_scene_radiance(img, trans_est, atmo)
    if return_all:
        return {
            "dehazed": dehazed,
            "depth": depth,
            "trans_est": trans_est,
            "atmo_light": atmo
        }
    else:
        return dehazed


if __name__ == "__main__":
    cfg = {
        "minfilt_ksize": 21,
        "guide_radius": 11,
        "guide_eps": 5e-3,
        "beta": 1.0,
        "t_min": 0.05,
        "t_max": 1.0,
        "percent": 0.1
    }

    img_path = "../datasets/hazy/IMG_20201002_102129.jpg"

    img = cv2.imread(img_path)[:,:,::-1]
    h, w = img.shape[:2]
    img = cv2.resize(img, (w // 3, h // 3))
```

```
# ================================== #
# 测试基于颜色衰减先验的 depth_map       #
# ================================== #
dmap_guide, dmap_mini, dmap \
     = calc_depth_map(img / 255.0,
                     minfilt_ksize=21,
                     guide_radius=11,
                     guide_eps=5e-3)
plt.figure()
plt.imshow(dmap, cmap='gray')
plt.title('color attenuation depth')
plt.xticks([]), plt.yticks([])
plt.figure()
plt.imshow(dmap_mini, cmap='gray')
plt.title('minimum filtered depth')
plt.xticks([]), plt.yticks([])
plt.figure()
plt.imshow(dmap_guide, cmap='gray')
plt.title('guided filtered depth')
plt.xticks([]), plt.yticks([])
plt.show()

# ================================== #
#         测试去雾效果                  #
# ================================== #
output = dehaze_color_attenuation(img, cfg, return_all=True)
depth = output["depth"]
trans_est = output["trans_est"]
atmo_light = output["atmo_light"]
dehazed = output["dehazed"]

print('estimated atmosphere light : ', atmo_light)
plt.figure()
plt.imshow(img)
plt.title('hazy image')
plt.xticks([]), plt.yticks([])
plt.figure()
plt.imshow(depth, cmap='gray')
plt.title('depth')
```

```
    plt.xticks([]), plt.yticks([])
    plt.figure()
    plt.imshow(trans_est, cmap='gray')
    plt.title('transmission map')
    plt.xticks([]), plt.yticks([])
    plt.figure()
    plt.imshow(dehazed)
    plt.title('dehazed')
    plt.xticks([]), plt.yticks([])
    plt.show()
```

输出结果如下，该结果为估计的大气光向量（数值范围已归一化到 0～1）。

```
estimated atmosphere light :  [0.96078431 0.96078431 0.96470588]
```

在代码中，我们分别测试了深度图估计的原始效果与修正后的效果，以及最终的透射图估计与去雾结果。深度图估计和修正结果如图 5-9 所示。可以看出，通过最小值滤波，可以对一部分近处高亮目标进行一定程度的抑制，防止获得过大的深度图，但是对于大片的白色区域（远超过最小值滤波的窗口范围），还是会存在将近处的灰白色区域误判为远距离雾区的情况。另外，最小值滤波窗口的增加也会导致块效应的显著化，这一点可以通过导向滤波进行一定的平滑和修正。

（a）颜色衰减先验直接估计结果

（b）最小值滤波修正结果

（c）导向滤波修正结果

图 5-9　深度图估计和修正结果

下面展示上述代码的去雾输出及其中间结果，颜色衰减先验去雾算法结果如图 5-10 所示。可以看出，经过颜色衰减先验去雾算法，距离较远的建筑和绿植，以及河流对岸的绿植和房屋都更加清晰，饱和度和对比度都有所增大。除了左下角建筑顶部的白色被误认为有雾区域，算法对于整体的深度和透射关系的估计较为准确。

（a）有雾图像

（b）颜色衰减先验去雾结果

（c）估计的深度图

（d）估计的透射图

图 5-10 颜色衰减先验去雾算法结果

5.3 深度学习去雾算法

前面介绍了几种基于物理模型的去雾算法。本节将重点介绍几种比较经典的基于深度学习和网络模型的去雾算法，并对它们的流程和网络结构的设计思路进行详细分析和讨论。

5.3.1 端到端的透射图估计：DehazeNet

首先介绍 **DehazeNet**[4]，该网络采用 CNN 结构直接对透射图进行端到端的估计，借助 CNN 强大的特征提取和表达特性，之前提到的各种先验的结构与数学形式也可以用网络进行自适应的学习和拟合。DehazeNet 的整体结构如图 5-11 所示。

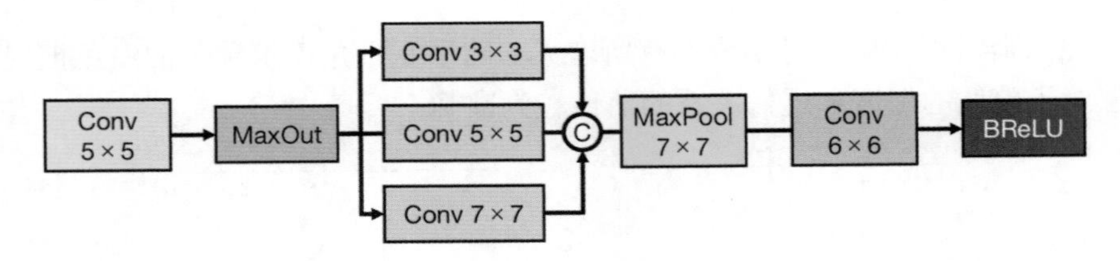

图 5-11　DehazeNet 的整体结构

对于输入的有雾图像区块，先通过 5×5 卷积提取特征，其次经过 MaxOut 模块对得到的特征进行非线性处理，再次进入并行多尺度映射结构，通过不同尺寸的卷积核提取不同尺度的特征，并在通道维度进行拼接。得到的结果经过一个最大值池化模块（MaxPool），提取邻域最大值，最后，将得到的结果进行 6×6 的卷积，并通过一个 BReLU（Bilateral ReLU）激活函数得到最终估计结果。

由于是较早期的利用神经网络模型处理去雾问题的方案，DehazeNet 的设计思路主要参考了传统去雾算法中的一些先验及其对应的操作模式。首先，在第一层提取了有雾图像的特征后，还需要对得到的特征使用 MaxOut 模块进行逐点最大值处理。**MaxOut** 模块是神经网络中的一个经典模块，它可以利用对隐层的网络输出求取最大值的方法，得到一个**分片线性（Piecewise Linear）**映射函数，而这种函数理论上可以模拟任意的凸函数，从而为网络提供非线性能力，通常被作为一种特殊的激活函数来使用。MaxOut 模块的结构示意图如图 5-12 所示。

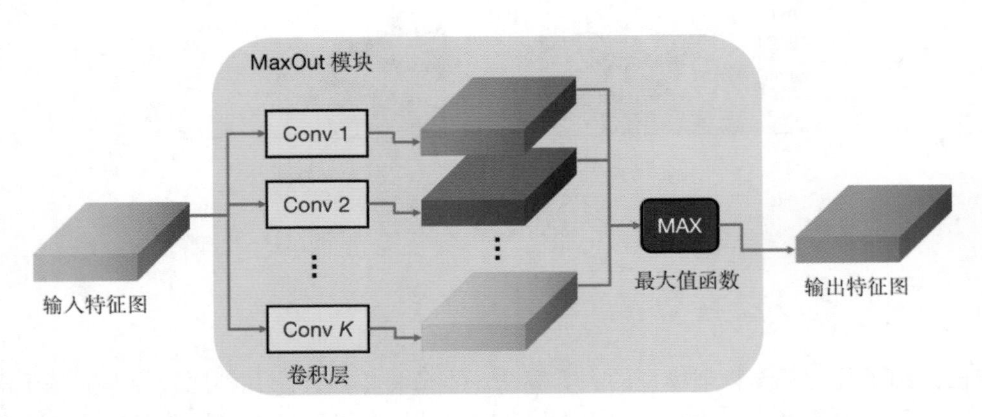

图 5-12　MaxOut 模块的结构示意图

参考图 5-12，以 CNN 中的 MaxOut 模块为例，对于输入的特征图，首先经过多个隐层卷积层得到不同的输出特征图。由于卷积核可以视为 out_nc 个 in_nc×k×k 的卷积核的堆叠，因此这个过程可以用一个卷积实现，并将输出的特征图按照通道进行切分，得到多个特征图，DehazeNet 中的 MaxOut 模块直接用提取到的特征进行等尺寸切分后计算（图 5-11 所示的

MaxOut 模块仅包括切分+取最大值的过程，卷积隐层就是第一层 Conv5×5）。对这些等尺寸的特征图逐位置求出最大值，即可得到最终输出的结果。这个过程可以看作对传统方法中不同的先验所进行的计算的推广。下面考虑几个简单的例子，比如，如果隐层卷积核是当前通道中心为-1、其余为 0 的矩阵，那么得到的特征就是原图像乘以-1，求解最大值，也就意味着求解各个位置原图像中的各通道最小值，这就是暗通道先验的操作；类似地，由于隐层卷积核可以对 RGB 图像 3 个通道进行加权，因此其中潜在包含了 RGB 转 HSV 的过程，那么通过后面不同通道之间的加减操作，颜色衰减先验的计算过程也被包含到了该流程中。这反映了 CNN 对于去雾任务的强大表达能力，通过数据训练，网络可以自适应找到合适的先验信息，并用于透射图计算。

后面步骤的多尺度卷积也是对于去雾任务友好的设计，这种并行多尺寸卷积核处理的结果丰富了特征在不同尺度的分布，同时也有更好的尺度不变性（Scale Invariance）。最大值池化模块则借鉴了传统方法中的局部极值操作，MaxPool 模块就是网络中的局域极值提取模块。最后的 BReLU 激活函数是为了适应图像恢复任务中输出应该有界的需求提出的，其图像如图 5-13 所示。

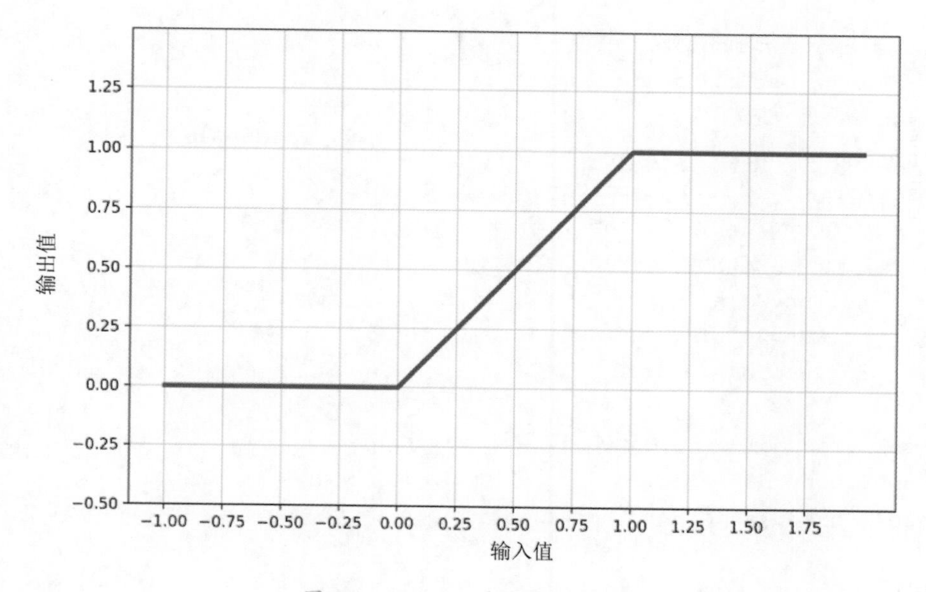

图 5-13　BReLU 激活函数图像

通过训练好的 DehazeNet 预测每个区块的透射率，即可得到透射图，然后找到透射率小于一定阈值的像素点，对这些像素点在有雾图像中的 RGB 值求取最大值，得到大气光 $\boldsymbol{A}$ 的估计。最后，利用计算出的大气光和透射图，即可对输入图像进行去雾。

DehazeNet 的结构实现代码如下所示。

```
import torch
import torch.nn as nn

class MaxOut(nn.Module):
    def __init__(self, nf, out_nc):
        super().__init__()
        assert nf % out_nc == 0
        self.nf = nf
        self.out_nc = out_nc
    def forward(self, x):
        n, c, h, w = x.size()
        assert self.nf == c
        stacked = x.reshape((n,
            self.out_nc, self.nf // self.out_nc, h, w))
        out = torch.max(stacked, dim=2)[0] # [n, out_nc, h, w]
        return out

class DehazeNet(nn.Module):
    def __init__(self, in_ch=3):
        super().__init__()
        nf1, nf2, nf3 = 16, 4, 16
        self.feat_extract = nn.Conv2d(in_ch, nf1, 5, 1, 0)
        self.maxout = MaxOut(nf1, nf2)
        self.multi_map = nn.ModuleList([
            nn.Conv2d(nf2, nf3, 3, 1, 1),
            nn.Conv2d(nf2, nf3, 5, 1, 2),
            nn.Conv2d(nf2, nf3, 7, 1, 3)
        ])
        self.maxpool = nn.MaxPool2d(7, stride=1)
        self.conv_out = nn.Conv2d(nf3 * 3, 1, 6)
        self.brelu = nn.Hardtanh(0, 1, inplace=True)

    def forward(self, x):
        batchsize = x.size()[0]
        out1 = self.feat_extract(x)
        out2 = self.maxout(out1)
        out3_1 = self.multi_map[0](out2)
        out3_2 = self.multi_map[1](out2)
        out3_3 = self.multi_map[2](out2)
```

```
        out3 = torch.cat([out3_1, out3_2, out3_3], dim=1)
        out4 = self.maxpool(out3)
        out5 = self.conv_out(out4)
        out6 = self.brelu(out5)
        # 打印各级输出的特征图大小
        print('[DehazeNet] out1 - out6 sizes:')
        print(out1.size(), out2.size())
        print(out3.size(), out4.size())
        print(out5.size(), out6.size())
        return out6.reshape(batchsize, -1)


if __name__ == "__main__":
    dummy_patch = torch.randn(4, 3, 16, 16)
    dehazenet = DehazeNet(in_ch=3)
    print("DehazeNet architecture: ")
    print(dehazenet)
    pred = dehazenet(dummy_patch)
    print('DehazeNet input size: ', dummy_patch.size())
    print('DehazeNet output size: ', pred.size())
```

测试输出结果如下所示。

```
DehazeNet architecture:
DehazeNet(
  (feat_extract): Conv2d(3, 16, kernel_size=(5, 5), stride=(1, 1))
  (maxout): MaxOut()
  (multi_map): ModuleList(
    (0): Conv2d(4, 16, kernel_size=(3, 3), stride=(1, 1), padding=(1, 1))
    (1): Conv2d(4, 16, kernel_size=(5, 5), stride=(1, 1), padding=(2, 2))
    (2): Conv2d(4, 16, kernel_size=(7, 7), stride=(1, 1), padding=(3, 3))
  )
  (maxpool): MaxPool2d(kernel_size=7, stride=1, padding=0, dilation=1,
ceil_mode=False)
  (conv_out): Conv2d(48, 1, kernel_size=(6, 6), stride=(1, 1))
  (brelu): Hardtanh(min_val=0, max_val=1, inplace=True)
)
[DehazeNet] out1 - out6 sizes:
torch.Size([4, 16, 12, 12]) torch.Size([4, 4, 12, 12])
```

```
torch.Size([4, 48, 12, 12]) torch.Size([4, 48, 6, 6])
torch.Size([4, 1, 1, 1]) torch.Size([4, 1, 1, 1])
DehazeNet input size:  torch.Size([4, 3, 16, 16])
DehazeNet output size:  torch.Size([4, 1])
```

5.3.2 轻量级去雾网络模型：AOD-Net

DehazeNet 虽然采用了神经网络对透射图进行估计，但在整体流程上仍然采用了传统去雾算法中的流程，即先分别估计透射图和大气光，然后结合有雾图像对无雾图像进行恢复。实际上，利用网络的表达能力，可以对透射图和大气光造成的总影响进行估计，从而端到端地输出预测结果。**AOD-Net（All-in-One Dehazing Network）**[5]就是基于这样的思路，通过对物理模型进行改进，将未知参数用网络进行拟合，从而直接计算出去雾结果。考虑到大气散射模型的数学形式：

$$\boldsymbol{I}(x)=\boldsymbol{J}(x)t(x)+\boldsymbol{A}[1-t(x)]$$

将 $J(x)$写成 $I(x)$的函数式，则可以得到：

$$\boldsymbol{J}(x)=\boldsymbol{K}(x)\boldsymbol{I}(x)-\boldsymbol{K}(x)+b$$

其中，

$$\boldsymbol{K}(x)=\frac{\frac{1}{t}[I(x)-\boldsymbol{A}]+\boldsymbol{A}-b}{\boldsymbol{I}(x)-1}$$

这里得到的 $K(x)$同时包含了 A 和 $t(x)$的影响，并且一旦计算出 $K(x)$，即可直接作用于输入图像，得到输出图像。式中的 b 表示常数偏置项（默认为 1）。另外，从 $K(x)$的表达式可以看出，其是依赖于输入图 $I(x)$进行计算的，因此可以通过神经网络建模这个映射过程，并将得到的结果作用于输入图，直接得到去雾后的图像。对于去雾任务来说，最终评价去雾后的效果，因为以往优化透射图的模型没有直接优化目标，因此一般只能获得次优解；而 AOD-Net 端到端的联合估计则可以避免这个过程，直接优化恢复图像的像素级损失，从而达到更好的效果。

AOD-Net 的整体结构图如图 5-14 所示。它的 $\boldsymbol{K}(x)$估计模块非常轻量化，仅由 5 层卷积层组成（包括激活函数），不同的卷积层采用了不同的卷积核大小，用来提取不同尺度的特征。在网络传播过程中，AOD-Net 的 $\boldsymbol{K}(x)$估计模块采用了多次拼接融合，对于第一层和第二层的输出，首先进行通道维度的拼接，然后输入第三层卷积。类似地，第四层卷积的输入则来自第二层和第三层的输出。最后一层则对前面所有卷积层的输出进行拼接，并利用一个 3×3 卷积进行融合。通过网络计算出的 $\boldsymbol{K}$ 张量，只需要与输入进行线性计算，即可得到去雾结果。

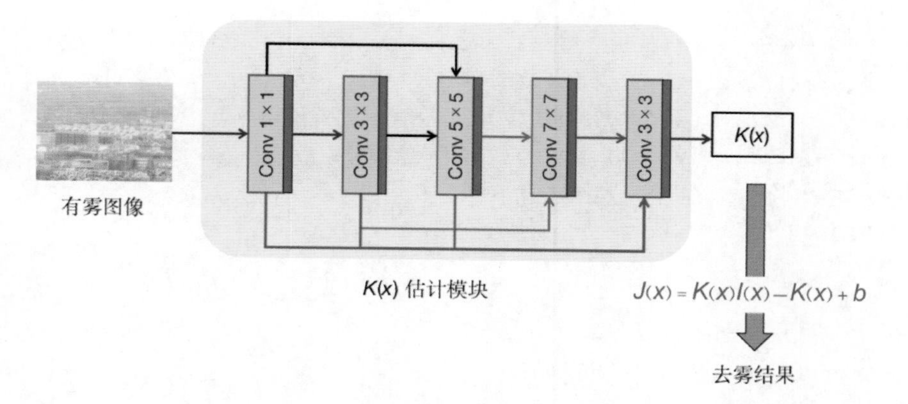

图 5-14　AOD-Net 的整体结构图

在实现上述 K 估计模块时，每个卷积层的滤波器个数（即输出通道）均为 3，输入通道由于不同的输出拼接，分别有 3、6、12 三种取值，网络整体的参数量和计算量非常小。由于其轻量化的特性及端到端的计算过程，AOD-Net 可以作为一个前处理模块被嵌入到高阶语义任务中，如基于 Faster R-CNN 的目标检测等，用于提升高阶识别模型在有雾退化输入上的表现。

AOD-Net 的 PyTorch 实现代码示例如下所示。

```
import torch
import torch.nn as nn

class AODNet(nn.Module):
    def __init__(self, b=1.0):
        super().__init__()
        self.conv1 = nn.Conv2d(3, 3, 1, 1, 0)
        self.conv2 = nn.Conv2d(3, 3, 3, 1, 1)
        self.conv3 = nn.Conv2d(6, 3, 5, 1, 2)
        self.conv4 = nn.Conv2d(6, 3, 7, 1, 3)
        self.conv5 = nn.Conv2d(12, 3, 3, 1, 1)
        self.relu = nn.ReLU(inplace=True)
        self.b = b

    def forward(self, x):
        out1 = self.relu(self.conv1(x))
        out2 = self.relu(self.conv2(out1))
        cat1 = torch.cat([out1, out2], dim=1)
        out3 = self.relu(self.conv3(cat1))
```

```
        cat2 = torch.cat([out2, out3], dim=1)
        out4 = self.relu(self.conv4(cat2))
        cat3 = torch.cat([out1, out2, out3, out4], dim=1)
        k_est = self.relu(self.conv5(cat3))
        output = k_est * x + k_est + self.b
        return output


if __name__ == "__main__":
    x_in = torch.randn(4, 3, 64, 64)
    aodnet = AODNet(b=1)
    out = aodnet(x_in)
    print('AODNet input size: ', x_in.size())
    print('AODNet output size: ', out.size())
```

测试输出结果如下所示。

```
AODNet input size:  torch.Size([4, 3, 64, 64])
AODNet output size:  torch.Size([4, 3, 64, 64])
```

5.3.3 基于 GAN 的去雾模型：Dehaze cGAN 和 Cycle-Dehaze

在前面的超分辨率等任务中，我们已经了解了 GAN 模型在图像画质任务中的作用。对于去雾任务来说，自然也可以利用其对于分布拟合的良好性质，将图像从有雾的分布域转换到无雾的清晰图像分布域中。这里简单介绍两种基于 GAN 的去雾模型：Dehaze cGAN 和 Cycle-Dehaze。

首先是 **Dehaze cGAN** 模型[6]，它采用**条件 GAN（Conditional GAN，cGAN）**的方式进行端到端的去雾映射学习。cGAN，指的是在判别器计算时加入条件信息（在这里实际上就是有雾图像），用于对输出结果的判断。相比于普通 GAN 的判别器直接对输出结果计算其真假概率 $p(\text{out})$，cGAN 相当于在基于输入的条件下，计算输出结果是否符合目标分布，也就是说其计算的是 $p(\text{out} \mid \text{in})$。cGAN 的设定有助于稳定 GAN 的训练，并生成符合指定条件的图像，减少生成出来的图像中的噪声、颜色偏移等伪影。

Dehaze cGAN 的模型结构如图 5-15 所示。首先可以看到，该模型直接将去雾任务作为一个图像域迁移的任务进行处理，不再考虑大气散射模型中的约束参数，从而实现了真正的端到端的有雾图像的去雾过程。整个过程完全由生成器网络来自适应地学习得到。去雾网络的结构采用了 U-Net 型的编/解码器（Encoder-Decoder）结构，并利用对称的跳线连接和特征图直接相加的策略以更充分地利用图像特征信息。在损失函数方面，Dehaze cGAN 采用了像素级损失和 TV 损失以约束输出图像尽可能接近目标并减少伪影，另外还采用 VGG-loss 和 GAN-loss 约束感知特征距离及生成图像的分布。

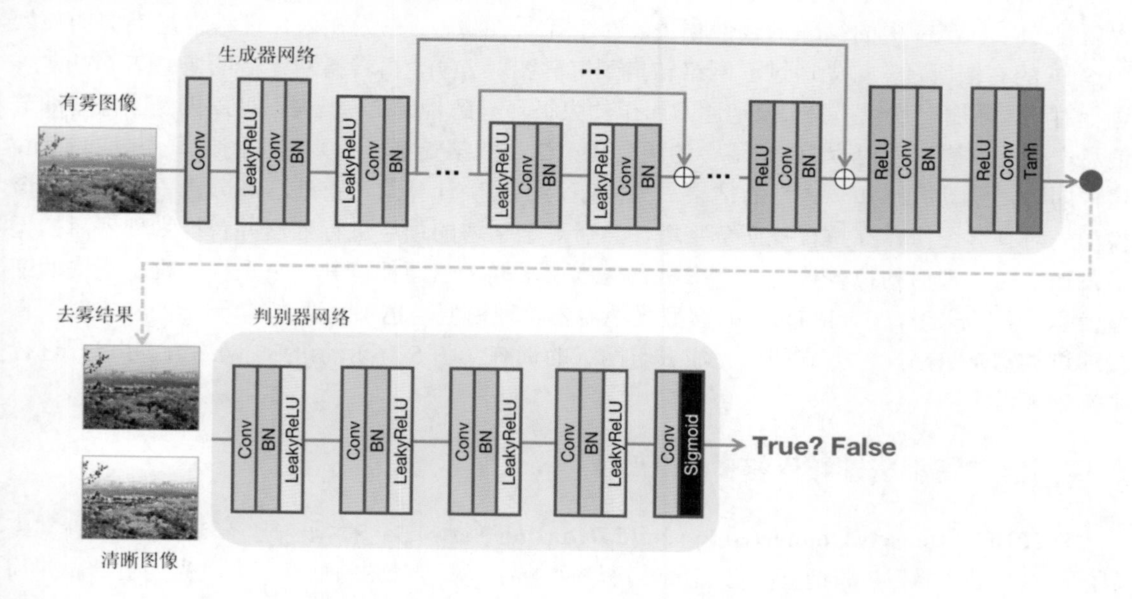

图 5-15　Dehaze cGAN 的模型结构

另一个经典的基于 GAN 的去雾模型是 **Cycle-Dehaze 模型**[7]，从名称可以看出，该模型采用了 CycleGAN 的思路，不需要对有雾-无雾数据进行配对，直接非监督地进行域转换。Cycle-Dehaze 模型的流程图如图 5-16 所示。

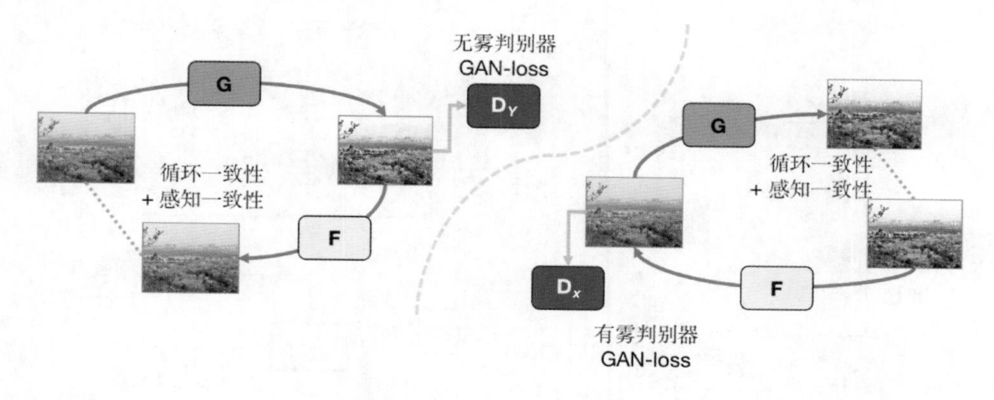

图 5-16　Cycle-Dehaze 模型的流程图

与 CycleGAN 的基本操作类似，Cycle-Dehaze 模型在有雾图像集合与无雾图像集合中随机选择不配对的有雾图像和无雾图像，然后通过 G 网络将有雾图像 x 转换到无雾分布上，并用真实的无雾图像作为目标分布去训练判别器，F 网络负责从无雾到有雾的转换映射，因此可以将 $G(x)$通过 F 网络转换回有雾状态，而此时得到的 $F(G(x))$应该与输入的 x 保持一致，这也就是 CycleGAN 中的循环一致性损失。对于无雾图像，y 作为输入，过程也是类似的，如图 5-16 的右侧所示，首先通过 F 网络转换到有雾图像 $F(y)$，再转换回无雾图像 $G(F(y))$并与 y 进行对比，施加一致性损失。但是通常用于约束循环一致性的 L1 损失不足以恢复图像的细节信息，因此该模型采用 VGG 网络中的两层（第 2 层和第 5 层池化）特征图计算两者的差异，这样即可得到具有感知一致性的结果。另外，为了减少计算量，在处理高分辨率图像时，该模型先对有雾图像建立拉普拉斯金字塔，然后对金字塔的顶层进行处理并替换为处理后的无雾图像。对处理后的拉普拉斯金字塔进行逐步上采样，从而保持其在下采样过程中损失的细节信息。总的来说，Cycle-Dehaze 模型既不需要物理模型，也不需要有雾-无雾的样本对，直接通过类 CycleGAN 的方式即可完成去雾网络的训练（图 5-16 所示的 G 网络），并以此进行去雾处理。

5.3.4 金字塔稠密连接网络：DCPDN

DCPDN（Densely Connected Pyramid Dehazing Network）模型[8]是一个端到端的去雾模型，它的“端到端”并非指直接做图像转换，而是先计算透射图的估计、大气光的估计，并利用估计结果进行去雾。与之前提到的利用网络模型估计透射图的方案不同，DCPDN 模型中的透射图、大气光都是直接由网络学习得来的，同时可以直接在网络内进行处理得到去雾结果。DCPDN 模型的整体结构如图 5-17 所示。

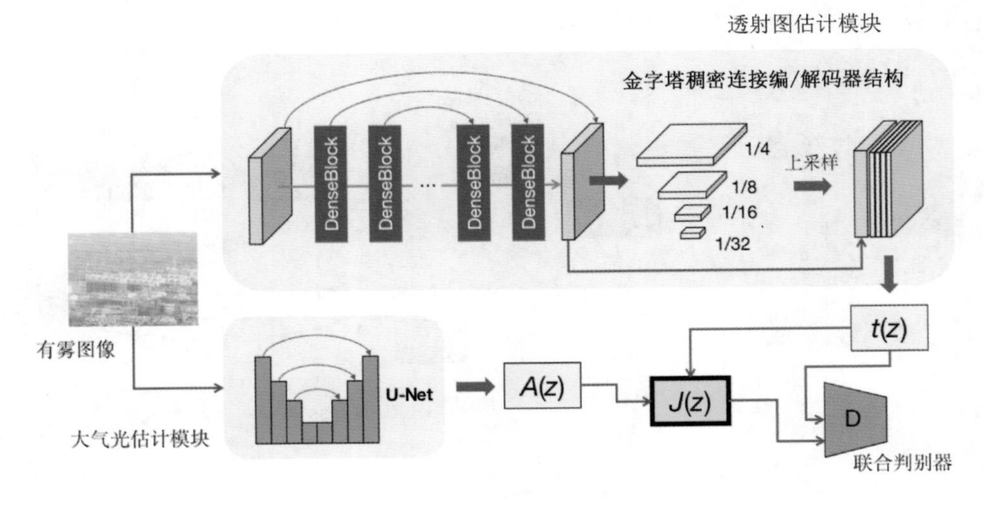

图 5-17　DCPDN 模型的整体结构

DCPDN 模型主要由两个估计网络和一个判别器组成，两个估计网络分别用来估计透射图的金字塔稠密连接模块和大气光的 U-Net 网络。金字塔稠密连接编/解码器结构用于实现对透射图的估计，它的主要构成部分是 Dense Block，即稠密连接的模块，对得到的结果进行多尺度池化，可以获得不同尺寸的小特征图，将特征图上采样后沿着通道拼接，即可得到透射图 $t(x)$。而大气光估计模块直接用 U-Net 网络估计出大气光 $\boldsymbol{A}(z)$。估计完透射图和大气光，即可直接计算得到去雾结果。为了让合成数据更接近真实分布，还采用了联合判别器 D。这里的联合判别器指的是将透射图与去雾结果联合输入到判别器中，用于评价生成的结果是否真实。对于损失函数，DCPDN 模型主要包含了 L2 损失、两个方向上的梯度差异损失、特征边缘损失。此外，还有对于判别器的联合训练的损失函数。GAN 的损失可以约束分布的一致性，梯度差异和特征的损失有利于更好地学习到细节信息，从而获得高质量的去雾图像。

5.3.5　特征融合注意力去雾模型：FFA-Net

最后要介绍的模型称为 **FFA-Net（Feature Fusion Attention Network）模型**[9]。该模型主要对网络结构进行优化，将通道注意力与像素注意力进行结合，从而期望获得更好的特征表示（设计思路有点类似于超分辨率任务中的 RCAN 模型）。FFA-Net 模型的整体网络结构图如图 5-18 所示。

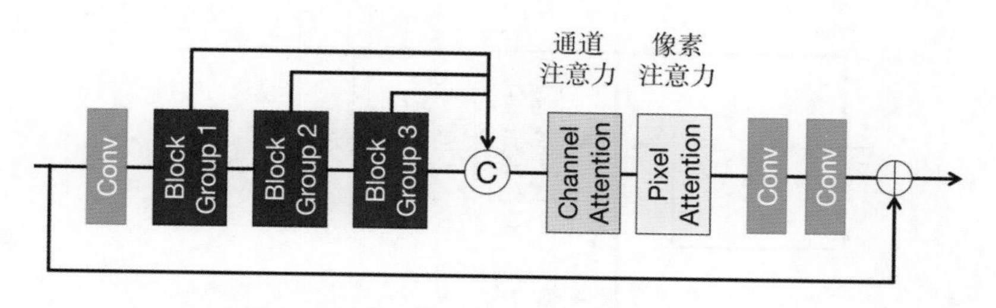

图 5-18　FFA-Net 模型的整体网络结构图

从图 5-18 可以看出，FFA-Net 模型整体采用了全局残差学习的方式，在网络主干部分采用了多个模块组合（图 5-18 所示的 Block Group），并对其输出进行拼接，然后送到通道注意力模块和像素注意力模块进行特征的增强修正，最后经过卷积输出。其中的每个模块组合，都利用了局部残差的结构，其中的每个构成模块也都采用了注意力机制。FFA-Net 模型中模块组合与构成模块的基本结构如图 5-19 所示。

可以看出，每个模块组合的主干由多个 Block 结构的模块串联组成，并在最后进行卷积，得到该模块组合的残差，通过对局部残差连接与输入特征图进行融合，得到当前模块组合的特征。其中的每个 Block 分别由局部残差连接与特征注意力这两个部分构成，其中局部残差连接允许不太重要的信息，如薄雾、低频等区域，可以通过多次残差跳线直连到后面的结构中，从而使网络更多关注更有意义的信息，同时残差结构也有助于提高训练的稳定性。另外，在基本模块 Block 结构中还采用了通道注意力（Channel Attention，CA）机制与像素注意力（Pixel Attention，PA）机制。通道注意力模块在前面提到过，它的步骤是先对输入特征图（尺寸为[n, c, h, w]）进行 GAP 将空间维度压缩，然后对通道向量进行映射，得到注意力向量（尺寸为[n, c, 1, 1]），并扩展到原来的空间大小[n, c, h, w]后乘到输入图像中。像素注意力模块主要关注空间像素的重要性，该模块通过 Conv+ReLU+Conv+Sigmoid 的结构，得到一张[n, 1, h, w]的注意力图像，用于对各个像素空间位置进行加权，所采用的操作也是扩展（这里是通道上扩展）后相乘。注意力机制在去雾任务中的作用是希望网络可以对不同区域施加不同的关注度和不同的处理，这样设计的原因在于：有雾图像中的雾气浓度在不同区域往往是不同的（通过前面暗通道先验的示例图可以发现），而通常网络对于各区域和特征的处理没有区分这种空间上的异质性，因此，通过注意力机制，将这部分约束引入到网络的学习中，可以使网络更灵活地处理不同类型的图像信息。

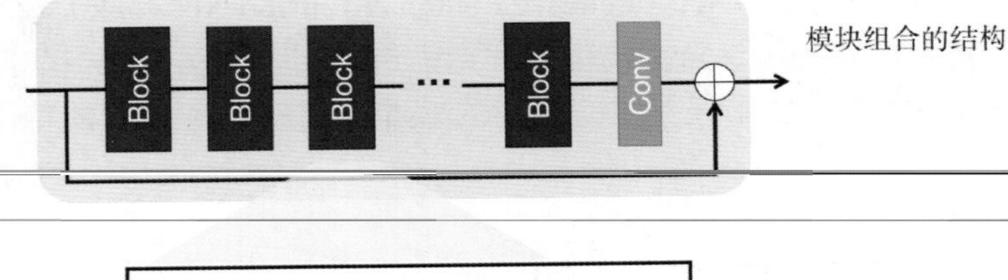

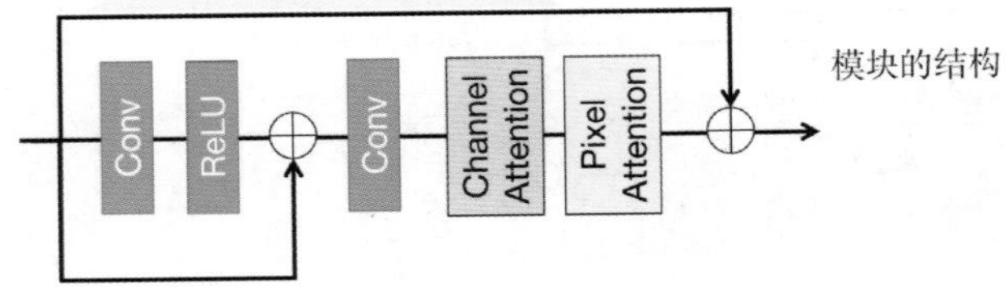

图 5-19　FFA-Net 模型中模块组合与构成模块的基本结构

FFA-Net 模型的网络结构通过 PyTorch 实现的一个代码示例如下所示。

```
import torch
import torch.nn as nn


class PixelAttention(nn.Module):
    def __init__(self, nf, reduct=8):
        super().__init__()
        self.attn = nn.Sequential(
            nn.Conv2d(nf, nf // reduct, 1, 1, 0),
            nn.ReLU(inplace=True),
```

```
            nn.Conv2d(nf // reduct, 1, 1, 1, 0),
            nn.Sigmoid()
        )
    def forward(self, x):
        attn_map = self.attn(x)
        return x * attn_map


class ChannelAttention(nn.Module):
    def __init__(self, nf, reduct=8, ret_w=False):
        super().__init__()
        self.avgpool = nn.AdaptiveAvgPool2d(1)
        self.attn = nn.Sequential(
            nn.Conv2d(nf, nf // reduct, 1, 1, 0),
            nn.ReLU(inplace=True),
            nn.Conv2d(nf // reduct, nf, 1, 1, 0),
            nn.Sigmoid()
        )
        self.ret_w = ret_w
    def forward(self, x):
        attn_map = self.attn(self.avgpool(x))
        if self.ret_w:
            return attn_map
        else:
            return x * attn_map


class BasicBlock(nn.Module):
    def __init__(self, nf, pa_reduct=8, ca_reduct=8):
        super().__init__()
        self.conv1 = nn.Conv2d(nf, nf, 3, 1, 1)
        self.conv2 = nn.Conv2d(nf, nf, 3, 1, 1)
        self.relu = nn.ReLU(inplace=True)
        self.pix_attn = PixelAttention(nf, pa_reduct)
        self.ch_attn = ChannelAttention(nf, ca_reduct)
    def forward(self, x):
        out = self.relu(self.conv1(x))
```

```
        out = x + out
        out = self.conv2(out)
        out = self.ch_attn(out)
        out = self.pix_attn(out)
        out = x + out
        return out


class BlockGroup(nn.Module):
    def __init__(self,
                 nf, num_block,
                 pa_reduct=8,
                 ca_reduct=8):
        super().__init__()
        pr, cr = pa_reduct, ca_reduct
        self.group = nn.Sequential(
            *[BasicBlock(nf, pr, cr)
                for _ in range(num_block)],
            nn.Conv2d(nf, nf, 3, 1, 1)
        )
    def forward(self, x):
        out = self.group(x)
        out = x + out
        return out


class FFANet(nn.Module):
    def __init__(self, in_ch, num_block=19):
        super().__init__()
        nf, nb = 64, num_block
        self.conv_in = nn.Conv2d(in_ch, nf, 3, 1, 1)
        self.group1 = BlockGroup(nf, nb)
        self.group2 = BlockGroup(nf, nb)
        self.group3 = BlockGroup(nf, nb)
        self.last_CA = ChannelAttention(nf * 3, ret_w=True)
        self.last_PA = PixelAttention(nf)
        self.conv_post = nn.Conv2d(nf, nf, 3, 1, 1)
```

```
        self.conv_out = nn.Conv2d(nf, in_ch, 3, 1, 1)

    def forward(self, x):
        feat = self.conv_in(x)
        res1 = self.group1(feat)
        res2 = self.group2(res1)
        res3 = self.group3(res2)
        res_cat = torch.cat([res1, res2, res3], dim=1)
        attn_w = self.last_CA(res_cat)
        ws = attn_w.chunk(3, dim=1)
        res = ws[0] * res1 + ws[1] * res2 + ws[2] * res3
        res = self.last_PA(res)
        res = self.conv_out(self.conv_post(res))
        out = x + res
        return out


if __name__ == "__main__":
    x_in = torch.randn(4, 3, 128, 128)
    # 为方便展示网络结构，num_block 仅设置为 3
    ffanet = FFANet(in_ch=3, num_block=3)
    print("FFA-Net architecture:")
    print(ffanet)
    out = ffanet(x_in)
    print("FFA-Net input size: ", x_in.size())
    print("FFA-Net output size: ", out.size())
```

上述代码运行后的输出信息如下所示。

```
FFA-Net architecture:
FFANet(
  (conv_in): Conv2d(3, 64, kernel_size=(3, 3), stride=(1, 1), padding=(1, 1))
  (group1): BlockGroup(
    (group): Sequential(
      (0): BasicBlock(
        (conv1): Conv2d(64, 64, kernel_size=(3, 3), stride=(1, 1),
padding=(1, 1))
```

```
        (conv2): Conv2d(64, 64, kernel_size=(3, 3), stride=(1, 1),
padding=(1, 1))
        (relu): ReLU(inplace=True)
        (pix_attn): PixelAttention(
          (attn): Sequential(
            (0): Conv2d(64, 8, kernel_size=(1, 1), stride=(1, 1))
            (1): ReLU(inplace=True)
            (2): Conv2d(8, 1, kernel_size=(1, 1), stride=(1, 1))
            (3): Sigmoid()
          )
        )
        (ch_attn): ChannelAttention(
          (avgpool): AdaptiveAvgPool2d(output_size=1)
          (attn): Sequential(
            (0): Conv2d(64, 8, kernel_size=(1, 1), stride=(1, 1))
            (1): ReLU(inplace=True)
            (2): Conv2d(8, 64, kernel_size=(1, 1), stride=(1, 1))
            (3): Sigmoid()
          )
        )
      )
      (1): BasicBlock(
        (conv1): Conv2d(64, 64, kernel_size=(3, 3), stride=(1, 1), padding=(1, 1))
        (conv2): Conv2d(64, 64, kernel_size=(3, 3), stride=(1, 1), padding=(1, 1))
        (relu): ReLU(inplace=True)
        (pix_attn): PixelAttention(
          (attn): Sequential(
            (0): Conv2d(64, 8, kernel_size=(1, 1), stride=(1, 1))
            (1): ReLU(inplace=True)
            (2): Conv2d(8, 1, kernel_size=(1, 1), stride=(1, 1))
            (3): Sigmoid()
          )
        )
        (ch_attn): ChannelAttention(
          (avgpool): AdaptiveAvgPool2d(output_size=1)
          (attn): Sequential(
```

```
          (0): Conv2d(64, 8, kernel_size=(1, 1), stride=(1, 1))
          (1): ReLU(inplace=True)
          (2): Conv2d(8, 64, kernel_size=(1, 1), stride=(1, 1))
          (3): Sigmoid()
        )
      )
    )
    (2): BasicBlock(
      (conv1): Conv2d(64, 64, kernel_size=(3, 3), stride=(1, 1),
padding=(1, 1))
      (conv2): Conv2d(64, 64, kernel_size=(3, 3), stride=(1, 1),
padding=(1, 1))
      (relu): ReLU(inplace=True)
      (pix_attn): PixelAttention(
        (attn): Sequential(
          (0): Conv2d(64, 8, kernel_size=(1, 1), stride=(1, 1))
          (1): ReLU(inplace=True)
          (2): Conv2d(8, 1, kernel_size=(1, 1), stride=(1, 1))
          (3): Sigmoid()
        )
      )
      (ch_attn): ChannelAttention(
        (avgpool): AdaptiveAvgPool2d(output_size=1)
        (attn): Sequential(
          (0): Conv2d(64, 8, kernel_size=(1, 1), stride=(1, 1))
          (1): ReLU(inplace=True)
          (2): Conv2d(8, 64, kernel_size=(1, 1), stride=(1, 1))
          (3): Sigmoid()
        )
      )
    )
    (3): Conv2d(64, 64, kernel_size=(3, 3), stride=(1, 1), padding=(1, 1))
  )
 )
 (group2): BlockGroup(
  (group): Sequential(
```

```
      (0): BasicBlock(
        (conv1): Conv2d(64, 64, kernel_size=(3, 3), stride=(1, 1), padding=(1, 1))
        (conv2): Conv2d(64, 64, kernel_size=(3, 3), stride=(1, 1), padding=(1, 1))
        (relu): ReLU(inplace=True)
        (pix_attn): PixelAttention(
          (attn): Sequential(
            (0): Conv2d(64, 8, kernel_size=(1, 1), stride=(1, 1))
            (1): ReLU(inplace=True)
            (2): Conv2d(8, 1, kernel_size=(1, 1), stride=(1, 1))
            (3): Sigmoid()
          )
        )
        (ch_attn): ChannelAttention(
          (avgpool): AdaptiveAvgPool2d(output_size=1)
          (attn): Sequential(
            (0): Conv2d(64, 8, kernel_size=(1, 1), stride=(1, 1))
            (1): ReLU(inplace=True)
            (2): Conv2d(8, 64, kernel_size=(1, 1), stride=(1, 1))
            (3): Sigmoid()
          )
        )
      )
      (1): BasicBlock(
        (conv1): Conv2d(64, 64, kernel_size=(3, 3), stride=(1, 1), padding=(1, 1))
        (conv2): Conv2d(64, 64, kernel_size=(3, 3), stride=(1, 1), padding=(1, 1))
        (relu): ReLU(inplace=True)
        (pix_attn): PixelAttention(
          (attn): Sequential(
            (0): Conv2d(64, 8, kernel_size=(1, 1), stride=(1, 1))
            (1): ReLU(inplace=True)
            (2): Conv2d(8, 1, kernel_size=(1, 1), stride=(1, 1))
            (3): Sigmoid()
          )
        )
        (ch_attn): ChannelAttention(
          (avgpool): AdaptiveAvgPool2d(output_size=1)
```

```
          (attn): Sequential(
            (0): Conv2d(64, 8, kernel_size=(1, 1), stride=(1, 1))
            (1): ReLU(inplace=True)
            (2): Conv2d(8, 64, kernel_size=(1, 1), stride=(1, 1))
            (3): Sigmoid()
          )
        )
      )
      (2): BasicBlock(
        (conv1): Conv2d(64, 64, kernel_size=(3, 3), stride=(1, 1), padding=(1, 1))
        (conv2): Conv2d(64, 64, kernel_size=(3, 3), stride=(1, 1), padding=(1, 1))
        (relu): ReLU(inplace=True)
        (pix_attn): PixelAttention(
          (attn): Sequential(
            (0): Conv2d(64, 8, kernel_size=(1, 1), stride=(1, 1))
            (1): ReLU(inplace=True)
            (2): Conv2d(8, 1, kernel_size=(1, 1), stride=(1, 1))
            (3): Sigmoid()
          )
        )
        (ch_attn): ChannelAttention(
          (avgpool): AdaptiveAvgPool2d(output_size=1)
          (attn): Sequential(
            (0): Conv2d(64, 8, kernel_size=(1, 1), stride=(1, 1))
            (1): ReLU(inplace=True)
            (2): Conv2d(8, 64, kernel_size=(1, 1), stride=(1, 1))
            (3): Sigmoid()
          )
        )
      )
      (3): Conv2d(64, 64, kernel_size=(3, 3), stride=(1, 1), padding=(1, 1))
    )
  )
  (group3): BlockGroup(
    (group): Sequential(
      (0): BasicBlock(
```

```
      (conv1): Conv2d(64, 64, kernel_size=(3, 3), stride=(1, 1), padding=(1, 1))
      (conv2): Conv2d(64, 64, kernel_size=(3, 3), stride=(1, 1), padding=(1, 1))
      (relu): ReLU(inplace=True)
      (pix_attn): PixelAttention(
        (attn): Sequential(
          (0): Conv2d(64, 8, kernel_size=(1, 1), stride=(1, 1))
          (1): ReLU(inplace=True)
          (2): Conv2d(8, 1, kernel_size=(1, 1), stride=(1, 1))
          (3): Sigmoid()
        )
      )
      (ch_attn): ChannelAttention(
        (avgpool): AdaptiveAvgPool2d(output_size=1)
        (attn): Sequential(
          (0): Conv2d(64, 8, kernel_size=(1, 1), stride=(1, 1))
          (1): ReLU(inplace=True)
          (2): Conv2d(8, 64, kernel_size=(1, 1), stride=(1, 1))
          (3): Sigmoid()
        )
      )
    )
    (1): BasicBlock(
      (conv1): Conv2d(64, 64, kernel_size=(3, 3), stride=(1, 1), padding=(1, 1))
      (conv2): Conv2d(64, 64, kernel_size=(3, 3), stride=(1, 1), padding=(1, 1))
      (relu): ReLU(inplace=True)
      (pix_attn): PixelAttention(
        (attn): Sequential(
          (0): Conv2d(64, 8, kernel_size=(1, 1), stride=(1, 1))
          (1): ReLU(inplace=True)
          (2): Conv2d(8, 1, kernel_size=(1, 1), stride=(1, 1))
          (3): Sigmoid()
        )
      )
      (ch_attn): ChannelAttention(
        (avgpool): AdaptiveAvgPool2d(output_size=1)
        (attn): Sequential(
```

```
          (0): Conv2d(64, 8, kernel_size=(1, 1), stride=(1, 1))
          (1): ReLU(inplace=True)
          (2): Conv2d(8, 64, kernel_size=(1, 1), stride=(1, 1))
          (3): Sigmoid()
        )
      )
    )
    (2): BasicBlock(
      (conv1): Conv2d(64, 64, kernel_size=(3, 3), stride=(1, 1), padding=(1, 1))
      (conv2): Conv2d(64, 64, kernel_size=(3, 3), stride=(1, 1), padding=(1, 1))
      (relu): ReLU(inplace=True)
      (pix_attn): PixelAttention(
        (attn): Sequential(
          (0): Conv2d(64, 8, kernel_size=(1, 1), stride=(1, 1))
          (1): ReLU(inplace=True)
          (2): Conv2d(8, 1, kernel_size=(1, 1), stride=(1, 1))
          (3): Sigmoid()
        )
      )
      (ch_attn): ChannelAttention(
        (avgpool): AdaptiveAvgPool2d(output_size=1)
        (attn): Sequential(
          (0): Conv2d(64, 8, kernel_size=(1, 1), stride=(1, 1))
          (1): ReLU(inplace=True)
          (2): Conv2d(8, 64, kernel_size=(1, 1), stride=(1, 1))
          (3): Sigmoid()
        )
      )
    )
    (3): Conv2d(64, 64, kernel_size=(3, 3), stride=(1, 1), padding=(1, 1))
  )
)
(last_CA): ChannelAttention(
  (avgpool): AdaptiveAvgPool2d(output_size=1)
  (attn): Sequential(
    (0): Conv2d(192, 24, kernel_size=(1, 1), stride=(1, 1))
```

```
        (1): ReLU(inplace=True)
        (2): Conv2d(24, 192, kernel_size=(1, 1), stride=(1, 1))
        (3): Sigmoid()
      )
    )
    (last_PA): PixelAttention(
      (attn): Sequential(
        (0): Conv2d(64, 8, kernel_size=(1, 1), stride=(1, 1))
        (1): ReLU(inplace=True)
        (2): Conv2d(8, 1, kernel_size=(1, 1), stride=(1, 1))
        (3): Sigmoid()
      )
    )
    (conv_post): Conv2d(64, 64, kernel_size=(3, 3), stride=(1, 1), padding=(1,
1))
    (conv_out): Conv2d(64, 3, kernel_size=(3, 3), stride=(1, 1), padding=(1,
1))
)
FFA-Net input size:  torch.Size([4, 3, 128, 128])
FFA-Net output size:  torch.Size([4, 3, 128, 128])
```

第6章 图像高动态范围

本章介绍图像的**高动态范围（High Dynamic Range，HDR）**相关任务与算法。由于物理世界中的场景具有较大的亮度范围，而人们通常看到的图像位宽（也就是数字图像数据所能表示的亮度范围）较为有限，因此需要通过 HDR 算法保留与合理显示高动态场景的信息。HDR 任务包括很多不同的设定和对应算法，这些算法被统称为 HDR 算法。HDR 算法对于高动态场景的成像效果有重要影响，被广泛应用于相机图像处理和画质增强等领域。

本章首先对 HDR 的相关概念和任务设定进行简要梳理和介绍，然后对各类 HDR 任务的传统算法进行介绍，包括传统的 HDR 算法（如多曝融合算法、局部拉普拉斯滤波算法等），以及近年来研究较多的基于神经网络模型的 HDR 算法。

6.1 图像 HDR 任务简介

在介绍HDR任务和算法之前，我们首先来了解一个关键概念：**动态范围（Dynamic Range，DR）**，以及在成像和图像处理过程中如何合理地处理和利用动态范围，以提高图像的画质和内容丰富性（这是 HDR 算法的最终目标）。下面先来了解什么是图像的动态范围。

6.1.1 动态范围的概念

简单来说，动态范围指的是一张图像中最亮和最暗的影调之间的差异。这个差异越大，意味着该图像的动态范围越高。第 2 章中曾经介绍过相机成像的基本流程，对于一个场景来说，由于受到感光元件的限制，在小于一定亮度的极暗场景中，经过各种处理得到的数字图像无法反映出场景的信息（即亮度差异），即此时超过了相机所能记录的范围的下界。与之相对的，对于非常亮的场景（如直接拍摄太阳等强光源），由于亮度过高，可能会使得感光元件中的模块饱和，从而也无法反映场景信息。在这两个阈值之间的场景信息可以被较好地呈现出来，人们将这个范围称为动态范围。

在物理世界中，人们所在的环境具有很宽泛的亮度变化范围，从极暗的地下室、乡间的夜空等低亮度场景，到晴天正午的户外等高亮度场景，都有被成像并显示的情况。一般来说，处理这些不同光照条件的方式是改变相机的曝光参数：在高亮度场景中降低曝光以防止亮区**过曝（Over-exposure）**，在低亮度场景中提升曝光以防止暗区**欠曝（Under-exposure）**。但是，如果在场景中同时出现高光照和低光照的区域，比如在暗室内部向窗外拍摄，那么室内的暗光与室外的天空和建筑等场景就会形成明显的反差，此时无法通过单纯调整曝光来获得一个合适的结果。具体来说，如果曝光过小，那么窗外的信息可以表达得较清晰和完整，但是室内的信息则会由于曝光过低而产生“死黑”，即全部成为黑色，从而丢失细节信息。相反，如果室内正常曝光，室外的亮区场景就会出现“死白”，即全部成为白色而显示不出细节。因此，为了使极端亮度下的信息被尽可能多地保留，就需要提升场景的动态范围，从而让内部的暗区与外部的亮区都能有信息被保存下来，这就需要通过 HDR 技术来实现。

下面以一个示例来具体说明高动态场景不同区域适合的曝光，如图 6-1 所示。对场景进行不同的曝光，可以在不同区域分别得到较好的成像效果。比如在低曝光帧中，可以看到窗户右上角的花纹比较明显，颜色也比较丰富；在中曝光帧中，可以看到窗户左边的花纹和桌子上面摆放的书本；在高曝光帧中，窗户的花纹及桌子表面大部分都已经过曝，但是桌子侧面的花纹显示得较为清晰。

（a）低曝光帧　　（b）中曝光帧　　（c）高曝光帧

图 6-1　高动态场景不同区域适合的曝光

为了可以在保持细节信息的情况下扩展动态范围，需要增加存储数据的位宽。比如，常见的 uint8 类型图像（灰度图位宽为 8bit，RGB 彩色图位宽为 24bit），只能表示 0～255 的数值，如果用这样的窄区间表示从户外到室内的整个动态范围，那么一个整数就会代表很大范围的亮度变化，因此会有明显的量化误差，从而丢失细节。因此为了在保持精度的同时提高动态范围，就需要更高的数据位宽，如 10bit 或 12bit，甚至更大。这样一来，就可以同时将暗部较小数值和亮部较大数值同时记录下来。通常将低位宽、低动态范围的图像称为 **LDR（Low Dynamic Range）**图像，而相对应地将 HDR、高位宽的图像称为 HDR 图像。

但是高位宽的 HDR 图像也给显示带来了困难，由于一般显示器硬件可以显示的范围有限，如果直接将图像位宽线性转换到对应的显示范围，就会出现量化误差和低对比度的问题。

因此，通常需要对 HDR 图像进行处理，在保持各部分细节的前提下压缩其数值范围，以适应显示设备，这个过程通常被称为**色调映射（Tone Mapping）**。色调映射也是 HDR 算法中重要的环节，后面还会详细介绍实现色调映射的相关算法思路和原理。

6.1.2 HDR 任务分类与关键问题

HDR 任务是一个相对系统化的工程，可以将其划分为不同的步骤与流程。HDR 任务的第一步是获取 HDR 图像，这个过程通常通过**包围曝光（Exposure Bracketing）**，或者多重曝光、多帧曝光等操作来实现。包围曝光指的是这样一种操作：在中间曝光值的基础上，分别增加和减少曝光，从而得到一系列不同曝光值的 LDR 图像序列。对这些不同的序列进行合成，就可以得到一张高位宽的 HDR 图像。这个步骤往往涉及对齐（Align）、去噪、去鬼影（Deghosting）等环节，以确保对齐结果在运动区域不会有伪影，并且噪声水平相对较低（因为低曝光下的成像往往具有较高的噪声水平）。

接下来的步骤就是对 HDR 图像进行色调映射以适应显示设备，这个步骤的主要任务是对细节进行保留，以及调整影调关系，具体来说就是对于亮区和暗区尽可能恢复和补偿图像内容，并且在亮度关系方面，色调映射后的图像在原本 HDR 的亮区要保持相对更亮，原本 HDR 的暗区仍然是相对的暗区，同时避免在色调映射过程中引入其他的瑕疵和伪影（如色阶断层、局部或整体对比度过低等）。这个过程的难点在于如何将差距较大部分的数值压缩到合适的区间，同时又要保持细节纹理部分不因为压缩而减弱或者消失。

根据处理的输入、输出及任务目标的不同，HDR 相关算法的任务设定可以被大致归类为如下几种：第一种对应于上述的第一个阶段，即将多张 LDR 图像整合成一张 HDR 图像；第二种对应于上述的整个流程，即直接用多帧 LDR 图像得到最终可以用于显示的 LDR 图像，并在其中同时保留其亮区和暗区的细节，从而获得更好的动态范围显示；第三种对应于上述的第二个步骤，即色调映射，其目标是将 HDR 图像映射到用于显示的 LDR 图像，并保持亮区、暗区的细节。色调映射任务可以分为**局部色调映射（Local Tone Mapping，LTM）**和**全局色调映射（Global Tone Mapping，GTM）**。LTM 以局部的区域图像分布信息作为参考，对不同空间位置进行自适应的调整。而 GTM 通常以曲线映射的方式，将 HDR 图像中的像素值对应映射到 LDR 的值域范围中，并且全局所有像素采用同样的映射曲线。最后还有一种任务，即**单帧图像高动态范围重建（Single Image HDR Reconstruction）**。这种任务以单张 LDR 图像作为输入，通过一定的处理得到具有 HDR 效果的输出。

以上四种任务都有其对应的实现思路和方法，接下来对其中较为经典的算法进行详细介绍。

6.2 传统 HDR 相关算法

本节将介绍几种经典的传统 HDR 相关算法，包括多曝融合算法、局部拉普拉斯滤波算法、Reinhard 摄影色调重建算法，以及快速双边滤波色调映射算法。

6.2.1 多曝融合算法

首先介绍 Mertens 等人提出的**多曝融合算法**[1]。通常来说，HDR 算法要经过前面提到的两个步骤：高位宽 HDR 图像合成，以及采用色调映射对 HDR 图像进行处理并压缩到 LDR 进行显示。而通常 HDR 图像由多张不同曝光的 LDR 图像组成，其合成出来的亮区和暗区细节也都来自不同曝光的 LDR 图像，因此一个自然的想法就是：是否可以直接用这些 LDR 图像得到一张可以直接用于显示的 HDR 效果的图像，并且使得该图像中不同区域的内容分别取自合适的曝光帧（实际上摄影师在利用包围曝光修图时也采用类似操作，只是这里希望该过程可以自适应处理）呢？

多曝融合算法就采用了这个策略，该算法要解决两个核心问题：第一，如何判断每个位置应该取哪一帧？第二，如何避免融合过程中的各种伪影。

对于第一个问题来说，该算法设计了一个质量评估指标，对每一个曝光帧对应区域的效果进行评估，并为质量更优的曝光帧赋予更高的权重，然后进行加权合成。对于 LDR 图像来说，由于动态范围的限制，往往只有一部分区域可以合理曝光，而曝光不合理的区域就会靠近范围两端的饱和状态，从而导致影调平、对比度和饱和度低、细节缺失等问题。利用这个特点，该算法通过 3 个指标来衡量图像质量，分别是**对比度**、**饱和度**及**曝光合理度（Well-exposedness）**。

对比度表示当前区域局部细节纹理的丰富程度，该指标的计算过程是，将每帧图像转为灰度图，之后利用拉普拉斯滤波器进行滤波（拉普拉斯滤波器是一种二阶边缘提取器），然后计算滤波后结果的绝对值。该指标的值较大说明该区域边缘和纹理较强，也被认为具有更好的图像质量。这个过程的数学形式如下（i 和 j 表示像素位置坐标，k 表示曝光帧序号）：

$$\boldsymbol{C}_{ij,k} = \text{abs}\left(\text{Laplacian}\left(\boldsymbol{x}_{ij,k}\right)\right)$$

饱和度表示颜色的丰富和鲜艳程度，在 RGB 图像中，一般来说 3 个通道越接近，则颜色越灰；3 个通道差异越大，则颜色越生动（在传统去雾算法中已经见到过实例了）。因此，这里采用 R、G、B 3 个通道的标准差（Standard Deviation）来衡量每个像素的饱和度，计算如下：

$$\boldsymbol{S}_{ij,k} = \sqrt{(\boldsymbol{x}_{ij,k}^{\mathrm{R}} - \boldsymbol{\mu}_{ij,k})^2 + (\boldsymbol{x}_{ij,k}^{\mathrm{G}} - \boldsymbol{\mu}_{ij,k})^2 + (\boldsymbol{x}_{ij,k}^{\mathrm{B}} - \boldsymbol{\mu}_{ij,k})^2}$$

曝光合理度用来度量该曝光是否在中间调上。一般来说，对于目标亮度的合理曝光应该将其控制在中性灰附近（对于 0～1 的数值范围即在 0.5 附近），尽量远离过曝和欠曝的情况。这个指标可以直接用当前像素值与 0.5 的差距来衡量，距离中间调越近则权重越大，数学形式如下：

$$\boldsymbol{E}_{ij,k} = \exp\left(-\frac{(x-0.5)^2}{2\sigma^2}\right)$$

各帧的权重图可以用这 3 个指标进行组合得到。对比度、饱和度和曝光合理度同时被满足才说明该区域画质更好，因此以 3 个指标幂次的乘积作为最后的权重图，指数项控制不同项目的被重视程度，其数学形式如下：

$$\boldsymbol{W}_{ij,k} = (\boldsymbol{C}_{ij,k})^{WC}(\boldsymbol{S}_{ij,k})^{WS}(\boldsymbol{E}_{ij,k})^{WE}$$

得到多帧的权重图后，对它们进行归一化（即每个像素各帧权重的和为 1），就可以将多帧不同曝光的图像进行融合了。但是，如果直接对原图像进行加权融合，会产生比较明显的伪影和拼接的痕迹。为了得到更加平滑的效果，多曝融合算法采用了拉普拉斯金字塔融合（Laplacian Pyramid Fusion）策略，即对各帧输入图像计算拉普拉斯金字塔，同时对各帧的权重图计算高斯金字塔，用各层的高斯权重对当前层对应图的拉普拉斯层进行加权求和，得到输出拉普拉斯金字塔的当前层。对所有层进行操作后，即可得到融合后图像的拉普拉斯金字塔。对拉普拉斯金字塔进行坍缩重建，即可得到输出图像。由于金字塔融合过程在各个尺度（频率分量）都进行了加权求和，因此得到的结果相对较为平滑，无明显的伪影（缝隙伪影通常由引入高频导致，而这里对低频到高频都进行融合，因此过渡会较为平缓）。多曝融合算法的流程如图 6-2 所示。

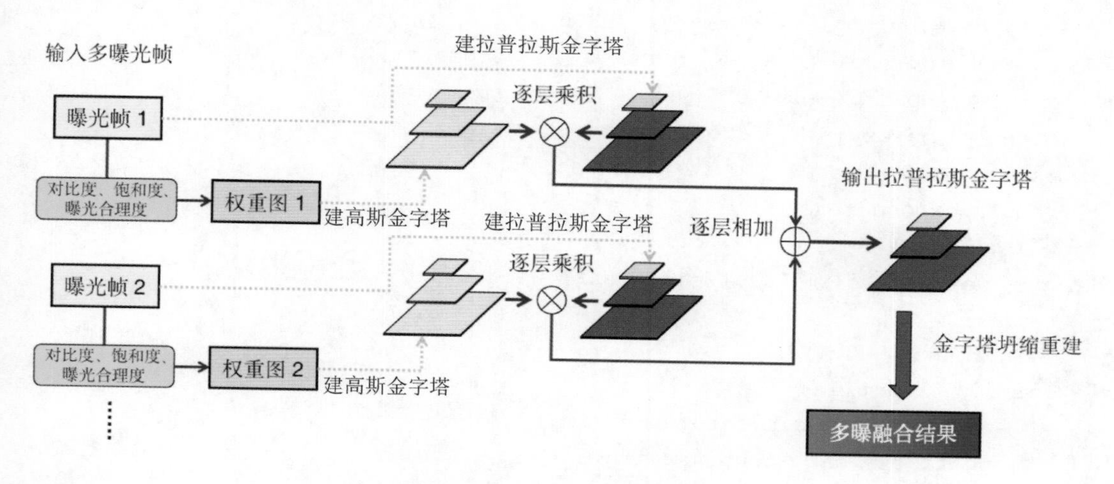

图 6-2　多曝融合算法的流程

下面通过 Python 代码实现前面所述的过程，代码如下所示。其中高斯金字塔和拉普拉斯金字塔的建立，以及拉普拉斯金字塔的坍缩重建，可以直接采用第 2 章中的代码，这里就不再重复展示。

```
import os
import cv2
import numpy as np
from glob import glob
import utils.pyramid as P

def calc_saturation(img_rgb):
    r, g, b = cv2.split(img_rgb / 255.0)
    mean = (r + g + b) / 3.0
    saturation = np.sqrt(((r-mean) **2 + (g-mean) **2 + (b-mean) **2) / 3.0)
    return saturation

def calc_contrast(img_rgb):
    gray = cv2.cvtColor(img_rgb, cv2.COLOR_RGB2GRAY)
    contrast = np.abs(cv2.Laplacian(gray, \
                 ddepth=cv2.CV_16S, ksize=3)).astype(np.float32)
    contrast = (contrast - np.min(contrast))
    contrast = contrast / np.max(contrast)
    return contrast

def calc_exposedness(img_rgb, sigma=0.2):
    r, g, b = cv2.split(img_rgb / 255.0)
    r_res =  np.exp(-(r - 0.5) ** 2 / (2 * sigma ** 2))
    g_res =  np.exp(-(g - 0.5) ** 2 / (2 * sigma ** 2))
    b_res =  np.exp(-(b - 0.5) ** 2 / (2 * sigma ** 2))
    exposedness = r_res * g_res * b_res
    return exposedness

def get_weightmaps(img_ls, weight_sat, weight_con, weight_expo):
    sum_tot = None
    weightmaps = list()
    for img in img_ls:
        saturation = calc_saturation(img)
        contrast = calc_contrast(img)
        exposedness = calc_exposedness(img)
```

```
        cur_weightmap = (saturation ** weight_sat) \
                      * (contrast ** weight_con) \
                      * (exposedness ** weight_expo) + 1e-8
        weightmaps.append(cur_weightmap)
    weightmaps = np.stack(weightmaps, axis=0)
    sum_tot = np.sum(weightmaps, axis=0)
    weightmaps = weightmaps / sum_tot
    return weightmaps

def exposure_fusion(img_dir, out_dir, pyr_level=10, indexes=[1.0, 1.0, 1.0]):
    weight_sat, weight_con, weight_expo = indexes
    img_paths = list(glob(os.path.join(img_dir, '*')))
    img_paths = sorted(img_paths)
    num_expo = len(img_paths)

    imgs = [cv2.imread(img_path)[:,:,::-1] for img_path in img_paths]
    weightmaps = get_weightmaps(imgs, weight_sat, weight_con, weight_expo)
    img_lap_pyrs = [P.build_laplacian_pyr(img, pyr_level) for img in imgs]
    weight_gau_pyrs = [P.build_gaussian_pyr(weight, pyr_level) \
                        for weight in weightmaps]
    output_pyr = list()
    for lvl in range(pyr_level):
        cur_fused = None
        for i in range(num_expo):
            cur_weight = np.expand_dims(weight_gau_pyrs[i][lvl], axis=2) * 1.0
            if cur_fused is None:
                cur_fused = img_lap_pyrs[i][lvl] * cur_weight
            else:
                cur_fused += img_lap_pyrs[i][lvl] * cur_weight
        output_pyr.append(cur_fused)
    fused = P.collapse_laplacian_pyr(output_pyr)
    fused = (np.clip(fused, 0, 255)).astype(np.uint8)[:,:,::-1]
    os.makedirs(out_dir, exist_ok=True)
    cv2.imwrite(os.path.join(out_dir, 'fused.png'), fused)
    for idx in range(num_expo):
        w = (weightmaps[idx] * 255).astype(np.uint8)
        fname = os.path.basename(img_paths[idx]).split('.')[0]
        cv2.imwrite(os.path.join(out_dir, f'weight_{idx}_{fname}.png'), w)
    return
```

```
if __name__ == "__main__":
    img_dir = '../datasets/hdr/multi_expo/'
    out_dir = './results/expofusion'
    pyr_level = 9
    indexes = [1, 1, 1]
    exposure_fusion(img_dir, out_dir, pyr_level, indexes)
```

多曝融合效果如图 6-3 所示（测试图像来源于 Mertens 等人的论文中用来测试的 Jacques Joffre 照片）。可以看出，按照该算法计算出的权重图在每帧曝光质量较好的区域取值较大，而在每帧曝光质量较差的区域取值较小。最终融合出来的结果同时在亮区和暗区保留了图像内容和细节，相比于输入的任意一张曝光图像所表达的动态范围都更广，同时融合过渡较为自然，没有明显的伪影。

（a）低曝光帧及其权重图　（b）中曝光帧及其权重图　（c）高曝光帧及其权重图

（d）多曝融合结果图

图 6-3　多曝融合效果

6.2.2　局部拉普拉斯滤波算法

多曝融合算法通过多帧不同曝光的图像直接生成可供显示的 LDR 图像，绕过了 HDR 图像的合成步骤。但是如果已经获得了一张 HDR 图像，那么应该考虑的是如何对其进行动态范围压缩（色调映射），以最大限度地保持其各个区域的细节信息。下面要介绍的**局部拉普拉斯滤波（Local Laplacian Filter，LLF）算法**[2]就是处理色调映射的一种经典算法。LLF 算法不仅可以用于 HDR 图像的色调映射，还可以用于图像增强、平滑等其他操作。它的基本思路是以局部均值作为参考，自适应调整局部的纹理和边缘的对比度。

LLF 算法的核心思想主要有两个，即**多尺度**和**局部性**。多尺度和局部性都是通过图像金字塔实现的。多尺度通过对图像建立拉普拉斯金字塔并进行处理来实现，而局部性通过高斯金字塔的逐层逐像素处理来实现。LLF 算法的目标是图像增强与平滑、色调映射，这两个任务的本质需求是类似的，那就是对边缘和细节进行区分并分别处理。对于色调映射任务来说，通常需要保持细节，而对变化较为明显的边缘进行压缩。对于图像增强与平滑任务来说，则需要对边缘进行保持，对细节进行提升或者涂抹。那么应该如何对边缘和细节纹理进行区分呢？LLF 算法采取的方式是以均值为中心，通过阈值设定一个值域范围，超过该范围的部分（与均值差异较大，一般都是变化较大的部分）被判定为边缘，而在范围内的部分（即与均值较为接近的部分）则被认为是细节纹理。然后根据某个函数对值进行**重映射（Remapping）**，这个函数被称为**重映射函数（Remapping Function）**。不同的任务需要用到不同的重映射函数，由于需要区分细节纹理和边缘，因此共同参数就是局部的均值，通常通过取高斯金字塔的值来实现。下面用 Python 实现几个常用的重映射函数，并画出其函数图像，代码如下所示。图 6-4 所示为不同重映射函数的曲线图。

```
import numpy as np
import matplotlib.pyplot as plt


def remapping_tone(x, g0, sigma, beta):
    region = (np.abs(x - g0) > sigma)
    r = g0 + np.sign(x - g0) * (beta * (np.abs(x - g0) - sigma) + sigma)
    remapped = region * r + (1 - region) * x
    return remapped.astype(x.dtype)


def remapping_detail(x, g0, sigma, factor):
    res = (x - g0) * np.exp(- (x - g0) **2 / (2 * sigma **2))
    remapped = x + factor * res
    return remapped.astype(x.dtype)
```

```
if __name__ == "__main__":
    x = np.arange(0, 10, 0.01)
    fig = plt.figure(figsize=(15, 4))
    # 测试 Tone Mapping 的 remapping 函数
    fig.add_subplot(131)
    plt.plot(x, x, 'g--', label='y=x')
    tone_out1 = remapping_tone(x, g0=5, sigma=1, beta=0.3)
    tone_out2 = remapping_tone(x, g0=5, sigma=1, beta=0.8)
    plt.plot(x, tone_out1, label='beta=0.3')
    plt.plot(x, tone_out2, label='beta=0.8')
    plt.grid()
    plt.legend()
    plt.title('Tone Mapping')
    # 测试 Smooth/Enhance 的 remapping 函数
    fig.add_subplot(132)
    plt.plot(x, x, 'g--', label='y=x')
    smooth_out1 = remapping_detail(x, g0=5, sigma=1, factor=-0.5)
    smooth_out2 = remapping_detail(x, g0=5, sigma=1, factor=-0.9)
    plt.plot(x, smooth_out1, label='factor=-0.3')
    plt.plot(x, smooth_out2, label='factor=-0.9')
    plt.grid()
    plt.legend()
    plt.title('Smooth')
    fig.add_subplot(133)
    plt.plot(x, x, 'g--', label='y=x')
    enhance_out1 = remapping_detail(x, g0=5, sigma=1, factor=0.8)
    enhance_out2 = remapping_detail(x, g0=5, sigma=1, factor=1.2)
    plt.plot(x, enhance_out1, label='factor=0.8')
    plt.plot(x, enhance_out2, label='factor=1.2')
    plt.grid()
    plt.legend()
    plt.title('Enhance')
    # 保存结果
    plt.savefig('results/llf/remap.png')
```

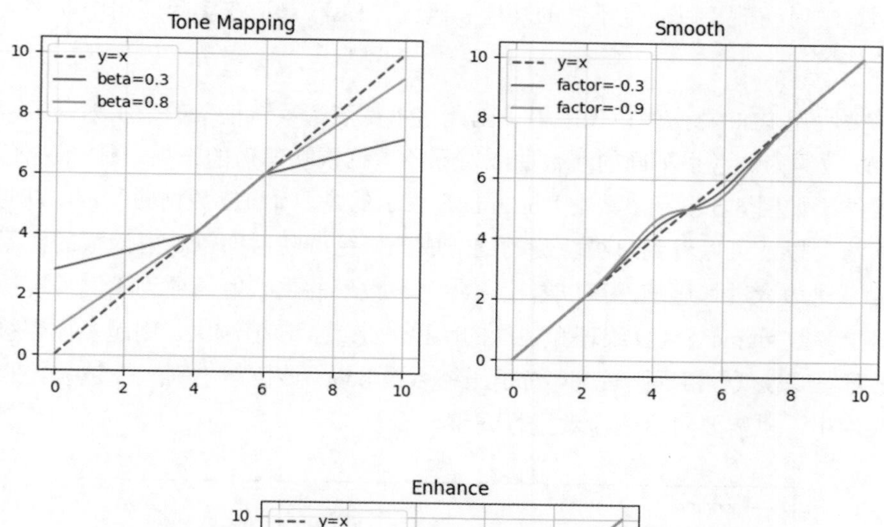

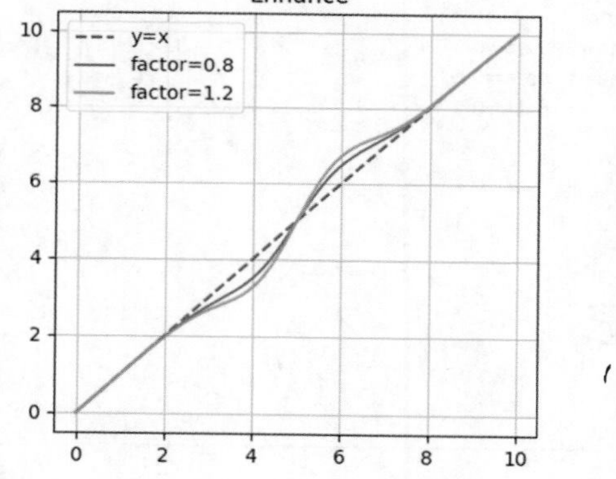

图 6-4　不同重映射函数的曲线图

在上面的代码和图 6-4 中，实现了 3 个典型的重映射函数。图 6-4 中的 Tone Mapping 图像所示的是色调映射任务所需要的重映射函数，可以看到，在均值附近区域，映射保持输入的情况，而在大于阈值的区域（可能是边缘）则进行数值的压缩，beta 参数控制压缩的幅度。图 6-4 中的 Smooth 图像所示的是图像平滑任务的重映射函数，与前面不同，图像平滑任务只处理细节部分，对于大于阈值的边缘不进行处理，而对小于阈值的细节纹理进行平滑（从曲线形态上看就是斜率小于 1，此时较大范围的数值被映射到较小范围，从而细节对比度降低，整体变得平滑），factor 参数控制平滑的力度。图 6-4 中的 Enhance 图像所示的是图像增强函数在大于阈值区域也不做处理，但是对小于阈值的部分进行对比度增强（即斜率大于 1，可以回顾第 2 章中关于对比度调整的内容）。除了这 3 个重映射函数，还可以对色调映射与图像增强等任务的函数进行组合（如对大于阈值的进行压缩、对小于阈值的进行增强等），或者自行设置不同的重映射函数，以满足不同的功能。因此，LLF 算法在实际应用中非常灵活，可以处理不同的任务。

由于需要利用 LLF 算法做色调映射，因此这里重点考察该任务的重映射函数。为了方便展示，以 1D 数据为例考察不同的参数曲线对原始数据重映射后的结果。1D 数据色调映射任务的重映射结果如图 6-5 所示。其中“original”表示的是原始 1D 数据曲线，可以明显看到其有一个强边缘，以及可以看到边缘两侧的细节成分。色调映射的重映射函数的作用是在保留细节的前提下对边缘进行压缩。可以看出，各个参数下的重映射函数均不同程度地实现了这个功能。对于参数 sigma（区分纹理和边缘的阈值）来说，该值越大，则越多内容被判断为细节，因此压缩程度较低，相反则较高。对于压缩系数 beta，该值越小则压缩越强。在实际 HDR 色调映射应用中，也需要对这些参数进行调整。

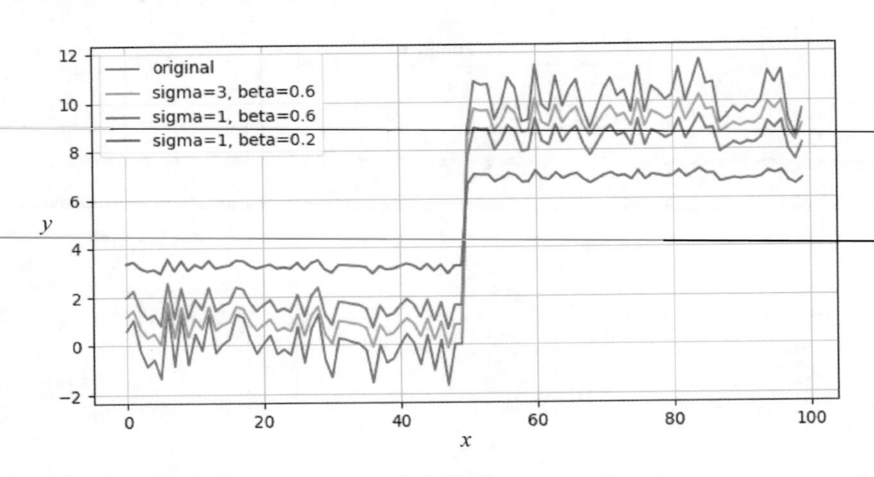

图 6-5 1D 数据色调映射任务的重映射结果

了解了重映射函数后，下面来详细说明 LLF 算法的整体计算流程（见图 6-6）。

（1）用待处理的 HDR 图像 I 建立高斯金字塔 G，并初始化一个空的拉普拉斯金字塔 L_{output} 用于存放处理结果。

（2）遍历高斯金字塔每层（除最后一层外）的每个像素点，对于位置$\{l, i, j\}$（分别表示层数、像素坐标），其取值为 $G(l, i, j) = g_0$，然后找到对应于该 g_0 参数的重映射函数，以此对原图像进行重映射，得到 I_{remap}，并对映射后的图像建立拉普拉斯金字塔 L_{remap}。然后用该拉普拉斯金字塔对应位置的值填充到输出的拉普拉斯金字塔中，即 $L_{output}(l, i, j) = L_{remap}(l, i, j)$。

（3）将输入的高斯金字塔的最后一层（最低频成分）复制到 L_{output} 的最后一层，并对输出的拉普拉斯金字塔进行重建，得到输出图像 O，即处理后的图像结果。

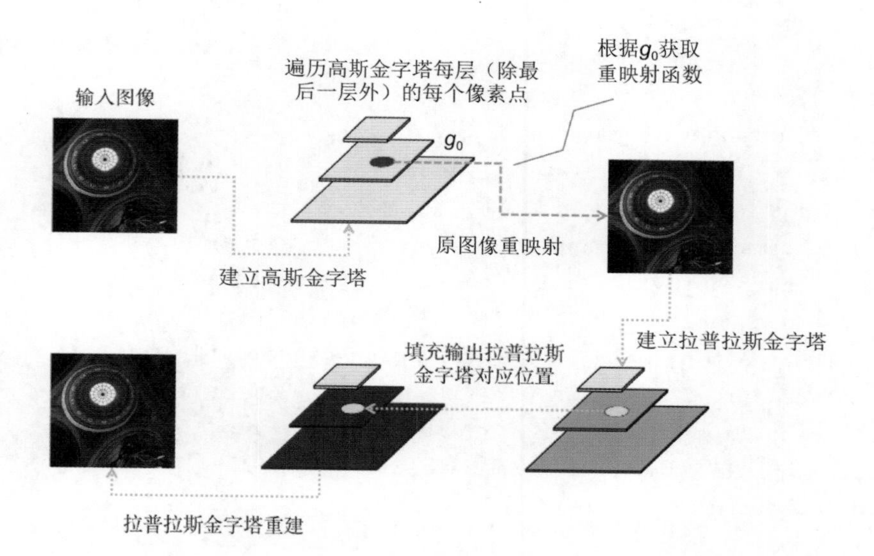

图 6-6　LLF 算法的整体计算流程

基于上述计算流程，下面用 Python 来实现 LLF 算法，代码如下所示（测试图像可以从 Recovering High Dynamic Range Radiance Maps from Photographs 的项目主页中下载）。

```
import os
import cv2
import numpy as np
import time
from utils.pyramid import build_gaussian_pyr, \
      build_laplacian_pyr, collapse_laplacian_pyr
from utils.remapping import remapping_tone


def local_laplace_filters(img, sigma, beta, max_value):
    # 计算所需参数
    h, w = img.shape[:2]
    n_level = int(np.ceil(np.log2(min(h, w))))
    print("[LLF] pyramid level total: ", n_level)
    # 建立输入的高斯金字塔，初始化输出的拉普拉斯金字塔
    gauss_pyr = build_gaussian_pyr(img, n_level)
    zero_img = np.zeros_like(img)
    out_laplace_pyr = build_laplacian_pyr(zero_img, n_level)
    for lvl in range(n_level - 1):
        print("[LLF] current level: ", lvl)
```

```
        gauss_layer = gauss_pyr[lvl]
        cur_h, cur_w = gauss_layer.shape[:2]
        for i in range(cur_h):
            for j in range(cur_w):
                g0 = gauss_layer[i, j]
                remapped = remapping_tone(img, g0, sigma, beta)
                cur_lap_pyr = build_laplacian_pyr(remapped, n_level)
                out_laplace_pyr[lvl][i, j] = cur_lap_pyr[lvl][i, j]
    print("[LLF] set pyramid last level using gauss_pyr")
    out_laplace_pyr[-1] = gauss_pyr[-1]
    img_out = collapse_laplacian_pyr(out_laplace_pyr)
    img_out = np.clip(img_out, 0, max_value)
    return img_out


if __name__ == "__main__":
    os.makedirs('results/llf', exist_ok=True)
    # test image: Recovering High Dynamic Range Radiance Maps from Photographs
的项目主页
    hdr_path = '../datasets/hdr/memorial.hdr'

    hdr_img = cv2.imread(hdr_path, flags = cv2.IMREAD_ANYDEPTH)
    h, w = hdr_img.shape[:2]
    hdr_img = cv2.resize(hdr_img, (w//2, h//2),
                         interpolation=cv2.INTER_AREA)
    hdr_img = hdr_img / hdr_img.max()
    hdr_img = np.power(hdr_img, 1/2.2)

    beta = 0.02
    sigma = 0.1
    max_value = 1
    start_time = time.time()
    tone_out = local_laplace_filters(hdr_img,
                        sigma, beta, max_value)
    end_time = time.time()
    mini = np.percentile(tone_out, 1)
```

```
maxi = np.percentile(tone_out, 99)
tone_out = np.clip((tone_out - mini) / (maxi - mini), 0, 1)
tone_out_8u = (tone_out  * 255.0).astype(np.uint8)

tone_in_8u = (hdr_img  * 255.0).astype(np.uint8)
cv2.imwrite('results/llf/llf_out.png', tone_out_8u)
cv2.imwrite('results/llf/llf_in.png', tone_in_8u)
# 显示 LLF 算法的运行时间
print(f'total running time: {end_time - start_time:.2f}s')
```

输出结果如下所示。

```
[LLF] pyramid level total:  8
[LLF] current level:  0
[LLF] current level:  1
[LLF] current level:  2
[LLF] current level:  3
[LLF] current level:  4
[LLF] current level:  5
[LLF] current level:  6
[LLF] set pyramid last level using gauss_pyr
total running time: 539.15s
```

图 6-7 所示为 LLF 算法输入图像与输出结果的对照。可以看出，LLF 算法可以显著压缩图像的动态范围，并且保持局部的细节和纹理状态。另外还可以看到，直接按照上述方案实现 LLF 算法耗时较长，其中，最主要的计算量在于对于金字塔上的每个像素点都要建立一次重映射后原图像的拉普拉斯金字塔，这个操作实际上可以采用一些优化策略来降低计算复杂度，比如，由于建立好重映射图像的拉普拉斯金字塔后只取其中某一层的某个像素点，因此，其实只需要对该层金字塔中一个像素点所表示的区域范围进行重映射和建立金字塔即可。这个优化也有其局限，它仍然需要对每个像素点进行一次建立金字塔操作，而且对于金字塔的较高层（较小的尺寸），其中一个像素点对应到原图像的范围也较大。另一种优化策略从值域范围出发，考虑到图像通常的取值范围是有限的（如 uint8 的 0～255），因此只要对每个取值预先做好输入图像重映射并建立好拉普拉斯金字塔，那么只需要通过类似查表的方式去对应查询即可。比如，对于 0～255 的范围，需要建立 256 次拉普拉斯金字塔，每建立一次金字塔都可以处理高斯金字塔中一批取值相同的像素点，并填充到输出拉普拉斯金字塔的对应位置中。这样一来，建立拉普拉斯金字塔的次数就与值域有关，而与输入图像尺寸无关了，因此可以大大减小计算量。

（a）输入图像

（b）输出结果

图 6-7 LLF 算法输入图像与输出结果的对照

如果深入探究，就会发现前面所述的优化还不够彻底，对于 LLF 算法来说，实际上并不需要对每个可能的取值都计算一个重映射后的金字塔，而是需要一组采样点，将它们用于重映射和建塔，其他的取值则根据临近的采样点进行插值计算，插值方式就是利用到两个最近采样点的距离计算权重后进行线性插值。基于这个思路实现的加速版 LLF（即 FastLLF）算法的代码如下所示。

```
import os
import cv2
import numpy as np
import time
from utils.pyramid import build_gaussian_pyr, \
      build_laplacian_pyr, collapse_laplacian_pyr
from utils.remapping import remapping_tone

def fast_local_laplace_filters(img, sigma, beta, n_samples, max_value):
   # 计算所需参数
   h, w = img.shape[:2]
   n_level = int(np.ceil(np.log2(min(h, w))))
   print("[LLF] pyramid level total: ", n_level)
   samples = np.linspace(0, max_value, n_samples)
   step = 1 / n_samples
   # 建立输入的高斯金字塔，初始化输出的拉普拉斯金字塔
   gauss_pyr = build_gaussian_pyr(img, n_level)
   zero_img = np.zeros_like(img)
```

```
    out_laplace_pyr = build_laplacian_pyr(zero_img, n_level)
    print("[LLF] set pyramid last level using gauss_pyr")
    out_laplace_pyr[-1] = gauss_pyr[-1]
    for g0 in samples:
        print(f"[LLF] current sample g0: {g0:.4f}")
        remapped = remapping_tone(img, g0, sigma, beta)
        cur_lap_pyr = build_laplacian_pyr(remapped, n_level)
        for lvl in range(n_level - 1):
            gauss_layer = gauss_pyr[lvl]
            # 获取需要被该 g0 插值计算的取值的坐标和系数
            region = (np.abs(gauss_layer - g0) < step)
            coeff = 1 - np.abs(gauss_layer - g0) / step
            coeff = coeff * region
            cur_out = cur_lap_pyr[lvl] * coeff
            out_laplace_pyr[lvl] += cur_out
    img_out = collapse_laplacian_pyr(out_laplace_pyr)
    img_out = np.clip(img_out, 0, max_value)
    return img_out


if __name__ == "__main__":

    os.makedirs('results/llf', exist_ok=True)
    # test image: Recovering High Dynamic Range Radiance Maps from Photographs
的项目主页
    hdr_path = '../datasets/hdr/memorial.hdr'

    hdr_img = cv2.imread(hdr_path, flags = cv2.IMREAD_ANYDEPTH)
    h, w = hdr_img.shape[:2]
    hdr_img = cv2.resize(hdr_img, (w//2, h//2),
                      interpolation=cv2.INTER_AREA)

    hdr_img = hdr_img / hdr_img.max()
    hdr_img = np.power(hdr_img, 1/2.2)

    beta = 0.01
    sigma = 0.05
```

```
    max_value = 1
    n_samples = 12
    start_time = time.time()
    tone_out = fast_local_laplace_filters(hdr_img,
                    sigma, beta, n_samples, max_value)
    end_time = time.time()
    mini = np.percentile(tone_out, 1)
    maxi = np.percentile(tone_out, 99)
    tone_out = np.clip((tone_out - mini) / (maxi - mini), 0, 1)
    tone_out_8u = (tone_out  * 255.0).astype(np.uint8)
    tone_in_8u = (hdr_img  * 255.0).astype(np.uint8)
    cv2.imwrite('results/llf/fastllf_out.png', tone_out_8u)
    cv2.imwrite('results/llf/fastllf_in.png', tone_in_8u)
    # 显示 FastLLF 算法的运行时间
    print(f'total running time: {end_time - start_time:.2f}s')
```

输出结果如下所示。

```
[LLF] pyramid level total: 8
[LLF] set pyramid last level using gauss_pyr
[LLF] current sample g0: 0.0000
[LLF] current sample g0: 0.0909
[LLF] current sample g0: 0.1818
[LLF] current sample g0: 0.2727
[LLF] current sample g0: 0.3636
[LLF] current sample g0: 0.4545
[LLF] current sample g0: 0.5455
[LLF] current sample g0: 0.6364
[LLF] current sample g0: 0.7273
[LLF] current sample g0: 0.8182
[LLF] current sample g0: 0.9091
[LLF] current sample g0: 1.0000
total running time: 0.04s
```

可以看出，Fast LLF 算法的运行时间仅为 0.04s，对比原始版本的运行时间，加速效果明显。FastLLF 算法和 LLF 算法的处理结果对比如图 6-8 所示，只需要 12 个采样点再结合插值，FastLLF 算法即可获得与 LLF 算法比较类似的效果。由于其高效性和稳定的效果，FastLLF 算法在色调映射、图像增强等领域有着广泛的应用。

（a）输入图像

（b）FastLLF 算法的处理结果

（c）LLF 算法的处理结果

图 6-8　FastLLF 算法和 LLF 算法的处理结果对比

6.2.3　Reinhard 摄影色调重建算法

下面介绍的也是一种经典的色调映射算法：Reinhard 摄影色调重建算法[3]，它可以将 HDR 图像映射到可以显示的 LDR，并且使得到的结果有较好的对比度和亮度表现。该算法主要思路来源于传统摄影技术中的一些观察和步骤，并利用数学算法形式进行模拟。该算法包括了前面提到的 GTM 和 LTM，即全局色调映射和局部色调映射，其中，GTM 用来控制整体的影调和亮度，LTM 控制局部的对比度表现。

Reinhard 色调映射主要参考了两种摄影技术：**分区曝光法（或称为区域系统，Zone System）**和**减淡加深法（Dodge-and-Burn）**。其中，分区曝光法由美国著名的风光摄影师 Ansel Adams 提出，其核心思想是对不同的亮度区间进行划分，并在拍摄和冲洗显影的过程中控制不同位置被摄物体所属的区域（Zone，亮度区间），以此得到合适的曝光效果。分区曝光法的各区域示意图如图 6-9 所示，区域系统共有 11 个不同的亮度区间，序号从 0 到 X，每个区间都有不同的意义，比如区间 0 表示纯黑，区间 IV 表示树叶、建筑和皮肤的阴影部分等，区间 VII 表示明亮的纹理区域、皮肤的亮区、低光照场景下的雪景等。

Ansel Adams 区域系统

图 6-9　分区曝光法的各区域示意图

参考分区曝光法的思想，Reinhard 摄影色调重建算法先对输入图像进行初始亮度映射，估计场景影调，然后通过调整系数控制亮度缩放后的整体影调变化，其数学形式如下：

$$\bar{\boldsymbol{L}}_{\mathrm{w}} = \exp\left(\frac{1}{N}\sum_{x,y}\log(\boldsymbol{L}_{\mathrm{w}}(x,y)+\sigma)\right)$$

$$\boldsymbol{L}(x,y) = \frac{a}{\bar{\boldsymbol{L}}_{\mathrm{w}}}\boldsymbol{L}_{\mathrm{w}}(x,y)$$

即首先计算原图像的 log 域均值，然后通过 exp 函数得到参考亮度。设置参数 a（即中性灰的参考值，或者称为影调值 Key Value），即可对原图像进行映射。不同影调值映射的结果也有所不同，图 6-10 展示了不同影调值映射出的图像亮度结果。

（a）a=0.1

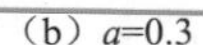

（b）a=0.3

（c）a=0.4

（d）a=0.6

图 6-10　不同影调值映射出的图像亮度结果

然后即可通过一个映射函数对调整后的 HDR 图像进行 GTM。GTM 函数的数学形式为

$$\boldsymbol{L}_{\mathrm{d}}(x,y) = \frac{\boldsymbol{L}(x,y)}{1+\boldsymbol{L}(x,y)}$$

该映射用来对 HDR 根据亮度进行自适应的压缩，观察该函数可以发现，在输入较小（低亮度）时，压缩比例较小，约等于 1；而在输入较大（高亮度）时，约等于压缩了 $1/\boldsymbol{L}$，因此，该函数可以防止高光区域过曝，并能提升暗部信息。

另外，如果允许高亮区域可以有一定程度的过曝，那么就可以将上述的映射函数推广为以下形式：

$$\boldsymbol{L}_{\mathrm{d}}(x,y)=\frac{\boldsymbol{L}(x,y)\left[1+\dfrac{\boldsymbol{L}(x,y)}{\boldsymbol{L}_{\mathrm{white}}^{2}}\right]}{1+\boldsymbol{L}(x,y)}$$

式中，$\boldsymbol{L}_{\mathrm{white}}$ 是映射为纯白色的最小亮度。这个函数是线性映射（Linear Mapping）和前面的函数映射的一个混合。如果将 $\boldsymbol{L}_{\mathrm{white}}$ 设置为输入结果的最大值，那么无过曝；如果设置为无穷大，那么会退化到普通的 GTM 曲线。$\boldsymbol{L}_{\mathrm{white}}$ 的值越小，则 GTM 曲线越倾向于线性映射，反之则倾向于亮区压制。不同参数取值的 GTM 曲线示意图如图 6-11 所示。

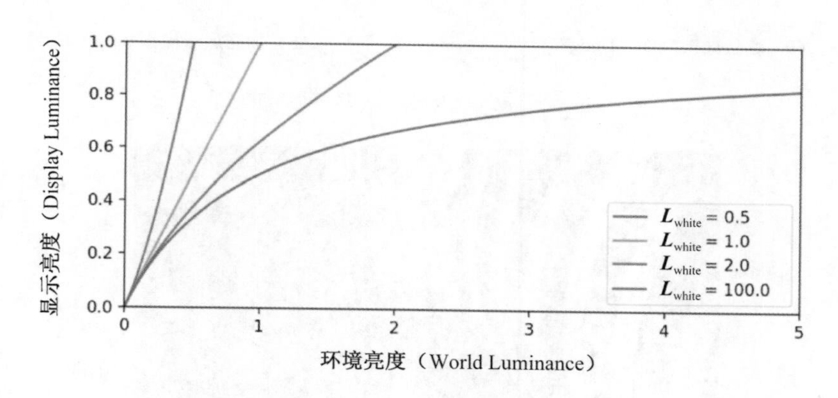

图 6-11　不同参数取值的 GTM 曲线示意图

对于 LTM，这里参考了摄影技术中常用的一种方法，即减淡加深法，其实际操作示意图如图 6-12 所示。在早期的传统摄影技术中，为了让不同的局部获得更好的对比度效果，通常会在显影时对局部进行操作：减淡（Dodge）的原意是遮蔽，即对某个特定区域遮光，从而使得成片的颜色减淡（灰度值提升）；反之，加深（Burn）的原意即燃烧、加光，从而使成片的颜色加深（灰度值下降）。这里描述的是早期暗室摄影的操作，由于操作的目标是负片，因此加光意味着更深的颜色，即亮度变暗，反之同理。

在 Reinhard 摄影色调重建算法中，可以对减淡加深法的功能进行模拟，即自适应的 LTM 操作。首先对每一个像素找到无较大对比度的最大可能的邻域；然后以这个区域的均值作为参考，对 GTM 函数形式进行修正。那么问题就成了如何找到最大的“平整”邻域。这个步骤的具体操作如下：设计一系列不同尺度的高斯核，对原图像进行卷积，计算每个像素点的响应值（Response）。对于一个像素点来说，对其临近的两个高斯响应结果计算差值，如果差值较小，则说明该区域仍然较为平坦（对比度低）；如果差值较大，则说明在该步扩大高斯核的过程中，遇到了高对比度的内容，差值越大说明对比度越强。自适应选择最合适的高斯核尺度如图 6-13 所示。

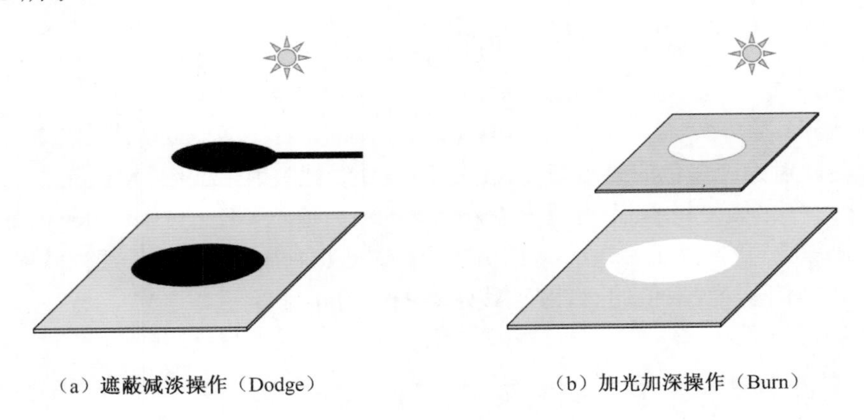

（a）遮蔽减淡操作（Dodge）　（b）加光加深操作（Burn）

图 6-12　减淡加深法实际操作示意图

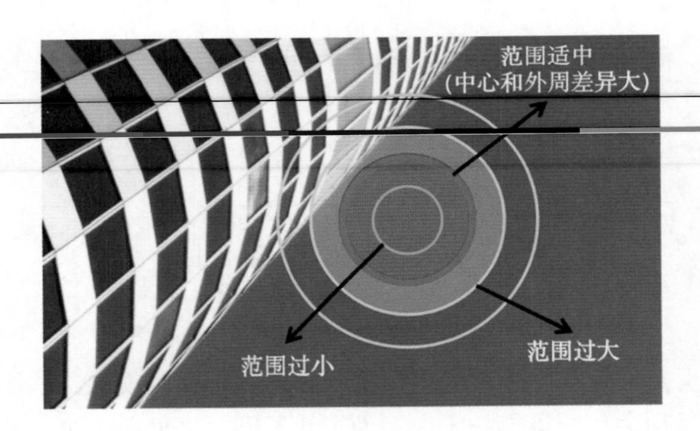

图 6-13　自适应选择最合适的高斯核尺度

因此，通过设置一个阈值，找到从中心到外周的第一个大于该阈值的差值，即可找到对应的最大平整邻域。然后用该邻域计算该像素的局部均值，以此来代替 GTM 函数分母中的 $L(x,y)$，从而实现自适应的 LTM 操作。该过程的数学形式如下：

$$\boldsymbol{R}_i(x,y,s)=\frac{1}{\pi(\alpha_i s)^2}\exp\left(-\frac{x^2+y^2}{(\alpha_i s)^2}\right)$$

$$\boldsymbol{V}_i(x,y,s)=L(x,y)\otimes\boldsymbol{R}_i(x,y,s)$$

$$\boldsymbol{V}(x,y,s)=\frac{\boldsymbol{V}_1(x,y,s)-\boldsymbol{V}_2(x,y,s)}{2^{\phi}a/s^2+\boldsymbol{V}_1(x,y,s)}$$

对该操作的效果进行分析：对于亮区的某个暗点，由于局部均值较大，因此相比于直接采用自身的值计算 GTM 来说，分母相对更大，因此压暗的效果会更加明显，而亮区则与 GTM 的压暗类似。这样就可以使得亮区和暗区的对比度更加明显，视觉效果更好。类似地，对于暗区的亮点来说，也会因为局部区域的低光照而减小压暗程度，以提升对比度。

下面通过代码来实现本节所述算法的操作，并利用 HDR 图像对效果进行测试。

```
import os
import cv2
import numpy as np
import matplotlib.pyplot as plt


def reinhard_tonemapping(img,
                    mid_gray=0.18,
                    num_scale=8,
                    alpha=0.35355,
                    ratio=1.6,
                    phi=8.0,
                    epsilon=0.05):
    img = img / img.max()
    H, W = img.shape[:2]
    B, G, R = cv2.split(img)
    Lw = 0.27 * R + 0.67 * G + 0.06 * B
    delta = 1e-10
    mLw = np.exp(np.mean(np.log(Lw + delta)))
    L = (mid_gray / mLw) * Lw
    v1_ls = list()
    for i in range(num_scale):
        sigma = alpha * (ratio ** i)
        local_gauss = cv2.GaussianBlur(L, ksize=[0,0], sigmaX=sigma)
        v1_ls.append(local_gauss)
    v_ls = list()
    for i in range(num_scale - 1):
        nume = np.abs(v1_ls[i] - v1_ls[i + 1])
        deno = mid_gray * (2**phi) / (ratio**i) + v1_ls[i]
        v_ls.append(nume / deno)
```

```
    v1ls_np = np.stack(v1_ls, axis=2)
    vls_np = np.stack(v_ls, axis=2)
    vsm = v1_ls[-1].copy()

    for i in range(H):
        for j in range(W):
            vec = vls_np[i, j, :]
            for cur_s in range(num_scale - 1):
                if vec[cur_s] > epsilon:
                    vsm[i, j] = v1ls_np[i, j, cur_s]
                    break
    Ld = np.clip(L / (1 + vsm), a_min=0, a_max=1)
    out_color = np.expand_dims(Ld / (Lw + 1e-10), axis=2) * img
    out_color = np.clip(out_color, a_min=0, a_max=1)
    return out_color
```

```
if __name__ == "__main__":

    os.makedirs('results/reinhard', exist_ok=True)
    # test image: Recovering High Dynamic Range Radiance Maps from Photographs
的项目主页
    hdr_path = '../datasets/hdr/memorial.hdr'
    img = cv2.imread(hdr_path, flags = cv2.IMREAD_ANYDEPTH)
    out = reinhard_tonemapping(img)
    inp = img / img.max()
    inp = np.power(inp, 1/2.2)

    tone_in_8u = (inp  * 255.0).astype(np.uint8)
    tone_out_8u = (out  * 255.0).astype(np.uint8)
    cv2.imwrite('results/reinhard/reinhard_in.png', tone_in_8u)
    cv2.imwrite('results/reinhard/reinhard_out.png', tone_out_8u)
```

Reinhard 摄影色调重建算法的结果图如图 6-14 所示，可以看出，该算法对于亮区和暗区的细节恢复与对比度提升都有较好的效果。

（a）输入图像

（b）Reinhard 摄影色调重建算法的结果

图 6-14　Reinhard 摄影色调重建算法的结果图

6.2.4　快速双边滤波色调映射算法

接下来介绍另一种 HDR 图像的色调映射算法[4]，该算法基于快速双边滤波将图像分解为**基础层（Base）**和**细节层（Detail）**，并分别进行处理。对于 HDR 到 LDR 的色调映射来说，如果直接线性映射，那么很容易产生过曝和死黑等情况。因此，通常采用非线性色调映射方案，以便提亮暗区，并压缩过曝的亮区，从而使得整体内容丰富、影调正常。

最简单的非线性色调映射就是 Gamma 曲线或者类似的 GTM 曲线操作，这种方法确实可以实现暗区的提亮和亮区的压缩，但是通常会带来颜色的水洗感，即颜色偏灰白，饱和度差。针对这个问题的一个改进策略就是只对图像的亮度（Intensity）进行压缩，压缩后再将颜色补偿回去（Reinhard 摄影色调重建算法的代码中就是这样实现的）。但是这个策略还有另一个问题——图像的细节会随着非线性压缩变得不清晰甚至被丢失。为了解决这个问题，这里介绍的算法的思路：对图像的细节和亮度分别进行处理，将亮度压缩后再把细节填充回去，这样就可以既保留了细节，又有压缩的动态范围。

那么，如何对 HDR 图像的细节和亮度进行区分呢？由于人们希望对动态范围的压缩不影响图像的边缘，因此可以通过保边滤波来实现。保边滤波可以实现图像平滑，平滑后的图像即基础层，其数值范围需要进行压缩，平滑后的图像与原图像的差值部分即需要被保持的细节层。一种常用的保边滤波算法就是前面曾经提到过的双边滤波算法：首先计算出原图像的亮度图，并将其数值变换到 log 域；然后通过双边滤波分离出基础层和细节层；对基础层乘以比例系数以改变对比度，然后加回细节层，并通过 exp 函数变换回线性域，即可得到色调映射后的亮度图，将颜色通道信息补充回去，就得到了最终的结果。

对于快速双边滤波色调映射方法，其核心步骤就是双边滤波。由于传统的双边滤波算法速度较慢，计算效率低，因此需要对其进行加速。**快速双边滤波（Fast Bilateral Filtering）**是对双边滤波的一个性能优化，其基本思路是将图像的值域范围扩展成一个新的维度，与图像本身的空间 2D 维度合并，形成 3D 网格点。由于值域也被视为了空间的一个维度，因此在双边滤波中要考虑的像素值的相似性也被转化为了 3D 网格点中的空间邻近性，直接采用 3D 滤波即可实现。快速双边滤波原理示意图如图 6-15 所示。这里的图像空间维度仅用一个维度进行展示。

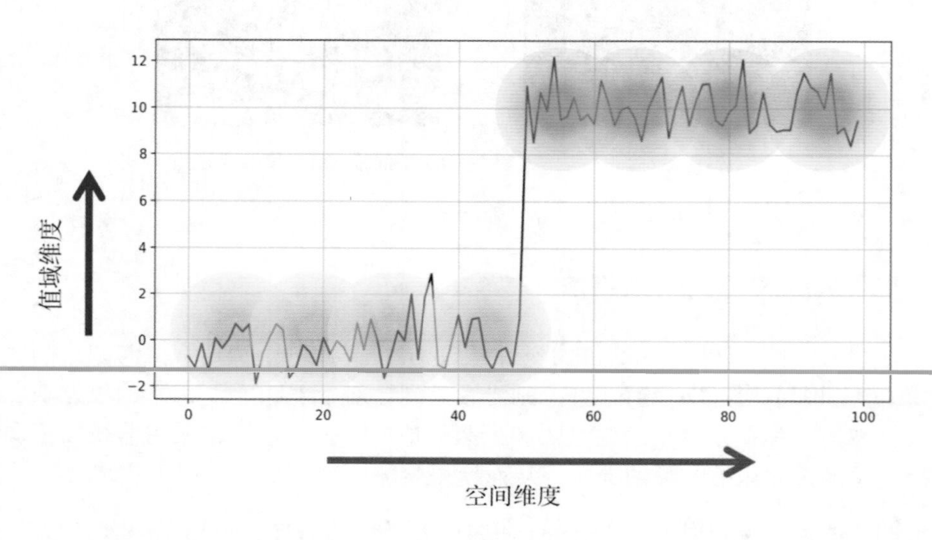

图 6-15 快速双边滤波原理示意图

为了更好地实现加速，可以对原图像和值域进行采样（量化），即将图像的宽度、高度除以对应系数进行缩放，并对值域分成的若干子区间进行滤波。最后还需要对滤波后的结果进行插值（对于位置和取值都需要插值），才能得到原图像分辨率的效果，这个过程通常被称为**切片（Slicing）**。

下面用 Python 实现快速双边滤波的代码，并测试其效果。然后利用快速双边滤波器对 HDR 图像分离基础层和细节层，并进行色调映射。

```
import os
import cv2
import numpy as np
from scipy.ndimage import convolve
from scipy.interpolate import interpn
import matplotlib.pyplot as plt
```

```
def fast_bilateral(img, sigma_s, sigma_r):
    H, W = img.shape
    VMIN, VMAX = np.min(img), np.max(img)
    VR = VMAX - VMIN
    print('[Fast Bilateral] downscaled image info: ')
    print(f'H x W: {H}x{W}, vmin: {VMIN}, vmax: {VMAX}')
    h = int((H - 1) / sigma_s) + 2
    w = int((W - 1) / sigma_s) + 2
    vr = int(VR / sigma_r) + 2
    data_tensor = np.zeros((h, w, vr))
    weight_tensor = np.zeros((h, w, vr))
    # 下采样并建立 3D 网格
    ds_v_map = np.round((img - VMIN) / sigma_r).astype(int)
    for i in range(H):
        for j in range(W):
            val = img[i, j]
            ds_v = ds_v_map[i, j]
            ds_i = np.round(i / sigma_s).astype(int)
            ds_j = np.round(j / sigma_s).astype(int)
            data_tensor[ds_i, ds_j, ds_v] += val
            weight_tensor[ds_i, ds_j, ds_v] += 1
    # 生成 3D 卷积核
    kernel_3d = np.zeros((3, 3, 3))
    for i in range(3):
        for j in range(3):
            for k in range(3):
                d2 = (i - 1) ** 2 \
                   + (j - 1) ** 2 \
                   + (k - 1) ** 2
                val = np.exp(-d2/2)
                kernel_3d[i, j, k] = val
    # 3D 空间内的卷积（2D 坐标空间 + 1D 值域空间）
    fdata = convolve(data_tensor, kernel_3d, mode='constant')
    fweight = convolve(weight_tensor, kernel_3d, mode='constant')
    norm_data = fdata / (fweight + 1e-10)
    norm_data[fweight == 0] = 0
```

```
    print('[Fast Bilateral] grid size: ', norm_data.shape)
    # 对处理结果进行插值，得到处理后的图像
    ds_points = (np.arange(h), np.arange(w), np.arange(vr))
    samples = np.zeros((H, W, 3))
    for i in range(H):
        for j in range(W):
            val = img[i, j]
            ds_i = i / sigma_s
            ds_j = j / sigma_s
            ds_v = (val - VMIN) / sigma_r
            samples[i, j, :] = [ds_i, ds_j, ds_v]
    output = interpn(ds_points, norm_data, samples)
    return output


def fast_bilateral_tone(hdr_img,
                        contrast,
                        sigma_s,
                        sigma_r,
                        gamma_coeff):
    R, G, B = cv2.split(hdr_img)
    luma = (20.0 * R + 40.0 * G + 1.0 * B) / 61.0
    log_luma = np.log10(luma.astype(np.float64))
    log_base = fast_bilateral(log_luma, sigma_s, sigma_r)
    log_detail = log_luma - log_base
    vmax, vmin = np.max(log_base), np.min(log_base)
    comp_fact = np.log10(contrast) / (vmax - vmin)
    log_abs_scale = vmax * comp_fact
    log_out = log_base * comp_fact + log_detail - log_abs_scale
    luma_out = 10 ** (log_out)
    Rout = R / luma * luma_out
    Gout = G / luma * luma_out
    Bout = B / luma * luma_out
    out_img = cv2.merge((Rout, Gout, Bout))
    out_img = np.power(out_img, 1/gamma_coeff)
    out_img = np.clip(out_img, a_min=0, a_max=1)
    return out_img
```

```
if __name__ == "__main__":

    os.makedirs('results/fastbilateral/', exist_ok=True)
    # 测试快速双边滤波
    img = cv2.imread('../datasets/srdata/Set12/07.png')[..., 0]
    h, w = img.shape
    sigma = 25
    gaussian_noise = np.float32(np.random.randn(*(img.shape))) * sigma
    noisy_img = img + gaussian_noise
    noisy_img = np.clip((noisy_img).round(), 0, 255).astype(np.uint8)
    sigma_s, sigma_r = 5, 50
    out = fast_bilateral(noisy_img, sigma_s, sigma_r)
    out = np.clip(out, a_min=0, a_max=255).astype(np.uint8)
    cv2.imwrite('results/fastbilateral/bi_input.png', noisy_img)
    cv2.imwrite('results/fastbilateral/bi_output.png', out)

    # 测试快速双边滤波 HDR 色调映射
    hdr_path = '../datasets/hdr/memorial.hdr'
    hdr_img = cv2.imread(hdr_path,
                flags = cv2.IMREAD_ANYDEPTH)[...,::-1]
    tonemapped = fast_bilateral_tone(hdr_img, 5, 10, 0.4, gamma_coeff=1.2)
    tonemapped = np.clip(tonemapped * 255, a_min=0, a_max=255)
    tonemapped = tonemapped.astype(np.uint8)[...,::-1]
    cv2.imwrite('results/fastbilateral/tone_output.png', tonemapped)
```

输出结果如下所示。

```
[Fast Bilateral] downscaled image info:
H x W: 256x256, vmin: 0, vmax: 255
[Fast Bilateral] grid size:  (53, 53, 7)
[Fast Bilateral] downscaled image info:
H x W: 768x512, vmin: -2.749390773162896, vmax: 2.81607821955083
[Fast Bilateral] grid size:  (78, 53, 15)
```

快速双边滤波色调映射算法的测试结果如图 6-16 所示。可以看出，快速双边滤波具有较好的保边平滑效果，同时经过该算法处理后的图像也在压缩动态范围的同时保留了更多的细节。

（a）测试输入（含噪声）

（b）快速双边滤波结果

（c）快速双边滤波色调映射算法的结果

图 6-16 快速双边滤波色调映射算法的测试结果

6.3 基于神经网络模型的 HDR 算法

随着神经网络和深度学习方法在底层图像视觉中的广泛应用，HDR 相关任务积累了一些基于网络模型的方案。本节主要介绍几种 HDR 相关的网络模型算法，包括多曝融合方案，以及单图 HDR 相关算法。在介绍具体的模型之前，先来了解 HDR 图像质量的一个度量指标 MEF-SSIM，它是许多基于网络的 HDR 算法通用的训练目标。下面先来介绍它的原理和实现逻辑。

6.3.1 网络模型的训练目标：MEF-SSIM

对于 HDR 任务中的多曝融合方案来说，其输入为多帧不同曝光的 LDR 图像，输出为融合结果。这种任务与前面提到的去噪、超分辨率等任务有所不同，相比于之前通过对目标图像做退化生成训练样本对来说，多曝融合任务一般没有真实的目标图像，它的优化目标不是从输入中恢复出某个真实结果，而是将输入转换为符合预期效果的图像，即解决高光过曝与暗区死黑不明显问题，同时使色调自然、细节清晰等。为了适应这种设定，研究者对传统的 SSIM 指标进行了改进，提出了一种针对多曝融合的优化目标，即 **MEF-SSIM（Multi-Exposure Fusion SSIM）**，使其可以应用于多曝光输入，并给出一个对融合结果的合理评价。

对于用 SSIM 作为图像质量评估指标来说，画质评估结果可以通过算法输出的图像与完美的目标图像从各个方面计算匹配系数得到。而对于 MEF-SSLM 来说，由于缺少单一的目标图像，因此融合输出图像应该同时对比多个输入中质量较好的成分。前面介绍过，SSIM 的基本思路是将图像分解为不同的可解释的成分（**亮度**、**对比度**和**结构**）分别进行比对。从数学的角度来说，亮度代表的是图像的均值，对比度代表的是方差（或标准差），结构代表的是经过均值和方差归一化后剩下的信息。通过上述分解方式，可以对一个原始信号进行重新表示：

$$
\begin{aligned}
\boldsymbol{x}_k &= \left\|\boldsymbol{x}-\boldsymbol{\mu}_{x_k}\right\| \frac{\boldsymbol{x}-\boldsymbol{\mu}_{x_k}}{\left\|\boldsymbol{x}-\boldsymbol{\mu}_{x_k}\right\|}+\boldsymbol{\mu}_{x_k} \\
&= c_k \boldsymbol{s}_k + l_k
\end{aligned}
$$

式中，k 表示输入的不同曝光帧的序号；c_k 表示对比度；$\boldsymbol{s}_k$ 表示结构分量；l_k 表示亮度。对于多曝融合任务来说，亮度的保持意义不大（因为输入图像区域可能是过曝或欠曝的，所以没有合适的亮度目标），因此在 MEF-SSIM 中，仅考虑对比度和结构分量。

对于对比度分量，考虑某张图像的区域，倾向于认为在多帧输入中对比度最高的一帧的视觉效果最好，因此，目标对比度就是所有帧中对比度最高的那个，写成数学形式如下：

$$
\hat{c} = \max_{1 \leqslant k \leqslant K} \boldsymbol{c}_k
$$

对于结构分量，最终的目标是在融合后的图像中保留所有输入图像的有效结构。因此，其数学形式是各帧的加权和。权重大小可以根据对比度分量计算得到，即

$$
\overline{\boldsymbol{s}} = \frac{\sum_{k=1}^{K} w(\boldsymbol{x}_k-\boldsymbol{\mu}_k)\boldsymbol{s}_k}{\sum_{k=1}^{K} w(\boldsymbol{x}_k-\boldsymbol{\mu}_k)}, \quad w(\boldsymbol{x}_k-\boldsymbol{\mu}_k)=\left\|\boldsymbol{x}_k-\boldsymbol{\mu}_k\right\|^p, \quad \hat{\boldsymbol{s}}=\frac{\overline{\boldsymbol{s}}}{\left\|\overline{\boldsymbol{s}}\right\|}
$$

这样就得到了目标图像的结构分量和对比度，即

$$
\hat{\boldsymbol{x}} = \hat{c}\hat{\boldsymbol{s}}
$$

再结合 SSIM 的计算方法，即可得到 MEF-SSIM 的数学表达式：

$$
\text{MEF-SSIM}(\{\boldsymbol{x}_k\},\boldsymbol{y}) = \frac{2\sigma_{\hat{x}y}+C}{\sigma_{\hat{x}}^2+\sigma_y^2+C}
$$

MEF-SSIM 既可以作为多曝融合效果的评估指标，也可以作为学习类算法的优化目标（类似 SSIM 损失函数）。下面用 Python 实现 MEF-SSIM 的计算流程，并对多曝融合算法的输出结果进行评估测试。

```
import os
import cv2
import numpy as np
import matplotlib.pyplot as plt

def mef_ssim(expo_imgs, fused_img, win_size=7, p=2):
    eps = 1e-10
    num_expo = len(expo_imgs)
    fused_img = fused_img.astype(np.float32)
    radius = win_size // 2
    H, W, C = fused_img.shape
    expos = np.stack(expo_imgs, axis=0).astype(np.float32)
    ssim_map = np.zeros((H, W, C), dtype=np.float32)
    for i in range(radius, H - radius):
        for j in range(radius, W - radius):
            fpatch = fused_img[i-radius:i+radius+1,
                               j-radius:j+radius+1, ...]
            c_hat = np.zeros((1, 1, C), dtype=np.float32)
            s_sum_nume = np.zeros((1, 1, C), dtype=np.float32)
            s_sum_deno = np.zeros((1, 1, C), dtype=np.float32)
            # 逐个取出曝光帧
            for eid in range(num_expo):
                x_k = expos[eid,
                            i-radius:i+radius+1,
                            j-radius:j+radius+1, ...]
                mu_k = np.mean(x_k, axis=(0,1), keepdims=True)
                # 计算均值归 0 后的结果
                x_tilde_k = x_k - mu_k
                c_k = np.linalg.norm(x_tilde_k,
                            axis=(0,1), keepdims=True)
                c_hat = np.maximum(c_k, c_hat)
                # 计算结构并更新目标结构的分子、分母
                s_k = x_tilde_k / (c_k + eps)
                w_k = c_k ** p
                s_sum_nume = s_sum_nume + w_k * s_k
                s_sum_deno = s_sum_deno + w_k
            # 合成目标 x_hat
```

```
            s_bar = s_sum_nume / (s_sum_deno + eps)
            s_bar_norm = np.linalg.norm(s_bar,
                             axis=(0,1), keepdims=True)
            s_hat = s_bar / (s_bar_norm + eps)
            x_hat = c_hat * s_hat
            # 计算类 SSIM 相似度
            mu_x_hat = np.mean(x_hat,
                            axis=(0,1), keepdims=True)
            mu_y = np.mean(fpatch,
                            axis=(0,1), keepdims=True)
            sigma2_x_hat = np.mean(x_hat**2,
                                   axis=(0,1), keepdims=True) \
                            - mu_x_hat**2
            sigma2_y = np.mean(fpatch**2,
                               axis=(0,1), keepdims=True) \
                            - mu_y**2
            sigma_x_hat_y = np.mean(x_hat * fpatch,
                               axis=(0,1), keepdims=True) \
                            - mu_x_hat * mu_y
            C1 = (0.03 * 255) ** 2
            mef_ssim_patch = (2 * sigma_x_hat_y + C1) \
                         / (sigma2_x_hat + sigma2_y + C1)
            ssim_map[i, j, :] = mef_ssim_patch
    return ssim_map

if __name__ == "__main__":
    expo1 = cv2.imread('../datasets/hdr/multi_expo/grandcanal_A.jpg')
    expo2 = cv2.imread('../datasets/hdr/multi_expo/grandcanal_B.jpg')
    expo3 = cv2.imread('../datasets/hdr/multi_expo/grandcanal_C.jpg')
    fused = cv2.imread('results/expofusion/fused.png')
    mef_ssim_map = mef_ssim([expo1, expo2, expo3], fused)
    os.makedirs('./results/mefssim/', exist_ok=True)
    fig = plt.figure()
    plt.imshow(np.mean(mef_ssim_map, axis=2),
            cmap='gray', vmin=0, vmax=1)
    plt.xticks([])
    plt.yticks([])
```

```
    plt.savefig('./results/mefssim/mef_ssim_map.png')
    print('MEF-SSIM score is :', np.mean(mef_ssim_map))
```

输出的 MEF-SSIM 结果如下，可以看出，多曝融合算法的效果在 MEF-SSIM 度量结果数值上的表现较好，说明多曝融合算法较好地保留了输入图像各帧的有效信息，并具有较好的对比度和视觉效果。

```
MEF-SSIM score is : 0.9338541
```

融合结果与 MEF-SSIM 分散图如图 6-17 所示。可以看出，在图 6-17 所示水面附近，融合结果有一定的缺陷，而建筑、天空等其他区域的效果较好。从 MEF-SSIM 分数图来看，多曝融合算法可以达到较好的效果。

（a）融合结果

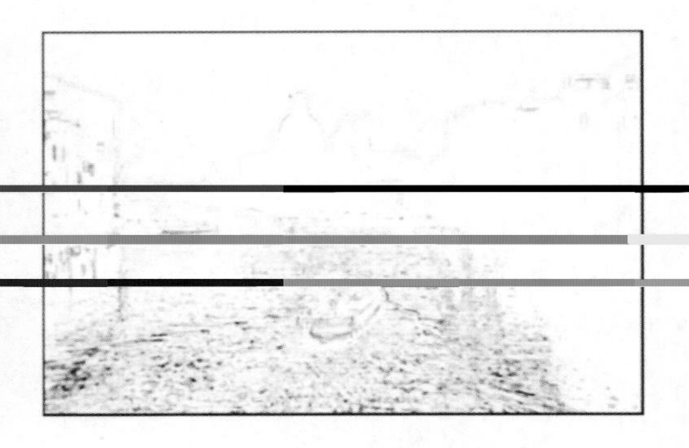

（b）MEF-SSIM 分数图

图 6-17 融合结果与 MEF-SSIM 分数图

6.3.2 端到端多曝融合算法：DeepFuse

多曝融合可以被看作图像融合的一种特殊形式，需要对不同曝光帧的合适曝光区域进行自适应选取，并最终形成新的图像，这个过程涉及各个区域的自适应处理。尽管传统方法（如多曝融合算法等）可以通过各种规则计算权重，并通过不同方式融合，但是这个过程较为烦琐，参数选择也不一定最优。因此，可以用网络模型来端到端地实现自适应选取和融合的整个过程。DeepFuse 算法[5]就是其中的典型代表。

DeepFuse 算法是一种无监督的图像融合算法。对该算法来说不存在所谓的 GT，因此需要利用 MEF-SSIM 作为优化目标。DeepFuse 算法的整体结构如图 6-18 所示，它可以对静态曝光序列（Static Exposure Stack）进行融合。

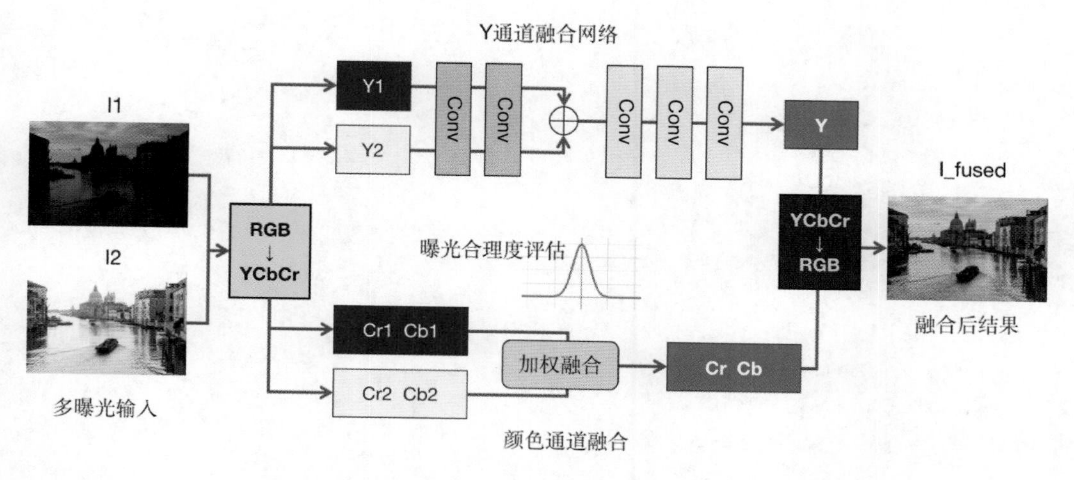

图 6-18　DeepFuse 算法的整体结构

首先，将输入的多曝光图像转到 YCbCr 颜色空间。其中只有 Y 通道需要用网络进行融合，而颜色通道直接加权融合即可（权重为该像素取值到中性灰的距离，类似多曝融合算法中的曝光合理度指标）。融合 Y 通道的神经网络主要分为 3 个部分，分别是特征提取、融合和重建。对于特征提取，可以用大的卷积核提取更广泛的信息；而融合部分对不同曝光帧提取到的特征图进行加和；最后经过多级卷积操作将融合后的特征图重建为图像。这个过程的代码示例如下所示。

```
import torch
import torch.nn as nn

class DeepFuse(nn.Module):
    def __init__(self):
        super().__init__()
        self.feat_extract = nn.Sequential(
            nn.Conv2d(1, 16, 5, 1, 2),
            nn.ReLU(inplace=True),
            nn.Conv2d(16, 32, 7, 1, 3)
        )
        self.recon = nn.Sequential(
            nn.Conv2d(32, 32, 7, 1, 3),
            nn.ReLU(inplace=True),
            nn.Conv2d(32, 16, 5, 1, 2),
            nn.ReLU(inplace=True),
            nn.Conv2d(16, 1, 5, 1, 2)
```

```
        )
    def forward(self, x1, x2):
        f1 = self.feat_extract(x1)
        f2 = self.feat_extract(x2)
        f_fused = f1 + f2
        out = self.recon(f_fused)
        return out

def chroma_weight_fusion(x1, x2, tau=128):
    w1 = torch.abs(x1 - tau)
    w2 = torch.abs(x2 - tau)
    w_total = w1 + w2 + 1e-8
    w1, w2 = w1 / w_total, w2 / w_total
    w_fused = x1 * w1 + x2 * w2
    return w_fused

if __name__ == "__main__":
    x1_ycbcr = torch.rand(4, 3, 256, 256)
    x2_ycbcr = torch.rand(4, 3, 256, 256)
    x1_y, x1_cb, x1_cr = torch.chunk(x1_ycbcr, 3, dim=1)
    x2_y, x2_cb, x2_cr = torch.chunk(x2_ycbcr, 3, dim=1)
    print('x1 Y Cb Cr sizes: \n', \
          x1_y.size(), x1_cb.size(), x1_cr.size())
    deepfuse = DeepFuse()
    fused_y = deepfuse(x1_y, x2_y)
    print('fused Y size: \n', fused_y.size())
    fused_cb = chroma_weight_fusion(x1_cb, x2_cb)
    fused_cr = chroma_weight_fusion(x1_cr, x2_cr)
    print('fused Cb / Cr size: \n',
          fused_cb.size(), fused_cr.size())
    x_fused = torch.cat((fused_y, fused_cb, fused_cr), dim=1)
    print('fused YCbCr size: \n', x_fused.size())
```

测试输出结果如下所示。

```
x1 Y Cb Cr sizes:
 torch.Size([4, 1, 256, 256]) torch.Size([4, 1, 256, 256]) torch.Size([4, 1,
256, 256])
fused Y size:
```

```
 torch.Size([4, 1, 256, 256])
fused Cb / Cr size:
 torch.Size([4, 1, 256, 256]) torch.Size([4, 1, 256, 256])
fused YCbCr size:
 torch.Size([4, 3, 256, 256])
```

6.3.3 多曝权重的网络计算：MEF-Net

相比于直接预测融合结果的 DeepFuse 算法，利用多曝融合实现 HDR 的网络模型 **MEF-Net**[6]则更接近多曝融合算法的思路。该模型并不直接对融合结果进行预测，而是预测输入各个曝光帧的权重图，并用这些权重对输入图像进行加权融合。MEF-Net 模型的基本网络结构如图 6-19 所示。

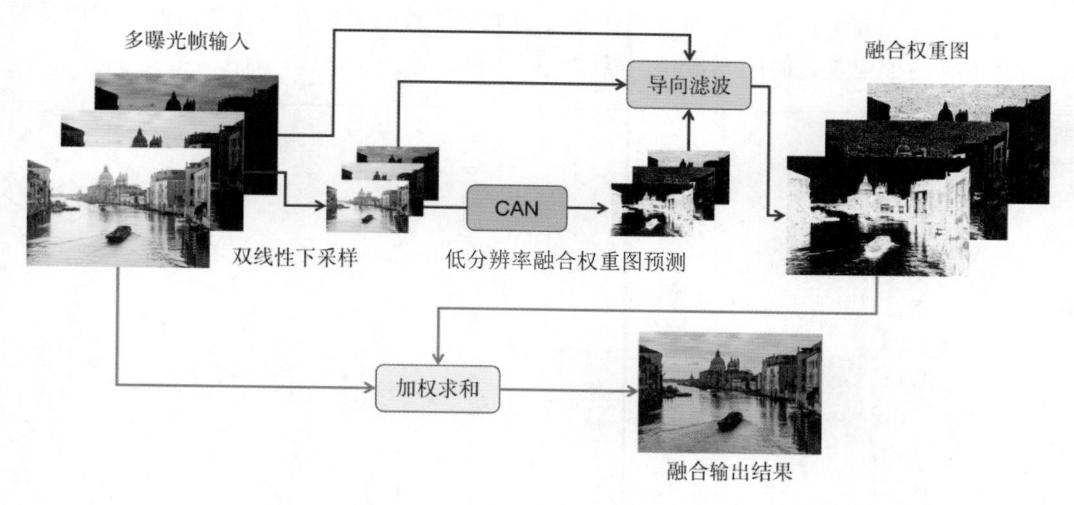

图 6-19　MEF-Net 模型的基本网络结构

如图 6-19 所示，MEF-Net 模型也是一个可以端到端训练的多曝融合框架，其首先对多曝光帧输入进行双线性下采样，并在低分辨率图像上进行融合权重图预测，提高计算效率；然后，利用导向滤波方式，以高分辨率图像为参考，对融合权重图进行保边的上采样，得到在高分辨率曝光帧上的权重；最后，通过该权重图对各个曝光帧进行加权求和，得到融合输出结果。

对于融合权重生成网络，MEF-Net 模型采用了 CAN（Context Aggregation Network）结构。CAN 在一些底层图像处理任务中已有应用，该网络结构主要由空洞卷积和 AdaptiveNorm 等结构组成。空洞卷积可以在不降低图像分辨率的前提下扩大感知域，AdaptiveNorm 是无归一化的原始输入和经过 InstanceNorm 归一化的加权和，为了适应不同数量的曝光帧输入，MEF-Net 模型将不同曝光帧在通常的批维度（即第一个 batch 维度）上进行堆叠，因此不采用

BatchNorm 层（BN 层）。其中激活函数采用了 LeakyReLU。

在训练方面，对于导向滤波的权重图上采样，MEF-Net 模型采用了可微分的快速导向滤波计算模块，从而可以实现端到端训练。由于导向滤波可以被看作“计算仿射系数并进行仿射变换”的过程，因此可以在小图像上计算系数图（即导向滤波中的 A 和 B），然后对其进行上采样，将结果应用到大尺寸导向图中，从而实现加速。MEF-Net 模型的训练目标也是 MEF-SSIM，但是相比于原本不考虑亮度的设计，MEF-Net 模型的实验表明，不加入亮度约束会导致训练不稳定，从而容易使得训练结果不好，但是加入亮度约束则可能会导致颜色过饱和，因此综合考虑，MEF-Net 模型只对 Y 通道进行训练，并且考虑了亮度的约束。最后，将融合好的 Y 通道与颜色通道重新组合，并转为 RGB 图像，得到最终的输出结果。

下面通过 PyTorch 对 MEF-Net 模型的主要模块进行简单的实现，在导向滤波的均值滤波中，采用了一种加速实现策略，即预先计算好到某个位置的累积和，然后通过对不同位置累积和做差得到两个位置之间的元素和。具体代码示例如下所示。

```
import torch
import torch.nn as nn
import torch.nn.functional as F

## 1. 实现可求导的导向滤波
# 1.1 实现导向滤波中用到的均值滤波
def window_sum(x, rh, rw):
    # x.size(): [n, c, h, w]
    cum_h = torch.cumsum(x, dim=2)
    wh = 2 * rh + 1
    top = cum_h[..., rh: wh, :]
    midh = cum_h[..., wh:, :] - cum_h[..., :-wh, :]
    bot = cum_h[..., -1:, :] - cum_h[..., -wh: -rh-1, :]
    out = torch.cat([top, midh, bot], dim=2)
    cum_w = torch.cumsum(out, dim=3)
    ww = 2 * rw + 1
    left = cum_w[..., rw: ww]
    midw = cum_w[..., ww:] - cum_w[..., :-ww]
    right = cum_w[..., -1:] - cum_w[..., -ww: -rw-1]
    out = torch.cat([left, midw, right], dim=3)
    return out

class BoxFilter(nn.Module):
    def __init__(self, rh, rw):
```

```
        super().__init__()
        self.rh, self.rw = rh, rw
    def forward(self, x):
        onemap = torch.ones_like(x)
        win_sum = window_sum(x, self.rh, self.rw)
        count = window_sum(onemap, self.rh, self.rw)
        box_out = win_sum / count
        return box_out

# 1.2 快速导向滤波
class FastGuidedFilter(nn.Module):
    def __init__(self, radius, eps):
        super().__init__()
        self.r = radius
        self.eps = eps
        self.mean = BoxFilter(radius, radius)
    def forward(self, p_lr, I_lr, I_hr):
        H, W = I_hr.size()[2:]
        mean_I = self.mean(I_lr)
        mean_p = self.mean(p_lr)
        cov_Ip = self.mean(I_lr * p_lr) - mean_I * mean_p
        var_I = self.mean(I_lr * I_lr) - mean_I ** 2
        A_lr = cov_Ip / (var_I + self.eps)
        B_lr = mean_p - A_lr * mean_I
        A_hr = F.interpolate(A_lr, (H, W), mode='bilinear')
        B_hr = F.interpolate(B_lr, (H, W), mode='bilinear')
        out = A_hr * I_hr + B_hr
        return out

## 2. 实现 MEF-Net 模型架构
# 2.1 基础模块：AN 和 CAN 结构
class AdaptiveNorm(nn.Module):
    def __init__(self, nf):
        super(AdaptiveNorm, self).__init__()
        self.w0 = nn.Parameter(torch.Tensor([1.0]))
        self.w1 = nn.Parameter(torch.Tensor([0.0]))
        self.instnorm = nn.InstanceNorm2d(nf,
                                          affine=True,
                                          track_running_stats=False)
```

```
    def forward(self, x):
        out = self.w0 * x + self.w1 * self.instnorm(x)
        return out

class ContextAggregationNet(nn.Module):
    def __init__(self, num_layers=7, nf=24):
        super().__init__()
        layers = list()
        for i in range(num_layers - 1):
            in_ch = 1 if i == 0 else nf
            dil = 2 ** i if i < num_layers -2 else 1
            layers += [
                nn.Conv2d(in_ch, nf, 3,
                          stride=1,
                          padding=dil,
                          dilation=dil,
                          bias=False),
                AdaptiveNorm(nf),
                nn.LeakyReLU(0.2, inplace=True),
            ]
        layers.append(
            nn.Conv2d(nf, 1, 1, 1, 0, bias=True)
        )
        self.body = nn.Sequential(*layers)
    def forward(self, x):
        out = self.body(x)
        return out


# 2.2 MEF-Net 模型计算多曝光融合
class MEFNet(nn.Module):
    def __init__(self, radius=2,
                 eps=1e-4,
                 num_layers=7,
                 nf=24):
        super().__init__()
        self.lr_net = ContextAggregationNet(num_layers, nf)
```

```
        self.gf = FastGuidedFilter(radius, eps)

    def forward(self, x_lr, x_hr):
        w_lr = self.lr_net(x_lr)
        w_hr = self.gf(w_lr, x_lr, x_hr)
        w_hr = torch.abs(w_hr)
        w_hr = (w_hr + 1e-8) / torch.sum(w_hr + 1e-8, dim=0)
        o_hr = torch.sum(w_hr * x_hr, dim=0)
        o_hr = o_hr.unsqueeze(0).clamp(0, 1)
        return o_hr, w_hr


if __name__ == "__main__":
    mfs = torch.rand(4, 1, 256, 256)
    mfs_ds = F.interpolate(mfs, (64, 64), mode="bilinear")
    mefnet = MEFNet()
    o_hr, w_hr = mefnet(mfs_ds, mfs)
    print(o_hr.size())
    print(w_hr.size())
```

测试输出结果如下所示。

```
torch.Size([1, 1, 256, 256])
torch.Size([4, 1, 256, 256])
```

6.3.4　注意力机制 HDR 网络：AHDRNet

前面介绍了几种静态多曝融合的 HDR 图像生成方案。所谓的静态指的是多个不同曝光帧已经对齐，因此可以只考虑对于亮度和细节恢复的问题。而在实际应用中，通常不同曝光帧是在一定的时间范围内先后获取的，不同帧具有时间差，如果场景中有运动的物体，那么各曝光帧无法完全对齐。通常的方案需要预先通过某些算法（如特征点匹配）对各帧进行对齐，然后对对齐后的曝光帧进行融合。而对于基于网络模型的 HDR 算法来说，由于网络模型具有较强的自适应表征能力，所以通过合适的训练可以使其自适应地对未对齐的区域进行筛选过滤，从而避免因为运动而在最终融合结果中引入鬼影等伪影。**AHDRNet（Attention-guided HDR Network）**[7]通过引入注意力机制，来处理动态多曝光帧融合中的鬼影问题，从而减少了复杂的对齐步骤的工作量，直接获得合理的 HDR 融合效果。AHDRNet 的结构如图 6-20 所示。

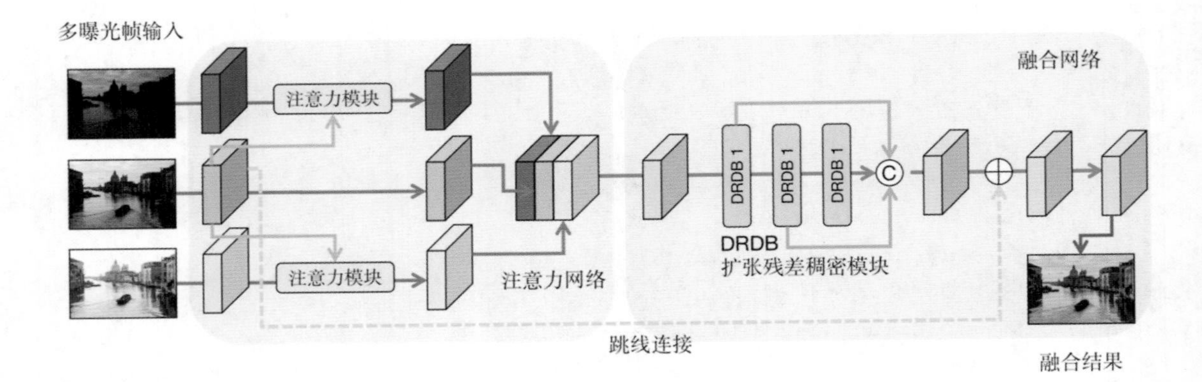

图 6-20 AHDRNet 的结构

AHDRNet 的结构主要分为两个部分：通过注意力机制计算多帧特征图的**注意力网络（Attention Network）**，以及对多帧特征图进行融合并重建的**融合网络（Merging Network）**。对于 RGB 三通道图像，首先进行 Gamma 变换并除以曝光时间（相当于对齐亮度），然后与原始输入的三通道图像进行拼接，得到 6 个通道的输入。Gamma 变换与亮度对齐可以便于网络识别运动区域，而原始输入的不同亮度有助于对不同区域选取合适的曝光帧进行融合。在注意力网络中，短曝光帧和长曝光帧都需要和正常曝光帧在特征图上计算注意力，然后用得到的注意力图对短曝光帧和长曝光帧的特征进行选择，主要目的是排除运动及过曝等无效区域的影响，而突出合适区域（比如，短曝光帧的亮区或者长曝光帧的暗区，它们在正常曝光的极端区域可以捕获到较好的细节信息）的特征用于后续融合。融合部分的基本模块为 DRDB（Dilated Residual Dense Block），该模块通过引入空洞卷积以扩大感受野，该特性有助于提高对被遮挡的移动物体的鲁棒性。

AHDRNet 结构的 PyTorch 实现代码示例如下所示。

```
import torch
import torch.nn as nn

class DilateConvCat(nn.Module):
    def __init__(self, in_ch, out_ch, ksize=3):
        super().__init__()
        pad = ksize // 2 + 1
        self.body = nn.Sequential(
            nn.Conv2d(in_ch, out_ch, ksize, 1, pad, 2),
            nn.ReLU(inplace=True)
        )
    def forward(self, x):
```

```
        out = self.body(x)
        out = torch.cat((x, out), dim=1)
        return out

class DRDB(nn.Module):
    """
    Dilated Residual Dense Block
    """
    def __init__(self, nf, gc, num_layer):
        super().__init__()
        self.dense = nn.Sequential(*[
            DilateConvCat(nf + i * gc, gc, 3)
                for i in range(num_layer)
        ])
        self.fusion = nn.Conv2d(nf + num_layer * gc,
                                nf, 1, 1, 0)
    def forward(self, x):
        out = self.dense(x)
        out = self.fusion(out) + x
        return out

class Attention(nn.Module):
    """
    Attention Module for over-/under-exposure
    """
    def __init__(self, nf=64):
        super().__init__()
        self.conv1 = nn.Conv2d(nf * 2, nf, 3, 1, 1)
        self.lrelu = nn.LeakyReLU()
        self.conv2 = nn.Conv2d(nf, nf, 3, 1, 1)
        self.sigmoid = nn.Sigmoid()
    def forward(self, x_base, x_ref):
        x = torch.cat((x_base, x_ref), dim=1)
        out = self.conv1(x)
        out = self.lrelu(out)
        out = self.conv2(out)
        attn_map = self.sigmoid(out)
        return x_base * attn_map
```

```
class AHDRNet(nn.Module):
    def __init__(self,
                 in_ch=6,
                 out_ch=3,
                 num_dense=6,
                 num_feat=64,
                 growth_rate=32):
        super().__init__()
        self.feat_extract = nn.Conv2d(in_ch, num_feat, 3, 1, 1)
        self.attn1 = Attention(num_feat)
        self.attn2 = Attention(num_feat)
        self.fusion1 = nn.Conv2d(num_feat * 3, num_feat, 3, 1, 1)
        self.drdb1 = DRDB(num_feat, growth_rate, num_dense)
        self.drdb2 = DRDB(num_feat, growth_rate, num_dense)
        self.drdb3 = DRDB(num_feat, growth_rate, num_dense)
        self.fusion2 = nn.Sequential(
            nn.Conv2d(num_feat * 3, num_feat, 1, 1, 0),
            nn.Conv2d(num_feat, num_feat, 3, 1, 1)
        )
        self.conv_out = nn.Sequential(
            nn.Conv2d(num_feat, num_feat, 3, 1, 1),
            nn.Conv2d(num_feat, out_ch, 3, 1, 1),
            nn.Sigmoid()
        )
        self.lrelu = nn.LeakyReLU()

    def forward(self, evm, ev0, evp):
        fm = self.lrelu(self.feat_extract(evm))
        f0 = self.lrelu(self.feat_extract(ev0))
        fp = self.lrelu(self.feat_extract(evp))
        fm = self.attn1(fm, f0)
        fp = self.attn2(fp, f0)
        fcat = torch.cat([fm, f0, fp], dim=1)
        ff = self.fusion1(fcat)
        ff1 = self.drdb1(ff)
        ff2 = self.drdb2(ff1)
        ff3 = self.drdb2(ff2)
        ffcat = torch.cat([ff1, ff2, ff3], dim=1)
```

```
        res = self.fusion2(ffcat)
        out = self.conv_out(f0 + res)
        return out

if __name__ == "__main__":
    evm = torch.rand(4, 6, 64, 64)
    ev0 = torch.rand(4, 6, 64, 64)
    evp = torch.rand(4, 6, 64, 64)
    ahdrnet = AHDRNet()
    print("AHDRNet architecture: ")
    print(ahdrnet)
    out = ahdrnet(evm, ev0, evp)
    print(f"AHDRNet input size: {evm.size()} (x3)")
    print("AHDRNet output size: ", out.size())
```

测试输出结果如下所示。

```
AHDRNet architecture:
AHDRNet(
  (feat_extract): Conv2d(6, 64, kernel_size=(3, 3), stride=(1, 1),
padding=(1, 1))
  (attn1): Attention(
    (conv1): Conv2d(128, 64, kernel_size=(3, 3), stride=(1, 1), padding=(1, 1))
    (lrelu): LeakyReLU(negative_slope=0.01)
    (conv2): Conv2d(64, 64, kernel_size=(3, 3), stride=(1, 1), padding=(1, 1))
    (sigmoid): Sigmoid()
  )
  (attn2): Attention(
    (conv1): Conv2d(128, 64, kernel_size=(3, 3), stride=(1, 1), padding=(1, 1))
    (lrelu): LeakyReLU(negative_slope=0.01)
    (conv2): Conv2d(64, 64, kernel_size=(3, 3), stride=(1, 1), padding=(1, 1))
    (sigmoid): Sigmoid()
  )
  (fusion1): Conv2d(192, 64, kernel_size=(3, 3), stride=(1, 1), padding=(1, 1))
  (drdb1): DRDB(
    (dense): Sequential(
      (0): DilateConvCat(
        (body): Sequential(
```

```
          (0): Conv2d(64, 32, kernel_size=(3, 3), stride=(1, 1), padding=(2, 2),
dilation=(2, 2))
          (1): ReLU(inplace=True)
        )
      )
      (1): DilateConvCat(
        (body): Sequential(
          (0): Conv2d(96, 32, kernel_size=(3, 3), stride=(1, 1), padding=(2, 2),
dilation=(2, 2))
          (1): ReLU(inplace=True)
        )
      )
      (2): DilateConvCat(
        (body): Sequential(
          (0): Conv2d(128, 32, kernel_size=(3, 3), stride=(1, 1), padding=(2,
2), dilation=(2, 2))
          (1): ReLU(inplace=True)
        )
      )
      (3): DilateConvCat(
        (body): Sequential(
          (0): Conv2d(160, 32, kernel_size=(3, 3), stride=(1, 1), padding=(2,
2), dilation=(2, 2))
          (1): ReLU(inplace=True)
        )
      )
      (4): DilateConvCat(
        (body): Sequential(
          (0): Conv2d(192, 32, kernel_size=(3, 3), stride=(1, 1), padding=(2,
2), dilation=(2, 2))
          (1): ReLU(inplace=True)
        )
      )
      (5): DilateConvCat(
        (body): Sequential(
          (0): Conv2d(224, 32, kernel_size=(3, 3), stride=(1, 1), padding=(2,
2), dilation=(2, 2))
          (1): ReLU(inplace=True)
        )
```

```
      )
    )
    (fusion): Conv2d(256, 64, kernel_size=(1, 1), stride=(1, 1))
  )
  (drdb2): DRDB(
    (dense): Sequential(
      (0): DilateConvCat(
        (body): Sequential(
          (0): Conv2d(64, 32, kernel_size=(3, 3), stride=(1, 1), padding=(2, 2),
dilation=(2, 2))
          (1): ReLU(inplace=True)
        )
      )
      (1): DilateConvCat(
        (body): Sequential(
          (0): Conv2d(96, 32, kernel_size=(3, 3), stride=(1, 1), padding=(2,
2), dilation=(2, 2))
          (1): ReLU(inplace=True)
        )
      )
      (2): DilateConvCat(
        (body): Sequential(
          (0): Conv2d(128, 32, kernel_size=(3, 3), stride=(1, 1), padding=(2,
2), dilation=(2, 2))
          (1): ReLU(inplace=True)
        )
      )
      (3): DilateConvCat(
        (body): Sequential(
          (0): Conv2d(160, 32, kernel_size=(3, 3), stride=(1, 1), padding=(2,
2), dilation=(2, 2))
          (1): ReLU(inplace=True)
        )
      )
      (4): DilateConvCat(
        (body): Sequential(
          (0): Conv2d(192, 32, kernel_size=(3, 3), stride=(1, 1), padding=(2,
2), dilation=(2, 2))
          (1): ReLU(inplace=True)
```

```
          )
        )
        (5): DilateConvCat(
          (body): Sequential(
            (0): Conv2d(224, 32, kernel_size=(3, 3), stride=(1, 1), padding=(2,
2), dilation=(2, 2))
            (1): ReLU(inplace=True)
          )
        )
      )
      (fusion): Conv2d(256, 64, kernel_size=(1, 1), stride=(1, 1))
    )
    (drdb3): DRDB(
      (dense): Sequential(
        (0): DilateConvCat(
          (body): Sequential(
            (0): Conv2d(64, 32, kernel_size=(3, 3), stride=(1, 1), padding=(2, 2),
dilation=(2, 2))
            (1): ReLU(inplace=True)
          )
        )
        (1): DilateConvCat(
          (body): Sequential(
            (0): Conv2d(96, 32, kernel_size=(3, 3), stride=(1, 1), padding=(2, 2),
dilation=(2, 2))
            (1): ReLU(inplace=True)
          )
        )
        (2): DilateConvCat(
          (body): Sequential(
            (0): Conv2d(128, 32, kernel_size=(3, 3), stride=(1, 1), padding=(2,
2), dilation=(2, 2))
            (1): ReLU(inplace=True)
          )
        )
        (3): DilateConvCat(
          (body): Sequential(
```

```
          (0): Conv2d(160, 32, kernel_size=(3, 3), stride=(1, 1), padding=(2,
2), dilation=(2, 2))
          (1): ReLU(inplace=True)
        )
      )
      (4): DilateConvCat(
        (body): Sequential(
          (0): Conv2d(192, 32, kernel_size=(3, 3), stride=(1, 1), padding=(2,
2), dilation=(2, 2))
          (1): ReLU(inplace=True)
        )
      )
      (5): DilateConvCat(
        (body): Sequential(
          (0): Conv2d(224, 32, kernel_size=(3, 3), stride=(1, 1), padding=(2,
2), dilation=(2, 2))
          (1): ReLU(inplace=True)
        )
      )
    )
    (fusion): Conv2d(256, 64, kernel_size=(1, 1), stride=(1, 1))
  )
  (fusion2): Sequential(
    (0): Conv2d(192, 64, kernel_size=(1, 1), stride=(1, 1))
    (1): Conv2d(64, 64, kernel_size=(3, 3), stride=(1, 1), padding=(1, 1))
  )
  (conv_out): Sequential(
    (0): Conv2d(64, 64, kernel_size=(3, 3), stride=(1, 1), padding=(1, 1))
    (1): Conv2d(64, 3, kernel_size=(3, 3), stride=(1, 1), padding=(1, 1))
    (2): Sigmoid()
  )
  (lrelu): LeakyReLU(negative_slope=0.01)
)
AHDRNet input size: torch.Size([4, 6, 64, 64]) (x3)
AHDRNet output size:  torch.Size([4, 3, 64, 64])
```

另外，对于损失函数的设计，由于合成的结果是HDR图像，而通常HDR图像需要经过色调映射进行显示，因此可以直接对色调映射后的图像进行计算。这里采用的是一个经典的方案：μ-law，模拟 HDR 图像色调映射的过程，其数学计算形式如下：

$$T(H) = \frac{\log(1+\mu H)}{\log(1+\mu)}$$

利用该方案计算损失函数的过程可以通过 PyTorch 写成如下形式。

```
import torch
import torch.nn as nn
import torch.nn.functional as F

class HDRMuLoss(nn.Module):
    def __init__(self, mu=5000):
        super().__init__()
        self.mu = mu
    def forward(self, pred, gt):
        tensor_1_mu = torch.FloatTensor([1 + self.mu])
        Tgt_nume = torch.log(1 + self.mu * gt)
        Tgt_deno = torch.log(tensor_1_mu).to(gt.device)
        Tgt = Tgt_nume / Tgt_deno
        Tpred_nume = torch.log(1 + self.mu * pred)
        Tpred_deno = torch.log(tensor_1_mu).to(pred.device)
        Tpred = Tpred_nume / Tpred_deno
        mu_loss = F.l1_loss(Tpred, Tgt)
        return mu_loss

if __name__ == "__main__":
    muloss = HDRMuLoss(mu=5000)
    pred = torch.rand(4, 3, 64, 64)
    gt = torch.rand(4, 3, 64, 64)
    pred.requires_grad = True
    print("pred gradient is None?", pred.grad is None)
    loss = muloss(pred, gt)
    print("calc mu loss : ", loss.item())
    loss.backward()
    print("pred grad after backward: (part) \n",
              pred.grad[0, 0, :3, :3])
    pred = pred - pred.grad
    loss = muloss(pred, gt)
```

```
    print("updated mu loss : ", loss.item())
```

测试结果如下所示。

```
pred gradient is None? True
calc mu loss :  0.11729269474744797
pred grad after backward (part):
 tensor([[-8.4036e-06, -1.5189e-05,  2.3951e-06],
        [ 2.7647e-06,  2.9280e-06, -2.3531e-04],
        [ 3.9577e-06, -8.0432e-06, -3.5393e-04]])
updated mu loss :  0.11684618145227432
```

6.3.5　单图动态范围扩展：ExpandNet

下面介绍的 **ExpandNet**[8]所实现的任务与前面的多曝融合有些不同，它的目的在于直接从 LDR 图像中恢复出 HDR 图像，从而直接将 LDR 图像扩展到 HDR 图像。从相机成像的角度来说，HDR 到 LDR 的过程包含了一系列的处理流程，如动态范围截断、非线性压缩、量化显示等。从单张 LDR 图像直接恢复 HDR 图像可以被理解为对上述流程求解逆过程。对该任务也有不同的解决方案，比如，可以利用输入帧模拟生成其他不同的曝光帧，然后进行融合得到 HDR 图像；或者通过对过曝区域的细节进行预测和补充来获得 HDR 图像。而 ExpandNet 采用了更为直接的方式，即从 LDR 图像直接对 HDR 图像进行预测。由于直接预测的难度较大，ExpandNet 针对网络结构进行了设计，用于适应该任务要求。ExpandNet 的结构如图 6-21 所示。

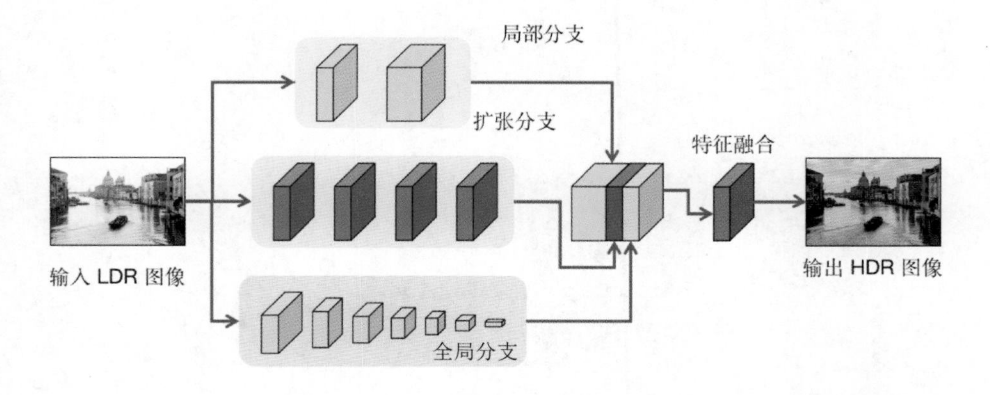

图 6-21　ExpandNet 的结构

可以看出，ExpandNet 整体采用了多分支结构，3 个分支分别采用了不同的网络结构与计算方式，用来负责不同方面的任务。其中，局部分支（Local Branch）关注局部的细节，它的感受野较小，近似像素级别的特征学习，主要用于保持高频细节并提取特征；全局分支（Global Branch）则用于获取图像级别的大范围、大尺度特征信息，从而直接提取全局特征；而中间的扩张分支（Dilation Branch）的主要特点是空洞卷积形成的大感受野，其主要作用是提取较大范围的局部信息，从而补偿其他两个分支中间的信息缺失。ExpandNet 采用了 SELU 激活函数，并对损失函数进行了设计。除了传统的 L1 损失函数，ExpandNet 还加入了余弦相似度损失（Cosine Similarity Loss），由于余弦相似度与向量的模无关，而只考虑两个向量之间的夹角，因此可以对在 L1 损失中影响不明显的较小数值进行额外惩罚，防止产生颜色偏移。

ExpandNet 的 PyTorch 代码实现示例如下所示。

```
import torch
from torch import nn
from torch.nn import functional as F

class ConvSELU(nn.Module):
    def __init__(self, in_ch, out_ch,
                 ksize, stride, pad, dilation):
        super().__init__()
        self.conv = nn.Conv2d(in_ch, out_ch,
                ksize, stride, pad, dilation)
        self.selu = nn.SELU(inplace=True)
    def forward(self, x):
        out = self.conv(x)
        out = self.selu(out)
        return out

class ExpandNet(nn.Module):
    def __init__(self, in_ch=3, nf=64):
        super().__init__()
        # ConvSELU 和 Conv2d 参数顺序:
        # in, out, ksize, stride, pad, dilation
        self.local_branch = nn.Sequential(
            ConvSELU(in_ch, nf, 3, 1, 1, 1),
            ConvSELU(nf, nf * 2, 3, 1, 1, 1)
        )
        self.dilation_branch = nn.Sequential(
            ConvSELU(in_ch, nf, 3, 1, 2, 2),
```

```
            ConvSELU(nf, nf, 3, 1, 2, 2),
            ConvSELU(nf, nf, 3, 1, 2, 2),
            nn.Conv2d(nf, nf, 3, 1, 2, 2)
        )
        self.global_branch = nn.Sequential(
            ConvSELU(in_ch, nf, 3, 2, 1, 1),
            *[ConvSELU(nf, nf, 3, 2, 1, 1) \
              for _ in range(5)],
            nn.Conv2d(nf, nf, 4, 1, 0, 1)
        )
        self.fusion = nn.Sequential(
            ConvSELU(nf * 4, nf, 1, 1, 0, 1),
            nn.Conv2d(nf, 3, 1, 1, 0, 1),
            nn.Sigmoid()
        )
    def forward(self, x):
        local_out = self.local_branch(x)
        dilated_out = self.dilation_branch(x)
        x256 = F.interpolate(x, (256, 256),
                mode="bilinear", align_corners=False)
        global_out = self.global_branch(x256)
        global_out = global_out.expand(*dilated_out.size())
        print("[ExpandNet] internal tensor sizes:")
        print(f"  local: {list(local_out.size())}")
        print(f"  dilation: {list(dilated_out.size())}")
        print(f"  global: {list(global_out.size())}")
        fused = torch.cat([local_out,
                           dilated_out,
                           global_out], dim=1)
        out = self.fusion(fused)
        return out


if __name__ == "__main__":
    x = torch.rand(4, 3, 256, 256)
    expandent = ExpandNet()
    out = expandent(x)
```

```
    print(f"ExpandNet input size: {x.size()}")
    print(f"ExpandNet output size: {out.size()}")
```

测试输出结果如下所示。

```
[ExpandNet] internal tensor sizes:
  local: [4, 128, 256, 256]
  dilation: [4, 64, 256, 256]
  global: [4, 64, 256, 256]
ExpandNet input size: torch.Size([4, 3, 256, 256])
ExpandNet output size: torch.Size([4, 3, 256, 256])
```

第 7 章　图像合成与图像和谐化

除了前面常见的对于单帧图像的各种画质算法，在某些场合我们还会遇到图像合成的问题，即将一张图像中的主体融合到另一张图像的背景中（如常见的在线会议换背景的应用）。由于两者的亮度、对比度、颜色等可能存在较大差异，因此合成结果容易产生“违和感”或者“贴图感”，影响合成图像的画质效果。对于这类问题的处理就是本章要介绍的**图像合成（Image Composition）**和**图像和谐化（Image Harmonization）**。图像合成与图像和谐化的最终目标：对不同的图像进行合成，并使得到的结果更加自然。

7.1　图像合成任务简介

图像合成是实际生活中常用的一种对图像的操作，即将一张图像（前景图像）中的某个物体选中并剪切出来，然后将其拼接到另一张图像（背景图像）中。图像合成任务示例如图 7-1 所示。

图 7-1　图像合成任务示例

图 7-1 展示的是通过一个较精细的**掩膜（Mask）**对前景进行分割，然后直接进行**剪切-拼接（Cut-and-Paste）**，并手工调整亮度、对比度的合成效果。可以看到，图像合成对前景图像分割掩膜的依赖性较强，如果分割或者抠图（Matting）的掩膜不准确，那么会在前景图像和

背景图像的交界处产生明显的边缘伪影，影响图像整体的真实感。另外，由于前景图像和背景图像的来源不同（被摄时光照情况、采集设备的不同，甚至天气和拍摄位置角度等的不同），所以两张图像所呈现的底层图像信息（如亮度、对比度、清晰度等）可能存在较大差异。如何减少前景图像和背景图像之间的底层图像特征的差异，提高其**一致性（Consistency）**，使合成结果更符合真实的拍摄效果，也是图像合成中所面临的重要问题。

除了上面的两个主要问题，针对不同的样例，还有很多其他不自然问题，比如，前景物体所在的位置和方向等是否符合真实情况的逻辑，这种问题可能无法用底层图像处理技术来解决，而需要考虑场景的语义信息及一些真实世界的逻辑先验。另外，对于有明显光源方向的场景，前景物体的光照方向、阴影方向与形状也对图像的真实感有很大的影响。对于上述几个问题（边缘贴合一致性、统计特性一致性，以及位置、光照、阴影等因素的合理性）的优化处理策略，通常被通称为**图像和谐化**。由于该问题的复杂性和语义相关性，现在已有相关工作探索基于神经网络与深度学习模型的图像和谐化方案，并取得了一定的进展。

下面首先介绍几种基于传统图像处理方法的经典图像合成算法，然后对基于深度学习的图像合成与图像和谐化算法进行举例介绍，以梳理该方向的基本思路和优化逻辑。

7.2 经典图像合成算法

本节介绍几种常用的经典图像合成算法，分别是 **alpha 通道混合（Alpha Blending）算法**、**拉普拉斯金字塔融合（Laplacian Pyramid Fusion）算法**，以及**泊松融合（Poisson Blending）算法**。这些算法也是各种图像编辑处理软件中常用的图像合成算法。下面首先介绍 alpha 通道混合算法。

7.2.1 alpha 通道混合算法

如前所述，实现图像合成任务的最简单方法就是基于掩膜的剪切-拼接。但是由于掩膜在边界处可能不准确，以及前景图像和背景图像可能有较大的亮度、对比度差异，因此直接拼接的效果往往有较明显的瑕疵。一个自然的想法就是，如果能让掩膜的边缘具有一定的柔和过渡，那么就可以缓解贴图边缘的不自然感。

alpha 通道混合算法就是以此作为基本思路对硬掩膜的剪切-拼接方法进行改进的，它的数学形式如下：

$$\boldsymbol{O} = \boldsymbol{\alpha} \boldsymbol{I}_1 + (1-\boldsymbol{\alpha})\boldsymbol{I}_2$$

式中，α 是融合的系数图，即 alpha 通道，它的取值范围为 0～1。alpha 通道即图像的透明度通道，因此该算法也被称为透明度融合算法。对于 alpha 通道介于 0～1 的区域，该算法融合的结果类似于将两张半透明的图像进行叠合（透明度就是 alpha 通道的值），因此相对于只有 0 和 1 两个取值的掩膜来说，alpha 通道混合在这些区域的过渡相对较为自然。

下面通过 Python 实现一个简单的 alpha 通道混合算法，并测试其混合结果。

```
import cv2
import numpy as np

def blur_mask(mask, sigma=10):
    alpha_mask = cv2.GaussianBlur(mask, ksize=[0, 0], sigmaX=sigma)
    return alpha_mask

def alpha_blend(img1, img2, alpha_mask):
    if img1.ndim == 3:
        alpha_mask = np.expand_dims(alpha_mask, axis=2)
    blend = img1 * alpha_mask + img2 * (1 - alpha_mask)
    return blend

if __name__ == "__main__":
    fg = cv2.imread("../datasets/composite/plane/source.jpg")[:,:,::-1]
    bg = cv2.imread("../datasets/composite/plane/target.jpg")[:,:,::-1]
    mask = cv2.imread("../datasets/composite/plane/mask.jpg")[:,:,0]
    mask = mask / 255.0
    alpha_mask = blur_mask(mask, sigma=10)
    copy_paste = alpha_blend(fg, bg, mask)
    alpha_blend = alpha_blend(fg, bg, alpha_mask)
    cv2.imwrite('./results/copy_paste.png', copy_paste)
    cv2.imwrite('./results/alpha_blend.png', alpha_blend)
```

alpha 通道混合算法合成结果如图 7-2 所示（测试图像来源：Github 中的 Trinkle23897/Fast-Poisson-Image-Editing 项目）。

可以看出，由于分割掩膜不准确，直接进行剪切-拼接会产生明显的边缘。而对掩膜进行平滑操作，并进行 alpha 通道混合，得到结果的边缘过渡更加平滑，视觉效果相对于直接剪切-拼接的结果也更加自然，但是整体效果仍然有边缘亮度交界明显、边缘细节模糊等问题。

（a）前景图像

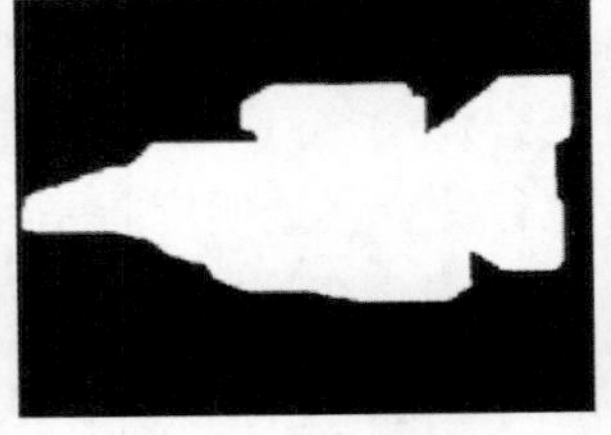

（b）前景主体掩膜

（c）背景图像

（d）直接剪切-拼接的合成结果

（e）alpha 通道混合算法的合成结果

图 7-2 alpha 通道混合算法合成结果

7.2.2 多尺度融合：拉普拉斯金字塔融合

尽管 alpha 通道混合算法可以缓解边缘过渡生硬的问题，但是对于有较为明显的颜色和纹理变化的交界，往往还是会很明显，并有可能产生亮度的变化。对该问题的一个改进策略就是考虑多尺度，将前景图像和背景图像分解到多个尺度分别融合，从而获得较为连续和自然的过渡。基于这个思路的一个经典算法就是拉普拉斯金字塔融合。实际上在前面的多曝融合算法中，曾经使用拉普拉斯金字塔融合对不同曝光帧的区域进行融合，并取得了较好的效果。

拉普拉斯金字塔融合的基本过程如下：首先对前景图像和背景图像分别建立拉普拉斯金字塔，将图像的空间信息分解到不同的尺度层面上。然后对前景图像和背景图像的掩膜建立高斯金字塔，获得不同尺度下的融合掩膜。之后利用各个尺度的掩膜，对各个尺度下的前景图像和背景图像的拉普拉斯层进行融合，获得当前尺度的融合结果。最后，将融合后的拉普拉斯金字塔重建为图像，即得到了两张图像的融合结果。拉普拉斯金字塔融合过程如图 7-3 所示。

由于该算法在每个尺度上都进行了融合，较低频的融合对应的是亮度和颜色的过渡，而高频的融合对应于细节纹理的变化，因此拉普拉斯金字塔坍缩重建后的结果就具有了从亮度到各种不同尺度细节的连续过渡。

下面用 Python 实现拉普拉斯金字塔融合，并对示例图像进行测试。

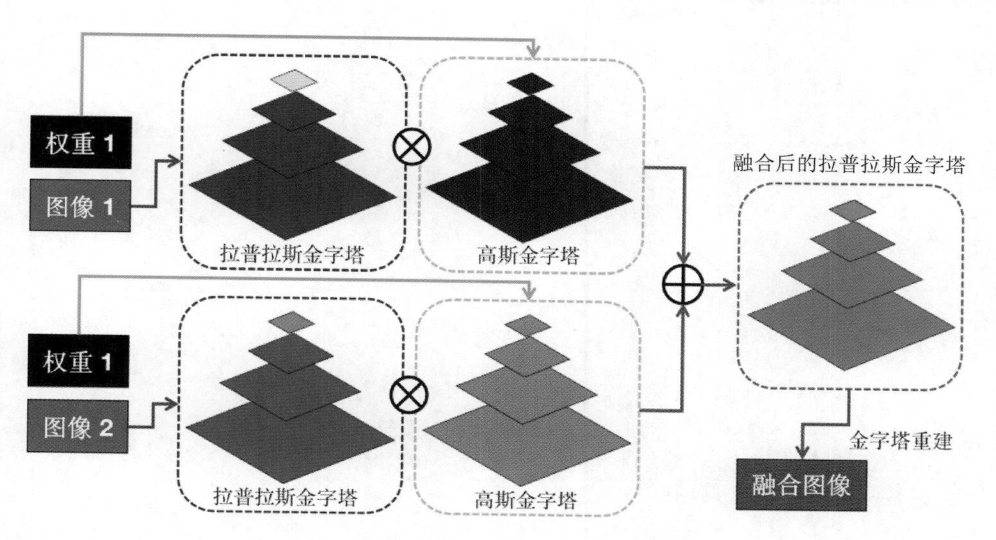

图 7-3　拉普拉斯金字塔融合过程

```
import os
import cv2
import numpy as np
import matplotlib.pyplot as plt
import utils.pyramid as P

def laplace_fusion(img1, img2, weight1, pyr_level=10, verbose=True):
    """
    args:
        img1, img2: 输入图像，范围为 0~255
        weight1: img1 的融合权重，取值为 0~1，img2 的权重由 1-weight1 计算得到
        pyr_level: 金字塔融合层数，如果超过最大值，则置为最大值
    return:
        融合后图像，范围为 0~255
    """
    assert img1.shape == img2.shape
    assert img1.shape[:2] == weight1.shape[:2]
    weight2 = 1.0 - weight1
    h, w = img1.shape[:2]
    max_level = int(np.log2(min(h, w)))
    pyr_level = min(max_level, pyr_level)
    print(f"[laplace_fusion] max pyr_level: {max_level},"
          f" set pyr_level: {pyr_level}")
```

```
    lap_pyr1 = P.build_laplacian_pyr(img1, pyr_level)
    lap_pyr2 = P.build_laplacian_pyr(img2, pyr_level)
    w_pyr1 = P.build_gaussian_pyr(weight1, pyr_level)
    w_pyr2 = P.build_gaussian_pyr(weight2, pyr_level)
    fused_lap_pyr = list()
    if verbose:
        part1_pyr = list()
        part2_pyr = list()
    for lvl in range(pyr_level):
        w1 = np.expand_dims(w_pyr1[lvl], axis=2) * 1.0
        w2 = np.expand_dims(w_pyr2[lvl], axis=2) * 1.0
        fused_layer = lap_pyr1[lvl] * w1 + lap_pyr2[lvl] * w2
        fused_lap_pyr.append(fused_layer)
        if verbose:
            part1_pyr.append(lap_pyr1[lvl] * w1)
            part2_pyr.append(lap_pyr2[lvl] * w2)
    fused = P.collapse_laplacian_pyr(fused_lap_pyr)
    fused = (np.clip(fused, 0, 255)).astype(np.uint8)
    if verbose:
        return fused, part1_pyr, part2_pyr
    else:
        return fused

if __name__ == "__main__":

    fg = cv2.imread("../datasets/composite/plane/source.jpg")[:,:,::-1]
    bg = cv2.imread("../datasets/composite/plane/target.jpg")[:,:,::-1]
    mask = cv2.imread("../datasets/composite/plane/mask.jpg")[:,:,0] / 255.0
    fused, pyr1, pyr2 = laplace_fusion(fg, bg,
                        mask, pyr_level=5, verbose=True)
    cv2.imwrite('results/laplacian.png', fused)

    fig = plt.figure(figsize=(8, 3))
    n_layers = len(pyr1)
    for i in range(n_layers):
        fig.add_subplot(2, n_layers, i + 1)
        plt.imshow(pyr1[i][..., 0])
        plt.xticks([]), plt.yticks([])
        plt.title(f"FG layer {i + 1}")
```

```
        fig.add_subplot(2, n_layers, i + 1 + n_layers)
        plt.imshow(pyr2[i][..., 0])
        plt.xticks([]), plt.yticks([])
        plt.title(f"BG layer {i + 1}")
    plt.show()
```

拉普拉斯金字塔融合结果如图 7-4 所示。与 alpha 通道混合算法相比，该算法处理的边缘细节更加清晰。另外，由于多尺度掩膜缩放的量化问题，所以拉普拉斯金字塔融合后的图像边缘也会有一定的亮度扩散，并且对掩膜的准确性也有一定的要求。

（a）拉普拉斯金字塔融合图像

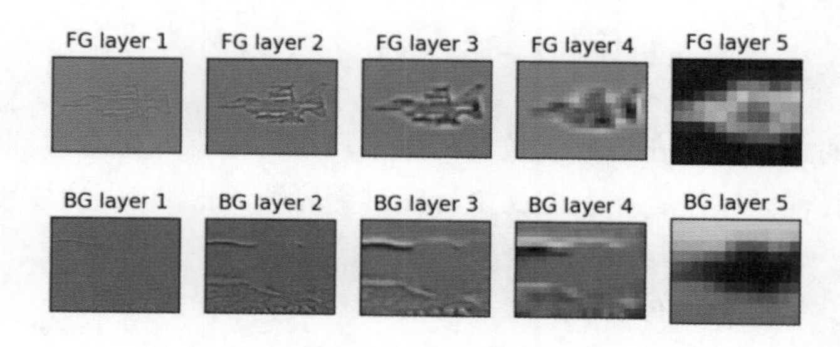

（b）前景/背景图像各层融合内容（仅展示一个通道）

图 7-4　拉普拉斯金字塔融合结果

7.2.3　梯度域的无缝融合：泊松融合

下面要介绍的是一种**无缝融合（Seamless Clone）**算法：**泊松融合**，或称为**泊松图像编辑（Poisson Image Editing）**[1]。如其名称所示，该算法可以应用的任务范围较广，不仅可以用于图像融合，还可以用于特定目的的图像编辑任务。

泊松融合要解决的是前景目标物体与背景图像的无缝融合，即希望融合后的图像在掩膜边缘过渡自然，同时还保持前景目标物体的内容。其思路是，在前景图像区域内部约束合成图像的梯度与前景图像相似，从而保证内容和纹理的一致性，同时在边缘约束前景图像掩膜区域和背景图像区域的取值相等，这样就可以保证融合交界处无缝，过渡自然。由于对前景图像边界的取值进行了修改，又要求保持梯度，因此需要对掩膜区域内的像素值重新进行计算，以得到合成图像在掩膜内各点的取值。为了形式化地描述这个过程，人们对各张图像的不同区域进行了定义，泊松融合的各区域如图 7-5 所示。

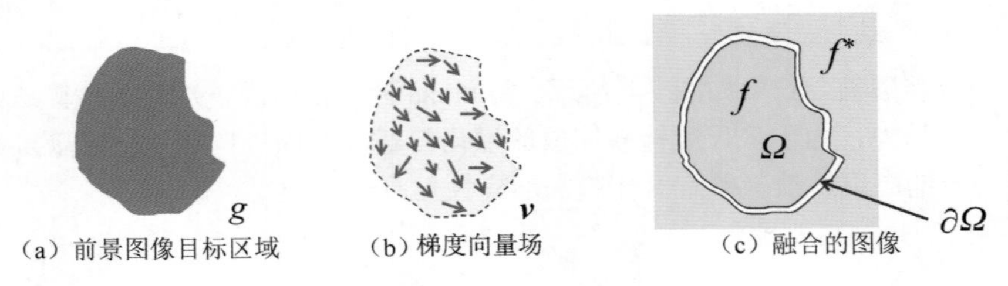

图 7-5 泊松融合的各区域

其中，g 是前景图像目标区域，即被粘贴的部分；$\boldsymbol{v}$ 表示 g 的梯度向量场，就是前面提到的需要保持的纹理结构；图 7-5 右边所示的是融合的图像，其中 Ω 表示目标区域，即前面提到的掩膜，$\partial\Omega$ 即交界的边缘区域，在这个区域中需要保持前景图像和背景图像的数值一致性，从而避免交界处发生明显突变。f^*表示背景图像的取值，f 是需要求解的值，即将 g 融合到背景图像中后，在掩膜区域内的取值。根据上述的符号约定，可以写出泊松融合的优化目标：

$$\min_f \iint_\Omega |\nabla f - \boldsymbol{v}|^2, \quad \text{s.t. } f\big|_{\partial\Omega} = f^*\big|_{\partial\Omega}$$

这个优化目标的含义是，在边界一致的约束下，尽可能保证融合后的图像在掩膜区域内的梯度与前景图像目标区域接近。上述优化目标对于离散图像的数学形式如下：

$$\min_{f|_\Omega} \sum_{<p,q>\cap\Omega\neq\phi} (f_p - f_q - \upsilon_{pq})^2, \text{ s.t. } f_p = f_p^*, \ \forall p \in \partial\Omega$$

式中，$<p, q>$表示一个像素点对，其中 q 在 p 的 4 邻域内。该方程的解满足以下条件：

$$|N_p| f_p - \sum_{q\in N_p\cap\Omega} f_q = \sum_{q\in N_p\cap\partial\Omega} f_q^* + \sum_{q\in N_p} \upsilon_{pq}, \ \forall p \in \Omega$$

式中，N_p 表示 p 的邻域。可以看出，等式左边为待求的 f 的取值，右边的 f_q^* 和 υ_{pq} 都是已知项，而且，考虑到右边第一项是对 p 点邻域与边缘$\partial\Omega$ 区域交集中的像素点进行计算，所以如果点 p 在 Ω 的内部，即 N_p 与 Ω 的边缘交集为ϕ，那么，右边就只有υ_{pq}一项了，即约束内部的梯度与前景图像在对应位置相等，对应于纹理结构的保持。而当 N_p 与$\partial\Omega$ 区域有交集时，就引入了边缘条件。此时对左边的$|N_p|$个 f_p 进行拆分，交于边界的几个 f_p 和右边的 f^*_q 对应相等，对应约束条件，剩下的几个 f_p 则用于计算邻域的梯度约束。根据这个等式，可以将左边写成矩阵乘以向量的形式，右边写成已知向量，即 $\boldsymbol{Ax}=\boldsymbol{b}$ 的线性方程组形式进行求解。其中，

系数矩阵 $\boldsymbol{A}$ 是稀疏的，对角线上的元素取值为 4，并对每一行对应像素的 4 邻域位置所在的列填充系数（还需要判断邻域内的位置与 Ω 是否有交集），而左边的向量 $\boldsymbol{x}$ 由待求区域的各个像素点拉平得到。等式右边的 $\boldsymbol{b}$ 为目标向量，对前景图像区域来说，目标向量即梯度值，对边缘位置来说则为梯度值与边缘取值的加和。将 $\boldsymbol{A}$ 和 $\boldsymbol{b}$ 计算完成后，即可对目标区域的所有像素 $\boldsymbol{x}$ 进行求解，得到目标区域无缝图像合成的结果。

在前面的计算中，需要注意的是，合成后目标区域图像的梯度信息（纹理信息）完全来自前景图像，而对于有些场合，比如，前景图像的掩膜较大，包含了部分目标图像所在前景图像的背景区域，而这些区域比较平坦（如前面的测试图像所示的飞机周围的天空，或者更常见的情况，前景图像只给出了一个前景目标物体，以及白色的背景图像），在这种情况下，人们更倾向于在合成区域内对前景图像和背景图像的纹理进行融合。实际上，泊松融合这个过程很好实现，只需要将目标向量 $\boldsymbol{b}$ 用如下的计算方式代替即可：

$$\upsilon_{pq}=\begin{cases}f_p^*-f_q^*, & \text{if}\left|f_p^*-f_q^*\right|>\left|g_p-g_q\right|\\ g_p-g_q, & \text{otherwise}\end{cases}$$

该类泊松融合通常被称为**混合无缝复制（Mixed Seamless Cloning）**。上述逻辑的意思：当前景图像目标的纹理较为丰富时，就采用前景图像的纹理；当前景图像目标纹理比背景图像对应位置更弱时（很可能就是由于掩膜过大包含进了前景图像目标在原图像中的背景区域），则采用对应的背景图像纹理。这个方法可以很好地解决掩膜过大导致的目标周围无纹理的问题，尤其是当被拼接的目标与背景图像的另一目标距离更近时产生的伪影。

泊松融合既然又被称为泊松图像编辑，说明它还有除图像合成外更多的应用场景，如纹理平整、局部光照修改、局部颜色修改等。通过控制目标向量，即可改变求解出的目标效果。另外，考虑到泊松融合以求解方程的方式对前景图像区域每个像素都进行计算所带来的高复杂度，研究者也对泊松融合进行了许多与加速相关的改进尝试，比如，利用**四叉树（Quadtree）**来减少需要求解的未知数的数量等，从而可以在更小的计算复杂度下获得较好的融合效果。

下面对直接引入梯度与混合梯度两种方式的泊松融合进行 Python 实现，并测试和对比展示其效果。

```
import cv2
import numpy as np
import matplotlib.pyplot as plt
from scipy import sparse
from scipy.sparse.linalg import spsolve
from utils.select_roi import get_rect_mask
```

```
from collections import OrderedDict

def neighbor_coords(coord):
    i, j = coord
    neighbors = [
        (i - 1, j), (i + 1, j),
        (i, j - 1), (i, j + 1)
    ]
    return neighbors

def mask_to_coord(mask):
    h, w = mask.shape
    np_coords = np.nonzero(mask)
    omega_coords = OrderedDict()
    num_pix = len(np_coords[0])
    for idx in range(num_pix):
        coord = (np_coords[0][idx], np_coords[1][idx])
        omega_coords[coord] = idx
    edge_coords = OrderedDict()
    edge_pix_idx = 0
    for i, j in omega_coords:
        cur_coord = (i, j)
        for nb in neighbor_coords(cur_coord):
            if nb not in omega_coords:
                edge_coords[cur_coord] = edge_pix_idx
                edge_pix_idx += 1
                break
    return omega_coords, edge_coords

def construct_matrix(omega_coords):
    num_pt = len(omega_coords)
    coeff_mat = sparse.lil_matrix((num_pt, num_pt))
    for i in range(num_pt):
        coeff_mat[i, i] = 4
    for cur_coord in omega_coords:
        for nb in neighbor_coords(cur_coord):
            if nb in omega_coords:
                coeff_mat[omega_coords[cur_coord], omega_coords[nb]] = -1
    return coeff_mat
```

```
def calc_target_vec(fg, bg, omega_coords, edge_coords):
    num_pt = len(omega_coords)
    target_vec = np.zeros(num_pt)
    for idx, cur_coord in enumerate(omega_coords):
        div = fg[cur_coord[0], cur_coord[1]] * 4.0
        for nb in neighbor_coords(cur_coord):
            div = div - fg[nb[0], nb[1]]
        if cur_coord in edge_coords:
            for nb in neighbor_coords(cur_coord):
                if nb not in omega_coords:
                    div += bg[nb[0], nb[1]]
        target_vec[idx] = div
    return target_vec

def calc_target_vec_mix(fg, bg, omega_coords, edge_coords):
    num_pt = len(omega_coords)
    target_vec = np.zeros(num_pt)
    for idx, cur_coord in enumerate(omega_coords):
        center_fg = fg[cur_coord[0], cur_coord[1]]
        center_bg = bg[cur_coord[0], cur_coord[1]]
        div = 0
        for nb in neighbor_coords(cur_coord):
            grad_fg = center_fg * 1.0 - fg[nb[0], nb[1]]
            grad_bg = center_bg * 1.0 - bg[nb[0], nb[1]]
            if abs(grad_fg) > abs(grad_bg):
                div += grad_fg
            else:
                div += grad_bg
        if cur_coord in edge_coords:
            for nb in neighbor_coords(cur_coord):
                if nb not in omega_coords:
                    div += bg[nb[0], nb[1]]
        target_vec[idx] = div
    return target_vec

def solve_poisson_eq(coeff_mat, target_vec):
    res = spsolve(coeff_mat, target_vec)
    res = np.clip(res, a_min=0, a_max=255)
```

```
    return res

def paste_result(bg, value_vec, omega_coords):
    bg_out = bg.copy()
    for idx, cur_coord in enumerate(omega_coords):
        bg_out[cur_coord[0], cur_coord[1]] = value_vec[idx]
    return bg_out

def poisson_blend(fg, bg, mask, blend_type="mix"):
    assert fg.ndim == bg.ndim, "need the same ndim for FG/BG"
    if fg.ndim == 2:
        fg = np.expand_dims(fg, axis=2)
        bg = np.expand_dims(bg, axis=2)
    mask[:, [0, -1]] = 0
    mask[[0, -1], :] = 0
    omega_coords, edge_coords = mask_to_coord(mask)
    coeff_mat = construct_matrix(omega_coords)
    output = np.zeros_like(bg)
    for ch_idx in range(fg.shape[-1]):
        cur_fg = fg[:, :, ch_idx]
        cur_bg = bg[:, :, ch_idx]
        if blend_type == "import":
            target_vec = calc_target_vec(cur_fg, cur_bg, omega_coords,
edge_coords)
        elif blend_type == "mix":
            target_vec = calc_target_vec_mix(cur_fg, cur_bg, omega_coords,
edge_coords)
        else:
            raise NotImplementedError\
                (f"blend_type should be import | mix, {blend_type}
unsupport.")
        new_fg = solve_poisson_eq(coeff_mat, target_vec)
        cur_fused = paste_result(cur_bg, new_fg, omega_coords)
        output[:, :, ch_idx] = cur_fused
    return output



if __name__ == "__main__":
    fg = cv2.imread("../datasets/composite/plane/source.jpg")
```

```
bg = cv2.imread("../datasets/composite/plane/target.jpg")
mask = cv2.imread("../datasets/composite/plane/mask.jpg")[:,:,0]
# 两种不同的泊松融合
fused = poisson_blend(fg, bg, mask, blend_type="import")
fused_mix = poisson_blend(fg, bg, mask, blend_type="mix")
cv2.imwrite('./results/poisson_out.png', fused)
cv2.imwrite('./results/poisson_out_mix.png', fused_mix)
```

泊松融合结果图如图 7-6 所示。可以看出，直接引入梯度的融合使得图像在飞机的机翼和尾翼与背景山脉交界的位置产生了明显的模糊和平滑，这是由掩膜大于目标物体且背景过于平滑所导致的。而混合梯度的融合可以在这些位置利用背景的纹理进行补充，因此得到的图像整体效果较好。相比于 alpha 通道混合算法等操作，泊松融合可以实现无缝复制（即使在掩膜不完全精确的条件下），融合效果更加自然和真实。

（a）直接引入梯度融合的结果

（b）混合梯度融合的结果

图 7-6 泊松融合结果图

7.3 深度学习图像合成与图像和谐化

基于深度学习的图像合成需要解决合成流程中可能产生的各种不合理的效果，如前景图像的适应性（边缘、外观、大小及遮挡关系等）、视觉和谐性（光照环境、天气因素的差异，以及光照阴影问题）、语义合理性（比如，动物需要在对应的生活环境中、汽车通常在地面上出现而非水中等前景图像与背景图像语义关系的一致性），由此衍生出了不同的子任务类型，如目标放置、图像合成、图像和谐化、反射和阴影生成等。这里主要关注图像和谐化，即对合成图像的前景图像与背景图像区域的色调、光照、对比度等进行调整。传统方案的和谐化通常基于颜色统计等方式匹配前景图像、背景图像的信息，而深度学习的图像和谐化方法借助于神经网络强大的表达能力，可以实现类似风格迁移或者图像恢复的输入自适应的自动图像和谐化，并取得了较好的效果。本节将介绍几个不同思路的基于深度学习的图像和谐化网络模型。

7.3.1 空间分离注意力：S²AM 模型

S²AM 模型[2]是一个较早的通过网络结构设计的方式提升图像和谐化效果的模型，其核心思想是对前景图像区域掩膜内部和外部分别进行操作，从而关注其特征差异，并进行修正。既然要分区域处理，那么就需要有一个可以应用掩膜的结构，S²AM 模型选择了由掩膜控制的不同区域分离的注意力机制来实现这个过程，其核心结构就是 S²AM 模块，全称为**空间分离的注意力模块（Spatial-Separated Attention Module）**。该模块接收掩膜与特征作为输入，并对不同区域进行分离处理再合并，从而减少不同区域外观特征的差异。

S²AM 模型的整体结构及其两种注意力插入方式如图 7-7 所示，模型的整体结构采用了编/解码器（类似 U-Net）的结构，将合成图像和前景图像区域掩膜输入网络，并最终通过掩膜约束，只对前景图像区域进行处理，而保持背景图像区域不变。在编/解码相对底层的特征图上，利用前面提到的注意力模块对特征进行处理。由于和谐化问题主要关注图像底层特征上的差异（如光照、颜色等），因此仅对包含这些信息的层进行处理，而高阶语义特征为合成图像与和谐化图像共享，不再做注意力操作。S²AM 模型的注意力模块有两种插入方式：第一种方式先对编码器的特征进行注意力处理，再与解码器特征进行融合，该方式被称为 **S²ASC（Spatial-Separated Attentive Skip Connection）**；另一种方式则先对编/解码器的特征进行融合，然后进行注意力操作，该方式被称为 **S²AD（Spatial-Separated Attentive Decoder）**。

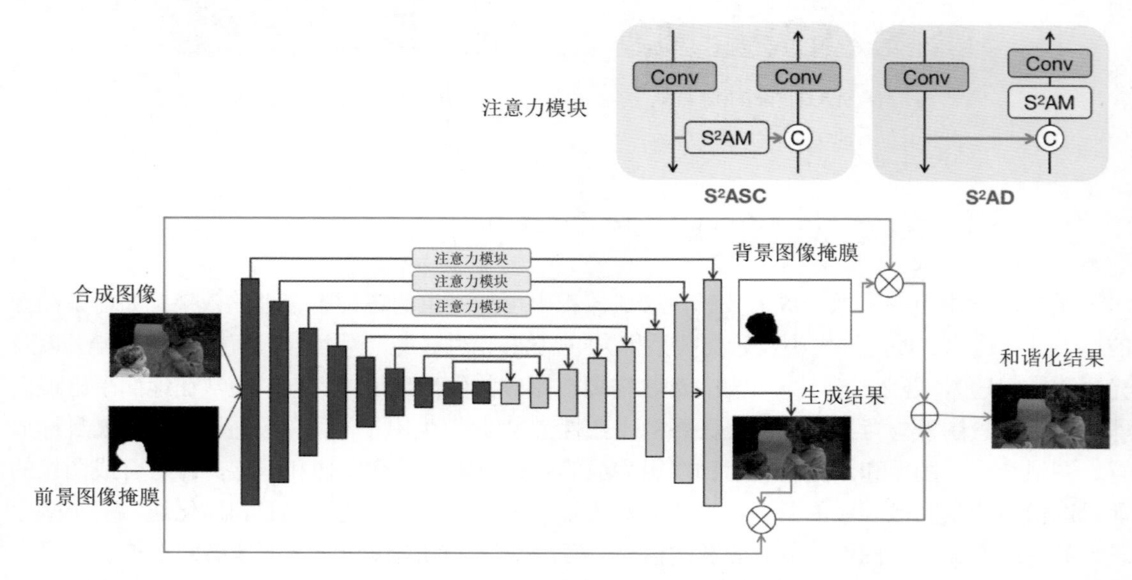

图 7-7 S²AM 模型的整体结构及其两种注意力插入方式

下面介绍 S²AM 模型的基本结构和计算流程，S²AM 模型的结构如图 7-8 所示。首先，该模型整体分为两个支路，分别对应前景图像和背景图像的处理操作，每个支路都用通道注意力模块（Channel Attention Module，CAM）实现通道的重加权，并通过掩膜使该支路的操作仅对部分空间区域有效，因此被称为空间分离的注意力。前景图像支路又重新分为并行的两个子支路：一个是 G_{fg}，对前景图像和背景图像不同的特征进行重加权，该子支路后接了一个可学习的模块 L（Conv+BN+ELU 类的模块层），用于学习前景图像和背景图像的风格映射；另一个是 G_{mix}，它的作用是对前景图像区域中不需要改变的部分进行重加权。这两个子支路都对前景图像进行操作，因此用前景图像掩膜 M 进行处理。背景图像区域则只用了一个 CAM，并用背景图像掩膜（$1-M$）进行处理；在实现中，该模块还对掩膜进行了高斯平滑，以更好地处理边缘问题。

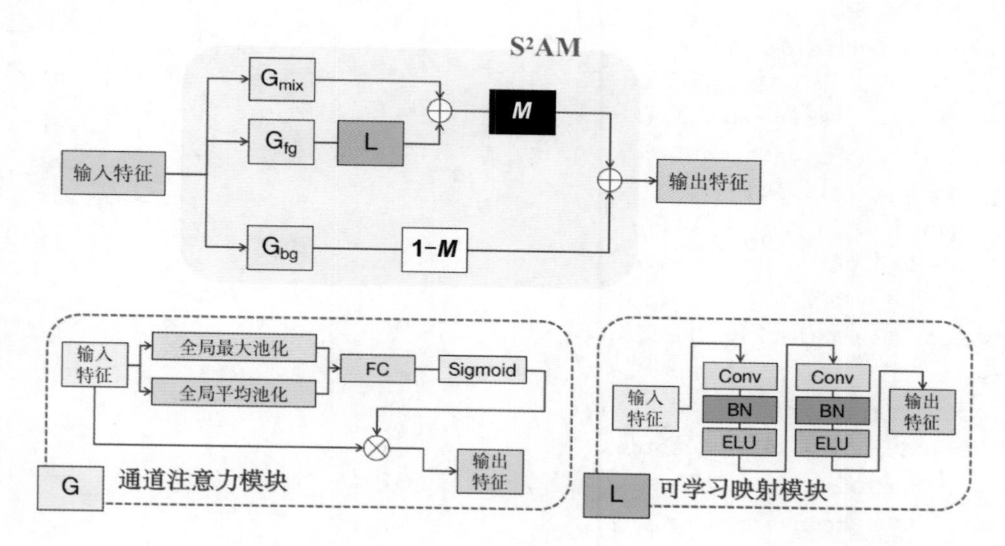

图 7-8　S²AM 模型的结构

CAM 采用了全局最大池化（Global Max Pooling）和全局平均池化两种方式得到对应的向量特征并在通道维度进行拼接，之后经过两层全连接和 Sigmoid，输出通道权重并对原始输入特征进行重加权。

S²AM 模型的一个 PyTorch 代码实现示例如下所示。

```
import torch
import torch.nn as nn
import torch.nn.functional as F
# pip install kornia
from kornia.filters import GaussianBlur2d
```

```
class ChannelAttnModule(nn.Module):
    def __init__(self, nf, reduct=16):
        super().__init__()
        self.avgpool = nn.AdaptiveAvgPool2d(1)
        self.maxpool = nn.AdaptiveMaxPool2d(1)
        self.fc = nn.Sequential(
            nn.Conv2d(nf * 2, nf // reduct, 1, 1, 0),
            nn.ReLU(inplace=True),
            nn.Conv2d(nf // reduct, nf, 1, 1, 0),
            nn.Sigmoid()
        )
    def forward(self, x):
        ch_avg = self.avgpool(x)
        ch_max = self.maxpool(x)
        cat_vec = torch.cat((ch_avg, ch_max), dim=1)
        attn = self.fc(cat_vec)
        out = attn * x
        return out

class BasicLearnBlock(nn.Module):
    def __init__(self, nf):
        super().__init__()
        self.body = nn.Sequential(
            nn.Conv2d(nf, nf * 2, 3, 1, 1, bias=False),
            nn.BatchNorm2d(nf * 2),
            nn.ELU(inplace=True),
            nn.Conv2d(nf * 2, nf, 3, 1, 1, bias=False),
            nn.BatchNorm2d(nf),
            nn.ELU(inplace=True)
        )
    def forward(self, x):
        out = self.body(x)
        return out

class S2AM(nn.Module):
    def __init__(self, nf,
                 sigma=1.0, kgauss=5, reduct=16):
        super().__init__()
```

```
        self.connection = BasicLearnBlock(nf)
        self.bg_attn = ChannelAttnModule(nf, reduct)
        self.fg_attn = ChannelAttnModule(nf, reduct)
        self.mix_attn = ChannelAttnModule(nf, reduct)
        self.gauss = GaussianBlur2d(kernel_size=(kgauss, kgauss),
                                    sigma=(sigma, sigma))
    def forward(self, feat, mask):
        ratio = mask.size()[2] // feat.size()[2]
        print(f"[S2AM] mask / feature size ratio: {ratio}")
        if ratio > 1:
            mask = F.avg_pool2d(mask,2,stride=ratio)
            mask = torch.round(mask)
        rev_mask = 1 - mask
        mask = self.gauss(mask)
        rev_mask = self.gauss(rev_mask)
        bg_out = self.bg_attn(feat) * rev_mask
        mix_out = self.mix_attn(feat)
        fg_out = self.connection(self.fg_attn(feat))
        spliced_out = (fg_out + mix_out) * mask
        out = bg_out + spliced_out
        return out


if __name__ == "__main__":
    feat = torch.randn(4, 64, 32, 32)
    mask = torch.randn(4, 1, 128, 128)
    s2am = S2AM(nf=64)
    out = s2am(feat, mask)
    print(f"S2AM out size: {out.size()}")
```

测试结果输出如下所示。

```
[S2AM] mask / feature size ratio: 4
S2AM out size: torch.Size([4, 64, 32, 32])
```

S^2AM 模型还可以用于未知掩膜的和谐化任务，在这种任务中，只有前景图像和背景图像，没有前景图像目标对应的掩膜。为解决这个问题，该模型通过空间注意力模块（Spatial Attention Module，SAM）学习一个空间注意力图，并用该注意力图代替图 7-8 所示的掩膜 M 来对不同的空间位置进行分离。

模型的整体训练损失函数主要包括像素级的 L2 损失函数及 GAN 损失函数，对于未知掩膜的任务，在训练过程中，还需要额外加入注意力损失函数，让注意力图拟合真实的掩膜。图 7-9 展示了 S^2AM 模型和谐化的效果图示例。可以看出，相比于原始的合成图像，经过模型处理的图像在色调、光照、亮度等方面与背景图像更加接近，视觉效果更加自然。

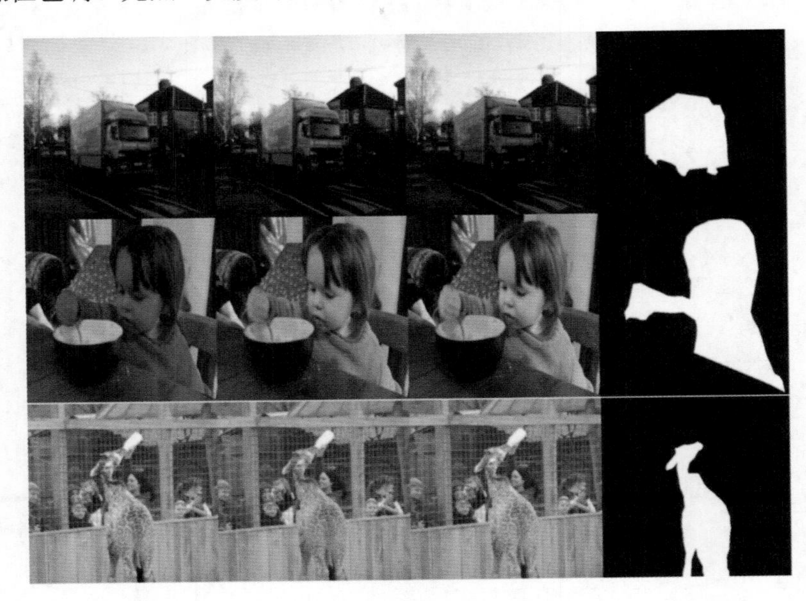

（a）合成图像　（b）和谐化处理结果　（c）真实图像 GT　（d）前景区域掩膜

图 7-9　S^2AM 模型和谐化的效果图示例

7.3.2　域验证的和谐化：DoveNet

另一个图像和谐化的网络模型是 **DoveNet（Domain Verification Network）模型**[3]，其从合成图像的前景图像和背景图像的域差异出发，利用 GAN 模型对于数据分布鉴别的能力，设计了新的判别器，对前景图像和背景图像的域差异进行判断，从而优化生成器减少前景图像和背景图像之间的域差异，得到更加一致的效果。这个判别器被称为**域验证判别器（Domain Verification Discriminator）**。DoveNet 模型的整体流程如图 7-10 所示。

首先，DoveNet 模型整体包括 3 个网络，分别是生成器、全局判别器（Global Discriminator）、域验证判别器。生成器采用了带有注意力机制的 U-Net 结构，其中的注意力模块的结构如图 7-11 所示。该模块将编码器和解码器的特征同时作为输入，并且对应产生注意力图，然后经过 Sigmoid 激活后乘到对应的编/解码器特征中，经过注意力处理的编/解码器特征拼接后共同输入后续流程。

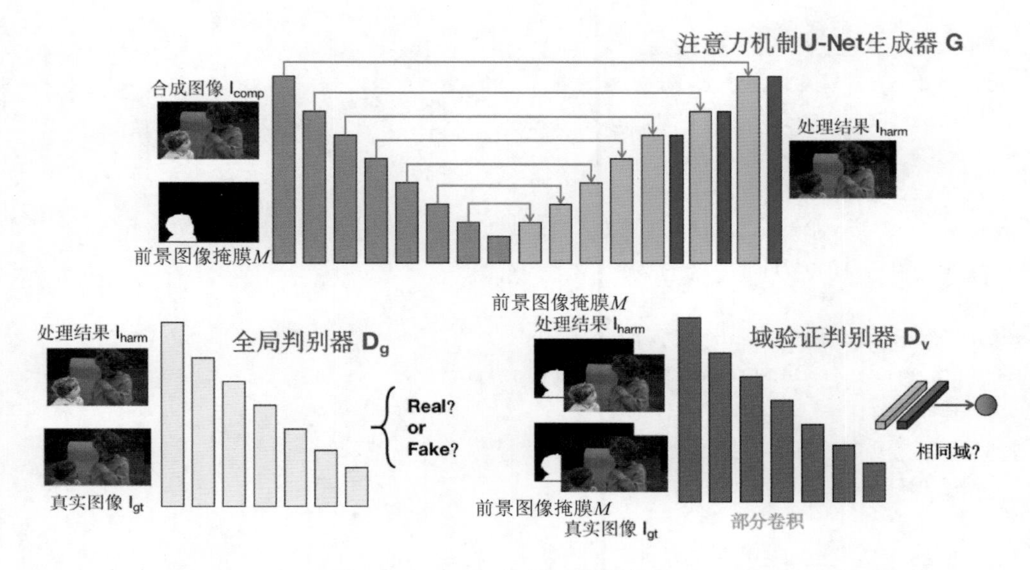

图 7-10　DoveNet 模型的整体流程

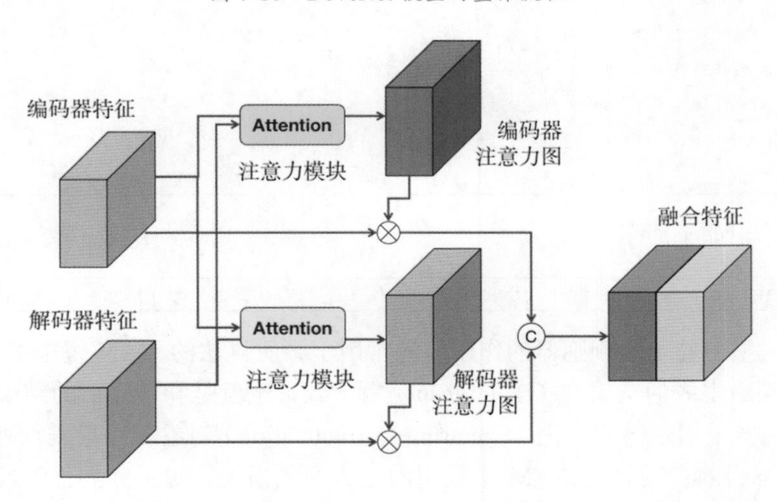

图 7-11　生成器中的注意力模块的结构

该注意力相比于之前的通道注意力和空间注意力来说更加简单直接，如果编码器特征与解码器特征已经沿通道维度拼接，那么该注意力操作就相当于直接对拼接后的特征进行 1×1 卷积与激活得到注意力图，并逐像素乘到原始拼接后的特征上。DoveNet 的注意力模块的 PyTorch 代码实现如下所示。

```
import torch
import torch.nn as nn
```

```
class DoveNetAttn(nn.Module):
    def __init__(self, enc_nf, dec_nf):
        super().__init__()
        nf = enc_nf + dec_nf
        self.attn = nn.Sequential(
            nn.Conv2d(nf, nf, 1, 1, 0),
            nn.Sigmoid()
        )
    def forward(self, enc_ft, dec_ft):
        ft = torch.cat((enc_ft, dec_ft), dim=1)
        attn_map = self.attn(ft)
        out = ft * attn_map
        return out

if __name__ == "__main__":
    enc_feat = torch.randn(4, 64, 32, 32)
    dec_feat = torch.randn(4, 64, 32, 32)
    attn = DoveNetAttn(enc_nf=64, dec_nf=64)
    fused = attn(enc_feat, dec_feat)
    print(f"DoveNet Attention out size: {fused.size()}")
```

测试结果输出如下所示。

```
DoveNet Attention out size: torch.Size([4, 128, 32, 32])
```

DoveNet 模型中的全局判别器的作用与通常用于画质算法的 GAN 模型中的判别器 D 的作用类似，即判断生成的结果与 GT 的分布是否一致，也就是和谐化后的结果与真实图像是否近似。该判别器采用了谱归一化（Spectrum Normalization）对卷积结果进行处理，并采用了铰链损失（Hinge Loss）函数（SVM 中采用的最大间隔损失，对于分类正确且大于间隔的不进行惩罚）以稳定网络训练。损失函数的形式如下：

$$L_{D_{\mathrm{g}}} = E[\max(0,1-D_{\mathrm{g}}(\boldsymbol{I}_{\mathrm{gt}}))] + E[\max(0,1+D_{\mathrm{g}}(\boldsymbol{I}_{\mathrm{harm}}))]$$
$$L_{G_{\mathrm{g}}} = -E[D_{\mathrm{g}}(G(\boldsymbol{I}_{\mathrm{comp}},\boldsymbol{M}))]$$

另一个判别器是 DoveNet 模型的重点，即域验证判别器，它通过**部分卷积（Partial Convolution）**实现对掩膜内部和外部特征的提取，得到前景图像和背景图像的表示向量，然后将两者进行内积运算，对于真实的图像，由于两部分来自同样的域，因此期望得到的内积更大，反之则更小。整个损失函数的设计与全局判别器类似，函数的形式如下：

$$L_{D_v} = E[\max(0,1-D_v(\boldsymbol{I}_{gt},\boldsymbol{M}))] + E[\max(0,1+D_v(\boldsymbol{I}_{harm},\boldsymbol{M}))]$$
$$L_{G_v} = -E[D_v(G(\boldsymbol{I}_{comp},\boldsymbol{M}),\boldsymbol{M})]$$

下面重点介绍部分卷积的实现过程。部分卷积操作最初用于图像补全（Inpainting）任务，因为其目的就是利用已有的部分区域的图像信息去填充不规则形状的缺失。部分卷积与普通卷积的最主要区别在于：部分卷积通过对掩膜边缘的卷积结果进行补偿，从而防止受到不需要的掩膜外的特征影响，也防止受到补零对结果的影响。另外，部分卷积还会对掩膜进行更新。图 7-12 展示了部分卷积的实现过程与计算方式。

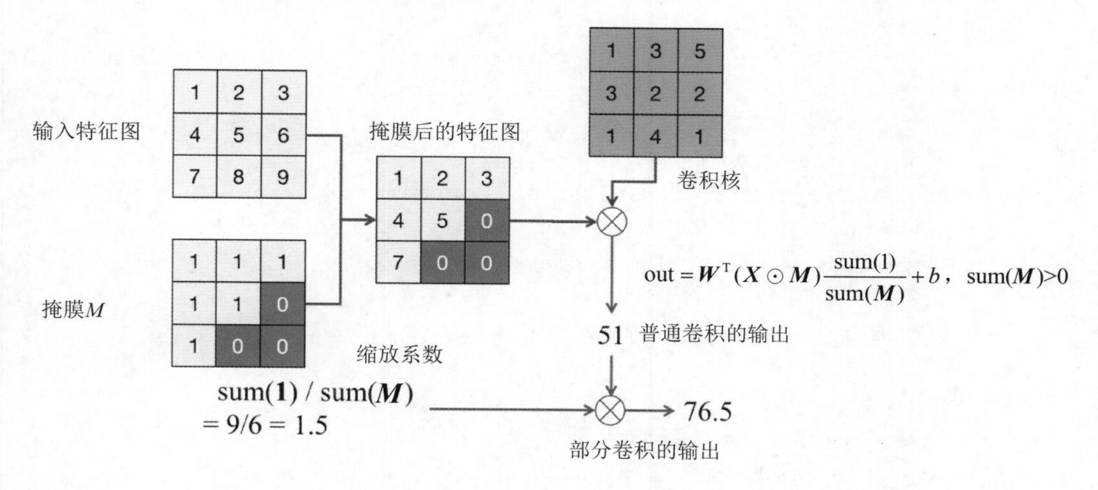

图 7-12　部分卷积的实现过程与计算方式

首先对输入的特征进行掩膜运算，即将非掩膜内的区域置为零，然后部分卷积在掩膜范围内进行普通卷积计算，得到输出结果。考虑到在边缘处，普通卷积对于掩膜以外的 0 值也有操作，因此，实际的有效点数比非边缘区域更少，从而使得得到的结果由于 0 值的混入倾向于更小，为了对这种边缘效应进行补偿，部分卷积对输出结果利用参与运算的卷积核总像素数与实际有效像素数的比值进行缩放，有效像素越少，说明应该被补偿的权重越大。另外，部分卷积还会对掩膜进行更新，如果以某个位置为中心的卷积核范围内至少有一个有效掩膜值，就将该位置置为 1，经过一定的迭代后，掩膜最终会成为全 1 的矩阵。部分卷积的 PyTorch 实现代码如下所示。

```
import torch
import torch.nn as nn
import torch.nn.functional as F

class PartialConv2d(nn.Conv2d):
    def __init__(self, *args, **kwargs):
```

```
        super().__init__(*args, **kwargs)
        kh, kw = self.kernel_size
        self.mask_weight = torch.ones(1, 1, kh, kw)
        self.slide_winsize = kh * kw
    def forward(self, feat, mask):
        with torch.no_grad():
            self.mask_weight = self.mask_weight.to(mask)
            # 更新 update_mask，邻域有前景图像的都置为前景图像
            update_mask = F.conv2d(mask, self.mask_weight,
                                   stride=self.stride,
                                   padding=self.padding,
                                   dilation=self.dilation,
                                   bias=None)
            # 计算 sum(1) / sum(M)
            mask_ratio = self.slide_winsize / (update_mask + 1e-8)
            # 用 update_mask 扩充更新输入 mask
            update_mask = torch.clamp(update_mask, 0, 1)
            # 计算输出各点的缩放比例
            mask_ratio = torch.mul(mask_ratio, update_mask)
        # 正常 Conv2d 的原始输出
        masked_feat = feat * mask
        conv_out = super().forward(masked_feat)
        # partial conv 的 mask 边缘缩放
        if self.bias is None:
            out = torch.mul(conv_out, mask_ratio)
        else:
            b = self.bias.view(1, self.out_channels, 1, 1)
            out = torch.mul(conv_out - b, mask_ratio) + b
            out = torch.mul(out, update_mask)
        # 打印相关中间变量信息
        print("[PartialConv2d] mask_weight: \n", self.mask_weight)
        print("[PartialConv2d] mask: \n", mask[0, 0, 4:9, 4:9])
        print("[PartialConv2d] updated mask: \n", \
                          update_mask[0, 0, 4:9, 4:9])
        print("[PartialConv2d] mask_ratio: \n", \
                          mask_ratio[0, 0, 4:9, 4:9])
        return out, update_mask


if __name__ == "__main__":
```

```
    feat = torch.randn(4, 64, 128, 128)
    mask = torch.randint(0, 3, size=(4, 1, 128, 128))
    mask = torch.clamp(mask, 0, 1)
    partialconv = PartialConv2d(64, 32, 3, 1, 1)
    out, new_mask = partialconv(feat, mask)
    print(f"partial conv outputs: \n"\
        f" out size: {tuple(out.size())}\n"\
        f" new_mask size: {tuple(new_mask.size())}")
```

测试输出结果如下所示。

```
[PartialConv2d] mask_weight:
 tensor([[[[1, 1, 1],
          [1, 1, 1],
          [1, 1, 1]]]])
[PartialConv2d] mask:
 tensor([[0, 1, 1, 1, 1],
        [0, 1, 1, 1, 1],
        [1, 1, 0, 1, 1],
        [1, 1, 0, 1, 0],
        [1, 0, 0, 0, 0]])
[PartialConv2d] updated mask:
 tensor([[1, 1, 1, 1, 1],
        [1, 1, 1, 1, 1],
        [1, 1, 1, 1, 1],
        [1, 1, 1, 1, 1],
        [1, 1, 1, 1, 1]])
[PartialConv2d] mask_ratio:
 tensor([[1.5000, 1.5000, 1.1250, 1.0000, 1.1250],
        [1.5000, 1.5000, 1.1250, 1.1250, 1.1250],
        [1.2857, 1.5000, 1.2857, 1.5000, 1.2857],
        [1.2857, 1.8000, 2.2500, 3.0000, 2.2500],
        [1.2857, 1.8000, 1.8000, 2.2500, 2.2500]])
partial conv outputs:
 out size: (4, 32, 128, 128)
 new_mask size: (4, 1, 128, 128)
```

从测试输出结果可以看出，部分卷积处理后会返回更新的掩膜，其中边缘部分会进行扩充。另外，得到的 mask_ratio 与有效位置（掩膜值为 1）的数量有关，数量越多比例越小，反之则越大。

7.3.3 背景引导的域转换：BargainNet

BargainNet（Background-Guided Domain Translation Network）模型[4]是另一种基于网络的图像和谐化方案，它的思路是根据背景的域编码对前景图像进行引导，使得前景图像获得更加接近背景图像所在域的效果。BargainNet 模型的整体流程如图 7-13 所示。

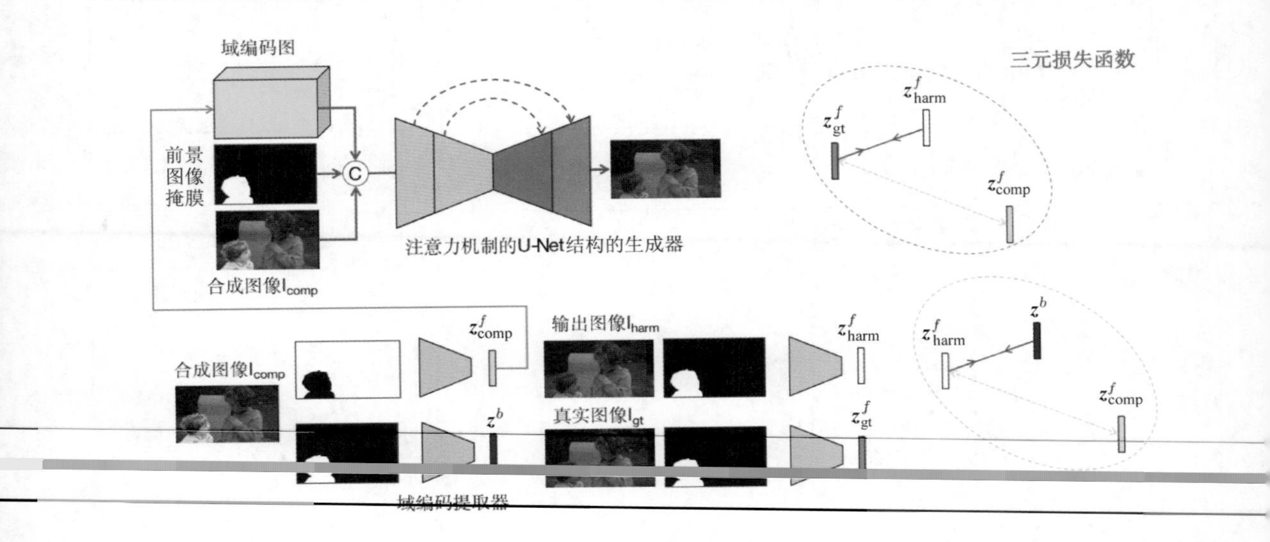

图 7-13 BargainNet 模型的整体流程

BargainNet 模型的整体流程用到了两个网络模型，分别是带有注意力机制的 U-Net 结构的生成器和**域编码提取器（Domain Code Extractor）**。其中注意力机制的 U-Net 是图像和谐化任务中常用的生成器模型结构，而域编码提取器的作用是通过部分卷积对前景图像和背景图像的掩膜区域提取域编码，并通过背景图像的编码对前景图像的域转换进行引导。该过程的具体操作如下：首先通过域编码提取器提取出背景图像区域的域编码；然后与合成图像及前景图像掩膜一起在通道中进行拼接，得到通道数为 K+4 的输入数据，其中 K 为域编码向量的维度，4 为 3 个通道输入图像与单通道掩膜图拼接后的通道数。最后该输入数据被送入生成器进行处理，得到的输出结果与真实图像计算重建损失。由于需要被引导的是前景图像区域，因此应该仅对前景图像区域拼接背景图像域编码向量。但是由于背景图像区域的输入、输出应当是相同域的结果，因此直接用背景图像域编码对全图像进行引导也是合理的。

那么，剩下的问题就是如何获得一个能够对图像区域所属的域进行准确表达的编码提取器。为了使编码提取器的效果更加符合预期，BargainNet 模型通过域编码网络对各张图像各个区域的编码进行计算，并设计了两个**三元损失函数（Triplet Loss）**，用来计算不同域编码之间的距离损失，其主要形式如下：

$$L_{\text{tri1}} = \max(d(z_{\text{harm}}^f, z^b) - d(z_{\text{harm}}^f, z_{\text{comp}}^f) + m, 0)$$
$$L_{\text{tri2}} = \max(d(z_{\text{gt}}^f, z_{\text{harm}}^f) - d(z_{\text{gt}}^f, z_{\text{comp}}^f) + m, 0)$$

其中，第一项以和谐化后图像的前景图像作为锚点，使得输入合成图像的前景图像区域与其距离更远，而背景图像与其距离更近，也就是说让和谐化后图像的前景图像区域内容更接近背景图像的域而不是原本前景图像所在的域。第二项则以前景图像区域的 GT 作为锚点，使得合成图像的前景图像区域与其距离更远，而和谐化后图像的前景图像区域与其距离更近，也就是说控制和谐化后的域编码更接近 GT 的前景图像而非合成图像的前景图像。这个过程可以用如下代码实现（其中部分卷积复用了前面的代码实现，并去掉了其中的 print 函数，三元损失函数采用了 PyTorch 的 nn.TripletMarginLoss 函数进行计算）。

```
import torch
import torch.nn as nn
import torch.nn.functional as F
from utils.partialconv2d import PartialConv2d

class DomainEncoder(nn.Module):
    def __init__(self, nf=64, enc_dim=16):
        super().__init__()
        nfs = [nf * 2 ** i for i in range(4)]
        self.relu = nn.ReLU(inplace=True)
        # conv1 + relu
        self.conv1 = PartialConv2d(3, nfs[0], 3, 2, 0)
        # conv2 + norm2 + relu
        self.conv2 = PartialConv2d(nfs[0], nfs[1], 3, 2, 0)
        self.norm2 = nn.BatchNorm2d(nfs[1])
        # conv3 + norm3 + relu
        self.conv3 = PartialConv2d(nfs[1], nfs[2], 3, 2, 0)
        self.norm3 = nn.BatchNorm2d(nfs[2])
        # conv4 + norm4 + relu
        self.conv4 = PartialConv2d(nfs[2], nfs[3], 3, 2, 0)
        self.norm4 = nn.BatchNorm2d(nfs[3])
        # conv5 + avg_pool + conv_style
        self.conv5 = PartialConv2d(nfs[3], nfs[3], 3, 2, 0)
        self.avg_pool = nn.AdaptiveAvgPool2d(1)
        self.conv_style = nn.Conv2d(nfs[3], enc_dim, 1, 1, 0)
    def forward(self, img, mask):
        x, m = img, mask
        x, m = self.conv1(x, m)
```

```
        x = self.relu(x)
        x, m = self.conv2(x, m)
        x = self.relu(self.norm2(x))
        x, m = self.conv3(x, m)
        x = self.relu(self.norm3(x))
        x, m = self.conv4(x, m)
        x = self.relu(self.norm4(x))
        x, _ = self.conv5(x, m)
        x = self.avg_pool(x)
        style_code = self.conv_style(x)
        return style_code


if __name__ == "__main__":
    img_comp = torch.randn(4, 3, 128, 128)
    img_harm = torch.randn(4, 3, 128, 128)
    img_gt = torch.randn(4, 3, 128, 128)
    mask = torch.randint(0, 3, size=(4, 1, 128, 128))
    mask = mask.float()
    mask = torch.clamp(mask, 0, 1)
    rev_mask = 1 - mask
    domain_encoder = DomainEncoder()
    tri_loss_func = nn.TripletMarginLoss(margin=0.1)
    # 计算不同图像和区域的域编码向量
    bg_vec = domain_encoder(img_gt, rev_mask)
    fg_gt_vec = domain_encoder(img_gt, mask)
    fg_comp_vec = domain_encoder(img_comp, mask)
    fg_harm_vec = domain_encoder(img_harm, mask)
    # 计算三元损失
    triloss_1 = tri_loss_func(fg_harm_vec, bg_vec, fg_comp_vec)
    triloss_2 = tri_loss_func(fg_gt_vec, fg_harm_vec, fg_comp_vec)
    print("Triplet loss 1 : ", triloss_1)
    print("Triplet loss 2 : ", triloss_2)
```

测试输出结果如下所示。

```
Triplet loss 1 :  tensor(0.0937, grad_fn=<MeanBackward0>)
Triplet loss 2 :  tensor(0.1164, grad_fn=<MeanBackward0>)
```

在前面的 DoveNet 模型中，域验证判别器实际上也相当于一种对不同域进行编码的模块，得到的向量也可以视为对前景图像和背景图像所在域的编码。但是相比于 BargainNet 模型中通过三元损失函数训练得到的域编码网络，DoveNet 模型的域表示在一致性和相关关系上弱于 BargainNet 模型的域表示，BargainNet 模型各个区域的域表示向量之间的距离关系也更符合期望。由于对于域差异的度量能力，BargainNet 模型中的域编码还有一个副产物，可以作为不和谐检测分数的度量。如果一张图像中前景图像和背景图像的域编码差异明显，说明图像的和谐度较差，反之则说明和谐度较好，图像较符合自然图像的特征。

7.3.4　前景到背景的风格迁移：RainNet

最后介绍基于风格迁移策略的图像和谐化方案：**RainNet（Region-aware Adaptive Instance Normalization Network）模型**[5]。该模型可以显式地提取背景图像区域中的统计特征以表征其风格参数，并直接以此对前景图像区域内容进行处理，以实现图像的和谐化。之前的方案虽然通常都会对前景图像和背景图像分别进行处理，但是都没有明确地将前景图像区域的特征直接与背景图像的风格进行关联。为了实现这个过程，RainNet 模型提出了 **RAIN（Region-aware Adaptive Instance Normalization）**模块，即**区域感知的自适应示例归一化模块**，其结构如图 7-14 所示。

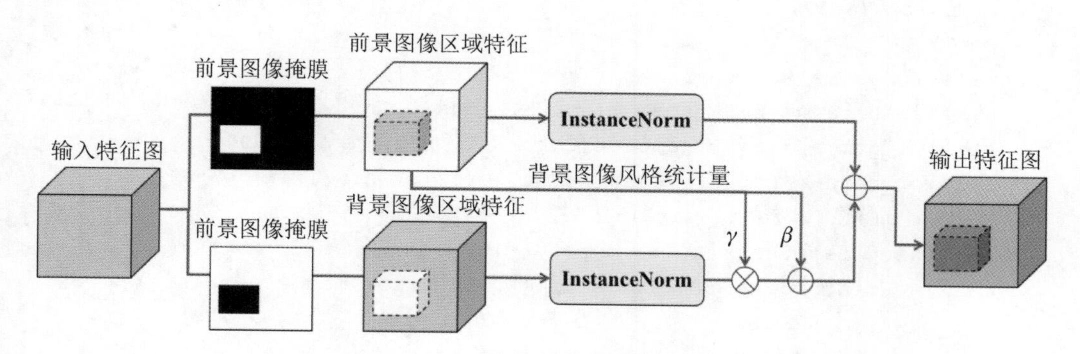

图 7-14　RAIN 模块的结构

RAIN 模块的设计思路借鉴了风格迁移经典模型 **AdaIN**。AdaIN 模型的基本策略就是利用目标风格图像特征的统计量，即均值和方差，对内容图像的实例归一化（Instance Norm，IN）结果进行仿射变换，用来实现风格化。所谓的**风格（Style）**指的是图像的各种视觉效果，如色温、饱和度、色调、纹理等。根据 AdaIN 模型的思路，图像的风格体现在特征的均值、方差等统计信息中，因此可以通过这些统计量在不改变原图像内容的前提下，将图像转换到指定风格中。RAIN 模块首先利用掩膜区域将特征图分为前景图像和背景图像两个区域，并对两者分别通过 IN 模块进行归一化。然后将背景图像的均值和方差作为仿射系数对前景图像的 IN 结果进行处理，这个操作相当于将背景图像的风格信息融合到前景图像特征中。最后，处理后的前景图像和背景图像特征按区域融合，得到最终的处理结果。

RAIN 模块的 PyTorch 代码实现如下所示。

```
import torch
import torch.nn as nn
import torch.nn.functional as F


def get_masked_mean_std(feat, mask, eps=1e-5):
    masked_feat = feat * mask
    summ = torch.sum(masked_feat, dim=[2, 3], keepdim=True)
    num = torch.sum(mask, dim=[2, 3], keepdim=True)
    mean = summ / (num + eps)
    sqr = torch.sum(((feat - mean) * mask) ** 2,
                            dim=[2, 3], keepdim=True)
    std = torch.sqrt(sqr / (num + eps) + eps)
    return mean, std

class RAIN(nn.Module):
    def __init__(self, nf):
        super().__init__()
        self.fg_gamma = nn.Parameter(torch.zeros(1, nf, 1, 1))
        self.fg_beta = nn.Parameter(torch.zeros(1, nf, 1, 1))
        self.bg_gamma = nn.Parameter(torch.zeros(1, nf, 1, 1))
        self.bg_beta = nn.Parameter(torch.zeros(1, nf, 1, 1))
    def forward(self, feat, mask):
        in_size = feat.size()[2:]
        mask = F.interpolate(mask.detach(), in_size, mode='nearest')
        rev_mask = 1 - mask
        mean_bg, std_bg = get_masked_mean_std(feat, rev_mask)
        normed_bg = (feat - mean_bg) / std_bg
        affine_bg = (normed_bg * (1 + self.bg_gamma) + self.bg_beta) *
rev_mask
        mean_fg, std_fg = get_masked_mean_std(feat, mask)
        # 利用背景图像的统计量对前景图像进行类似风格迁移操作
        normed_fg = (feat - mean_fg) / std_fg * std_bg + mean_bg
        affine_fg = (normed_fg * (1 + self.fg_gamma) + self.fg_beta) * mask
        out = affine_fg + affine_bg
        print(f"mean_fg: {mean_fg[0, :4, 0, 0]}")
        print(f"mean_bg: {mean_bg[0, :4, 0, 0]}")
        print(f"std_fg: {std_fg[0, :4, 0, 0]}")
        print(f"std_bg: {std_bg[0, :4, 0, 0]}")
```

```
        return out

if __name__ == "__main__":
    feat = torch.randn(4, 64, 128, 128)
    mask = torch.randint(0, 3, size=(4, 1, 128, 128))
    mask = mask.float()
    mask = torch.clamp(mask, 0, 1)
    rain_norm = RAIN(nf=64)
    out = rain_norm(feat, mask)
    print(f"RAIN output size: {out.size()}")
```

测试输出结果如下所示。

```
mean_fg: tensor([-0.0126,  0.0044,  0.0027,  0.0053])
mean_bg: tensor([ 0.0136,  0.0072, -0.0128, -0.0067])
std_fg: tensor([0.9899, 0.9964, 1.0040, 0.9904])
std_bg: tensor([0.9927, 0.9921, 1.0075, 0.9985])
RAIN output size: torch.Size([4, 64, 128, 128])
```

第 8 章　图像增强与图像修饰

本章介绍**图像增强**（**Image Enhancement**）和**图像修饰**（**Image Retouch**）的相关算法。图像增强和图像修饰算法主要针对图像的对比度、饱和度等维度进行调整，以期望提高整体观感，或者符合某个设定的预期。从概念上来说，图像增强算法所包含的范围通常更广泛些，而图像修饰算法则可以被视为一种模拟摄影师修图的增强方案。下面首先对图像增强任务的目的和种类进行简单介绍，然后详细讨论几种经典的图像增强算法。

8.1　图像增强任务概述

图像增强指的是利用某些算法技术手段，以提高画质观感与图像的美学特性为目的，对图像的曝光、对比度、影调、颜色等方面进行修改，从而实现改善图像画质、突出显示图像特征、增强视觉效果的目的。图像增强的概念相对较宽泛，在某些场合也可以包括前面讲到的去噪、超分辨率等细节的优化，或者去雾、HDR 等整体颜色亮度的优化。本章所提到的图像增强任务主要指的是对图像的曝光补偿、影调修正、色调对比度处理、色彩空间转换等基础特性的调整，以及对摄影师修图风格的模拟（即图像修饰）。

实际上，前面所使用的一些针对某画质问题的算法其实也是相对通用的图像增强算法，比如，最简单的直方图调整类算法（包括直方图均衡算法和局部直方图调整算法），其主要目的就是对影调和对比度进行调整，其可以应用于一些简单的图像增强任务。再如，HDR 任务中讲到的局部拉普拉斯滤波（LLF）算法，通过合理地设计重映射函数，也可以实现对局部对比度和细节增强的效果（见图 8-1）。本章将要讨论的 Retinex 算法、HDRNet 算法等也可以应用于去雾和 HDR 任务。由此可见，图像增强任务并非一类单独的任务，而是很多画质问题优化任务的总称。

因此，为了和前面讲过的内容相区分，本章主要关注前面的内容没有覆盖到的几个任务类型，如低光增强、颜色调整及图像修饰。**低光增强**指的是对暗光条件下拍摄的照片进行处理，以提高其视觉效果和细节的可辨识性。颜色调整包括对色相、饱和度等内容的调整，主要目的是使图像颜色更加鲜明生动，符合自然效果，或者贴合某种特定的风格。图像颜色调整的手段包括色域调整、3D LUT，以及基于网络的风格迁移和滤镜模拟。图像修饰指的是对已有的图像进行后处理以提高图像的美感，就是人们通常所说的“修图”或者“P 图”。这部分工作通常由操作者借助一些商业软件（如 PhotoShop、Lightroom 等）人工操作完成，借助于神经网络模型强大的表现能力，如今已有一部分算法通过设计网络模型，对人工修图的结果进行拟合，实现了自适应的自动图像修饰操作。

（a）输入图像　（b）sigma=0.08, factor=3　（c）sigma=0.08, factor=6

图 8-1　局部拉普拉斯滤波算法实现图像增强

下面先以 Retinex 算法为例，介绍传统低光增强算法的思路。然后介绍几种基于神经网络模型的不同处理范式的图像增强方案（包括低光增强、颜色调整和图像修饰）。

8.2　传统低光增强算法

可以应用在低光增强任务中的算法有很多，简单的如直方图均衡算法，或者类似 Gamma 曲线的 GTM 操作等都可以实现低光增强的效果，还有一些算法可以专门针对低光照输入进行处理，以消除光照强度的影响，复原被摄物体的颜色、纹理和结构。本节将介绍两种简单但实用的传统低光增强算法，包括基于反色去雾的低光增强算法，以及多尺度 Retinex 算法。

8.2.1　基于反色去雾的低光增强算法

低光增强任务与前面讲过的去雾任务在数学形式上有着较强的相似性。对于去雾任务来说，有雾图像可以被视为干净无雾图像与大气光的加权融合，如果大气光已经被估计，那么就需要知道各个点的反射系数，从而求解无雾图像。类似地，低光增强也可以被看作原图像与全局的黑色（零值）进行加权融合，因此，如果对低光图像进行反色，那么就可以将其看作原图像的反色图像与全局的白色“大气光”形成的类似雾天退化的结果，可以先按照去雾的方式进行处理，然后将结果取反色得到低光增强的结果[1]。这个过程的主要步骤如下。

首先，对低光图像进行取反色操作，然后以此作为输入，采用去雾算法（如经典的暗通道先验去雾算法），估计出大气光 $\boldsymbol{A}$ 和透射图 t，由于直接用透射图处理的提亮效果不足，因此需要对得到的透射图进行处理，对于透射率小于 0.5 的，乘以 $2t$ 作为系数，大于 0.5 的则不变。最后对“去雾”的结果进行反色，即可得到低光增强的效果。

下面采用暗通道先验去雾算法作为流程中的去雾算法，对低光图像进行处理。代码如下所示。图 8-2 所示为反色去雾低光增强的中间结果与输出效果示意图。

```
import os
import cv2
import numpy as np
import matplotlib.pyplot as plt

def invert_img(img):
    return 255 - img

def calc_dark_channel(img, patch_size):
    h, w = img.shape[:2]
    min_ch = np.min(img, axis=2)
    dark_channel = np.zeros((h, w))
    r = patch_size // 2
    for i in range(h):
        for j in range(w):
            top, bottom = max(0, i - r), min(i + r, h - 1)
            left, right = max(0, j - r), min(j + r, w - 1)
            dark_channel[i, j] = np.min(min_ch[top:bottom + 1, left:right + 1])
    return dark_channel

def calc_A(img, dark, topk=100):
    h, w = img.shape[:2]
    img_vec = img.reshape(h * w, 3)
    dark_vec = dark.reshape(h * w)
    idx = np.argsort(dark_vec)[::-1][:topk]
    candidate_vec = img_vec[idx, :]
    sum_vec = np.sum(candidate_vec, axis=1)
    atm_light = candidate_vec[np.argmax(sum_vec), :]
    return atm_light.astype(np.float32)

def calc_t(img, A, patch_size, omega):
```

```
    dark = calc_dark_channel(img / A, patch_size)
    t = 1 - omega * dark
    t[t < 0.5] = (t[t < 0.5] ** 2) * 2
    return t.astype(np.float32)

def calc_J(img, t, A):
    A = np.expand_dims(A, axis=[0, 1])
    t = np.expand_dims(t, axis=2)
    J = (img - A) / t + A
    J = np.clip(J, a_min=0, a_max=255).astype(np.uint8)
    return J

def lowlight_enhance(img, patch_size=3, omega=0.8):
    rev_img = invert_img(img)
    dark = calc_dark_channel(rev_img, patch_size)
    A = calc_A(rev_img, dark)
    t = calc_t(rev_img, A, patch_size, omega)
    J = calc_J(rev_img, t, A)
    enhanced = invert_img(J)
    return enhanced, rev_img, dark, t


if __name__ == "__main__":
    impath = "../datasets/lowlight/IMG_20200419_191100.jpg"
    lowlight = cv2.imread(impath)[:,:,::-1]
    h, w = lowlight.shape[:2]
    lowlight = cv2.resize(lowlight, (w//4, h//4))
    enhanced, rev_img, dark, trans = lowlight_enhance(lowlight)
    os.makedirs('results/invert_dehaze', exist_ok=True)
    cv2.imwrite(f'results/invert_dehaze/input.png', lowlight[:,:,::-1])
    cv2.imwrite(f'results/invert_dehaze/out.png', enhanced[:,:,::-1])
    cv2.imwrite(f'results/invert_dehaze/rev_in.png', rev_img[:,:,::-1])
    cv2.imwrite(f'results/invert_dehaze/dark_channel.png', dark)
    cv2.imwrite(f'results/invert_dehaze/trans.png',\
            np.clip(trans * 255, 0, 255).astype(np.uint8))
```

（a）反色后的输入图像

（b）暗通道

（c）估计出的透射图

（d）输入的低光图像

（e）低光增强结果

图 8-2 反色去雾低光增强的中间结果与输出效果示意图

8.2.2 多尺度 Retinex 算法

Retinex 算法是传统图像增强算法中的一种非常经典的算法，它基于人眼视觉的基本特性对图像的反射和光照成分进行分解，以消除光照变化，提高图像的颜色和纹理信息。该算法基于一个关于人眼视觉的基础理论，即 **Retinex 理论**[Retinex 是 Retina（视网膜）和 Cortex（皮层）两个词的合成]，该理论表示，人类的视觉系统具有色彩恒常性，也就是说，即使在不同的光照强度下，人们也可以较自动地排除光照强度的影响，比较稳定地感知该物体的颜色属性。

受到这个特性启发，人们也可以对图像进行光照和反射的分解。对于一张图像 I，其中各个物体的颜色由两方面决定：一方面是被摄物自身的材质及其所带来的颜色和纹理等属性，这些决定了其在光源下的反射特性；另一方面是环境光源的亮度分布。这两方面共同决定了人们看到或者拍摄到的图像的结果。举例来说，比如一件白色衣服，在弱光源下可能会呈现灰色或者黑色，而在正常白色光源下可以呈现白色。由于上面提到的色彩恒常性，人眼可以在不同光照强度下感知到物体原本的反射情况，因此对于图像处理算法来说，也可以将图像分解为光照和反射成分，从而减少光照对成像效果的影响。这就是 Retinex 算法的基本理论，其可以写成如下数学形式：

$$\boldsymbol{S}=\boldsymbol{I}\boldsymbol{R}$$

式中，$\boldsymbol{S}$ 表示原图像；$\boldsymbol{I}$ 表示光照（**Illumination**）分量；$\boldsymbol{R}$ 表示物体反射（**Reflection**）分量。其中光照项表示整体的明暗关系，它与周围环境的光照情况及光线与物体结构的相互作用有关，因此通常在场景中整体比较平滑（但是保留了物体的空间结构状态）。而反射项则是物体本身的反射属性，如材质、细节纹理、颜色等，它与所处的环境无关。对于低光增强任务来说，导致图像退化的主要原因是光照不足，因此，如果可以将图像分解为 $\boldsymbol{I}$ 和 $\boldsymbol{R}$，并对 $\boldsymbol{I}$ 进行处理（如提亮），然后与 $\boldsymbol{R}$ 重新相乘，即可模拟在正常光照条件下的成像结果，从而显示出物体的细节和纹理，这也正是低光增强任务的目标。

接下来的问题就是如何将图像分解为光照和反射两个分量，或者说如何估计反射率。对该问题的处理有多种方案，如路径模型、变分模型等。其中最简单和常用的一种方案是中央-周围模型，即通过中心像素与其邻域像素的比值来对反射率进行估计，以消除光照影响。由于 Retinex 模型是以乘积的形式给出的，为了简化运算，可以对其左右同时取对数，从而将乘法改为加法。该方案称为**单尺度 Retinex（Single Scale Retinex，SSR）算法**，其计算流程如图 8-3 所示。

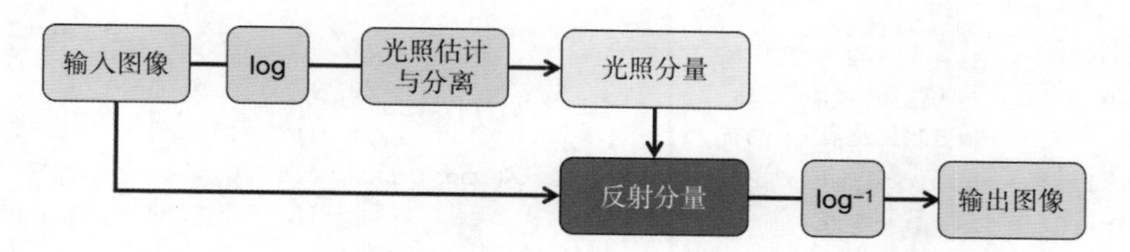

图 8-3 SSR 算法计算流程

在不同的 SSR 算法的代码实现中，有些实现直接在 log 域得到光照分量和反射分量，并将反射分量作为输出，不再进行 log 的反变换。按照这种实现方式，整个 SSR 算法的流程非常简单直观：首先，将图像通过高斯滤波得到光照分量（高斯滤波的参数即 σ），然后对原图像与光照分量取对数，得到 log 域的结果并相减做差，即可得到 SSR 算法的输出。

虽然 SSR 算法简单有效，但是其效果受参数 σ 的影响较为明显，通常来说，在 σ 取值较小的情况下，局部的增强效果较明显，但是整体的颜色和亮度有一定损失；而如果将 σ 的值增大，那么整体增强效果提升，但是局部效果会受到影响。而且对于不同的图像来说，相对最优的 σ 取值也不同，因此 SSR 算法在应用中也有一定的局限性。为了对 SSR 算法进行改进，考虑到不同 σ 对不同尺度的增强效果不同，一个直接的想法就是将多尺度的策略与 SSR 算法结合，从而可以对不同尺度范围都有较好的增强效果。这种改进方式即 **MSR（Multi-Scale**

Retinex）。其整体实现流程即设定一组不同的 σ 值，分别采用 SSR 算法后进行加权求和。相比于 SSR 算法，MSR 算法可以获得全局更优的效果，全局亮度与局部细节都可以得到较好的处理。

上述的 MSR 算法基础版本对于颜色是有损失的，为了对颜色进行补偿，MSR 算法也衍生出了两种改进方案，分别称为 **MSRCR（MSR Color Restoration）算法**及 **MSRCP（MSR Color Preservation）算法**[2]。MSRCR 算法对输入图像的颜色信息进行估计，借助原图像的颜色对 MSR 算法的输出图像进行色彩补偿，并通过对直方图两端截断并将中间剩余部分向两端拉伸的方式提高对比度，从而获得色彩更好的 MSR 输出效果。而 MSRCP 算法的思路是，预先计算图像的亮度（灰度图），并记录各个像素各颜色通道与亮度的比例关系，然后只对亮度图像进行 MSR 处理，得到增强后的亮度图，利用前面记录的颜色通道与亮度的比例关系，从亮度图中恢复出增强后的 RGB 图像。

下面用 Python 代码实现上述的 SSR 算法、MSR 算法及其两种变体 MSRCR 算法和 MSRCP 算法，并对低光测试图像进行实验，代码如下所示。图 8-4 所示为不同算法的效果图。

```
import cv2
import numpy as np
import os

def single_scale_retinex(img, sigma):
    img = img.astype(np.float32) + 1.0
    img_blur = cv2.GaussianBlur(img, ksize=[0, 0], sigmaX=sigma)
    retinex = np.log(img / 256.0) - np.log(img_blur / 256.0)
    for cidx in range(retinex.shape[-1]):
        retinex[:, :, cidx] = cv2.normalize(retinex[:, :, cidx],\
                                    None, 0, 255, cv2.NORM_MINMAX)
    retinex = np.clip(retinex, a_min=0, a_max=255).astype(np.uint8)
    return retinex


def multi_scale_retinex(img, sigma_ls):
    img = img.astype(np.float32) + 1.0
    retinex_sum = None
    num_scale = len(sigma_ls)
    for sigma in sigma_ls:
        img_blur = cv2.GaussianBlur(img, ksize=[0, 0], sigmaX=sigma)
        retinex = np.log(img / 256.0) - np.log(img_blur / 256.0)
        if retinex_sum is None:
```

```
            retinex_sum = retinex
        else:
            retinex_sum += retinex
    retinex = retinex_sum / num_scale
    for cidx in range(retinex.shape[-1]):
        retinex[:, :, cidx] = cv2.normalize(retinex[:, :, cidx],\
                                 None, 0, 255, cv2.NORM_MINMAX)
    retinex = np.clip(retinex, a_min=0, a_max=255).astype(np.uint8)
    return retinex


def color_restoration(img, retinex):
    A = np.log(np.sum(img, axis=2, keepdims=True))
    retinex = retinex * (np.log(125.0 * img) - A)
    return retinex


def simplest_color_balance(img, dark_percent, light_percent):
    N = img.shape[0] * img.shape[1]
    dark_thr, light_thr = int(dark_percent * N), int(light_percent * N)
    res = img.copy()
    for cidx in range(img.shape[-1]):
        cur_ch = res[:, :, cidx]
        sorted_ch = sorted(cur_ch.flatten())
        mini, maxi = sorted_ch[dark_thr], sorted_ch[-light_thr]
        res[:, :, cidx] = np.clip((cur_ch - mini) / (maxi - mini),
                        a_min=0, a_max=1) * 255.0
    return res


def MSR_color_restoration(img, sigma_ls, dark_percent, light_percent):
    img = img.astype(np.float32) + 1.0
    retinex_sum = None
    num_scale = len(sigma_ls)
    for sigma in sigma_ls:
        img_blur = cv2.GaussianBlur(img, ksize=[0, 0], sigmaX=sigma)
        retinex = np.log(img) - np.log(img_blur)
        if retinex_sum is None:
            retinex_sum = retinex
```

```
        else:
            retinex_sum += retinex
    retinex = retinex_sum / num_scale
    output = color_restoration(img, retinex)
    output = simplest_color_balance(output, dark_percent, light_percent)
    output = np.clip(output, a_min=0, a_max=255).astype(np.uint8)
    return output


def MSR_color_preservation(img, sigma_ls, dark_percent, light_percent):
    img = img.astype(np.float32) + 1.0
    retinex_sum = None
    gray = np.mean(img, axis=2, keepdims=True)
    num_scale = len(sigma_ls)
    for sigma in sigma_ls:
        gray_blur = cv2.GaussianBlur(gray, ksize=[0, 0], sigmaX=sigma)
        gray_blur = np.expand_dims(gray_blur, axis=2)
        retinex = np.log(gray) - np.log(gray_blur)
        if retinex_sum is None:
            retinex_sum = retinex
        else:
            retinex_sum += retinex
    retinex = retinex_sum / num_scale
    retinex = simplest_color_balance(retinex, dark_percent, light_percent)
    B = np.max(img, axis=2, keepdims=True)
    gray_ratio = retinex / gray
    A = np.minimum(255.0 / B, gray_ratio)
    output = (img * A).astype(np.uint8)
    return output


if __name__ == "__main__":

    os.makedirs("./results/retinex", exist_ok=True)
    impath = "../datasets/lowlight/IMG_20200419_191100.jpg"
    lowlight = cv2.imread(impath)[:,:,::-1]
    h, w = lowlight.shape[:2]
    img = cv2.resize(lowlight, (w//4, h//4))
    sigma_ls = [15, 80, 250]
```

```
for sigma in sigma_ls:
    ssr_out = single_scale_retinex(img, sigma=sigma)
    cv2.imwrite(f'./results/retinex/ssr_out_sigma{sigma}.png',\
                              ssr_out[:,:,::-1])
msr_out = multi_scale_retinex(img, sigma_ls=sigma_ls)
cv2.imwrite(f'./results/retinex/msr_out.png', msr_out[:,:,::-1])
msrcr_out = MSR_color_restoration(img, sigma_ls, 0.02, 0.02)
cv2.imwrite(f'./results/retinex/msrcr_out.png', msrcr_out[:,:,::-1])
msrcp_out = MSR_color_preservation(img, sigma_ls, 0.02, 0.02)
cv2.imwrite(f'./results/retinex/msrcp_out.png', msrcp_out[:,:,::-1])
```

（a）不同 σ 的 SSR 算法的效果

（b）MSR 算法的效果

（c）MSRCR 算法的效果

（d）MSRCP 算法的效果

图 8-4 不同算法的效果图

从图 8-4 可以看出，不同 σ 的 SSR 算法增强的尺度与效果差异较为明显，而 MSR 算法通过多尺度策略可以使结果更加稳定，并且在不同尺度上都具有较为均匀的增强。MSRCR 算法和 MSRCP 算法相对于基础版本的 MSR 算法，对于颜色和对比度增强均有效果，两者相比来说，MSRCP 算法对于颜色的保持效果更自然和鲜明，视觉效果相对更好。

8.3 神经网络模型的增强与颜色调整

随着深度学习和神经网络技术在计算机视觉与图像处理领域的发展，研究者也开始探索基于学习的（Learning-based）神经网络模型方案在图像增强领域的应用。这类方案主要可以分为两种不同的进路：一种是类似之前的其他底层图像处理技术，对待增强图像进行像素级（Pixel-to-Pixel）处理，即将输入图像送入网络，经过网络的逐级计算直接获得增强后的输出。这种方法在网络设计和理解上较为直接，但是效率较低，尤其是在实际应用场合中，待增强或修饰的图像往往是高清大图，因此这种方法会带来计算量上的瓶颈。另一种进路则考虑到修图或者增强的处理方式，仅仅对操作进行预测，如仿射变换的系数，或者某个固定操作的概率及处理程度等。这种方法的优势在于可以在缩放后的小图像上进行计算，并将结果应用于大图像（由于增强和修图通常只针对影调和颜色，因此在小图像上计算的结果一般就已经足够了）。但是其缺陷也较明显，那就是固定的操作不一定能充分表达修图和增强所需的操作，因此处理的幅度和空间有限。除了这两种主流的方法，还有些方法将修图的操作过程与网络学习结合起来，利用操作形式进行约束，以降低求解空间，同时用基于学习的方式拟合相关参数，从而达到自适应、强表现力的目的。下面以几个不同的模型方案作为示例，介绍基于神经网络模型的图像增强算法的不同思路。

8.3.1 Retinex 理论的模型实现：RetinexNet

前面介绍了 Retinex 理论及其传统算法的实现。Retinex 类算法的核心就在于对光照和反射的分解。传统的分解方式借助于一定的先验假设，在处理手段上也具有一定的局限性，而这个过程实际上可以通过网络模型来实现。由于光照和反射在物理属性上有其自身的约束，因此可以将约束作为优化目标，通过网络来学习这个分解过程，进一步对分解出来的光照项进行调整，得到合适的光照图，从而与反射图组合得到输出结果。

RetinexNet 模型[3]就是基于上述思想实现的低光增强网络模型。RetinexNet 模型的主要结构如图 8-5 所示。从整体上看，该模型可以分为三个主要组成部分：**分解网络（Decomposition Network，Decom-Net）**、**增强网络（Enhanced Network，Enhance-Net）**和**重建操作（Reconstruction）**。其中，分解网络负责将输入图像分解为 Retinex 理论中的光照项和反射项，增强网络将分解的结果作为输入，并输出调整后的光照图，该网络采用了编/解码器结构，并利用了多尺度信息进行预测。由于暗光场景下往往噪声较高，而且分解后的细节（包括噪声）都集中在反射图上，因此需要对反射图做去噪处理，这里采用的是光照相关的 BM3D 算法策略。最后，将得到的反射图与调整后的光照图组合，即可得到低光增强后的结果。

该模型的另一个关键问题就是训练目标的设计。由于训练数据中一般只有低光图像和对应的正常曝光图像，没有 Retinex 预设的反射和光照两个分解结果，因此无法直接作为 GT 对分解网络进行端到端的训练。与传统的 Retinex 算法基于先验假设设定固定的计算方式不同，RetinexNet 模型采用了数据驱动的方式分解光照项和反射项。也就是说，以光照项的平滑性约束及重建约束等作为训练目标，使网络自动学习到合适的分解结果。

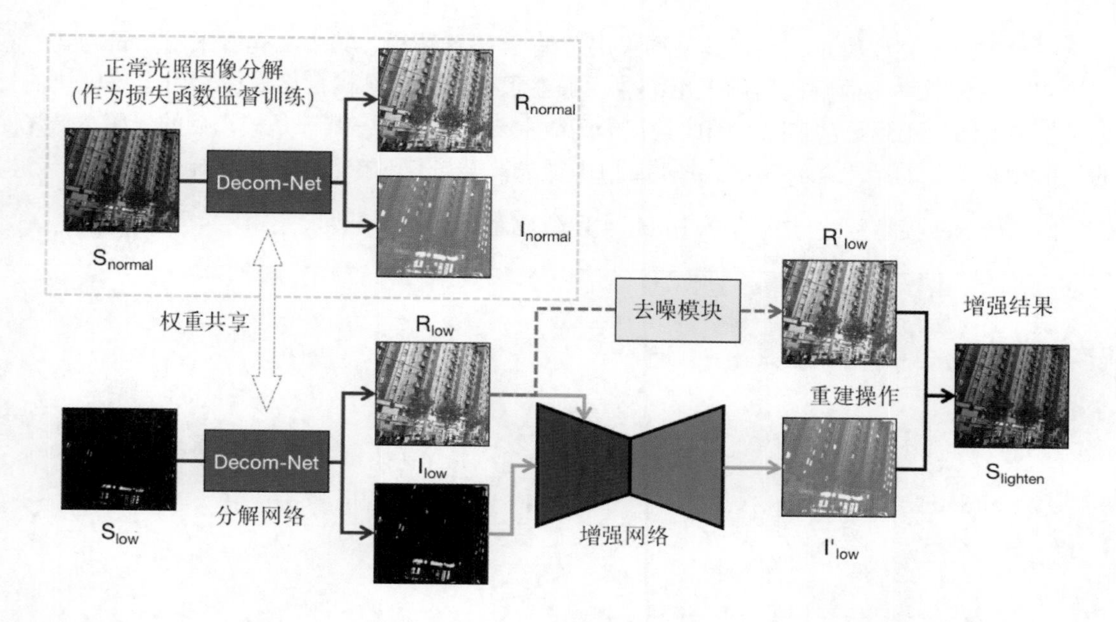

图 8-5　RetinexNet 模型的主要结构

在实现过程中，人们同时将低光图像和正常曝光图像输入 RetinexNet，以便施加相关约束。整体来讲，网络的损失函数主要用来约束以下几个关系：第一，对于分解网络来说，分解得到的反射项和光照项乘积可以重建对应输入；第二，低光图像和正常曝光图像的反射图应该一致。同时，还有对于光照图的正则项约束，即所谓的**结构感知平滑性损失（Structure-Aware Smoothness Loss）**，即对于反射图梯度低的区域，光照图应该较为平滑。基于该思路，分解网络的损失函数主要包括三个部分，数学形式如下：

$$L_{\text{recon}} = \sum_{i=\text{low},\text{normal}} \sum_{j=\text{low},\text{normal}} \lambda_{ij} \left\| \boldsymbol{R}_i \cdot \boldsymbol{I}_j - \boldsymbol{S}_j \right\|$$

$$L_{\text{ir}} = \left\| \boldsymbol{R}_{\text{low}} - \boldsymbol{R}_{\text{normal}} \right\|$$

$$L_{\text{is}} = \sum_{i=\text{low},\text{normal}} \left\| \nabla \boldsymbol{I}_i \cdot \exp(-\lambda_g \nabla \boldsymbol{R}_i) \right\|$$

式中，L_{recon} 是重建损失，根据 Retinex 理论，$\boldsymbol{R}$ 和 L 应该无关，而正常曝光图像（normal）和低光图像（low）的 $\boldsymbol{R}$ 应该是一致的，因此可以有四种组合方法；L_{ir} 指的是**恒定反射损失（Invariable Reflection Loss）**，即约束不同光照下反射的一致性；L_{is} 是**光照平滑性损失（Illumination Smoothness Loss）**，即分解的光照的正则项，其中光照图各个点的梯度权重由反射图的梯度控制，以确保反射图平滑的地方惩罚力度大，而反射图梯度大（如边缘结构）的地方惩罚力度小，从而实现保持结构的平滑性优化。相比于 TV 损失，该平滑性损失是一种可以保边、保结构的平滑性约束，只对低频区域进行约束，也更符合光照分量的先验特征。

对于多尺度亮度校正模块，其结构采用了编/解码器结构，其中编码器采用步长为 2 的卷积操作降低分辨率，而解码器则采用缩放后加卷积的形式防止棋盘格效应。由于该模块的目标是将亮度图校正到正常光照，因此其损失函数主要包括两项：其一是校正后的光照与低光照的反射相乘得到的结果与正常曝光图像的 L1 损失；其二是对校正的光照图施加的 L_{is} 损失。

RetinexNet 模型网络结构的 PyTorch 实现代码示例如下所示。

```
import torch
import torch.nn as nn
import torch.nn.functional as F

class DecomNet(nn.Module):
    def __init__(self, nf=64, ksize=3, n_layer=5):
        super().__init__()
        layers = list()
        pad = ksize * 3 // 2
        layers.append(nn.Conv2d(4, nf, ksize*3, 1, pad))
        pad = ksize // 2
        for _ in range(n_layer):
            layers.append(nn.Conv2d(nf, nf, ksize, 1, pad))
            layers.append(nn.ReLU(inplace=True))
        layers.append(nn.Conv2d(nf, 4, ksize, 1, pad))
        layers.append(nn.Sigmoid())
        self.body = nn.Sequential(*layers)
    def forward(self, x):
        input_max = torch.max(x, dim=1, keepdim=True)[0]
        input_im = torch.cat((x, input_max), dim=1)
        out = self.body(input_im)
        R, L = torch.split(out, [3, 1], dim=1)
        return R, L

class RelightNet(nn.Module):
    def __init__(self, nf=64, ksize=3):
        super().__init__()
        pad = ksize // 2
        self.conv0 = nn.Conv2d(4, nf, ksize, 1, pad)
        self.conv1 = nn.Conv2d(nf, nf, ksize, 2, pad)
        self.conv2 = nn.Conv2d(nf, nf, ksize, 2, pad)
        self.conv3 = nn.Conv2d(nf, nf, ksize, 2, pad)
```

```
        self.deconv1 = nn.Conv2d(nf * 2, nf, ksize, 1, pad)
        self.deconv2 = nn.Conv2d(nf * 2, nf, ksize, 1, pad)
        self.deconv3 = nn.Conv2d(nf * 2, nf, ksize, 1, pad)
        self.fusion = nn.Conv2d(nf * 3, nf, 1, 1, 0)
        self.conv_out = nn.Conv2d(nf, 1, 3, 1, 1)
        self.relu = nn.ReLU(inplace=True)
    def forward(self, R, L):
        x_in = torch.cat((R, L), dim=1)
        out0 = self.conv0(x_in)
        # 下采样，编码器过程
        out1 = self.relu(self.conv1(out0))
        out2 = self.relu(self.conv2(out1))
        out3 = self.relu(self.conv3(out2))
        # 上采样 + 跳线连接，解码器过程
        target_size = (out2.size()[2], out2.size()[3])
        up3 = F.interpolate(out3, size=target_size)
        up3_ex = torch.cat((up3, out2), dim=1)
        dout1 = self.relu(self.deconv1(up3_ex))
        target_size = (out1.size()[2], out1.size()[3])
        up2 = F.interpolate(dout1, size=target_size)
        up2_ex = torch.cat((up2, out1), dim=1)
        dout2 = self.relu(self.deconv2(up2_ex))
        target_size = (out0.size()[2], out0.size()[3])
        up1 = F.interpolate(dout2, size=target_size)
        up1_ex = torch.cat((up1, out0), dim=1)
        dout3 = self.relu(self.deconv3(up1_ex))
        # 特征融合
        target_size = (L.size()[2], L.size()[3])
        dout1_up = F.interpolate(dout1, size=target_size)
        dout2_up = F.interpolate(dout2, size=target_size)
        tot = torch.cat((dout1_up, dout2_up, dout3), dim=1)
        fused = self.fusion(tot)
        L_relight = self.conv_out(fused)
        return L_relight


class RetinexNet(nn.Module):
    def __init__(self, nf=64, ksize=3, n_layer=5):
        super().__init__()
```

```
        self.decom = DecomNet(nf, ksize, n_layer)
        self.relight = RelightNet(nf, ksize)
    def forward(self, x_low, x_normal):
        r_low, l_low = self.decom(x_low)
        r_normal, l_normal = self.decom(x_normal)
        l_relight = self.relight(r_low, l_low)
        return {
            "r_low": r_low,
            "l_low": l_low,
            "r_normal": r_normal,
            "l_normal": l_normal,
            "l_relight": l_relight
        }


if __name__ == "__main__":
    img_low = torch.randn(4, 3, 128, 128)
    img_normal = torch.randn(4, 3, 128, 128)
    retinexnet = RetinexNet()
    out_dict = retinexnet(img_low, img_normal)
    for k in out_dict:
        print(f"Retinex out {k} size: {out_dict[k].size()}")
```

测试输出结果如下所示。

```
Retinex out r_low size: torch.Size([4, 3, 128, 128])
Retinex out l_low size: torch.Size([4, 1, 128, 128])
Retinex out r_normal size: torch.Size([4, 3, 128, 128])
Retinex out l_normal size: torch.Size([4, 1, 128, 128])
Retinex out l_relight size: torch.Size([4, 1, 128, 128])
```

8.3.2 双边实时增强算法：HDRNet

下面介绍的是一种经典的图像增强算法：**HDRNet 算法**[4]。它的主要特征是计算量小，可以实现实时的图像增强，并且可以处理多种增强类问题。HDRNet 算法的设计思路主要有两点：第一，基于快速双边滤波算法中的双边网格策略，在小尺寸图像上学习映射关系，从而实现加速；第二，利用**切片（Slicing）**和引导图生成的方式，利用双边网格与引导图，得到最终的高分辨率处理结果。HDRNet 算法的整体流程如图 8-6 所示。

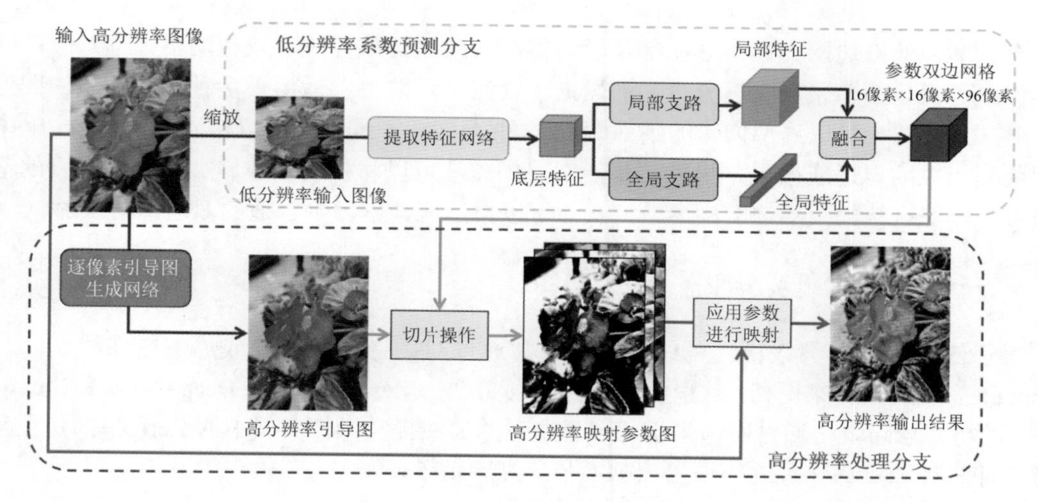

图 8-6 HDRNet 算法的整体流程

HDRNet 算法的整体流程主要可以分为两个分支：**高分辨率（全分辨率）处理分支（High-resolution Stream）**和**低分辨率系数预测分支（Low-resolution Stream）**。其中，低分辨率系数预测分支用于以轻量化的方式学习到双边网格，即增强前后的映射关系。而高分辨率处理分支主要用于保留边缘细节等高频信息，并作为切片方式查表的输入引导。

下面先来看低分辨率系数预测分支：首先，对输入高分辨率图像进行缩放得到 256 像素×256 像素大小的小图像，然后通过带步长的卷积计算底层特征，将得到的特征分别送入两个并行的支路，一个支路是全局的（Global Path），用于获得全局的空间信息，其采用卷积与全连接层实现，全局支路可以防止模型产生局部效果合适但是整体空间影调不协调或不一致的效果；另一个支路是局部的（Local Path），通过全卷积层实现，用于保持空间信息。最后，经过逐像素的线性层，对两个支路的输出结果进行融合。这里的融合结果就被作为双边网格，其尺寸为 16 像素×16 像素×96 像素，其中 96=8×12，即可以视为产生了 12 个 16 像素×16 像素×8 像素的双边网格（16 像素× 16 像素是空间网格，8 像素为值域的网格划分），每个网格经过切片操作后，可以得到一张参数图，因此总共可以得到 12 张参数图。高分辨率图像的每个像素位置都对应 12 个映射参数，这 12 个映射参数包括了 RGB 3 个通道的 3×3 的矩阵映射（类似前面讲过的 CCM 矩阵），再加上各自的偏置（12=3×3+3），从而得到 3 个通道的输出。这样就可以得到映射后的增强结果。

高分辨率处理分支为了实现上述的切片操作首先对**引导图（Guidance Map）**进行了学习，采用的是逐像素的网络以保持其高频细节。然后利用得到的引导图对参数双边网格做切片，即可得到高分辨率的参数图（12 个通道）。最后将得到的参数图应用到原始图像上，就可以得到增强后的输出图像了。

整体来看，HDRNet 算法是传统的快速双边滤波思路与神经网络思路（基于学习的思路）

的结合。其中的双边网格和引导图都是学习得到（对比传统算法，双边网格处理一般是固定的操作，而引导图多采用亮度分量）的，这就使得该算法可以适用于多种不同类型的图像处理任务（只要符合可以局部操作的条件即可），并且对于不同图像可以得到不同的双边网格，实现数据相关的自适应效果。另外，基于学习的方法可以将损失函数施加到最终得到的输出图像上，而非直接约束双边网格参数，从而可以自适应地学习到合适的双边网格映射。

8.3.3 无参考图的低光增强：Zero-DCE

对于低光增强任务来说，传统的方案经常通过对图像进行全局或局部的曲线调整（如 Gamma 曲线处理等）来提亮。这里要介绍的 **Zero-DCE（Zero-reference Deep Curve Estimation）** 模型[5]的核心思路就是通过网络来学习一个合适的曲线提亮操作。其中的 Zero 指的是无参考图像，即直接通过优化目标约束来控制增强提亮的结果。

为了可以使用网络实现曲线估计，首先要设计曲线的数学形式，然后用网络学习曲线函数的参数，从而对曲线进行优化。这里对曲线的性质有一定的要求：首先，必须是从 0～1 映射到 0～1 的曲线，这样可以保证动态范围不变；其次，该曲线需要保持单调性，这样才能够使结果保持相对局部的影调关系（即暗处相对于亮处仍然是较暗的）；最后，为了优化考虑，曲线需要简单可求导。最终，Zero-DCE 模型选择了如下形式的曲线函数：

$$y = t + at(1-t)$$

式中，t 为输入图像像素值；a 为参数，取值在[−1, 1]，通过简单的数学计算，可以发现该函数满足取值范围、单调性和可求导的条件。图 8-7 所示为不同 a 值下的曲线形式，可以看到，通过调整 a 值，可对图像进行整体的提亮或者压暗的操作。

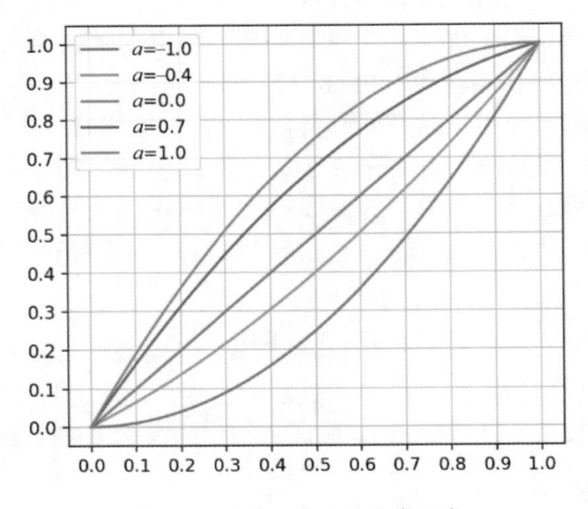

图 8-7 不同 a 值下的曲线形式

为了让曲线的表达能力更强、更灵活，可以用上述函数对输入图像进行多次处理，从而得到**高阶曲线（High-order Curve）**。另外，该曲线只能进行全局变换，为了让不同区域获得自适应的合适曲线，Zero-DCE 将曲线推广到**曲线图（Curve Map）**，即从全局变换曲线变为局部变换曲线。由于可以假设在一个局部范围内各像素值具有相同的亮度，所以具有相同的曲线，因此在邻域范围内的输出仍然可以被认为保持单调性关系。

下面的工作就是通过神经网络学习最优的高阶曲线图映射。该网络称为 DCE-Net，Zero-DCE 模型的流程与网络结构示意图如图 8-8 所示。

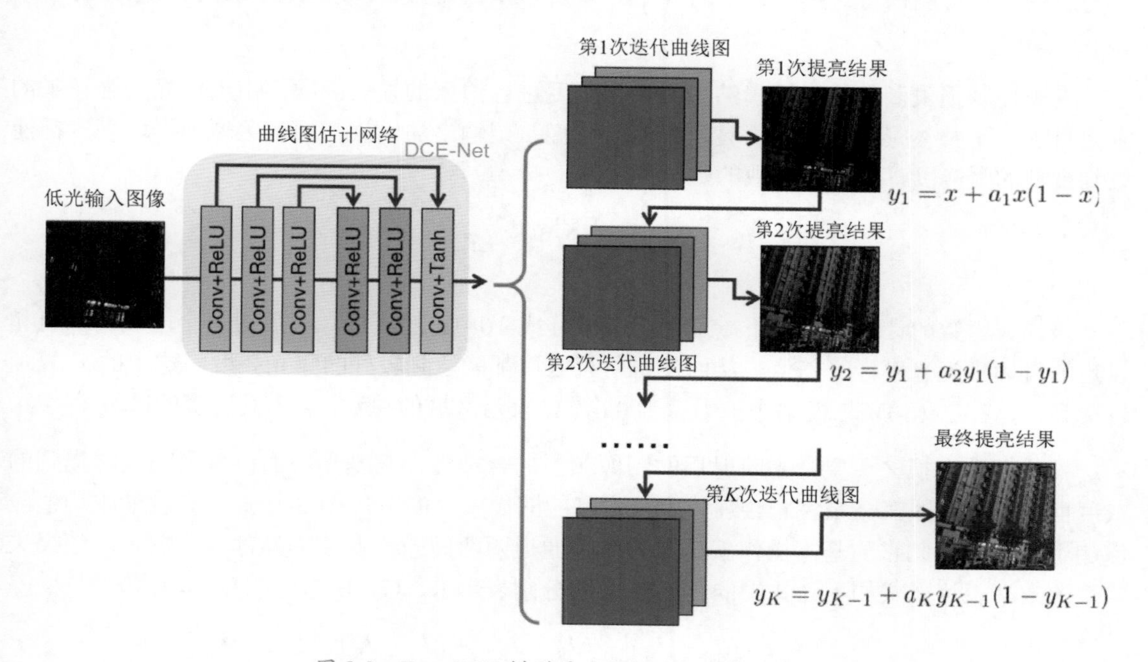

图 8-8　Zero-DCE 模型的流程与网络结构示意图

DCE-Net 的整体结构由对称结构的 7 层卷积构成，没有下采样和 BN 层，以防止破坏邻域像素之间的关系。对称的结构类似 U-Net，即通过跳线连接将对应位置的编码器和解码器的特征层融合。最后一层卷积产生 24（=8×3）个参数图，用作 8 次迭代计算中的曲线参数图，网络整体规模非常小。

前面提到，Zero-DCE 模型没有配对数据作为参考，因此需要直接对提亮结果进行约束，以获得目标效果。整个任务通过设计损失函数来实现。Zero-DCE 模型的损失函数由 4 个部分组成：**空间一致性损失（Spatial Consistency Loss，L_{spa}）**、**曝光控制损失（Exposure Control Loss，L_{exp}）**、**颜色恒常性损失（Color Constancy Loss，L_{col}）**及**光照平滑性损失（Illumination Smoothness，L_{is}）**。下面分别对它们进行介绍。

空间一致性损失主要用来约束空间亮度关系在处理前后的一致性，其数学形式如下：

$$L_{\text{spa}} = \frac{1}{N}\sum_{i=1}^{N}\sum_{j\in\Omega(i)}[(\boldsymbol{Y}_i - \boldsymbol{Y}_j) - (\boldsymbol{I}_i - \boldsymbol{I}_j)]^2$$

其主要计算方式如下：首先对各个通道求解均值，然后将整图划分为 4×4 的小区块，对每个小区块计算其均值，以及各个区块均值与其 4 邻域的差值。空间一致性损失函数约束原图像与处理后的图像在每个区块 4 邻域的差值尽可能相等。这样得到的结果在空间影调上可以与原图像尽可能保持一致。式中的 N 表示局部区块的个数，i 为区块的编号，$\Omega(i)$表示其 4 邻域的编号。

曝光控制损失函数是对输出结果的曝光程度进行约束的损失函数，由于低光增强任务的主要目的在于整体曝光的修正提亮，因此，我们希望输出的结果在局部区域的平均亮度都能达到合理的曝光度，该损失函数的数学形式如下：

$$L_{\exp} = \frac{1}{M}\sum_{k=1}^{M}\left|\boldsymbol{Y}_k - E\right|$$

该损失函数的计算方式如下：首先将图像分成 16×16 的区域，然后对每个区域的均值和设定的目标曝光亮度计算差值，从而使得所有区域都能达到较好的曝光亮度。式中的 E 表示目标亮度，在 Zero-DCE 模型实验中设为 0.6，M 表示区域的总数，k 为其对应的区域编号。

颜色恒常性损失主要考虑映射后的图像颜色的合理性，它基于前面讲解白平衡时提到的灰度世界假设，即在一张色彩合理、颜色丰富的图像中，R、G、B 3 个通道亮度的平均值应该趋于相等。因此它的基本操作就是对各颜色通道两两做差，并使差异都尽可能小。该损失函数的数学表达形式如下（式中的 J_{R}、J_{G}、J_{B} 分别表示 R、G、B 通道的亮度均值）：

$$L_{\text{col}} = (J_{\text{R}} - J_{\text{G}})^2 + (J_{\text{R}} - J_{\text{B}})^2 + (J_{\text{G}} - J_{\text{R}})^2$$

光照平滑性损失主要用于约束学习得到的各阶曲线图，并使其梯度尽可能小，从而使提亮过程在空间上更加平滑，符合光照的平滑性特征，其数学形式如下所示：

$$L_{\text{is}} = \frac{1}{N}\sum_{k=1}^{K}\sum_{c}[(\nabla_x \boldsymbol{A}_k^c)^2 + (\nabla_y \boldsymbol{A}_k^c)^2]$$

通过上述各个损失函数的引导及高阶曲线图学习，Zero-DCE 模型可以在没有参考 GT 的情况下在低光增强任务中取得较好的效果。下面将 Zero-DCE 模型中的 DCE-Net 结构用 PyTorch 实现，代码如下所示。

```
import torch
import torch.nn as nn
```

```
class DCENet(nn.Module):
    def __init__(self, nf=32, n_iter=8):
        super().__init__()
        self.n_iter = n_iter
        # 编码器
        self.conv1 = nn.Conv2d(3, nf, 3, 1, 1)
        self.conv2 = nn.Conv2d(nf, nf, 3, 1, 1)
        self.conv3 = nn.Conv2d(nf, nf, 3, 1, 1)
        self.conv4 = nn.Conv2d(nf, nf, 3, 1, 1)
        # 解码器
        self.deconv1 = nn.Conv2d(nf * 2, nf, 3, 1, 1)
        self.deconv2 = nn.Conv2d(nf * 2, nf, 3, 1, 1)
        self.deconv3 = nn.Conv2d(nf * 2, n_iter * 3, 3, 1, 1)
        self.tanh = nn.Tanh()
        self.relu = nn.ReLU(inplace=True)

    def forward(self, x):
        # 编码过程
        x1 = self.relu(self.conv1(x))
        x2 = self.relu(self.conv2(x1))
        x3 = self.relu(self.conv3(x2))
        x4 = self.relu(self.conv4(x3))
        # 解码过程
        xcat = torch.cat([x3, x4], dim=1)
        x5 = self.relu(self.deconv1(xcat))
        xcat = torch.cat([x2, x5], dim=1)
        x6 = self.relu(self.deconv2(xcat))
        xcat = torch.cat([x1, x6], dim=1)
        xr = self.tanh(self.deconv3(xcat))
        # 各个阶段的曲线图
        curves = torch.split(xr, 3, dim=1)
        # 应用曲线进行提亮
        for i in range(self.n_iter):
            x = x + curves[i] * (torch.pow(x, 2) - x)
        # 返回提亮结果与曲线图
        A = torch.cat(curves, dim=1)
        return x, A
```

```
if __name__ == "__main__":
    img_low = torch.randn(4, 3, 128, 128)
    dcenet = DCENet()
    enhanced, curve_map = dcenet(img_low)
    print(f"DCE input size: ", enhanced.size())
    print(f"Enhanced size: ", enhanced.size())
    print(f"Curve map size: ", curve_map.size())
```

测试输出结果如下所示。

```
DCE input size:  torch.Size([4, 3, 128, 128])
Enhanced size:  torch.Size([4, 3, 128, 128])
Curve map size:  torch.Size([4, 24, 128, 128])
```

8.3.4 可控的修图模型：CSRNet

下面介绍一个用于图像修饰任务的轻量化模型：**CSRNet（Conditional Sequential Retouching Network）模型**[6]。该模型的主要特点是轻量化和可控。CSRNet 模型的结构如图 8-9 所示。

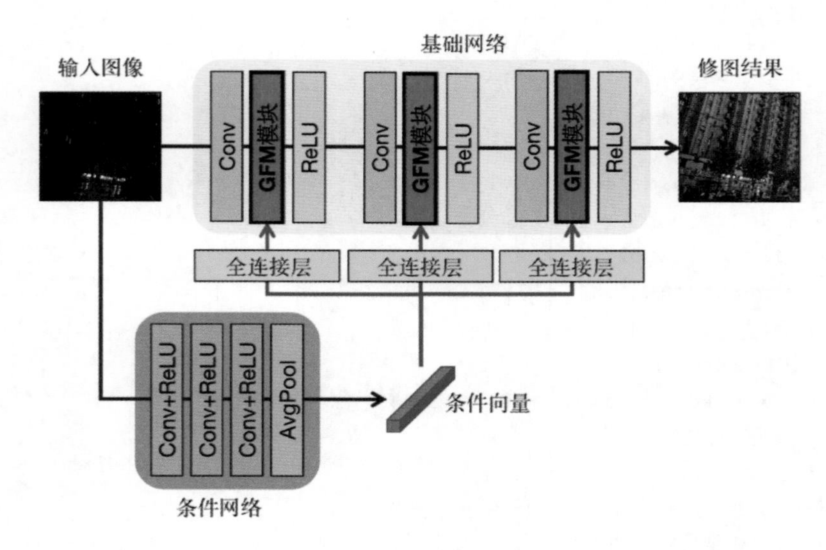

图 8-9　CSRNet 模型的结构

人工的图像修饰通常是由一系列全局的、序列化的操作完成的，如调整亮区曲线、调整对比度、调整色相和饱和度等，为了对这个过程进行模拟，CSRNet 模型采用了序列化的网络处理流程。网络的整体计算过程比较轻量化，仅仅使用了 6 层卷积，其中 3 层用于计算条件向量（Condition Vector），另外 3 层在基础网络（Base Network）中。

条件向量是对输入图像进行卷积和全局平均池化得到的，然后，在基础网络的不同层对条件向量经过全连接层进行处理，得到的结果用 **GFM（Global Feature Modulation，全局特征调制）模块**进行处理，这里的 GFM 模块的功能是对输入图像特征进行仿射变换，即 $y = \gamma x+\beta$，其中的缩放因子 γ 和偏置项 β 就是由全连接层处理条件特征得到的。

对于基础网络，卷积层都采用了 1×1 的卷积核，实际上相当于直接对图像进行了逐像素的操作，这也是由于常见的图像修饰也是局部操作，即只改变影调和颜色而不影响像素之间的细节关系。网络的整个过程隐式地模拟了修图过程中的序列操作。另外，不同的摄影师对于图像的修图风格不同，对于不同风格的迁移来说，CSRNet 模型也有较好的灵活性，即对于已经训练好的 CSRNet 模型来说，重新拟合另一个风格只需要对条件网络进行微调即可。另外，还可以利用图像插值的方式，获得中间风格的修饰结果。

下面用 PyTorch 对 CSRNet 模型的计算逻辑进行实现，代码如下所示。

```
import torch
import torch.nn as nn

class ConditionNet(nn.Module):
    def __init__(self, in_ch=3, nf=32):
        super().__init__()
        self.conv1 = nn.Conv2d(in_ch, nf, 7, 2, 1)
        self.conv2 = nn.Conv2d(nf, nf, 3, 2, 1)
        self.conv3 = nn.Conv2d(nf, nf, 3, 2, 1)
        self.relu = nn.ReLU(inplace=True)
        self.avg_pool = nn.AdaptiveAvgPool2d(1)

    def forward(self, x):
        out = self.relu(self.conv1(x))
        out = self.relu(self.conv2(out))
        out = self.relu(self.conv3(out))
        cond = self.avg_pool(out)
        return cond

class GFM(nn.Module):
    def __init__(self, cond_nf, in_nf, base_nf):
```

```
        super().__init__()
        self.mlp_scale = nn.Conv2d(cond_nf, base_nf, 1, 1, 0)
        self.mlp_shift = nn.Conv2d(cond_nf, base_nf, 1, 1, 0)
        self.conv = nn.Conv2d(in_nf, base_nf, 1, 1, 0)
        self.relu = nn.ReLU(inplace=True)

    def forward(self, x, cond):
        feat = self.conv(x)
        scale = self.mlp_scale(cond)
        shift = self.mlp_shift(cond)
        out = feat * scale + shift + feat
        out = self.relu(out)
        return out


class CSRNet(nn.Module):
    def __init__(self, in_ch=3,
                 out_ch=3,
                 base_nf=64,
                 cond_nf=32):
        super().__init__()
        self.condnet = ConditionNet(in_ch, cond_nf)
        self.gfm1 = GFM(cond_nf, in_ch, base_nf)
        self.gfm2 = GFM(cond_nf, base_nf, base_nf)
        self.gfm3 = GFM(cond_nf, base_nf, out_ch)
    def forward(self, x):
        cond = self.condnet(x)
        out = self.gfm1(x, cond)
        out = self.gfm2(out, cond)
        out = self.gfm3(out, cond)
        return out


if __name__ == "__main__":
    dummy_in = torch.randn(4, 3, 128, 128)
    csrnet = CSRNet()
    out = csrnet(dummy_in)
    print('CSRNet input size: ', dummy_in.size())
    print('CSRNet output size: ', out.size())
```

```
    n_para = sum([p.numel() for p in csrnet.parameters()])
    print(f'CSRNet total no. params: {n_para/1024:.2f}K')
```

测试输出结果如下所示。可以看出，其网络参数量很少，因此可以适用于对于性能要求较高的场合，如端侧的自动修图应用等。

```
CSRNet input size:  torch.Size([4, 3, 128, 128])
CSRNet output size:  torch.Size([4, 3, 128, 128])
CSRNet total no. params: 35.63K
```

8.3.5　3D LUT 类模型：图像自适应 3D LUT 和 NILUT

处理图像增强问题的另一类方案基于 3D LUT 的学习和修改来实现。**3D LUT**（LUT 即 Look-Up Table，查找表）是一种常见的图像修饰和颜色调整方案，其形式简单来说就是为原图像中每个像素的 RGB 值（三维空间中的点）设置一个映射值（也是三维的 RGB），这样就可以对每个像素通过 3D LUT 的形式获得对应的处理后的结果，由于 RGB 颜色取值的范围共有 256^3 个，如果直接建立 3D 表格所需要的空间较大，考虑到颜色的映射表通常是渐变的，因此可以先对 3 个通道的维度进行采样，然后利用插值的方式得到所查找的 RGB 向量值。这样得到的 3D LUT 每个维度的取值就会较少，所占用的空间也较小，图 8-10 所示为几个不同的 3D LUT。3D LUT 技术通常被应用在滤镜操作中，通过设计不同的 3D LUT，可得到不同的处理结果。

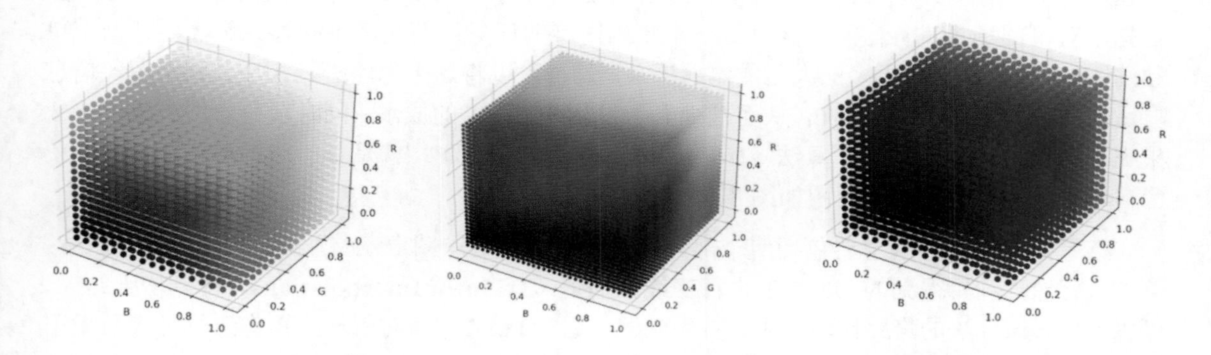

图 8-10　几个不同的 3D LUT

为了直观地展示 3D LUT 的处理效果，这里首先采用了几种不同的 3D LUT 对输入图像进行处理，然后将处理效果与对应的 3D LUT 进行展示，不同 3D LUT 及其对应处理效果示意图如图 8-11 所示。

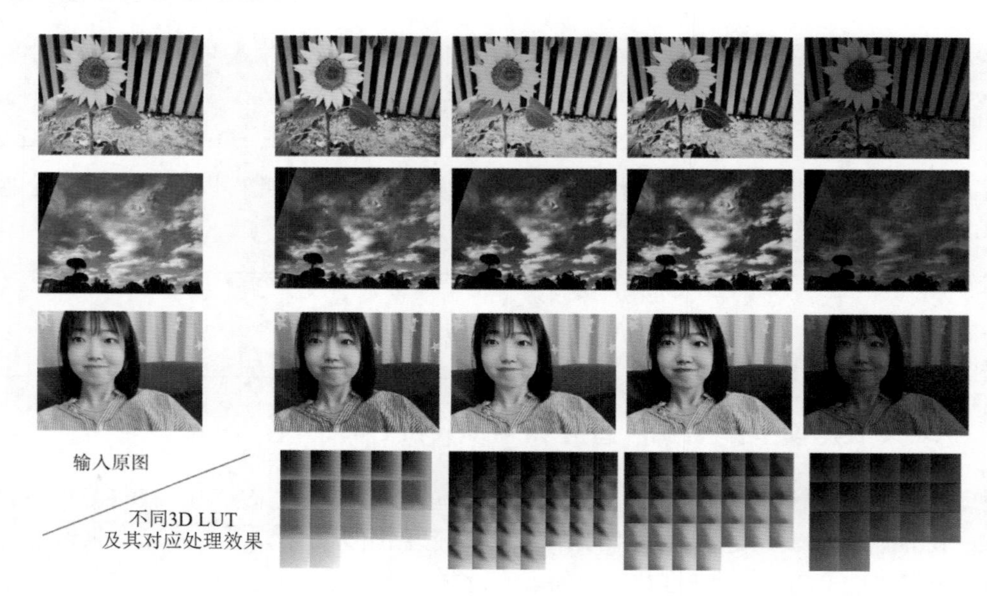

图 8-11　不同 3D LUT 及其对应处理效果示意图

可以看出，3D LUT 可以对图像的饱和度、色彩、亮度等多种不同的属性进行调整，因此可以覆盖很多图像增强和修饰类的任务。传统方法中的 3D LUT 通常是需要手工调整和设置的（如图 8-11 所示的几种 3D LUT 滤镜），为了得到一个符合目标效果的 3D LUT，通常需要较多的人工成本，另外利用这种 3D LUT 对图像进行处理有一定的局限性，因为 3D LUT 是固定的，因此对不同场景无法进行自适应调整，很难在所有场景下达到最优。为了解决这个问题，一个可行的改进方案就是对不同的场景设置不同的 3D LUT，但这也带来了新的问题：首先，对不同场景进行定义和区分是一个较为困难的任务；其次，不同场景都需要调一个单独的 3D LUT，这需要更多的人工成本。那么，是否可以将这个思路进行推广，利用图像信息自适应获得其对应的 3D LUT，从而减少人工设计 3D LUT 的成本，同时获得数据自适应的效果呢？**图像自适应 3D LUT 算法（Image-adaptive 3D LUT）**[7]就是基于这个思路设计的。图像自适应 3D LUT 算法流程图如图 8-12 所示。

该算法整体的流程主要包括两个部分：第一，针对输入图像，获取图像自适应 3D LUT；第二，逐像素利用得到的 3D LUT 进行**三线性插值（Trilinear Interpolation）**，得到增强结果。可以看到，该算法的思路比较直观，首先学习一组 3D LUT，而对每一张图像进行处理所采用的 3D LUT 是这几个 3D LUT 的加权和，因此该算法可以实现针对不同图像应用不同 3D LUT 的图像自适应效果。由于 3D LUT 主要关注图像整体的影调和颜色问题，因此可以缩放到小图像中进行操作，从而加速处理过程。在训练过程中，首先利用增强前后的数据进行配对训练，然后利用 GAN 损失函数进行无配对的训练。另外，在损失函数设计方面，该算法还引入了一些正则项，这些正则项实际上都是对于 3D LUT 属性的先验约束。首先是平滑性，即 3D LUT 立方体应该保持平滑，该正则项的实现采用了 TV 损失在三维上的推广，以及权重的 L2

范数两个部分。另一个约束是 3D LUT 的单调性，即保证在取值上随着各维度下标的增加而正向增加。该约束通过对不符合单调性的两个值的差异进行惩罚来实现。

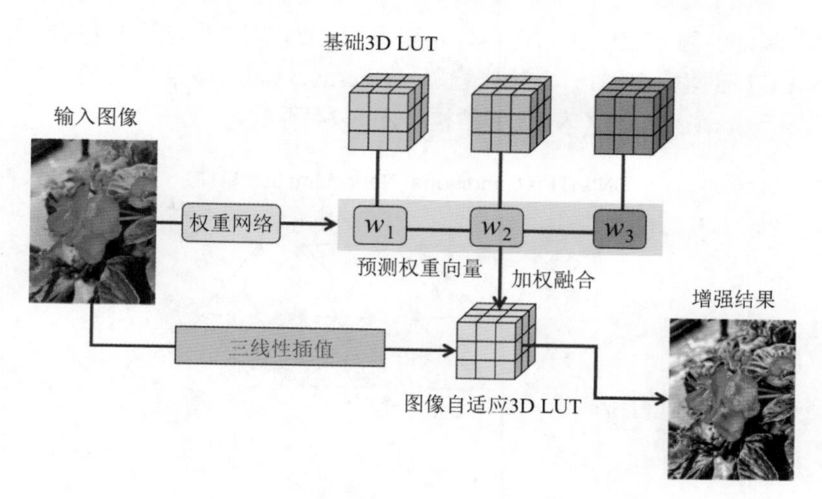

图 8-12 图像自适应 3D LUT 算法流程图

还有基于 3D LUT 的网络方案：**NILUT（Neural Implicit LUT）**[8]，即神经隐式 LUT。该方案是基于**神经隐式表示（Neural Implicit Representation）**来设计的。在逐像素的图像增强任务中，神经隐式表示即输入一个 RGB 的三维向量，直接得到对应的输出 RGB 向量。这个过程与查 3D LUT 并插值是比较类似的，此时用于计算输出的网络可以被视为一个隐式且连续的 LUT，根据输入查表得到输出。NILUT 的整体流程如图 8-13 所示。

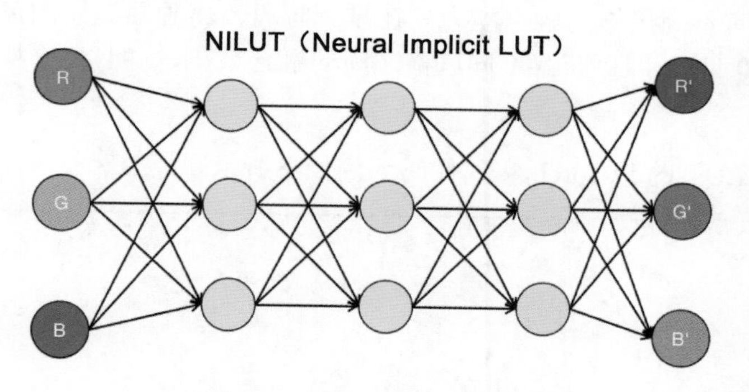

图 8-13 NILUT 的整体流程

可以看出，NILUT 采用了 MLP 结构的网络实现，直接对输入的 RGB 3 个通道值进行逐像素映射，由于没有考虑邻域像素，因此对于同一个 RGB 取值得到的结果是一样的。那么，遍历所有 RGB 的取值组合，实际上就可以得到一个 3D LUT。而 NILUT 优于 3D LUT 的方面在于，传统的 3D LUT 是离散的，并且需要插值，而 NILUT 可以实现连续的变化，对于 RGB

取值范围内的任一个数值都可以计算出对应结果。另外，由于 MLP 网络模型是可微的，因此可以直接对齐进行训练优化，使其拟合到某个风格的 3D LUT。

此外，利用网络的隐式表达能力还可以实现不同 LUT 风格的学习和融合，而实现这个功能只需要对 NILUT 的输入增加一个独热编码（One-hot）的风格条件向量，得到的模型称为 **CNILUT**，C 表示 Conditional，CNILUT 结构如图 8-14 所示。

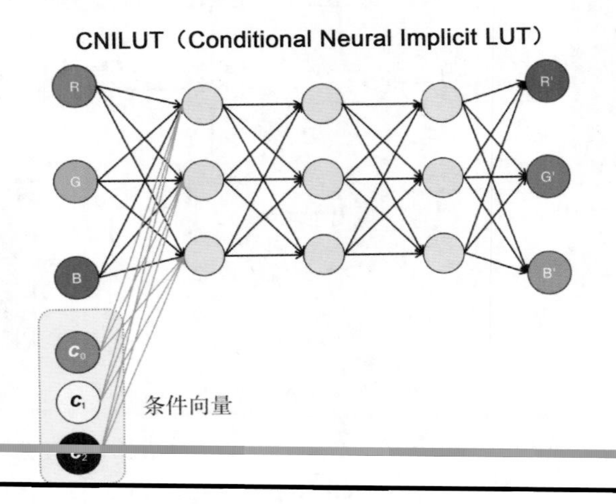

图 8-14 CNILUT 结构

比如，第一种风格编码为[1, 0, 0]，第二种风格编码为[0, 1, 0]，第三种风格编码为[0, 0, 1]等（假设最多考虑 3 种风格）。联合风格编码训练得到的网络除了可以获得对不同风格 LUT 的模拟能力，还具有不同风格的融合能力。在推理阶段，将独热编码的风格向量替换为概率向量（如[0.6, 0.3, 0.1]），即可获得不同风格之间的融合效果，并且每个概率值表示的是对不同风格的倾向性。

NILUT 和 CNILUT 的 PyTorch 实现代码示例如下所示。

```
import torch
import torch.nn as nn

class NILUT(nn.Module):
    # NILUT: neural implicit 3D LUT
    def __init__(self, in_ch=3, nf=256, n_layer=3, out_ch=3):
        super().__init__()
        layers = list()
        layers.append(nn.Linear(in_ch, nf))
        layers.append(nn.ReLU(inplace=True))
        for _ in range(n_layer):
```

```
            layers.append(nn.Linear(nf, nf))
            layers.append(nn.Tanh())
        layers.append(nn.Linear(nf, out_ch))
        self.body = nn.Sequential(*layers)
    def forward(self, x):
        # x size: [n, c, h, w]
        n, c, h, w = x.size()
        x = torch.permute(x, (0, 2, 3, 1))
        x = torch.reshape(x, (n, h * w, c))
        print(f"[NILUT] neural net input: {x.size()}")
        res = self.body(x)
        out = x + res
        out = torch.clamp(out, 0, 1)
        out = torch.reshape(out, (n, h, w, c))
        out = torch.permute(out, (0, 3, 1, 2))
        return out

class CNILUT(nn.Module):
    # conditional NILUT (with style encoded)
    def __init__(self, in_ch=3,
                 nf=256, n_layer=3,
                 out_ch=3, n_style=3):
        super().__init__()
        self.n_style = n_style
        layers = list()
        layers.append(nn.Linear(in_ch + n_style, nf))
        layers.append(nn.ReLU(inplace=True))
        for _ in range(n_layer):
            layers.append(nn.Linear(nf, nf))
            layers.append(nn.Tanh())
        layers.append(nn.Linear(nf, out_ch))
        self.body = nn.Sequential(*layers)
    def forward(self, x, style):
        # x size: [n, c, h, w]
        n, c, h, w = x.size()
        x = torch.permute(x, (0, 2, 3, 1))
        x = torch.reshape(x, (n, h * w, c))
        style_vec = torch.Tensor(style)
        print(f"[CNILUT] style vector: {style_vec}")
        style_vec = style_vec.repeat(h * w)\
                    .view(h * w, self.n_style)
        style_vec = style_vec.repeat(n, 1, 1)\
```

```
                    .view(n, h * w, self.n_style)
        style_vec = style_vec.to(x.device)
        x_style = torch.cat((x, style_vec), dim=2)
        print(f"[CNILUT] neural net input: {x_style.size()}")
        res = self.body(x_style)
        out = x + res
        out = torch.clamp(out, 0, 1)
        out = torch.reshape(out, (n, h, w, c))
        out = torch.permute(out, (0, 3, 1, 2))
        return out


if __name__ == "__main__":
    patch = torch.rand(4, 3, 64, 64)
    nilut = NILUT()
    lut_out = nilut(patch)
    print(f"NILUT input size: {patch.size()}")
    print(f"NILUT output size: {lut_out.size()}")

    style = [0.4, 0.5, 0.1]
    cnilut = CNILUT()
    clut_out = cnilut(patch, style)
    print(f"CNILUT input size: {patch.size()}")
    print(f"CNILUT output size: {clut_out.size()}")
```

测试输出结果如下所示。

```
NILUT input size: torch.Size([4, 3, 64, 64])
NILUT output size: torch.Size([4, 3, 64, 64])
[CNILUT] style vector: tensor([0.4000, 0.5000, 0.1000])
[CNILUT] neural net input: torch.Size([4, 4096, 6])
CNILUT input size: torch.Size([4, 3, 64, 64])
CNILUT output size: torch.Size([4, 3, 64, 64])
```

8.3.6 色域扩展：GamutNet 和 GamutMLP

另一种与图像颜色相关的增强是色域扩展。在前面曾经讨论过颜色空间域色域的概念，由于 RGB 3 个通道的颜色表示方法与三原色的选取有关，因此不同的表示方法有不同的表示范围，即不同的色域。ProPhoto 是一种常见的单反相机或者手机相机所用的色域，其可以表示超过 90%的颜色区域，这类色域被称为**广色域**（**Wide Gamut**）。但是在通常的保存和传输过程中，最常用的还是 sRGB 形式，相比于 ProPhoto 或者 Adobe RGB 等色域范围，sRGB 的色域范围较小，因此当将图像从广色域转为小色域时，会伴随着颜色的损失，广色域转换到小色域的颜色损失示意图如图 8-15 所示，超过小色域的颜色将被压缩和截断，从而无法再次被直接还原为广色域的原始颜色。

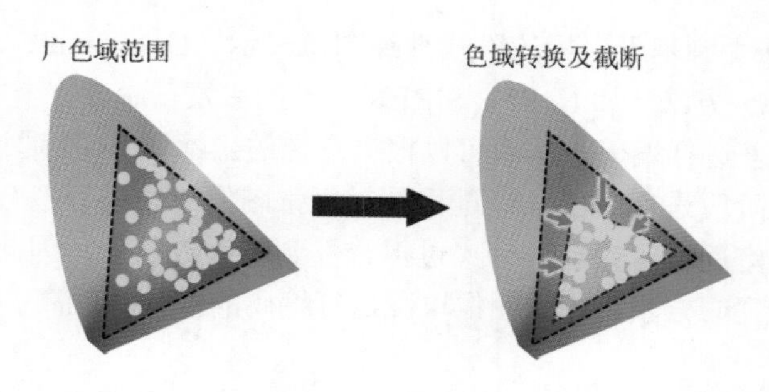

图 8-15 广色域转换到小色域的颜色损失示意图

本节介绍的 GamutNet 和 GamutMLP 两种算法的目的就是对这个步骤的颜色损失进行补偿或者恢复，以便适应于可以应用广色域的场景，如使用修图软件处理等。首先介绍 GamutNet 算法[9]的相关思路，其整体流程如图 8-16 所示。

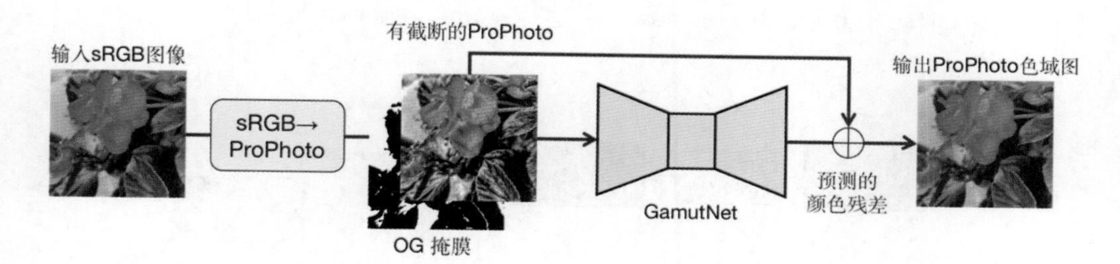

图 8-16 GamutNet 算法的整体流程

GamutNet 算法的目标是广色域恢复，即对已经被色域转换截断（有颜色损失）的 sRGB 图像的截断部分进行恢复，从而可以还原广色域的颜色。该算法首先将输入的 sRGB 图像直接转换到 ProPhoto 色域（此时是有截断的），同时找到那些被截断点的位置，形成 OG（Out of Gamut）掩膜。对掩膜内有截断的像素，通过一个类 U-Net 结构的神经网络预测其截断的残差，然后将残差叠加到对应的像素上，从而获得广色域的图像结果。在训练过程中，通过有监督的方式，优化恢复的广色域图像与真实广色域图像各点的 L1 损失对网络进行优化。

尽管 GamutNet 算法可以在一定程度上实现 sRGB 到 ProPhoto 色域的恢复，但是由于其网络模型较大，计算较复杂，同时对所有图像都利用同样的网络进行预测，因此在新的图像上效果往往会有一定的误差。实际的色域转换过程，通常先从广色域转到 sRGB 色域，然后进行恢复。也就是说，最初的图像往往是有广色域信息的，只是转换到小色域后损失掉了。

那么，如果换个思路去处理色域转换的颜色损失恢复问题，是否可以将网络直接在转换到 sRGB 色域时就将可能损失的信息保持下来，并在向广色域转换时再进行恢复呢？与 GamutNet 算法将颜色恢复问题看作图像恢复问题不同，这种思路将该问题视为一个整体的编/解码方案，并通过网络实现对信息的隐式表现。基于该思路的算法就是 GamutMLP 算法[10]。

GamutMLP 算法受到**基于坐标的隐式神经图像表示（Coordinate-based Implicit Neural Image Representation）**方法（如 NeRF、SIREN 等）的启发，通过一个非常轻量的 MLP 模型对色域压缩的损失残差进行编码，从而可以根据图像的坐标和 RGB 通道取值计算出其残差，并在转回到广色域的阶段进行补偿。该过程是对每张图像单独进行拟合的，主要利用网络的隐式表达能力来压缩空间，可以理解为“过拟合”到输入数据上，因此相比于在某个数据集上训练好后再进行推理的方式，每张图像单独进行编码的准确性较高。GamutMLP 算法的整体流程如图 8-17 所示。

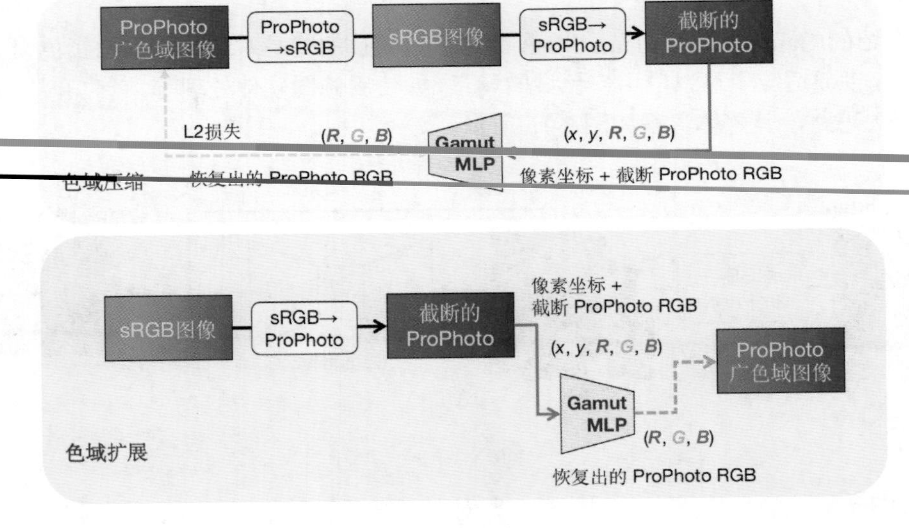

图 8-17　GamutMLP 算法的整体流程

可以看出，GamutMLP 算法主要分为两个步骤，分别是**色域压缩（Gamut Reduction）**和**色域扩展（Gamut Expansion）**。在色域压缩步骤中，首先将 ProPhoto 广色域图像 A 经色域转换和截断得到 sRGB 图像 B，然后将截断后的结果转回 ProPhoto 色域得到结果 C，此时由于这个过程的不可逆性，转回到广色域的结果 C 与原始图像 A 有了区别，因此可以用 MLP 模型对从 C 到 A 的过程进行编码。该 MLP 模型的输入为 5 位数据（x,y,R,G,B）。加入位置坐标信息的目的在于增加网络的表现力与区分度，因为在传统色域压缩过程中，不同位置不同的原始值可能会被截断到同一个 sRGB 的取值上，如果只用 RGB 信息无法对这些“多对一”的情况进行区分。另外，MLP 模型还采用了编码函数（Encoding Function）的方式进行编码，这种编码对于隐式神经表示任务来说已经被证明是有效的，这里 GamutMLP 算法采用的是 sin 和 cos 函数的编码方式，其数学形式如下：

$$\gamma(m)=[\sin(2^0\pi m),\cos(2^0\pi m),\cdots,\sin(2^{K-1}\pi m),\cos(2^{K-1}\pi m)]$$

式中，m 表示 5 维输入中的元素值。利用 GamutMLP 算法，我们可以在 sRGB 色域转为 ProPhoto 色域之后，通过该训练好的 MLP 模型查找到各个位置的颜色损失，然后对这些颜色损失进行补偿。这个过程就是色域扩展。由于 MLP 模型尺寸很小（只有 23KB，通常的 sRGB 图像为 2～5MB），因此可以将针对该 sRGB 图像优化好的模型参数直接写到图像的 meta 信息中，在需要时即可计算补偿。